普通高等教育“十三五”规划教材

历史街区保护规划案例教程

李　勤　编著

北　京
冶　金　工　业　出　版　社
2016

内容提要

本书根据教学大纲要求，选取了9个典型的历史街区，以案例的形式较全面系统地阐述了历史街区保护规划的基本理论与方法，并结合专业课程设计的要求列出了历史街区调研提纲以及历史街区保护与更新设计任务书。

本书为高等院校城乡规划、建筑学专业的教材，也可供从事相关专业的设计人员参考。

图书在版编目(CIP)数据

历史街区保护规划案例教程/李勤编著.—北京：冶金工业出版社，2016.8

普通高等教育“十三五”规划教材

ISBN 978-7-5024-7285-6

Ⅰ.①历… Ⅱ.①李… Ⅲ.①城市道路—城市规划—高等学校—教材 Ⅳ.①TU984.191

中国版本图书馆CIP数据核字(2016)第208278号

出 版 人 谭学余

地址 北京市东城区嵩祝院北巷39号 邮编 100009 电话 (010)64027926

网址 www.cnmip.com.cn 电子信箱 yjcbs@cnmip.com.cn

责任编辑 杨 敏 美术编辑 吕欣童 版式设计 彭子赫

责任校对 李 娜 责任印制 牛晓波

ISBN 978-7-5024-7285-6

冶金工业出版社出版发行；各地新华书店经销；北京画中画印刷有限公司印刷

2016年8月第1版，2016年8月第1次印刷

787mm×1092mm 1/16；13.75印张；329千字；211页

45.00元

冶金工业出版社 投稿电话 (010)64027932 投稿信箱 tougao@cnmip.com.cn

冶金工业出版社营销中心 电话 (010)64044283 传真 (010)64027893

冶金书店 地址 北京市东四西大街46号(100010) 电话 (010)65289081(兼传真)

冶金工业出版社天猫旗舰店 yjgycbs.tmall.com

前　言

历史街区不但是人类社会物质文明和精神文明的结晶，而且也是一种独特的文化现象。城市在其发展演变过程中所经历的沧桑变化，显示并着重说明了城市的发展是具有延续性规律的，历史保护就是要保持历史发展的延续性，因此它不仅应侧重于历史古迹的保护，还要保护那些表面似乎破旧，但反映城市过去发展历程的历史街区、中心区和旧城区部分。因此，对历史街区进行针对性的保护与更新研究，不但具有重要性，而且具有紧迫性。

本书以案例的形式较全面系统地阐述了历史街区保护规划的基本理论与方法。其中，第1章主要论述了历史街区保护的理论、方法；第2章从区域环境、社会经济、建筑情况、街区空间等多方面进行调研，深度剖析了5个不同历史街区的现状；第3章主要针对4个历史街区的保护规划项目进行了分析；最后，主要结合专业课程设计的要求列出了历史街区调研提纲以及历史街区保护与更新设计任务书。

本书的编写得到了国家自然科学基金青年基金项目“基于生态宜居理念的保障房住区规划设计与评价方法研究”（批准号51408024）及北京建筑大学课题“宜居背景下北京保障性住区营建模式研究”（批准号00331616008）的支持；同时，北京建筑大学、西安建筑科技大学等单位的教师、管理人员对本书的编写都提供了诚恳的建议；此外编写过程中参考了有关专家和学者的研究成果及文献资料，在此一并表示衷心的感谢！

由于编者水平有限，书中不足之处，敬请广大读者批评指正。

编　者

2016年4月

目　　录

1 历史街区保护基础

历史文化名城和它的历史街区，不但是人类社会物质文明和精神文明的结晶，而且也是一种独特的文化现象。城市在其发展演变过程中所经历的沧桑变化，显示并着重说明了城市的发展是具有延续性规律的。历史保护就是要保持历史发展的延续性，因此它不仅应侧重于历史古迹的保护，还要保护那些表面似乎破旧，但反映城市过去发展历程的历史街区、中心区和旧城区部分。

1.1 历史街区保护的内涵

1.1.1 历史街区的概念

1933 年 8 月，国际现代建筑学会在雅典通过的《雅典宪章》初次提出“历史街区”的概念：“对有历史价值的建筑和街区，均应妥为保存，不可加以破坏。”1987 年，国际古迹遗址理事会在华盛顿通过的《保护历史城镇与城区宪章》（又称《华盛顿宪章》），提出了“历史城区”的概念，并将其定义为：“不论大小，包括城市、镇、历史中心区和居住区，也包括其自然和人造的环境。……它们不仅可以作为历史的见证，而且体现了城镇传统文化的价值。”同时，还列举了历史街区中应该保护的内容是：地段和街道的格局和空间形式；建筑物和绿化、旷地的空间关系；历史性建筑的内外面貌，包括体量、形式、建筑风格、材料、建筑装饰等；地段与周围环境的关系，包括与自然和人工环境的关系；地段的历史功能和作用。

我国在 1986 年国务院公布第二批国家级历史文化名城时，正式提出“历史街区”的概念：“作为历史文化名城，不仅要看城市的历史及其保存的文物古迹，而且还要看其现状格局和风貌是否保留着历史特色，并具有一定的代表城市传统风貌的街区。”其基础是此前由建设部于 1985 年提出（设立）的“历史性传统街区”：对文物古迹比较集中，或能较完整地体现出某一历史时期传统风貌和民族地方特色的街区等也予以保护，核定公布为地方各级“历史文化保护区”。

2002 年 10 月，修订后的《中华人民共和国文物保护法》正式将历史街区列入不可移动文物范畴，其第十四条具体规定为：“保存文物特别丰富并且具有重大历史价值或者革命纪念意义的城镇、街道、村庄，由省、自治区、直辖市人民政府核定公布为历史文化街区、村镇，并报国务院备案。”

综上所述，“历史街区”含义可以理解为：历史留传下来的因社会、文化因素集结在一起的有一定空间界限的城市（镇）地域，它以整个的环境风貌体现着它的历史文化价值，展示着某个历史时期城市的典型风貌特色，反映了城市历史发展的脉络。在这里强调的不是个体建筑，地段内的单体建筑可能并不个个都具有文化价值（个别的除外），但它们所构成的整体环境和秩序却反映了某一历史时期的风貌特色。从地段的构成上看，也不只限于宫殿、庙宇等重要的纪念性建筑物，而是包括了民居、商店等更广泛的内容。

1.1.2 历史街区的特征

（1）历史街区必须具备很强的传统城市建筑特征。

建筑及城市因地区、国家、信仰不同而有自己的风格，流传下来的风格称为传统形式。历史街区的形态和景观均保留了这种形式，具有一种特色性，这种特色体现在以下3个方面：

1）具有大量的历史建筑。街区内的历史建筑是历史遗存的记载着历史信息的真实的物质实体，而不是仿古的假古董，同时它们在整个历史街区建筑中应占有较大的比例，是历史街区整个氛围的主导因素。

2）具有独特的有代表性的历史风貌。历史街区所构成的实体具有哪些共同的设计、构造、材料及建筑组织方式，代表着哪一时期、哪一地区的历史风貌特色，这对于历史街区在城市及国家中的保护地位与重要性的定位，以及历史街区未来在保护整治方面上的确定是决定性的。

3）具有较完整的或可整治的视觉环境。在古建筑集中的街区范围内没有严重破坏和影响街区历史氛围和文化脉络的建筑物，或者说至少在一定的范围及程度上是可以改变的。

（2）历史街区必须具有很强的生命力。它承担城市的功能，具有一种现代的活性。

（3）历史街区必须蕴含有传统思想、文化、制度留下的痕迹，主要表现在已经建立起来的各种生活圈，即因信仰、民族、血缘关系连接于历史街区中的生活方式。

1.1.3 历史街区的保护

近代欧洲，在工业革命相当一段时期内，由于忙于生产发展，对历史街区及公共环境的保护非常漠视，甚至视为城市发展的障碍。近代建筑学派，蔑视因袭传统，反对古典复兴和折中主义，对历史建筑采取了排斥的态度。这种历史虚无主义的思潮助长了对旧城内文物的破坏，也对历史街区的破坏起到了推波助澜的作用，因此，一批历史建筑与历史街区在城市的建设与发展中遭到毁灭。第二次世界大战后，西方各国为了解决住房匮乏的问题，纷纷进行了大规模的“城市更新”运动，现代主义建筑以经济、快速、方便建造等优势适应了当时社会发展需要，进行了大规模建造，文物古迹和历史中心又遭到新的破坏。例如19世纪的德国和奥地利，许多具有历史意义的建筑群被拆除，仅仅是为了日益增长的交通道路要求。可以说直到19世纪的上半叶，关于历史保护的观念还是相当淡薄的，由此，世界各国由于“建设”而造成的历史建筑的街区破坏数量非常惊人。

然而随着经济的复苏，生活水平的提高，越来越多的公众对于在现代主义规划思潮下城市传统肌理和历史文脉的消亡感到失望；大规模的改建，磨灭了历史的记忆，虽然也建造了一些规模不大、设计精美的城市中心和住宅区，但是大量的丑陋建筑群，毫无特色的市区，几乎到处可见。对比起来，那些古老的旧市区倒反而显得温暖而丰富多彩。人们逐渐认识到了历史建筑具有的种种不可替代性，认识到大规模改建带来的严重危害，因而纷纷提出保护传统街区和传统风貌，指出城市的发展宜从拆除重建转到街区的渐次更新。20

世纪60年代末到70年代初以后，对古建筑和城市遗产的保护逐步变为世界性的潮流。70年代则是欧洲历史城市保护中最有意义的时期，这是与当时的经济背景相联系的。石油危机以及由此引发的经济问题，使新开发建设项目出现了滑坡，也促使人们开始思考充分地利用旧城区的原有设施和现有资源。

18世纪中叶，英国的古罗马圆形剧场成为欧洲第一个被立法保护的古建筑，这标志着文物保护的概念从典籍、艺术品、器物等扩展到了建筑的范围，但那时历史建筑的价值尚未得到广泛的认同。历史建筑的保护和修复工作于18世纪末开始受到重视，至于将历史建筑保护作为一项科学工作来对待，它的一些概念、理论和原则的形成则是从19世纪中叶起，近一百多年来发展和演变的结果。

20世纪80年代以来，人们越来越重视对传统民居、近现代建筑、环境设施、土木工程结构等构成的历史环境的保护。历史环境是一个城市的记忆，是城乡居民的精神纽带。历史环境的破坏会使一座城面目全非，失去场所精神和文化内涵，以至没有个性、没有魅力。在西方发达国家，一方面，古代遗址、纪念性建筑物已得到了很好的保护；另一方面，由于历史保护正进入普通市民的生活，历史环境是日常生活环境的重要组成部分，与居民非常接近。而“让市民走进身边的历史”已成为20世纪90年代国外历史保护运动的主旋律。

城市是一种历史文化现象，每个朝代都在城市建设中留下了自己的痕迹。保存城市的记忆，保护历史的延续性，保留人类文明发展的脉络，保持城镇景观的连续性，保护乡土建筑的地方特色，保存街巷空间的记忆，是人类现代文明发展的需要。从保护建筑艺术珍品，如宫殿、教堂、官邸、寺庙等建筑艺术精品，发展到保护反映普通人生活的一般历史建筑，如住宅、作坊等；从保护单体的文物建筑，到保护建筑物周围的历史环境，到保护成片的历史街区，再发展到完整的古城，这是国际历史文化保护工作的发展脉络。在历史文化保护的进程中，人们越来越认识到，城市优秀的历史文化遗产也是城市现代化的必要内容，城市现代化不仅仅意味着高楼大厦、立交桥、高架路，更要求完善的基础设施、良好的生态环境、深厚的历史文化内涵。

1.2 历史街区保护的依据

1.2.1 历史街区保护的相关规定

历史建筑的保护工作大约在17世纪最先在欧洲开展起来。1930年，法国的《风景名胜地保护法》，首次将天然纪念物和富有艺术、历史、科学、传奇及画境特色的地点列为保护对象，包含了自然保护区、风景区、公园、小城镇、村落以及巴黎的部分老城区等。随后，意大利、英国、瑞士等国也初步形成了保护历史城镇、历史街区等景观的风貌与特征的相应法规。

之后，人们逐渐认识到文化遗产是全人类的财富，保护文化遗产不仅是每个国家的重要职责，也是整个国家社会的共同义务。因此，联合国教科文组织及有关非政府组织通过了一系列世界文化遗产保护的重要文件，旨在促进国际社会对这些人类文化遗产的保护，见表1.1。

表 1.1　历史街区保护的相关规定

序号	文件名称	时间	机构或会议名称	保护内容
1	《雅典宪章》	1933. 08	国际建协会议	提出保护有历史价值的建筑和地区
2	《威尼斯宪章》	1964. 05	第二届历史古迹建筑师及技师国际会议	强调古建筑周围环境与古建筑相互依存关系
3	《保护世界文化和自然遗产公约》	1972. 10	联合国教科文组织大会	规定了文化遗产和自然遗产的定义，各缔约国可申报世界文化和自然遗产
4	《内罗毕建议》	1976. 11	联合国教科文组织大会	保护历史街区在社会、历史、实用方面的普遍价值，并且从立法、行政、技术、经济和社会等角度对历史街区提出相应的保护措施
5	《马丘比丘宪章》	1977. 12	国际建协会议	“把优秀设计质量的当代建筑物包括在内”，“不仅要保护和维护好城市的历史遗址和古迹，而且还要继承一般的文化传统”
6	《华盛顿宪章》	1987. 10	国际古迹遗址理事会	明确了历史街区保护的内容，提出要保护历史城市的地区活力，适应当代生活需要，解决保护与现代生活方面的问题
7	《西安宣言》	2005. 10	国际古迹遗址理事会	认识到环境对历史建筑、古遗址和历史地区的重要性，提出历史建筑、古遗址和历史地区环境的变化是一个渐进的过程，此过程必须得到监测和掌控

(1)《雅典宪章》(1933)。1933 年，国际现代建筑协会在《雅典宪章》中提到了“有历史价值的建筑和地区”的保护问题，这是城市规划方面第一个国际公认的纲领性文件。其中就指出保护好一个历史时期的历史遗存在教育后代方面的重要意义，并且确定了一些保护原则，提出了一些具体的保护措施。

宪章写道：

“有历史价值的古建筑均应妥为保护，不可以加以破坏。

1）真能代表某时期的建筑物，可引起普遍兴趣，可以教育人民者。

2）保留其不妨碍居民健康者。

3）在所有可能条件下，将所有干路避免穿行古建区，并使交通不增加拥挤，亦不使之妨碍城市有机发展。”

可以看出，《雅典宪章》中的“地区”指的是由历史建筑群及遗址所组成的区域，这与现代意义的历史街区概念有所差别，但它首次明确提出了将多个单体历史建筑所构成的区域作为整体进行保护。

(2)《威尼斯宪章》(1964)。第二次世界大战后，世界各国致力于经济复苏，城市建设高潮迭起，致使许多文物建筑及其环境遭到破坏，城市保护与发展的矛盾日益突出。在这种背景下，联合国教科文组织于1964年5月，在威尼斯召开了第三届历史古迹建筑师及技师国际会议，并通过了《国际古迹保护与修复宪章》，又称《威尼斯宪章》。

宪章扩大了文物古迹的概念，“不仅包括单个建筑物，而且包括能够从中找出一种独特的文明、一种有意义的发展或一个历史事件见证的城市或乡村环境。这不仅包括伟大的艺术作品，而且亦适用于随时光流逝而获得文化意义的过去一些较为朴实的艺术品。”

由此可见，《威尼斯宪章》中谈到了有关历史地段的问题，但其保护与修复的原则与文物建筑相同，局限于单纯的保护，没有将保护与社会发展的需要结合起来。

(3)《内罗毕建议》(1976)。其又称《关于保护历史或传统的建筑群及它们在现代生活中的地位的建议》。该文件是在“注意到整个世界在扩展和现代化的借口之下，拆毁和不合理、不适当的重建工程正给这一历史遗产（历史街区）带来严重的损害”的背景下产生的。文件扩展了历史地段的概念（见第一章），并拓展了“保护”的内涵，即鉴定、防护、保护、修缮、再生，维持历史或传统地区及环境，并使它们重新获得活力。

建议认为，“由于历史地区是反映文化、宗教及社会生活的丰富多样性的最确实的见证，并要使之传给后代”，所以“对它们的保护和复原以及和现代生活的结合是城市规划和国土开发的基本原则之一。”

建议第一次提出了历史遗产（历史街区）保护的整体性原则，这一原则一直延续至今。总原则第二条指出：“每一个历史的或传统的建筑群和它们的环境应该作为一个有内聚力的整体而被当做整体来看待，它的平衡和特点取决于组成它的各要素的综合，这些要素，包括最普通的人的活动，都对建筑群有必须尊重的意义。”

建议提出除了对建筑方面的研究外，还有必要进行更为全面的研究，“研究应包括人口统计数据以及对经济、社会、文化活动的分析、生活方式和社会关系、土地使用问题、城市基础设施、道路系统、通信网络以及保护区域与周围环境的相互关系。”

建议强调把历史街区的保护修复工作与街区振兴活动放在同等重要的位置，因为这样“既满足了居民的社会文化和经济需要，又没有损坏该地区的历史特征。”

《内罗毕建议》就其内容实质而言是一部关于历史街区的保护宪章，它既是对20世纪60年代以来世界各国历史街区保护工作的较为全面深入的经验总结，又是对未来工作的纲领性指导文件，具有深远的历史意义。

(4)《马丘比丘宪章》(1977)。其指出“与《雅典宪章》相反，我们深信人的相互作用与交往是城市存在的基本根据。”关于历史遗产保护范围的界定进一步扩大，“不仅要保护和维护好城市的历史遗迹和古迹，而且还要继承一般的文化传统。一切有价值的说明社会和民族特征的文物必须保护起来。”

(5)《华盛顿宪章》(1987)。其又称《保护历史性城市和城市化地段的宪章》。该宪章指出历史地段“在今天已经遍及一切社会的工业化时代所引起的那种城市化影响下，它们正面临没落、颓败甚至破坏的危险。”提出要保持历史城市的地区活力，适应现代生活的需求，解决保护与现代生活等方面的问题，指出“要使这些地区适应现代化生活，悉心建设或改善城市基础设施”，同时“当代生活所需求的新的功能和基础设施网络应该适应历史性城市的特点。”

宪章第一次提出居民参与的重要性，“为了使保护取得成功，必须使全城居民都参与进来。……切切不要忘记，保护历史性城市或地区首先关系到它们的居民。”

《华盛顿宪章》实质上仍然是一部关于历史街区保护的宪章，是对《内罗毕建议》的概括和提炼，它对国际上历史街区的概念、保护原则及方法都进行了较为完善的论述，并以宪章的形式明确下来。

以上这些文件尽管不完全是针对历史街区的，有的是关于文物建筑历史地段而言的，但其论述的观点和精神，如坚持科学的整体的观点和人文主义的视点，仍然在很大程度上可以为居住性历史街区的保护与更新提供借鉴。

此外，就《内罗毕建议》和《华盛顿宪章》这两部针对历史街区（城镇）的文件来说，具有以下几个特点：

一是科学性，给历史街区保护更新工作建立了一个科学的理论基础；

二是普遍性，并不只针对某一国家、地区；

三是原则性，并未过多地陷入保护与更新的一般性问题。

1.2.2 历史街区保护理论的更新

（1）《关于原真性[1]的奈良文件》——在理论上突出了地区文化对历史街区保护与更新的意义。

由于各个国家、地区之间的社会、经济制度、价值观、文化及其保护观念的不同，随着人类文化遗产保护研究工作的深入，如何理解建筑遗产价值及采取何种保护措施观念的差异日益显现。特别是以往的主要文件大部分都是基于欧洲文化背景制定的，如何在此基础上针对各个地方的特点进行附加的阐释成为近几年来国际理论发展的一个趋势。历史街区作为人类文化遗产的一部分，同样是理论发展研究的对象之一。

亚洲的传统建筑多以木结构为主，为了保护和维修，需要修理和更换部件。在中国和日本对传统木结构建筑都有落架大修的方式。例如日本的伊势神宫，按照“式年造替”的传统祭祀惯例，每隔20年会重建宫殿。神宫的主要宫殿都有两块并列的基地，一般，当一块基地内的宫殿建成数年后，按照传统惯例即要在另一基地内，开始按原样建设新的宫殿，工期约10年。所以，在那里20年以上历史的建筑是不可能存在的，它的宫殿建筑是既新且古的传统风格建筑，并且完好地保持了奈良时代的式样。但是按照欧洲的保护观念，这一建筑显然不符合世界文化遗产的登录标准。也就是说，重建后的历史建筑，它的“原真性”如何判定成了一个很大的问题。按照《威尼斯宪章》，文化遗产作为历史的见证物，希望能够保留建设当初的材料，这对于欧洲等地的石构建筑是适用的，对亚洲等地的木构建筑或土坯建筑等，也许就过于苛求了。然而木文化的保护问题同样是非常重要的课题，于是产生了东西方“原真性”问题的讨论与争执。1994年11月，为此专门在日本古都奈良召开了国际性的“关于原真性的奈良会议”，会议讨论的成果，形成了与《世界

[1] 原真性是国际公认的文化遗产评估、保护和监控的基本因素。原真性是由英文“authenticity”翻译而来。它的英文本义是表示真的、而非假的，原本的、而非复制的，忠实的、而非虚伪的，神圣的、而非亵渎的含义。1964年的《威尼斯宪章》奠定了原真性对国际现代遗产保护的意义，提出“将文化遗产真实地、完整地传下去是我们的责任。”

遗产公约》相关的《关于原真性的奈良文件》。

与会专家一致认为：虽然在世界上的一些语言中，没有语汇来准确地表达原真性这一概念，但原真性是定义、评估和监控文化遗产的一项基本因素。《关于原真性的奈良文件》指出：原真性不应被理解为文化遗产的价值本身，而是我们对文化遗产价值的理解取决于有关信息来源是否确凿有效，原真性的原则性就在于此。所有的文化和社会均扎根于由各种各样的历史遗产所构成的有效或无形的固有表现形式和手法之中，对此应给予充分的尊重。将文化遗产价值与原真性的评价基础，置于固定的评价标准之中，也是不可能的。

（2）《圣安东尼奥宣言》——进一步强化和分析了历史街区的动态保护思想。

《圣安东尼奥宣言》是在美洲文化背景下产生的，其中论述的许多内容具有一般性的意义，是对《关于原真性的奈良文件》的进一步深化和补充，并且被 ICOMOS 所推荐。除了对文化多样性的论述外，《圣安东尼奥宣言》还着重对历史街区保护工作的原真性做了分析研究，主要有以下几点：

1）对历史街区原真性保护的界定。宣言将历史文化遗产分为动态和静态两种，历史街区属于动态遗产中的文化景观类别。对于历史街区这样的动态文化遗产，宣言认为可持续发展和传统生活结构的延续比物质材料的原真性更为重要。遗产的原真性“是一个比物质完整性更大的概念，而这两个概念我们不能等同看待。”

2）要用发展的眼光来研究历史街区。历史街区“可以看作是一代代人长期建设的结果，而这一创造的过程将继续延续下去，这种对于人类需求的不断适应将有助于保持我们社会生活的过去、今天和将来的连续性。通过这种对于社会需求的演变，我们的传统能够得到延续。这种演变是正常的，并构成了遗产的本质特征。某些由于社区的继续使用而带来的物质变化并不会降低遗产的重要性，反而会增强遗产的意义，因此这种物质变化可以作为持续演变的一部分而接受。”因此，保护规划要有“与此动态特征相适应的充分弹性。”

3）历史街区的保护要充分考虑到居民利益的维护和街区经济的发展。在历史街区保护的过程中，如何对待历史城市中心区中长期贫困的居民是一个重要的因素。如果不采取措施解决他们突出的物质生活问题和处于边缘的社会问题，是不可能使他们意识到城市历史遗产的文化价值的。

1.2.3　历史街区保护的趋势

文化遗产保护脱胎于文物建筑的保护，但其后的演变已远远超越了建筑的范畴。不仅保护的对象不断扩展，而且保护的对策也变得更为多样与成熟。历史保护成为政府在发展规划制定过程中考虑的重要因素和城市规划的重要价值取向。城市街区的保护规划不再是单一复兴改良城市的物质活动，它涵盖更广泛的社会改良和经济复兴，更多地注重政策制定的社会和经济方面的问题。因此，可以看出发达国家在历史街区保护规划方面有以下趋势：

（1）历史街区保护规划由单纯的物质环境改善规划转向为社会规划、经济规划和物质环境规划相结合的综合规划。

（2）历史街区保护规划的重点从保护、修复历史遗存本体转向街区环境的综合整治和街区活力的恢复振兴。

（3）历史街区的保护方法从急剧的动外科手术或修整更新转向小规模、分阶段和适时的谨慎渐进式改善现状，强调历史街区的保护工作是个连续不断的修整更新过程。

（4）对历史街区中已建成的不同时代建筑的处理方式从统一风格、大规模、改造转向尊重历史、动态调整，使整个街区在充满历史底蕴中充满空间活力。

1.3 历史街区保护的方法

1.3.1 保护的基本内容

1.3.1.1 历史街区物质形态方面的保护内容

（1）自然地理环境。自然地理环境是构成历史独特景观的重要组成部分，它是孕育这一地区特有的风土人情和人文精神的环境要素。这种自然地理环境也包括历代人们对自然进行加工改造后的人与自然结合的环境。

（2）独特的街道空间格局。街道空间格局是构成城市的基本单元，是城市肌理和质地的具体体现，它们包括历史街区的布局形态、道路交通、公共活动空间、历史建筑构成的天际轮廓线等。例如，平江历史街区物质空间环境的保护与整治就包括保护河街并行的双棋盘街坊格局，序列有致的街巷河道体系，桥头河埠、水井牌坊的开放空间，错落有致的街道、河道空间界面等。

（3）历史建筑实体。主要是携带历史信息的文物古迹，历史建、构筑物，以及反映一定历史时代城市建设科技水平的公共设施等。

1.3.1.2 历史街区非物质形态方面的保护内容

历史街区作为人类构筑的产品，作为一个特定时代、特定民族、特定文化环境的产物，以其特定的生活方式作用于人以至人类社会的存在与发展。街区同社会文化、历史条件、组织结构以及风俗习惯等地域特定条件产生联系；形成独特的亲切宜人的生活氛围，形成一种生活方式，这些都是文化价值范畴，也是保护内容。

1.3.2 保护的基本原则

（1）历史原真性。历史街区是保存城市历史信息的载体。只有这个载体是真实的，不是仿造的，不是恢复重建的，才能保护历史信息的原真性；失去了历史信息的真实载体，也就失去了历史风貌地区保护的意义和价值。一度风行的“仿古街”和曾经有过、后来被毁、又为了“恢复”而重建的街区都不是需要保护的历史街区。

历史街区是一个不断自动更新变迁的过程。因此，不可能整个风貌地区的建筑都是历史性建筑；新的历史性建筑也可以因功能上的需要不断在做小的变动。但是如果这一地区新建筑比例较高，而且与原有风貌冲突的建筑过多，保存的历史建筑很少，则事实上已丧失了历史格局的真实性，因此也就不宜再算作历史风貌地区。

（2）生活原真性。历史街区与文物、古遗址、古建筑为主的文物古迹地段的区别在于它不仅是历史遗存，而且至今仍是现实社区的有机组成部分，且具有由居民聚居而形成一定的社会结构、独特的地域传统文化习俗、生活方式及人文精神。按国际惯例，没有生活真实性，只有历史遗存物的地区不能称作历史街区或历史文化风貌地区。

当然，时代在前进，社会要进步，历史街区人们原有的生活方式、价值观念必然要逐渐发生改变；一成不变是不可能的，只是快慢而已。但是，作为历史街区，必须是这个城市或地域传统文化、民俗民风和生活方式保存最多、最完整，因而最能表现出特色的地区。

（3）风貌完整性。这是历史街区保护一条不能忽视的原则。风貌的完整性体现在：一是地区范围内建筑风貌基本一致，尤其是在核心保护范围内没有严重破坏视觉环境和影响历史风貌，割断历史文脉的建筑物、构筑物，即使有极少量的这样的建、构筑物，也是可以通过适当措施改变的；二是历史街区有一定的规模，只有达到一定规模，才能构成一种环境氛围，使人身临其境有一定历史回归的感觉，获得一种独特的文化体验。

（4）保护性更新。历史街区在保护其记载历史信息真实遗存的同时，还应使它能够满足现代生活的要求，成为现代城市生活的一个有历史感的部分，使它重新焕发活力。每个城市街区在快慢不同地进行着更新，历史街区的保护性更新是在有限的条件下、适度的范围内，通过对房屋内部及非特色空间部位的合理改建、适度增建及使用空间调整、内部设施更新，以提高房屋的现代化生活质量和环境质量，创造历史空间的有机延续。

1.3.3 保护的常用方法

1.3.3.1 综述

A 历史街区显性历史遗存的保护

a 旅游型历史城镇——“冻结式”保护

这种方式是将地段内的建筑进行复原与修复后，连同人们的生活也一起保存起来，以供人们参观学习和观光旅游。这类街区路网格局、建筑风貌、街巷景观基本都完好地保存下来，并且质量较高，较完整，生活习俗、文化、艺术也都得到了很好的延续，较少受到现代技术的影响，如云南丽江、山西平遥、江苏周庄等地区（见图1.1、图1.2）。对这类街区、城镇应完全保留下来，包括显性的与隐性的历史遗存。在此基础上改善街区的基础设施、改善居民的生活水平和环境条件，重新焕发出街区的活力。

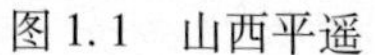

图1.1 山西平遥

图1.2 江苏周庄

美国的威利姆斯和威廉斯堡地段也是采取同样方式予以保护的，威廉斯堡是美国独立前的英国殖民政权中心，20世纪初经过全面的整修复原之后，现已把整个旧城的历史地段划为保护区，作为生动的美国历史博物馆。旧城的整个地段不大，保持原有的结构形式与建筑风格，城郊仍然保留着那个时期的风车磨坊、麦仓等以供参观（见图1.3）。

(a)　　　　(b)

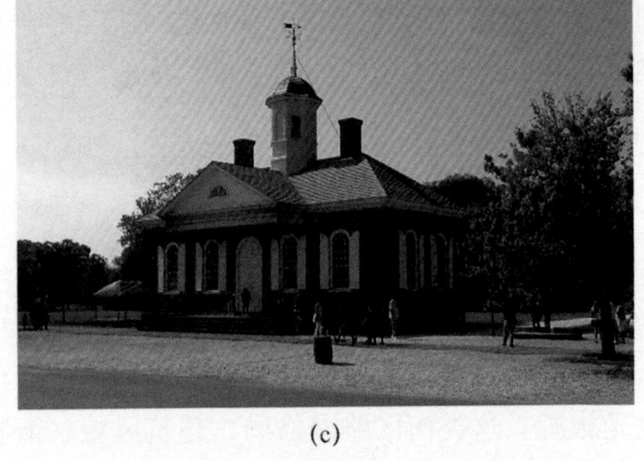

(c)

图1.3　威廉斯堡

（a）入口；（b）穿着传统服装的居民；（c）保留的法院

b　历史型传统风貌街区——拼贴式保护

在历史城市中存在很多这样的街区——街巷格局未变，局部保留传统的风貌，但是基础设施匮乏，房屋简陋，人口密度大，西安城隍庙历史街区就属于这种类型。对于这样的历史街区，应当在保护现有风貌较完整、房屋质量较高的条件下，对破败严重、风貌尽失的建筑采取更新的方法来完善历史街区风貌的完整性，使历史遗存和新建建筑共存于历史街区中，以达到保护历史街区空间形式，延续历史文脉的目的。具体的措施为：

（1）保护、整修保存质量较好的传统建筑；

（2）保护街道格局及其空间尺度；

（3）限制建筑高度与控制建筑体量；

（4）改善基础设施、降低人口密度。

例如，地处苏州东北角，邻近著名狮子林和拙政园的“桐芳巷”街坊，在1992年实施全面改造时，在拆除原址上的大部分房屋后，以原街巷格局为基础，适当拓宽打通，保留了原“街—巷—弄—备弄”的传统坊空间格局，建筑以2～3层的建筑群体为主，采取仿江南水乡传统民居的屋面、檐口、门窗的形式，较好地继承了当地传统特色（见图1.4）。

图 1.4 桐芳巷街景实景照片

c 城市商业中心传统风貌街区——功能转换与调整

在历史街区中，由于历史及地理位置的影响，在街区中形成了相当规模的商业店铺，致使历史街区的社会状况发生了变化。居住在此类街区的人口半数以上属于非当地居民，而原地年轻的居民大多迁到新建居住区，只留下老人在此居住，故老龄人群比例较高。其次，这一地区的商业服务对象远非局限于本片区内外居民，而是面对整个城市。因此，在保护方法上应与以居住性质为主的历史街区有显著差异，因地制宜，重新审视历史街区的功能定位，以适应城市经济与社会发展。

历史街区的个性特色是由历史街区的历史与周围环境决定的，它的特性是无法复制的。商业性历史街区在历史城市中曾经起到过重要的作用，延续它的功能性质不仅保留了历史的信息，而且充分发挥了历史街区独有的文化特色，形成独特的商业旅游环境，提升城市的品位，改善街区的环境，创造良好的经济效益。因此，对于此类街区，可以顺应时代发展需要，延续历史街区的功能特性，将此类历史街区发展结合城市的发展做出相应的功能调整，在保护原有历史风貌及空间结构的基础上，适当地扩大商业规模，改善商业环境，提供一个高品质的旅游、休闲、商业环境，充分地把历史街区的文化价值转化为经济价值，提高街区的经济水平；同时高收益的旅游、商业收入，可以平衡高额的传统风貌街区的保护与维修费用，这样使得历史街区的文化效益、社会效益、经济效益得到统一。例如，南京夫子庙、上海豫园（见图 1.5）的历史街区、西安钟鼓楼广场都是非常成功的例子。

图 1.5 上海豫园

B 历史街区隐性历史遗存的保护

城市风貌是由物质环境、文化环境、社会环境综合形成的，任何一部分都是城市中宝贵的资源（信息、文化），文化环境和社会环境作为隐性历史遗存，有较强的连续性和传承性，能够从多个角度反映历史信息，因此，在物质环境保护之上，应更加重视对社会环境和文化环境的保护研究。

文化、社会环境根植于物质环境之中，是人与人和人与物质环境关系的凝结与升华，文化、社会环境具有特殊性，它必须在相应的历史环境中才能生存与延续，物质环境为它的延续创造了条件，文化、社会环境相反会促进物质环境的发展，对文化、社会环境的保护是历史街区保护的主要内容之一。

a 继承与延续

对于根植于历史传统街区，并且有助于创造城市多样性的因素，应给予保留，特别是对那些今天仍然出现的场景、生活加以继承并且延续下去，包括活动空间的形态、活动的方式、交往的模式，都应保留下来。例如，西安书院门以字画、装裱为主要内容的传统街道，它的售卖交易方式仍延续原来的模式，结合适宜的街道环境表现出了浓郁的地方特色和历史特色，吸引大量的外地及当地游人到此，加深了对西安文化的理解（见图1.6）。

图1.6 书院门

b 探究与发展

“世界上根本不存在永恒不变的东西，由于历史的变迁，许多有价值的人文资源未能延续至今，可贵的是在继承大量历史文化‘基因’基础上的创新式修整复兴”，因为它所具有的典型性和代表性的历史内涵，有必要通过资料的收集整理发现它的形式、活动方式、方法，而后赋之载体或通过当今人的再创造将其表现出来，使当今的人们能体验到历史文化所独有的内涵，并且使历史文化得到积极的保护和延续。

例如，山东曲阜里宾舍，围绕孔子的音乐理论，开发了《中国古乐舞》，再现了孔子的思想，并且这一体现中国古老文化内涵的精彩舞蹈征服了国外游人，通过观看中国古乐舞，更加深了对中国灿烂文化的了解。

再如以马头墙、石板路、拱背桥、石河沿、台门式住宅为特色构件的绍兴古城，它结合鲁迅先生笔下的作品加以解读，开设了咸亨酒店，依竹乡农居式门楣的竹厅、桌椅、窗等都以藤或竹制成，四壁上配以酒为题的诗文，体现出酒乡和书法之乡的浓郁气氛。

对传统文化的发掘、整理、复兴，不仅仅是对传统文化的尊重，而且还是对传统文化的继承和发扬，两者相比，后者可能更具有重要的意义。

1.3.3.2 具体的保护手法

A 街区建筑的保护

对保护范围内的建筑，区分不同情况，实行分类保护，采取不同的办法。已属“文物保护单位”的，保护要求是最为严格的，按《文物保护法》的要求保护、修缮，即遵循“不改变原状”的原则。要慎重对待文物古迹的迁建和重建，既不要任意迁建文物古迹，也不要热衷重建文物古迹。

保存着历史风貌的“历史建筑”，是有一定历史、科学、艺术价值的，反映城市历史风貌和地方特色的建筑物。这些建筑面广量大，根据其建筑构件毁损的情况又可分为两种修缮方式：

（1）建筑的现状结构质量较好，只对毁损的建筑部分进行原样补缺，小规模修缮；

（2）建筑的结构体系毁损严重，为了保持建筑屋顶墙体等外部风貌，可采用新的结构体系，如以钢结构代替原有毁损的木结构体系，这样也可以使传统建筑的室内空间不受原有柱网的限制而改成大空间。

针对文物保护单位和保护建筑，主要的方法是整旧如旧，最大限度地保存历史的原真性，但是对于这类建筑的保护应该是动态的，应该赋予建筑新的功能，使其能够被合理地利用。

例如，北院门号高家大院，建筑遵循整旧如旧的原则重新修缮，在此基础上对高家大院进行旅游文化挖掘和开发，在这里，既可以欣赏明清建筑艺术和传统家居，还可以观摩陕西民间剪纸、皮影戏、木偶剧等。建筑融文化性、观赏性、参与性为一体，展现清代文化魅力，令人耳目一新。

又如咸阳文庙，整个建筑群浑厚庄重，巍峨壮观。原建筑始建于明代初年，现坐落于中山街历史文化街区内，是一组保存完整的明、清古建筑群。在其后的数年内，建筑经过了多次重建，但庙内主要建筑之结构形状，都基本未变。咸阳文庙被赋予了新的功能，咸阳博物馆。咸阳博物馆属于地域性综合博物馆，馆内所藏文物以秦汉两代为主，其中以西汉三千彩绘兵马俑最为出名。

对街区内除文物古迹和历史建筑外的所有一般建筑，根据其风貌特征可分为三种措施：

（1）与历史风貌协调的一般建筑，应予以合理保留；

（2）与历史风貌不协调的一般建筑，近期内不具备拆除的条件，则予以立面改造、平顶改坡顶、降层等整饬措施；

（3）与历史风貌不协调的一般建筑且具备拆除的条件，则予以拆除。

例如，北院门建筑更新时保留、维修和重建相结合，这使改造前的建筑材料和外观结构形式都有所保留，沿街老建筑大约有45%保留，35%进行了维修，只有20%被拆除。

对于规划拆除的建筑，大部分情况要重新建造，通常有新建筑与传统风貌形似与神似两种方式。前者以现代的材料去建造传统形式的建筑，如采用钢筋混凝土框架、花格木门窗等。后者以现代的材料和形式去营建建筑，表面上看与传统建筑有所区别，但是在空间布局、高度体量、比例尺度、色彩等方面是与历史环境相协调的。

当然，绝大多数历史街区中的建筑保护都必须结合居民人口及居住生活的现状进行，才能保证街区始终保持因人的活动存在而充满真正的内在活力，在欧洲和日本的街区保护实践中，可以概括为立面保存和结构保存两种方式。

B 街道格局的保护

历史街区内部道路的格局常常具有该地段乃至整个城市的个性。在我国，坊、街、巷路网格局从古延续至今，但不同的地区有着不同的特征。同为历史文化名城，苏州以前河后街、河路相间的街巷格局为特征，而北京的道路格局是以方格网为骨架，鱼骨式街巷为主脉，在鱼刺两侧为尽端式的胡同。这几种街巷格局是与古代皇权统治、封建经济的社会以及民居布局密切相关的，同时也是不同的生活方式形成的历史风貌的重要体现。因此，在历史街区的保护过程中，街巷的整理和复原是十分重要的。在进行传统居住地段的保护规划中，就应当抓住道路的格局这一特点进行整治与规划。

对街区的历史环境要素也要进行保护和整治，包括要按着历史的面貌维修路面，保持历史上路面的铺砌方式，要维修驳岸、院墙、牌坊，保护古树等。例如，居住地段内的公共水井在历史上是取水、用水的公共设施，它所在的场地也是居民社会交往的场所。由于现代化的生活的要求，居住区内设施逐步有所改善，自来水已进入每家每户，因此公共水井已失去了它的实用价值，但是如果看到水井这个场所作为联系居民的聚集点的作用，利用水井这个城市建筑小品，将其转化为一个有文化价值的居住区内部的一块开敞绿地，井布局成尽端式小巷的收头，水井本身以其历尽沧桑的井栏，饱受井绳磨炼的井圈，以及地面古老的铺砌，树木的配置，就可以使其成为很有特色的景点。

C 建筑高度与尺度的控制

历史街区的建筑高度与尺度的整体协调也是保护的重点之一。从历史看，沿街建筑的高度有不断增高的趋势，新的高大的建筑破坏或取代了历史街区的空间中占统治地位的纪念性或宗教性建筑的统领作用，同时也破坏了原有的街道空间的尺度和比例，因此，高度的控制是协调历史街区建筑风貌的重要手段。

近代巴黎的保护在高度问题上也经历了一段弯路。20 世纪 50 年代的巴黎在高层建筑盛行时曾在中心区、火车站附近建了一座高达 200m、50 层的黑色办公大楼，破坏了城市历史地段建筑群的环境气氛。这一痛苦的教训使巴黎建筑师注意到旧城区，尤其是城市历史街区的建筑高度问题，应努力控制建筑高度，进行建筑分区规划。在巴黎市中心，建筑高度限制为 25m，而在城郊则是 31m 和 37m。这样，就保证了将来巴黎城市的景观不会遭到破坏。

和高度控制相联系，尺度的协调也是历史街区需注意的问题之一。建筑物体量的大小必须和街道格局和空间相适应，在一定狭窄的街道上或一个局促的地段内兴建像现代商业楼那样巨大的建筑物，必然是导致传统环境尺度的破坏，导致城市历史街区面貌的不协调。

D 基础设施的改造

改善历史街区的生活基础设施的条件，增加服务设施，保护现代生活的需要，包括供水、供电、排水、垃圾清理、道路修整以及供气或取暖等市政基础设施，同时开辟必要的儿童游戏场地，增加绿化等，改善居民的居住环境，使居民可以安居乐业，继续在故居中生活下去且生活得更好。

E 居住人口及居住方式的调整

减少居住户数，适当调整居民结构。对扬州老城以及北京四合院民居的居住情况调查中，发现居民对旧房屋不满的一个原因是居住户数过多，居住面积太小的问题；而对住宅的格局本身，多数是称赞和留恋的。因此，要迁走一定的住户以保证居民的居住面积，拆除自建的小屋和构筑物，恢复住宅的本来面目。

另外，可以运用现代材料和空间处理手法创造出满足现代生活需要的内部空间。一种是利用轻质隔断将空间进行重新分割；另一种方法是添加夹层，增加空间层次，提高空间利用率。

F 街区功能、性质的调整

历史街区通常存在着设施老化、建筑结构衰败、居住人口密集、社会活动趋于消亡等问题，因此街区功能的振兴和充实是街区保护的重要内容之一。应根据历史街区的历史特色以及在城市生活中的功能作用，合理地把握街区的功能与性质。目前，国内外街区保护实践中，一般有功能保护与功能变更两种方式。

上述六大方面内容的采用以最大限度地保持街区的历史文化价值为基点，结合街区的振兴与地区活力的保持，使历史街区真正成为城市最重要的区域。

1.4 历史街区保护的特征

经过多年的发展，遗产保护已由保护可供人们欣赏的艺术品，发展到保护各种作为社会、文化见证的历史建筑与环境，进而保护与人们当前生活休戚相关的历史街区乃至整个历史城镇。由保护物质实体发展到非物质形态的城镇传统文化等更加广泛的保护领域，这种现象反映出人类现代文明发展的必然趋势，保护与发展已成为各国的共同目标。

（1）从保护对象来看，过去只有杰出的、在历史上或艺术上占有重要地位的文物古迹、代表性作品以及名人故居等优秀的历史遗产才考虑保护。现在，许多由于时光流逝而获得文化意义的一般建筑物、各历史时期的构筑物、社会发展的见证实物以及非物质形态的无形文化遗产等，都成为保护对象。

（2）从保护范围上看，保护已不再限于文物古迹、历史建筑本身，而是扩大到周边环境和自然环境，从单一的文化艺术作品扩大到与人们日常生活密切相关的历史街区、历史城镇和村落，也就是说从点的保护扩大到历史地段乃至城市的整体历史环境的保护。

（3）在历史保护的深度方面，过去对文物建筑、历史地段和历史城镇的保护，注重物质实体方面。而现在除实体环境外，已开始保护具有浓郁地方特色的典型社会环境和民族文化传统，保护和发掘构成城镇精神文明的更广泛的内容。也就是说，从单体的保护演进到对自然环境、历史环境、人文环境进行综合性的保护。

（4）在保护的方法及手段上，亦由过去单纯的文物考古和建筑修复演进为多学科共同参与的综合行为，采用各种技术手段，进行调查、鉴定、保护、展示、开发、利用，具有多学科、综合性和多样化的特点。传统文化的保护也从建筑师、规划师、文物专家的技术行为转变为广泛的由社会调查和公众参与构成的保护运动。

2 历史街区现状调研案例

北京，一个具有850多年建都史的城市，其辉煌的艺术成就为世人瞩目，而那些掩映于绿树丛中的四合院以及幽深宁静的街巷胡同则是构成其独特风貌的重要元素。现状分析正是通过记录历史街区在新老更迭时代的现状和变化，帮助我们从中感受到这座古城鲜活的历史，感受居民对其倾注的热情和心血，并引导我们思考如何利用自己的力量来保护文化遗产并让它们更好地融入新城市。在历史滚滚的车轮下，城市现代化发展与文化积淀的碰撞与融合、历史街区居民现实生活的迫境与城市自身文化需求的矛盾与羁绊，都是分析的重点。现状调研主要包括：

（1）自然环境——地理位置、地形地貌、水文条件、风向气温、日照雨雪、植被生物等。

（2）区域环境——与街区发生相互作用的周边地区范围。

（3）历史文化环境——当地居民习俗、文化素养、生活情趣、历史遗存、建筑空间与形式组合等。

（4）社会环境——人口结构、家庭规模、家庭生活方式、社会组织、业态、经济收入、文化构成等。

（5）街区空间——街道宽度、街道空间形态等。

（6）建筑情况——建筑年代、建筑产权、建筑质量、建筑环境、建筑风貌、建筑高度、建筑屋顶形式、建筑的保护更新方式等。

（7）基础设施——环卫、通信、燃气、消防、供水、供电等。

2.1 西四北头条至北八条历史街区

项目名称：西四北头条至北八条历史街区调研

项目概况：西四北头条至北八条，是随着元大都的兴建而诞生的，至今已有七百多年的历史。元大都兴建时全城有统一、严格的规划，西四北头条至北八条正是按严格规划建设起来的，而且一直延续至今，是反映元大都建城规划的难得的历史遗存。

项目完成人员：杨乔丹　刘喆　许鹏　丁凯钧

项目特点：保护区内四合院以清末民初修建的居多，除个别四合院维修得较好，以及近年来兴建的少量有用做驻京办事处和私人豪华住宅的新四合院以外，多数四合院均有不同程度的破损。历年来，特别是1976年地震后，四合院内普遍盖了许多防震棚，有的用做厨房，有的甚至被当做住房出租。这不仅破坏了四合院原有的规整格局，而且大大增加了四合院地区的实际建筑密度（永久性建筑加上违章搭建建筑的用地面积占四合院总用地的3/4）。

成果分析：通过调研，可以感受到居住在这里的人们依恋着这块伴着他们成长、久经风雨的土地，所以保护不仅是对建筑与街道形制的保护及对文物古迹的修缮，更重要的是要留住这里的风貌，保存这里的风俗，既让居民获得良好的生活环境，又能促进文化传承。西四北头条至北八条历史街区现状调研报告如下所示。

现状
PRESENT CONDITION

区位

【西四的背景】

朝阜文化街是北京一条具有浓郁传统特色的街道，沿街山水相依，城园毗邻，从西四到东四一线曾被老舍先生称作"世界上最美丽的一条街"。朝阜文化街以独特的历史地位和丰富的文化遗存成为北京"一轴一线"（南北中轴线和朝阜大街）古都风貌骨架的重要组成部分。

西四是"西四牌楼"的简称，位于宁成门内大街，建于明永乐年间，四座牌楼分别位于现西四路口的东、西、南、北。东侧牌楼上书"行仁"，西侧牌楼上书"履义"，南、北侧牌楼均上书"大市街"。1954年，四座牌楼被拆除，现仅为地名。

西四北头条到北八条毗邻朝阜文化街，位于西四路口西北角，由八条相互平行的胡同组成，是随着元大都的兴建而诞生的平房四合院住宅区，至今已有700多年的悠久历史。它体现了北京旧城最早的城市格局，具有极高的历史文化价值，被誉为"旧城历史精华地段的核心保护区，"被北京市政府列为北京旧城25片历史文化保护区之一

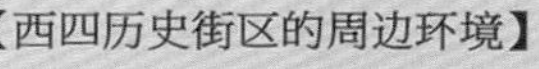

【西四历史街区的周边环境】

西四历史保护街区是北京旧城典型历史街区的重要组成部分，并且是历史街区当中的历史文化保护区，具有悠久的历史和丰富的文保资源。西四北紧邻西二环，南侧毗邻北京旧城重要的东西向历史干道朝阜大街，北侧延伸到旧城北部横贯东西的新干道平安大街，其地理位置联系了旧城内多条重要的框架性道路，具有鲜明的历史特点。由于时间有限，我们选取了西四八条到四条作为研究范围，合计总占地面积16.41hm²。西四北头条至八条地区东至赵登禹路、南至阜内大街、西至西四北大街、北至平安大街。

对于西四北地区的发展而言，除了它的自身现状特点和资源开发潜力外，周边地区带来的影响也会直接引导这一地区的未来发展方向，其中最重要的影响因素集中在西城区的两大功能街区上。西四北地区位于阜景街西段、金融街北侧，直接联系了西城区两个重要的功能。这两个功能一个是风貌保存完整、历史资源丰富的历史旅游街区，另一个是作为北京金融结构主中心的金融商务街区，在功能定位和风貌特点上截然不同。因此，西四北地区不但要承担与整合两大功能需求，也要承担历史街区与金融商务街区之间的对话与协调。

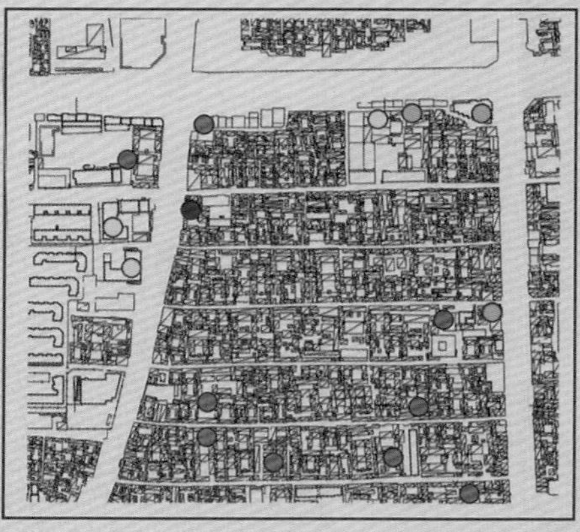

【西四街区周边设施现状图】

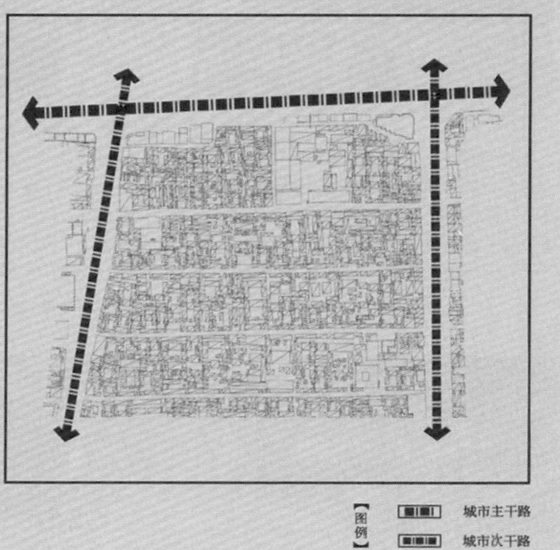

【西四街区周边交通图】

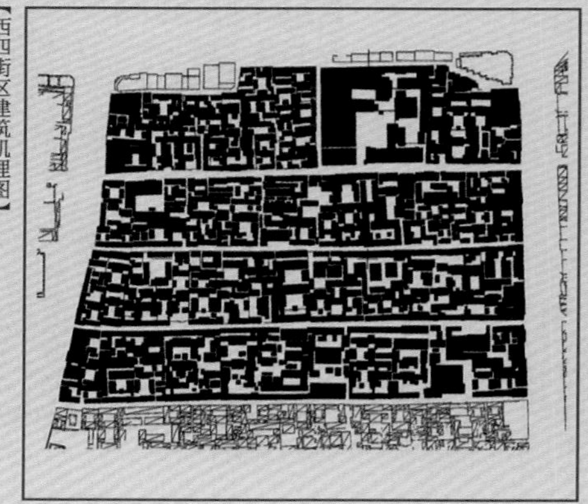

【西四街区建筑肌理图】

【对比·大栅栏街区建筑肌理图】

西四

现状

PRESENT CONDITION

业态

【旧时建筑在当代】

西四作为典型的居住性历史保护街区，其居住用地在区域内所占比例可见一斑。在西四街区东西两侧的赵登禹路与西四北大街上，由于其交通流量较大，因此商业主要分布在这两段路上。西四街区内部商业较少，沿街商铺也基本为商住两用。若想为历史街区提供活力，则应当正确选择商业种类入驻于历史街区内，形成区域内微循环，使历史街区在现代重新焕发活力。

【历史居住街区现有产业基础】

目前一般历史居住街区的产业形态可以分为院落型和店铺型两类，院落型即以院落为单位开发的产业类型，如四合院宾馆、会所等，店铺型即以胡同沿线廊坊、倒座房为单位开发的产业类型，如中小型的餐饮、零售等，两种类型的产业在空间特点和聚集情况上各有不同：

一、院落型产业

以西四北地区为例，街区内现存的院落型产业以四合院宾馆为主，现有四合院宾馆 9 处，分别分布在西四北二条、三条、六条、七条、六合、阜城门内小街，均为形制保留较为完整的复合式或四合院院落，房屋质量与风貌品质较高，主要以接待外国游客为主，效益较好，可见该地区具备发展四合院宾馆产业的基本条件和商业机遇。

历史街区四合院宾馆【来源：自摄】

二、店铺型产业

一般集中在历史居住街区的主要街道和一些特色街巷沿线，由廊房、倒座房改造而成，业态主要为零售业、餐饮业，如白塔寺地区的宫门口东西岔、阜内小街沿线，什刹海烟袋斜街和交道口南锣鼓巷等。这些小型商业除沿街的房屋用作产业外，院落内部其他房屋仍用于居住，店铺面积 20 m^2 以下居多。类似西四北和白塔寺地区的店铺聚集区由于缺乏有效的引导，目前尚未形成产业规模与链条，目前主要服务于街区内部居民，销售的产品也以居民日常用品为主，利润和产品附加值相对较低，店铺风貌也相对较差。

历史街区胡同餐饮零售业【来源：自摄】

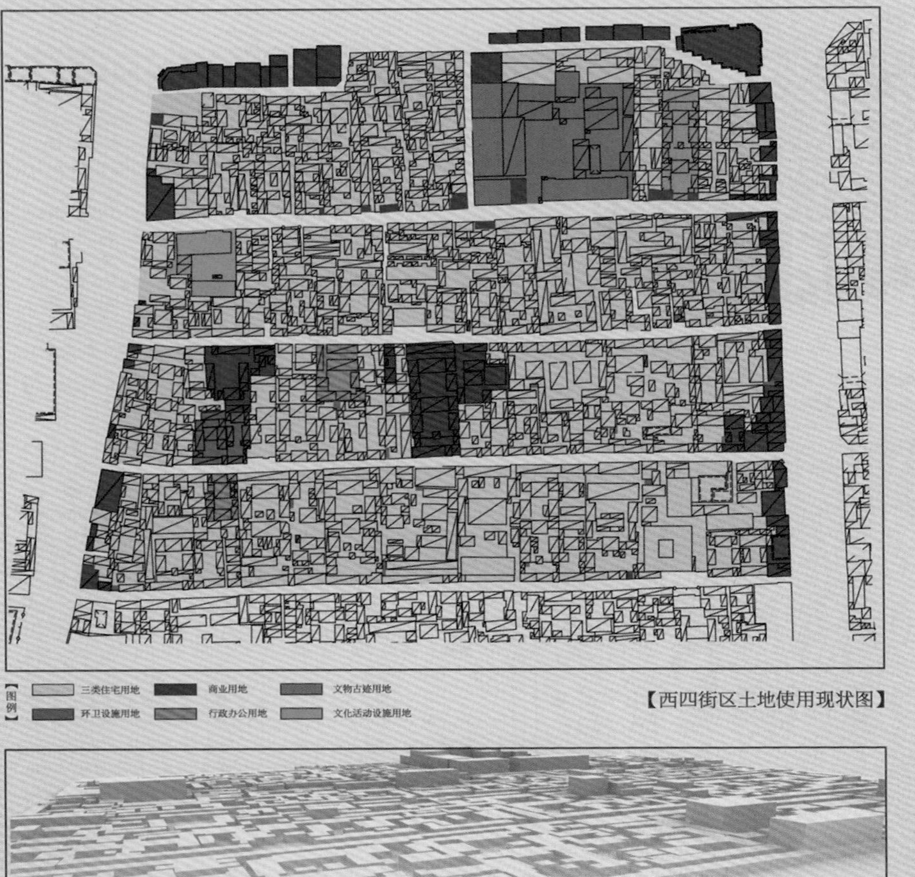

【西四街区土地使用现状图】

现状
PRESENT CONDITION
西 四

风貌

【风貌分类及西四地区建筑风貌评估】

一类建筑为与传统风貌相协调的一般传统建筑（明清建筑）；
二类建筑为与传统风貌较协调的一般传统建筑（民国建筑）；
三类建筑为与传统风貌较协调的一般现代建筑（解放后建筑）；
四类建筑为与传统风貌较不协调的一般现代建筑（居民自搭平房为主）；
五类建筑为与传统风貌不协调的一般现代建筑（解放后建筑与私搭乱建）

该地区住宅绝大多数为一、二层低矮建筑，有少量多层建筑，3~6层不等，主要为几处单位大院，散落分布在历史居住区内。尽管其数量仅占总数的2%，但由于多层建筑群平面和垂直尺度均较大，因此用地面积较大，形成较为突兀的地区肌理。

这一现象的形成由来已久，由于新中国成立初期对于旧城历史居住区保护控制较少，部分院落被行政、生产部门占用，将原有四合院拆除后兴建多层建筑，其后，随着四合院保护意识的建立，政府对此类行为采取了控制，但既有建筑已不能拆除，于是形成了现状零星分布在平房区内的多层建筑局面。

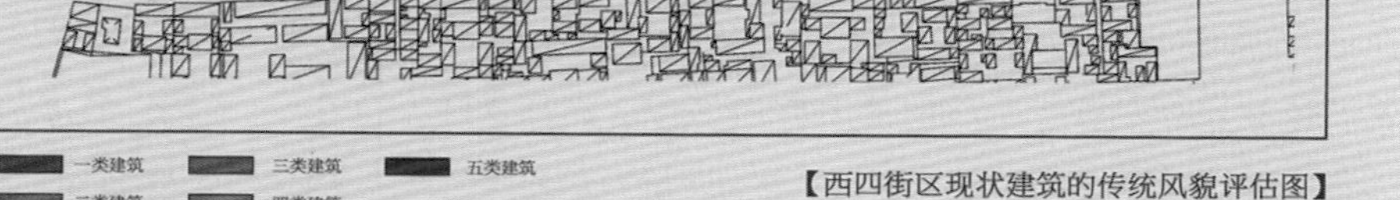

【西四街区现状建筑的传统风貌评估图】

【对比·东四街区风貌评估】

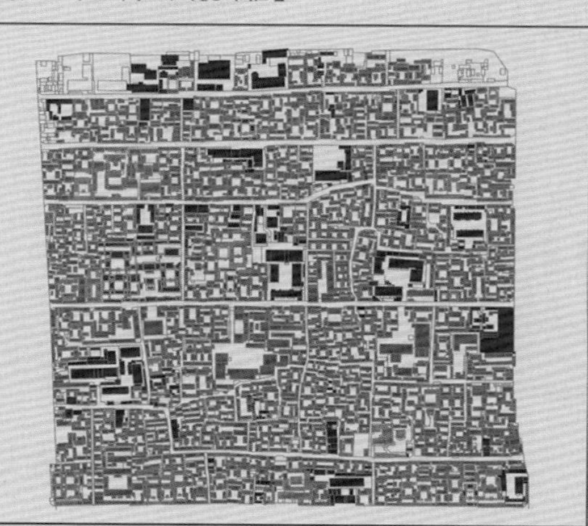

【东四街区现状建筑的传统风貌评估图】

【总结】

胡同是北京一道独特的文化。胡同的形制形成于明代，历经明、清、民国与新中国一直保留至今，胡同依然成为北京的独特文化。新中国成立后，城市的工业化加速，加之国家部委进驻，北京很多四合院平房惨遭拆迁，继而建造高楼大厦，严重影响了北京的旧城风貌和胡同文化。不过前不久，在旧城范围内挑选了具有保留价值的六百八十五个四合院，挂牌之后就意味着铁定保存，这让诸多开发商望而却步。而且北京已经摒弃了"剃平头，起高楼的旧城改造做法，对胡同的改造多采取小规模、渐进式的方式，二三环内大拆大建的现象正在日益减少。

目前北京旧城胡同改造有其基本原则，保留原有的胡同肌理，道路的走向，位置及名称与原有街巷一致，之后补齐胡同功能，同时以院落为单位，进行微循环、小规模的改造，根据各个院落的问题，进行有效的改造，对建筑进行修旧如旧的整修，保持其简洁古朴的风格。北京城利用逐个院落的改造方法更新城市，同时保留了胡同风貌。

现状

PRESENT CONDITION

势

【曾经的建筑】

建筑是构成城市实体的主要要素，由它们构成的城市中的旧街区，古迹点仍和现代城市生活发生密切联系，并形成城市文化景观特色中最重要的部分。对其建筑高度进行控制，是对古城肌理的一种保护。人们已经意识到：建筑高度的控制及其控制范围的确定对于保护好一个城市的轮廓线是多么的重要，主要建筑物尤其是纪念性建筑物在天际线上主体地位被破坏，很大程度上是因为周围建筑高度和尺度的失控。

以巴黎为例，20世纪50年代高层建筑盛行时，在巴黎靠近中心区的蒙巴纳斯车站附近，盖了一幢当时欧洲最高210m的大厦，结果不仅破坏了城市优美的历史轮廓线，也破坏了周围的环境气氛，从而引起了各方面的非议。再看北京，长期以来，北京城以旧城为中心向外蔓延发展，形成"中间低两边高"的盆状结构，渐渐失去了原有的平缓的城市天际线。

【西四街区的高度与尺度】

西四历史街区内98%建筑高度在旧城居住区 7.2m控高以下，其中 91%为4m以下的一层建筑。突破 7.2m控高的建筑仅占总数的2%，主要为多层建筑和少量居民垂直加建房。

建筑高度控制准则

准则一：非建筑建设控制带，根据仰角45°($D=H$)为欣赏景物细部的观赏视角的理论，确定$0<L<H$；同时由于欣赏景物局部的适宜距离不宜过大，上限取30m。

准则二：多层建筑建设控制带，根据仰角27°($D=2H$)是欣赏包括背景在内的风景全貌的观赏视角的理论，结合多层建筑高度与古迹相近的现状，确定次要视角视距上限为$2H$，主要视角为$3H$，因此$2H\le L\le 3H$。带状古迹高度控制带宽度取高值，即$L\geq 3H$。正对标志性古迹的道路，古迹的建筑建设控制带宽度沿道路走向按照$L\le 6H$控制，道路红线两侧后退20m范围内，按多层限高控制。

准则三：内视角建筑建设控制带，根据仰视观赏景物仰角超出30°视域，周边建筑高度易使人情绪紧张并产生压抑感的理论，采用公式$L\geq \cot 30°\times H$对院落式古迹周边建筑，确定多层、小高层、高层建筑建设控制带。

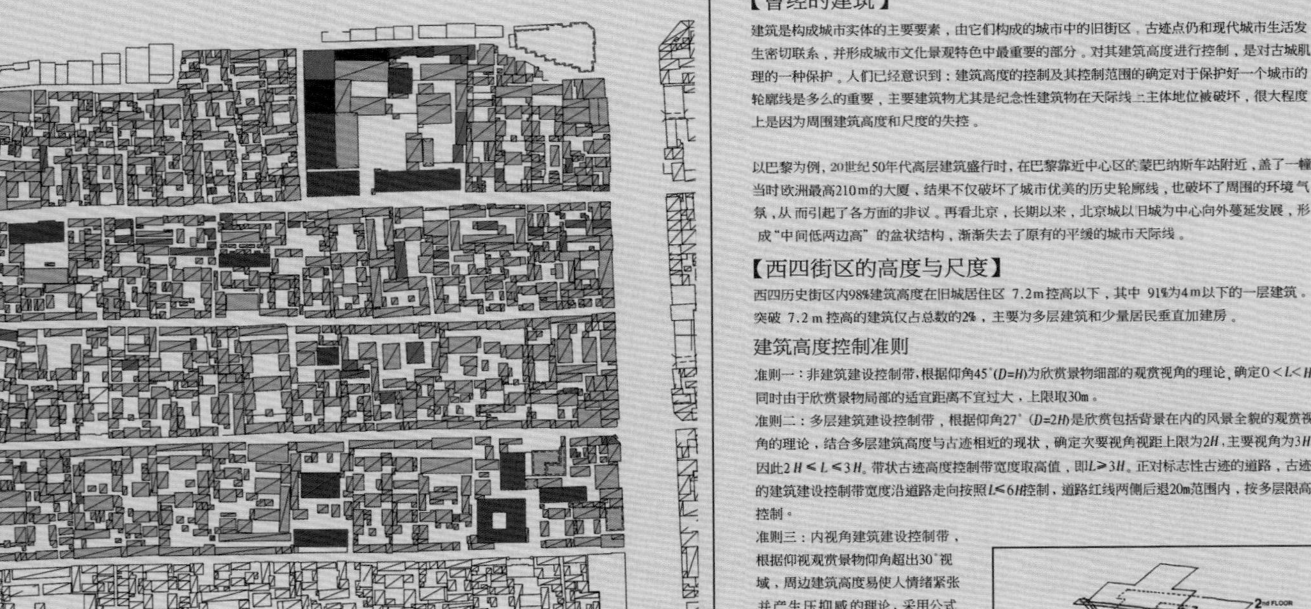

【西四街区建筑高度分析图】

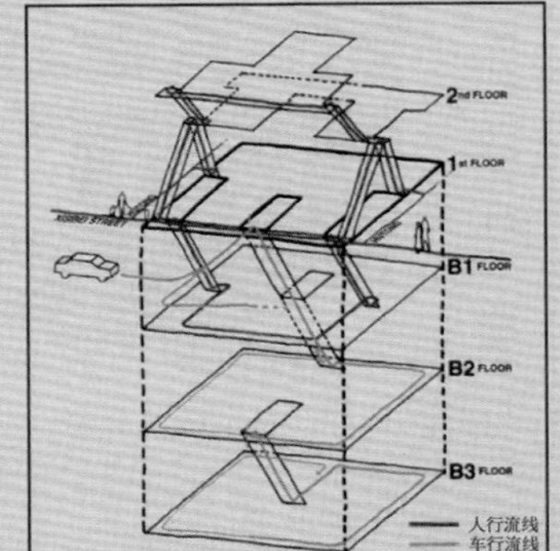

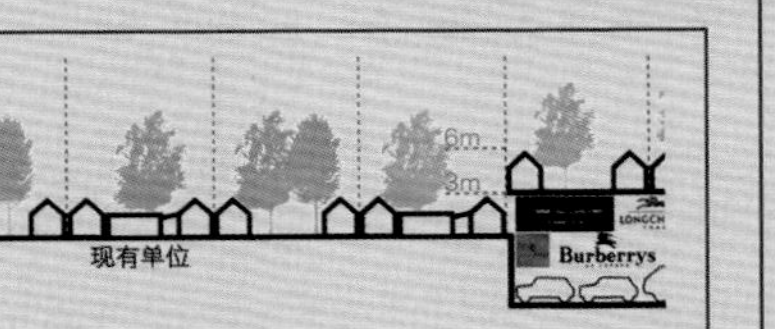

【关于历史街区竖向设计的思考】

对风格较为单一的历史保护街区的土地利用可以从多角度来思考。对建筑单体的地下空间的开发是一条旧城保护的新思路，既执著于旧城传统四合院格局的完整保留又试图赋予其公共性和垂直性。在它们的被伪装了的高密度的现代商业空间里新建筑与旧街区和平共处，同时也解决了院内居民对于更多居住用地的需求以及满足人们的停车需求。同时在地下可以产生类似商业街的效应，给予历史保护街区新的活力的同时在最大限度上保护地上旧时建筑的完整性。

现状

PRESENT CONDITION

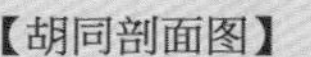

行走

【胡同区的道路】

我们根据西四北和白塔寺地区胡同在风貌、功能上的差异，选取一些特色较为鲜明的胡同进行分类，主要分为风貌特色胡同、肌理特色胡同、功能特色胡同三种类型， 各自具备不同的城市旅游利用价值。其中西四北头条到八条胡同和白塔寺东北的安平巷、前抄手胡同风貌品质较好，房屋建筑保护水平较高，具有较高的风貌欣赏价值，属于风貌特色型胡同；宫门口东西岔胡同和西四北头条社区的六合胡同地区胡同肌理特殊， 其中东西岔胡同呈 X 形交叉状，两条胡同横向距离极近，现状集中了大量生活性小商业，而六合地区呈梳状，四合院规格大小十分规则，排列整齐，现状已有少量四合院宾馆开设，具有较高的商业开发价值，属于肌理特色型胡同；鲁迅博物馆前的阜内北小街起通道作用，具有重要的旅游景点引导功能，属于功能特色型胡同。

西四历史街区的八条到五条部分的主要道路均为宽度5~7m的胡同，但由于街道两侧经常停放机动车， 因此实际街道也仅为可以允许两辆车并肩通过的宽度。 这告诉我们在以后的改造中，设置集中停车场为街道上的行人和非机动车创造良好的通行环境是很重要的一点。

除此以外，该地区也存在部分现状较差的胡同，如蒲州巷、白塔寺东夹道支路、白塔巷、宫门口西岔支路、盒子胡同等，其胡同尺度较窄、多为弯曲或断头路，给交通、防火带来较大不便。这一现象体现出地区传统空间肌理的保护与交通和功能改善之间存在矛盾， 因此应当针对胡同特点安排适当的功能，对现状不理想的胡同（断头、过窄等）， 可以借功能调整与院落整治为契机进行综合整治。

【胡同剖面图】

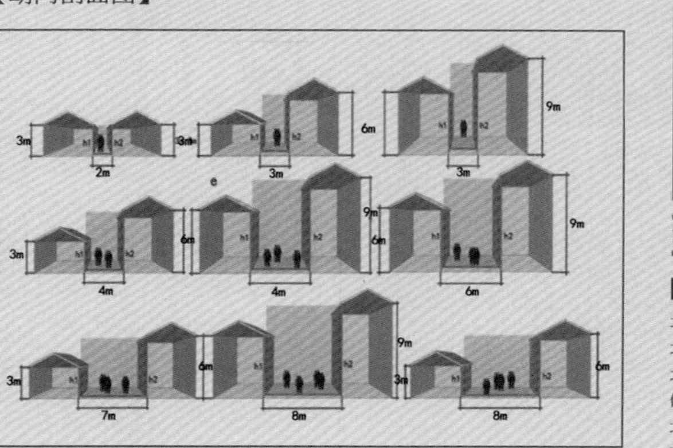

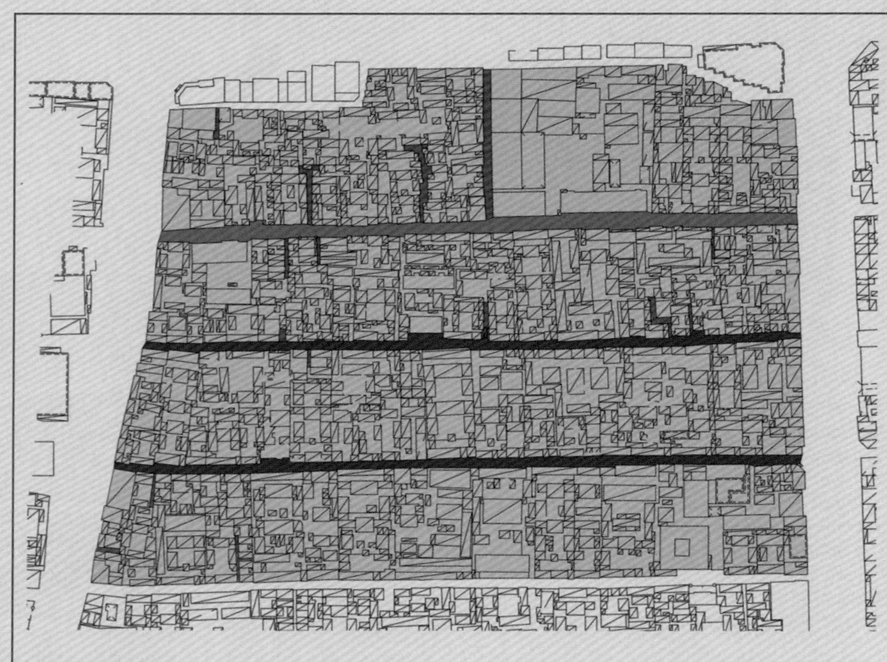

【西四街区胡同宽度分析图】

【西四胡同名的变迁】

北五条，旧称石老娘胡同，相传曾有石姓接生婆居此而得名，后沿用。

北六条，明代旧称王瑞老儿胡同，清代以后相继改称卫儿、魏儿、卫衣胡同，民国后称南魏儿胡同、南魏胡同。

北七条，旧称泰宁侯胡同，因明代泰宁侯陈硅居住在此而得名。清代道光皇帝名叫旻宁，“宁”字须避讳，泰宁侯胡同改称泰安侯胡同，也称太安侯胡同。

北八条，旧称武安侯胡同，因明代武安侯郑亨的府邸建在此而得名，明代以后又被讹传为武王侯胡同。

在这四条胡同的名称里充满了浓郁的生活气息。到了1965年，这些充满庶民生活气息的胡同名称被改为以数目排列、缺乏历史想象力的称谓了，虽然更加好记，但是胡同名里的文化气息已经不复存在了。

西四

现状
PRESENT CONDITION

生活

【院落与形制】

从院落形制上看，西四北地区保持着以传统四合院为主的院落格局，根据院落格局当中主要建筑的分布结构，可以将院落形制分为单房院落、双房院落、三合院、四合院、复合院、不规则院落六种形式。其中单房和双房院落一般为规格较低较简陋的院落；三合院、四合院为保存下来的标准普通院落；复合院落则一般规格较高，反映了院落历史上主人地位较高、房屋规模较大、形制较为完整；而不规则院落为已经不具备传统四合院格局的院落，一般为现代新建院落或拆毁较严重的传统院落。

从图中可见，通过对院落进行鉴定分类的方式同样可以看出这样的地域特点：西四北地区以复合型院落为主，有较多在历史上具备一定规模的高等级四合院，也反映出该地区历史居民的地位应相对较高，胡同肌理清晰，居住环境和文化氛围较好，院落格局的现状保留水平较高；而与其相邻白塔寺地区则多为简单院落和不规则院落，其中不少是单房和双房院落，反映出该地区在历史上以普通百姓居住为主，院落尺度相对较小，房屋密集、胡同肌理复杂，具有浓厚的市井气息，而数量较多的不规则院落也表现出该地区传统院落格局被破坏的现象较为突出。

由此可见，西四北地区具有文化特点强烈的历史肌理特征，其胡同肌理和院落形制本身就具备很高的历史文化价值和保护研究意义，院落质量也相对较高，在规划中应保留其历史原貌，形成具有浓厚北京传统文化氛围的特色街区；而白塔寺周边地区的院落形制较低、房屋质量欠佳，在规划中可以考虑对这一地区的胡同肌理和院落格局进行适当调整，提升地区居住品质。

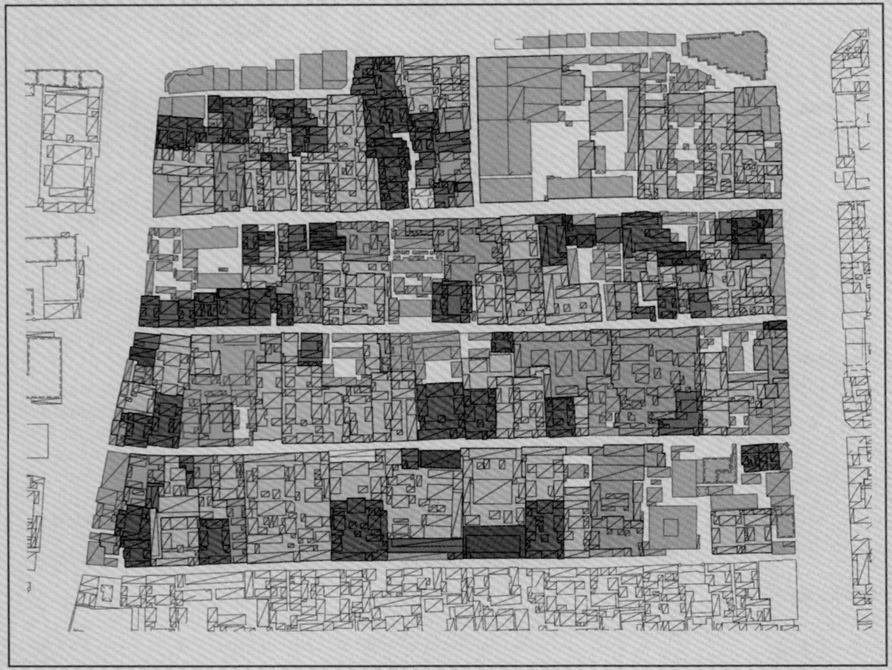

【西四街区院落划分图】

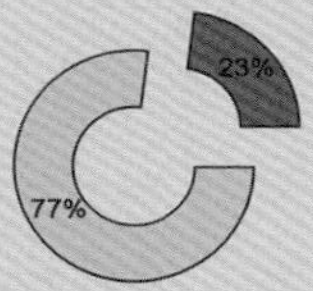

【坡、平屋顶统计图】

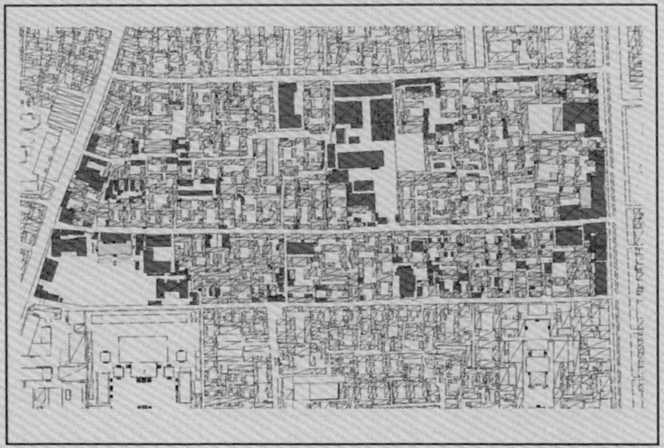

【西四街区建筑的屋顶形式分析图】

【院落与空间】

由上图和右图，经过百年的历史演变，历史居住街区当中的院落空间格局在居民自发的加建和拆改过程中遭到很大破坏，许多院落目前已经难以辨认出四合院传统的院落空间。但值得庆幸的是，大部分四合院的主要建筑（如正房、耳房、厢房、倒座房等）仍然保存了下来，它们的风貌保存完整，质量尽管存在一定问题但完全可以修复。因此通过院落加建拆除与院落房屋整理，完全可以恢复历史居住街区大部分院落的传统风貌，并且营造出舒适的居住环境。

现状

PRESENT CONDITION

土地

【西四街区的建筑功能】

西四北和白塔寺地区用地总面积 76.9 hm^2，地段内占绝大部分的是居住用地，总计41.66 hm^2，占总用地面积的 54.17%。可见这一地区仍保留了以居住功能为主的旧城历史居住街区用地特点。除居住用地外，地段内商业服务设施用地（10.19 hm^2 ）和文物古迹用地（4.22 hm^2）较多，阜内大街、西四北大街、赵登禹路东侧沿线沿街商业店铺密集，阜内北街、宫门口东西岔也有较为集中的小商业分布，阜内大街沿线分布着多个国家级文保单位的文物古迹用地，形成地区用地的整体特点。

居住用地分布

西四北和白塔寺地区居住用地 41.66 hm^2，其中旧城传统平房居住区（R3）37.92 hm^2，多、高层居住小区（R2）3.73 hm^2，可见街区内以低矮的四合院形式三类居住用地为主，保持了较为完整的历史居住街区风貌特点。地区内总计院落 989 个，主要房屋 4988 个，户籍居住人口 24353人，9486 户，街区人口密度 316.7 人/hm^2，现状用地所承载的实际居住功能十分显著。

由于西四北地区位于“25 片历史文化保护街区”中的阜成门内保护区和西四北头条至八条保护区范围之内，因此在建设上有严格的保护规划控制，历史街区风貌保存较为完整，以平房四合院为主，胡同与院落肌理均延续元明时期所形成的原貌。北京旧城分为宫城、皇城、外城三层结构，所有城市建设均以宫城紫禁城为核心展开，越靠近宫城的城市地块其建成时间则越早，城市规划更合理，道路也更为规整；而越靠近城墙的地区则道路与城市肌理杂乱，相对存在更为严重的贫民化现象。西四北和白塔寺地区由于本身与皇城区位关系的不同，也形成了具有一定差异性的居住特点。

大类代号	小类代号	用地名称	用地面积（hm^2）	百分比
R		居住用地	41.66	54.17%
	R2	二类居住用地	3.73	4.85%
	R3	三类居住用地	37.92	49.31%
	R4	四类居住用地	0.01	0.01%
C		商业服务用地	17.74	23.07%
	C1	行政办公用地	1.04	1.35%
	C2	商业金融用地	10.19	13.25%
	C3	文化娱乐用地	1.41	1.83%
	C6	教育科研设计用地	0.55	0.72%
	C7	文物古迹用地	4.22	5.49%
	C9	其他公共设施用地	0.33	0.43%
M	M	工业用地	0.04	0.05%
W	W	仓储用地	0.17	0.22%
S	S	道路用地	16.69	21.70%
U	U	市政设施用地	0.02	0.03%
		在建	0.58	0.75%
总计			76.90	100.00%

【西四街区用地平衡表】

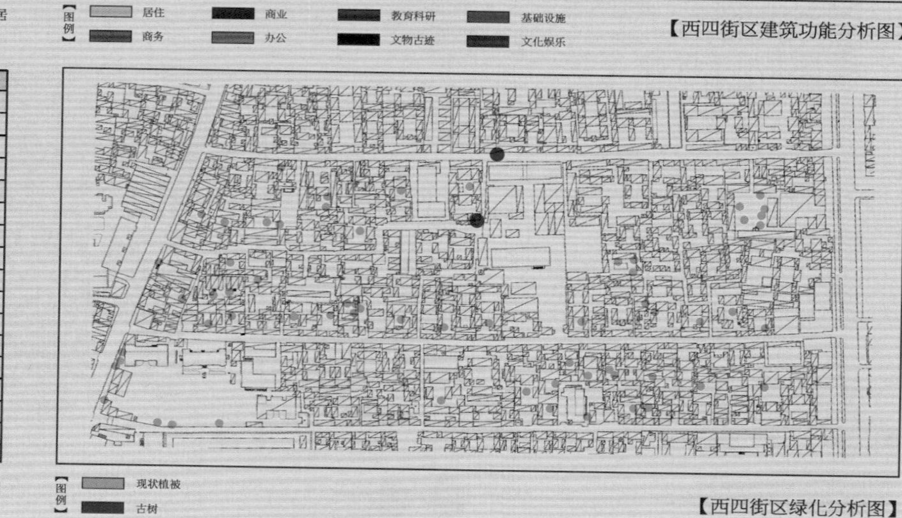

【西四街区建筑功能分析图】

【西四街区绿化分析图】

现状
PRESENT CONDITION

居住

【建筑与人居】

为了解西四北地区的房屋建筑保存状况，对该地区进行了入户调研，对地段内所有居住建筑的质量、风貌、建筑形式进行了调查与评价。

地区房屋质量普遍欠佳，20%的房屋存在较为严重的质量问题，如屋顶漏水、门窗漏风、结构腐朽、砖墙风化等，直接影响居民的正常居住。22%房屋质量较好，主要为私房院落或新翻建的院落，其余58%的房屋则多少存在一定质量问题，但可满足基本居住要求。

由左图中可见，质量较好的院落在前抄手胡同和西四北四条胡同呈集中分布，这是由于该地区已完成大部分院落的翻建工作。而建筑质量较差的院落则在西四北头条居委会的六合地区和宫门口三条胡同分布较为集中，其余地区建筑质量分布较为平均。

【图例】结构好，维护好　结构一般，维护一般　结构差，维护差

【西四街区建筑质量分析图】

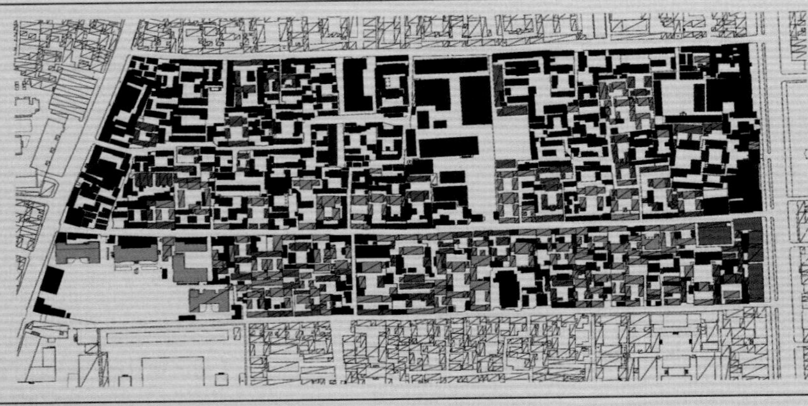

【图例】解放前　1950~1980年　1980~2000年　2000年以后

【西四街区建筑年代分析图】

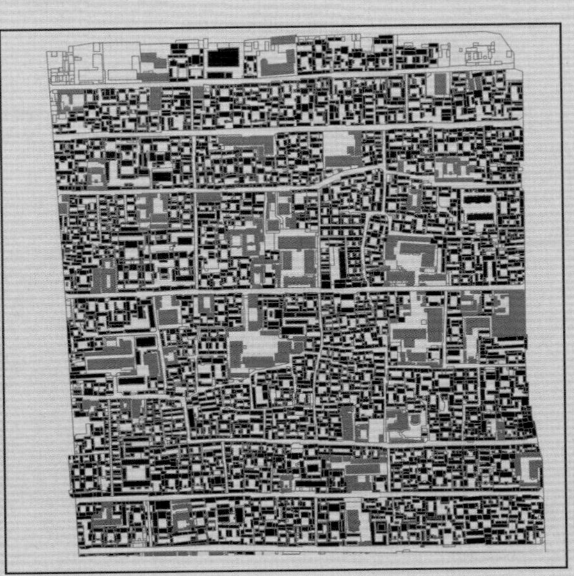

【图例】结构好，维护好　结构一般，维护一般　结构差，维护差

【对比·东四街区建筑质量分布图】

现状

PRESENT CONDITION

生活

【市政管道】

在我们的调研中发现，西四地区排水设施极少，大多院落虽已引入排水口，但干管至今沿用清末、民初盖板地沟，雨、污合流。个别低洼院落无法排水，仅依靠渗漏，如遇大雨，院内积水难行。

西四地区供水管道只到院落，均裸管直埋，年久失修，腐蚀严重，再加以住户私接乱改，大都引上下水入户，造成遗漏，责任不清，纠纷不断。生活燃料以液化气为主，以往私人取暖用蜂窝煤，自“煤改电”工程实施以来，住户取暖陆续改用电，机关单位自建柴油锅炉房。天然气除极个别引入，未大规模通气，无液化气站。西四地区电力管线已经扩容，不再限电，住户普遍安装空调，均明线敷设，与光缆、话缆纵横交错，既不雅观，又存隐患。有线电视、电话均可接通入户。电力、电信全部架空电缆，主要分布在东西向胡同和部分南北向胡同里，电线杆新旧交替，线路紊乱，标识不清，路灯损坏，夜巷昏暗。

全区居民基本使用公共厕所，厕浴到户极少，公厕卫生环境一般，难以管理，是地区卫生环境的大敌。片区内设封闭式垃圾站一座，每天大队垃圾车云集于此，遗撒散味，絮噪嘈杂，严重扰民。由于地域限制，南北交通不畅，各胡同间联系受制约，胡同狭窄，存在较大消防隐患。邮筒、果皮箱、指示牌、路标等个别有破损或残缺不全。

【西四街区市政管道分析图】

【管线布置】

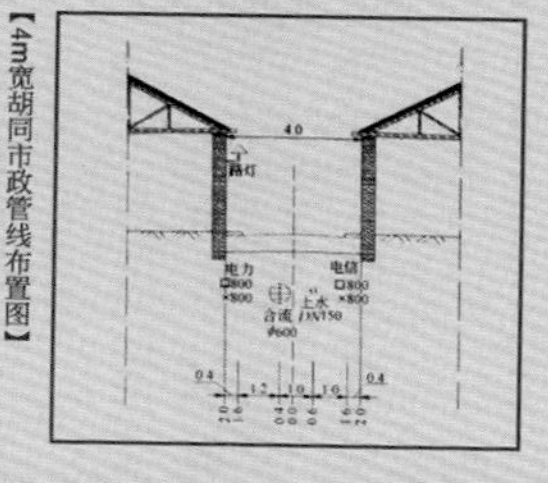

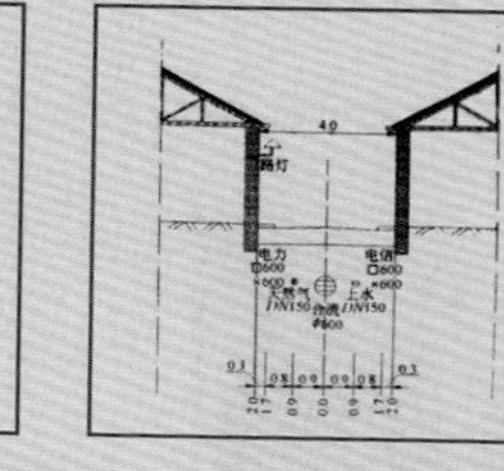

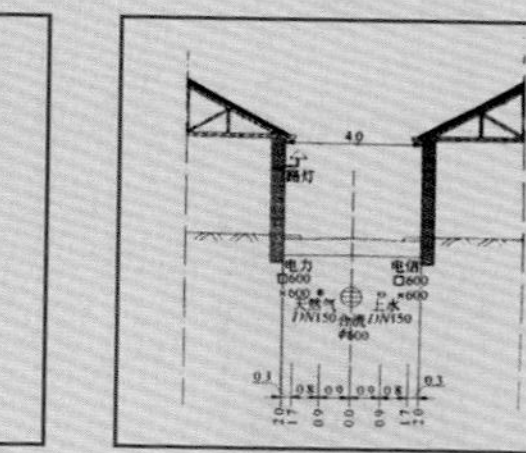

【4m宽胡同市政管线布置图】

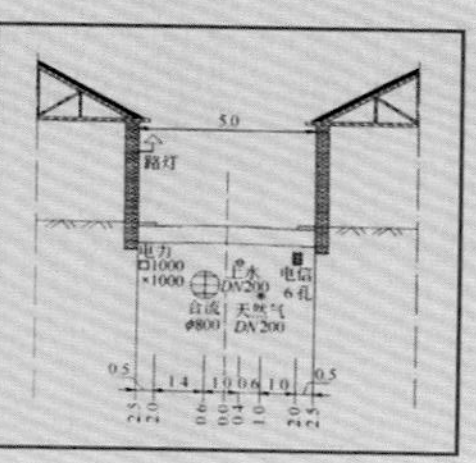

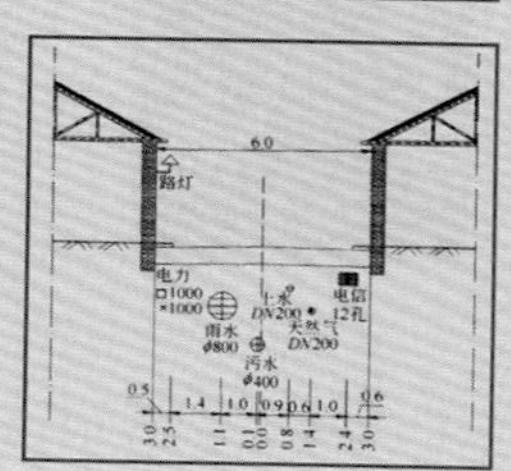

【5~6m宽胡同市政管线布置图】

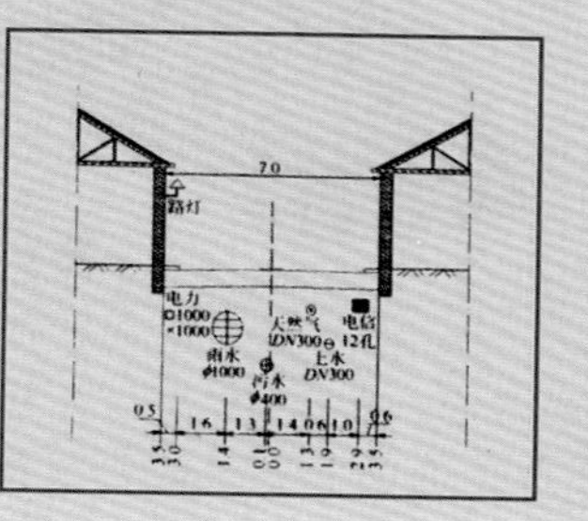

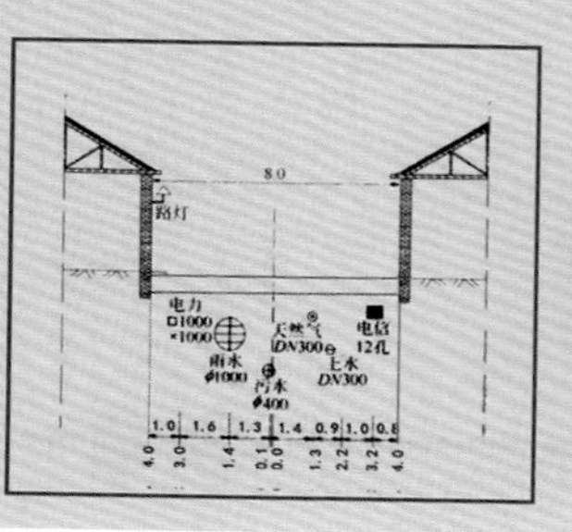

【7~8m宽胡同市政管线布置图】

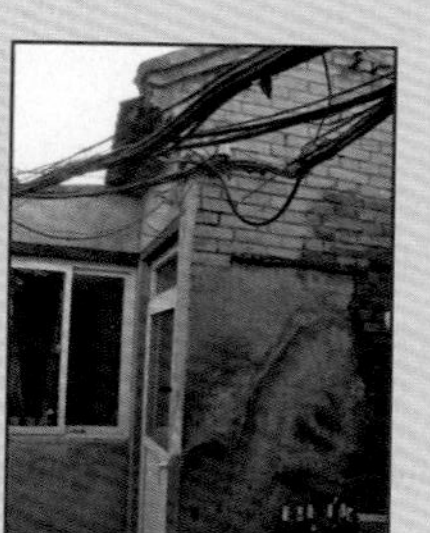

【胡同电力电信管线布置凌乱】

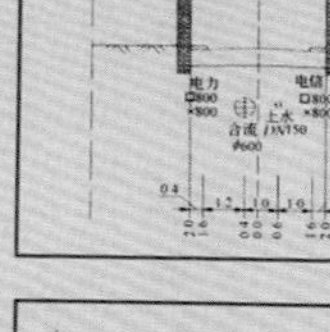

现状

PRESENT CONDITION

西四

文物

【保护现状】

北三条19号四合院。建于清代末期，坐北朝南，是一座典型的小型四合院住宅。大门门楣栏板为砖雕牡丹花图案。一进院北侧有一殿一卷式垂花门一座。二进院由正房、耳房、厢房组成，四周环以游廊，建筑格局完整。现处闲置状态。

隆长寺，该寺位于北三条胡同3号，建于明万历四十五年(1617年)，原为汉经厂外厂。清乾隆二十一年(1756年)重修。寺坐北朝南，规模极大，山门在北三条,后门则在北四条。中轴线上依次为:山门一间，石门额上书"敕建护国圣祚隆长寺"。天王殿三间，供奉四大天王和韦陀；钟鼓楼；大千佛殿三间，供奉三大士、十八罗汉、五方佛和二十四诸天；后殿五间及配殿和僧房，供奉观音、达摩和千手千眼观音。

隆长寺山门入口非常矮，只有1.7m高，主要是因为解放后屡次修路垫高路面所致。如今，除铜五方佛移至法源寺外，其他所有均已荡然无存。院子成了典型的大杂院，每间大殿均被分割为数间民房或仓库。

千年古都，泱泱文枢。城市文化特色是城市的魅力所在，更是城市吸引力、竞争力所在。如今，随着城市化的快速发展，我们更加需要重视传承和保护祖辈们为我们留下的丰富历史文化遗产。通过这次调研观察，我们发现，在各级政府的努力下，该片区的历史文化保护工作取得了卓有成效的成果，比如历代帝王庙、广济寺等。但仍然存在需要进一步加以保护的地方，比如北三条19号四合院、隆长寺等。

【如何继续保护】

经过这次调研我们清楚地认识到，要保护历史街区内的文物单位必须先明确保护和管理的责任人，并建立必要的奖惩措施，保证文物保护工作的落实。由于目前街区内院落产权复杂，除公房和私房院外还有为数不少的公私混合院，因此十分不便管理。原则上应当本着便于保护文物的出发点对院落产权进行梳理，将公私混合院转化为公房院，从而对公房和私房文保院分别制定管理措施。

为文保单位注入新的活力

为充分体现文保单位的文化价值并挖掘其经济价值，应当鼓励历史街区的文保单位普遍采取以开放为原则的利用方式，使之充分发挥"发展旅游产业"和"服务居民"两方面功能。同时应当认识到，文物单位的保护不能局限在文保院落本身，更重要的是严格管理周边建控区域的普通居住院落，在高度、色彩、建筑风格上均应遵守建控区相关规定，形成文保建筑周边和谐的旧城背景。

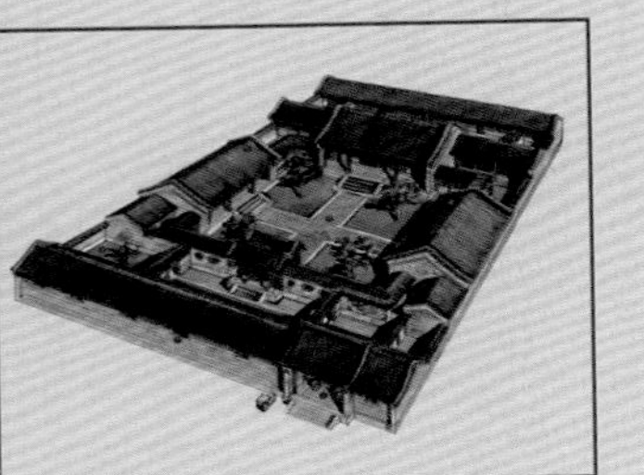
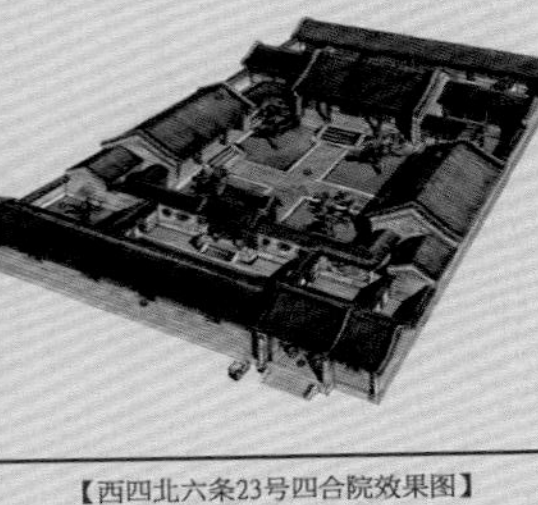

【西四北六条23号四合院效果图】

【北三条11号四合院照片】

【北三条11号四合院正立面图】

【程砚秋故居照片】

【程砚秋故居正立面图】

【西四街区改造设想图】

【老北京四合院照片】

【北六条23号四合院照片】

【北六条23号四合院正立面图】

现状

PRESENT CONDITION

西 四

个体

【院落分析】

由于知青返城和唐山大地震等原因，20世纪70年代中后期，北京旧城的四合院内加建房屋骤然增多，院落格局受到严重破坏，这一点在重点研究区的居住院落中得到了鲜明体现。以西四北八条37号院落为例，该院落为普查级保护四合院，始建于元代，原为宝禅寺(长寿庵)，现为居民院，是区房管局直管公房，容纳承租户43户。

由下图可见，院落的结构演变分为三个阶段。第一阶段为历史原貌，里外共分为四进，有完整的正房、厢房、一耳房、倒座和后罩房等， 结构清晰、形制较高；第二阶段，随着居民为满足使用需要不断地翻改建，抄手游廊、耳房和部分附属建筑被拆除，在正房、厢房等主要房屋上接出少量加建的小建筑，一般为厨房、储藏室等，院落空间被分割，但院落结构尚较为清晰；第三阶段，加建情况进一步恶化 。自建房逐渐将院落空间完全占据 ，仅留下1～2 m宽的走道，最窄处通道仅能供一人勉强通行，院落结构已完全不能辨认，房屋建筑质量一般，部分加建房风貌水平较差。

【院落改造】

小组在调研过程中认识到，院落改造应当直面激变的现实，指出旧城市怀旧表现的危险与其破坏的危险是相同的。对于历史街区的改造应当试图通过对街块的城市性、社会记忆以及建筑意义的思考，在新的城市与建筑语境中赋予街块更多的动态性和复合性。由此新的建筑空间与商业元素的“侵入”不再是敌意的，它将以对原有语境的重新阐释为契机，共同构成区域再生的促动因素。

【西四街区院落的改造概念图】

【西四街区院落的改造设想场景图】

【西四北八条37号院历史格局演变】

【西四北八条37号院活动空间演变】

【西四街区院落的改造设想平面图】

【西四街区院落的改造设想立面图】

居民
DWELLER

西 四

调查

【住户的视角】

为近一步摸清西四历史街区的社会人口现状特点，了解历史居住街区居民的实际生活条件和自身发展意愿，我们求助街道和居委会在该地区发放了调查问卷。问卷共设三十八题，主要关注四个大问题：

一、居民社会构成：家庭人口构成、居民收入与就业情况；

二、房屋居住条件：房屋产权、居住满意度、房屋质量、房屋面积、房屋自建情况；

三、居民外迁意愿：是否有外迁意愿、本地区吸引力、外迁决策影响因素、外迁就业问题；

四、留驻居民未来发展意愿：产权转换、房屋修缮、产业经营意愿，地区发展建议。

【受访人群】

本次接受问卷调查的居民中62.62%为户主，体现了调查信息的可靠性。填写问卷的多为40~60岁中年人，他们当中的很大部分在本地区居住与成长，因此他们对地区现存特点与问题有切身感受，也有着较为深厚的地区归属感，令问卷更多地体现了地区主流的价值观。

由于西四北地区在北京二十五片历史文化保护区范围之内，因此这一地区涉及的保护更新工作必然和普通旧城平房区有所不同，格外注重历史文化资源的保护与传承，需要居民的充分配合与理解。经调查了解，93.92%的受访居民知道该地区为文保区，75.39%的居民赞成在北京旧城内划定历史文化保护区，61.04%的居民表示可以理解划定历史文化保护区对居民生活带来的影响。由此可见，西四北和白塔寺地区的受访居民对于历史文化保护区普遍有充分认识，因此他们对于自身和地区未来发展的期望是建立在一定的历史保护概念基础之上的，具有更高参考价值。

【人口构成】

地区内60岁以上老年人占总人口的20.83%，远高于全市平均值13.66%，填写问卷的居民当中更有超过半数均为离退休人员，地区存在较明显的老龄化趋势。

居民的文化水平偏低，以初高中毕业为主，因此其就业层次与收入水平也相对较低，下岗待业人员、自由职业者和家庭主妇占总数19.38%。

街区内也有较大比例的个体经营者与服务业从业者，他们有的在街区内或旧城内从事小商贩，拉三轮车等临时性职业，对旧城特有的就业环境依赖较大。由于退休人口多，就业收入较低。

从调查中可以发现，在居民对于自身家庭收入的评价中，有27.28%的居民认为自己的收入水平在社区内部相比属于非常差或较差，这部分居民自我改造居住条件的能力也相对较弱，政府应当提供额外协助。

【总结】

由这次调研我们发现，旧城历史居住街区人口的社会构成当中，老龄、低收入人口比重较大，形成了较为明显的弱势群体聚集现象。因此为实现历史街区的保护与更新，必须结合社会环境的更新，实现物质与社会的同步复兴。

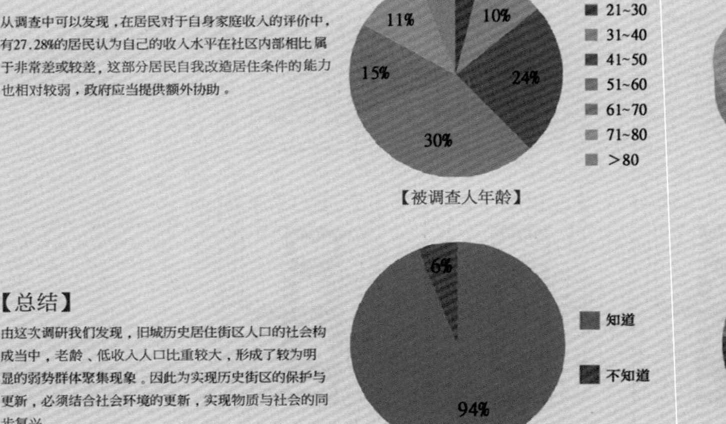

【是否为户主】

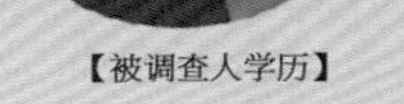

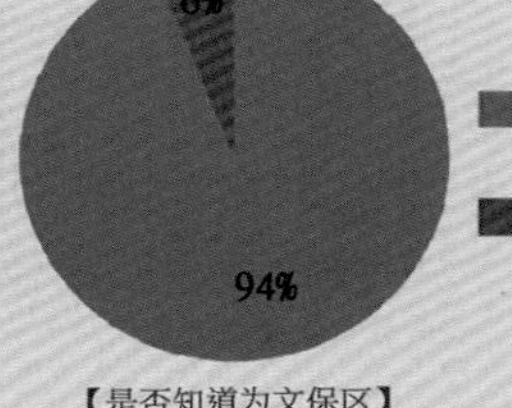

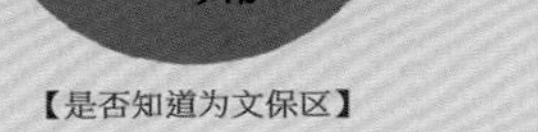

【被调查人年龄】

【是否知道为文保区】

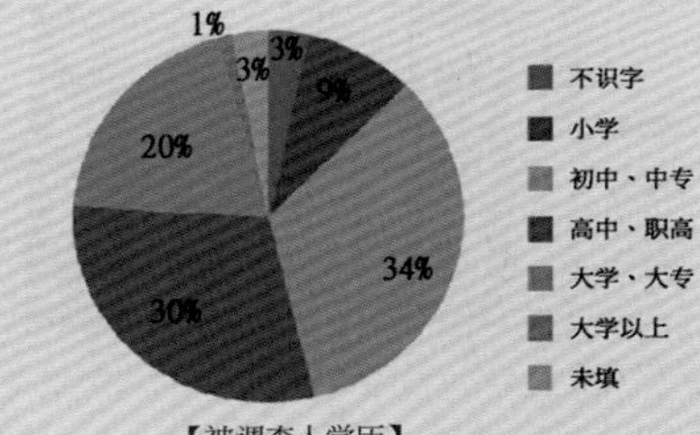

【对划定文保区的支持度】

【对文保区给生活造成的影响】

【被调查人学历】

【家庭构成】

西四北地区的居民家庭具有在旧城内居住时间长、家庭单元逐渐缩小的特点。

我们在调研中发现，38.54%的居民在本地居住时间超过 50 年，尤其是大批在老北京生活了大半辈子的老人，他们对于地区的认同感和归属感十分强烈，对老房子更为留恋。这部分居民更希望能够在不离开故里的情况下对房屋进行修缮、改善其生活条件。传统的四合院一般是以大家庭居住模式为主的，几世同堂在一个四合院内共同生活，因此一个完整的四合院往往具有家庭私密性。但随着旧城人口的不断增加、住房政策的演进和人们家庭生活方式的改变，旧城居住街区中的家庭呈不断缩小趋势。

【居民的就业】

在接受调研的居民中，49.51%在西城区内就业，西城区内就业的接近总数的2/3。居民上班所需时间一般不超过一小时，大部分在 30 分钟以内。由此可见，居民对旧城内特有的就业、交通环境有很大依赖性，历史街区优越的区位、交通条件与就业机会为他们提供了有利条件。
由于就业地点较近，居民的通勤方式以自行车和公共交通为主，占总数的 75.52%。旧城内发达的公交网络为居民日常出行节省了可观的交通成本，结合居民平均收入水平相对较低的现状可以判断，居民对于公共交通设施和社区周边近距离就业机会的依赖程度很高。

【居民的就学】

在接受调研的家庭中约三分之一的家庭有青少年正处于学龄。从统计数字可见，该地区的学龄青少年大部分在社区附近中小学就近上学，80.04%的学生上学路上花费的时间不超过 30 分钟。

市中心区的学校密度与良好的教育水平为旧城居民提供了很大便利，因此有学龄青少年的家庭对这一地段优势非常重视，部分居民即便人已经搬到旧城外的新区居住，也仍然不放弃旧城内的老房产，为的就是把户口留在旧城内，使子女可以享受旧城内优越的教育资源。

【四代同堂】

从调研数据显示，高达70.67%的家庭人口为 1~3 人，往往是几个独立的家庭共同分享一个四合院居住，四合院的院落从家庭空间演变为公共空间，与四合院传统大家庭的居住模式不再吻合。因此如何满足多个家庭共同使用当中的日常功能、交往需求、安全感和私密性已经成为四合院改造所面临的迫切问题。

【小结】

由此可见，旧城有着其他新区所无法比拟的就业与就学资源优势，这一优势使旧城居民的生活密切依赖于旧城特殊的区位与设施条件，吸引居民希望能够继续在这一地区居住。

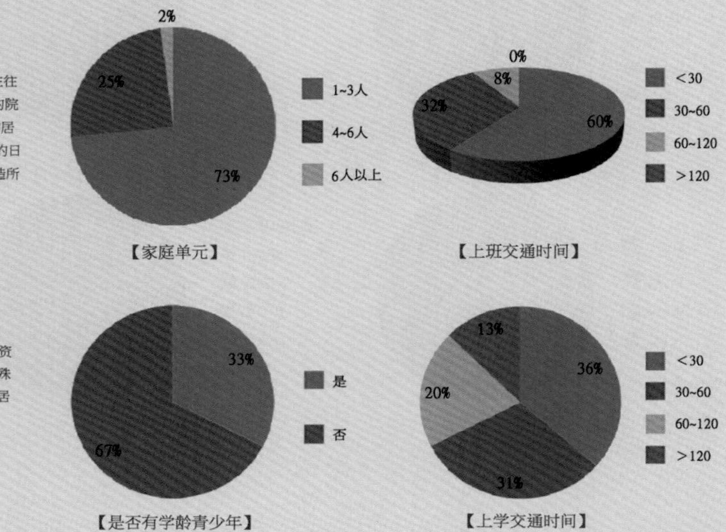

居民
DWELLER
西 四

调查

【房屋产权现状】

首先明确旧城历史居住街区的房屋产权特点：由于众多历史遗留问题，旧城内的房屋院落产权构成复杂，目前主要可以分为区房管局直管公房、单位自管房和私房三大类。接受调研的 997 户居民中直管公房占 56.87%，单位自管房占14.34%，私房占15.65%，还有少数产权不清或产权混杂现象，绝大多数居民的自建房属于无产权状态。房屋产权的不同导致其保护修缮的责任人不同，其改造的出发点、参与对象与操作难度也会受到影响。

【自建房】

白塔寺和西四历史居住街区人口密集房屋紧缺，经统计有 51.31%的家庭产权房屋面积不足 20 m²。由于产权房屋面积与功能无法满足居民使用需要，街区内超过 97% 的家庭采取自建房的方式扩大使用面积，每户自建房面积在 10 m² 以下居多， 平均户自建面积为 7.19 m²；经计算， 街区内居民自建房总面积约占实际使用面积总量的 24.69%，在居民生活基本需求中占有相当大的比例。

【房屋是否够用】

在调研中发现，西四周边地区的历史居住街区中有66%的家庭自建厨房，也有相当比例的家庭自建住房、卫生间和储藏间，这些自建房均为满足居民基本生活需要而建，一方面反映出传统四合院被分割为大杂院后厨房、厕所需求增长，另一方面也反映出在街区内普遍缺乏此类基础服务设施，因此在规划中须明确基础设施先行的改造原则。

【实际居住面积】

将产权房屋面积与自建房面积相加，获得居民的实际居住面积， 58.40% 的家庭实际居住面积不足 30 m²，人均实际居住面积约为 12.94 m²，多达 75.06%的居民人均居住面积不足 15 m²，大大低于08 年公布的北京市人均使用面积 21.56 m²、人均建筑面积28.74 m²，已达到购买限价房的人均面积要求。由此可见，人均居住空间的狭小是旧城居住街区存在的最主要问题，针对房屋密度已呈过饱和的旧城居住街区现状，只有从减少人口基数的方式入手才能够提高人均居住面积，改善居民生活条件。

【翻修与修缮】

除人均居住面积较小外，旧城的房屋质量衰败也是影响居住条件的直接因素之一，1990 年后曾进行过修缮的房屋只占受访家庭总数的 25.52%，超过 48.34%的居民认为自家房屋有迫切翻建的需要。

鉴于上述居住面积与房屋质量问题，地区内 53.19%的居民对于现状居住条件持比较不满意或极不满意的态度，可见该地区的房屋居住条件亟待改善。

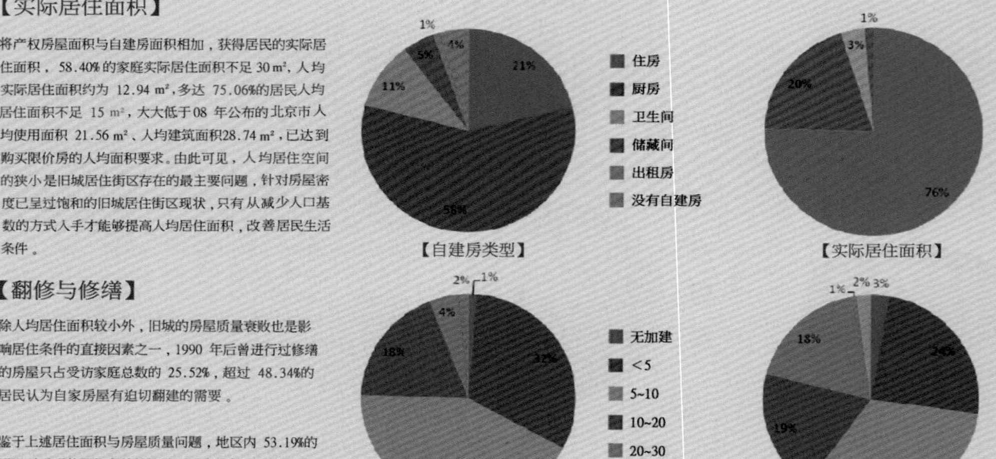

【自建房类型】

【自建房面积】

【产权房屋面积】

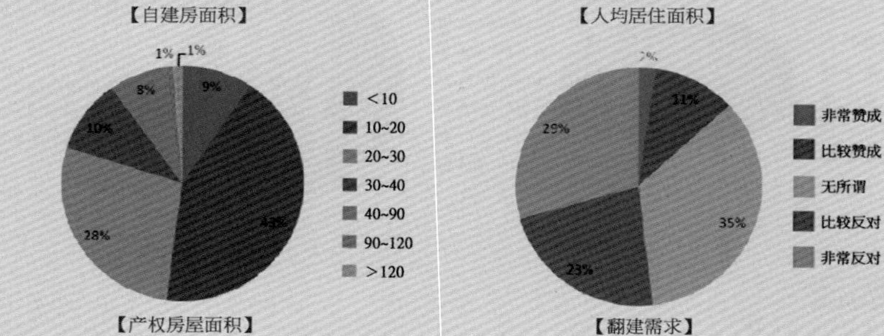

【实际居住面积】

【人均居住面积】

【翻建需求】

居民
DWELLER

调查

【留驻与外迁】

我们为充分了解居民自身的发展意愿并在规划中提出适当的引导，在问卷调查中我们希望了解居民是否有意愿继续在本地区居住，如果他们可以留在本地区居住，他们对于目前混杂的产权状态是否有改变的愿望。

从数据中可以发现，73.54%的居民仍然愿意在现社区内继续居住，41%和12%的居民分别认为便捷的交通条件和周边更高质量的服务设施是吸引他们留下的主要原因，这再一次验证了居民对地区交通、设施资源的依赖。同时接近10%的居民认为该地段地价升值潜力较高，因此不愿轻易放弃本地的房产。

仅有15.33%的私房户愿意在价格适当的条件下出卖自己的房产，但期望价格较高，其中私房户期望价在每平方米3万~25万元，公房户期望价在1万~10万元。无论对于公房还是私房户而言，不能卖房的主要原因都是没有别的房住，而卖房得到的钱往往不足以买到价格、区位等条件比较合适的新房。

除此之外私房户对自家房产的感情更深厚，不愿变卖祖产，公房户则相对更看重此地的地段价值和周边服务设施条件，期待房屋继续升值从而获得更多的补偿金。在愿意卖房的居民当中，70%以上是出于迫切改善住房条件的需求，另有部分居民则是急用钱或有其他第二住所。

【公房户】

由于旧城产权构成的特殊性，占家庭总数70%以上的公房户和单位自管房户实际上不掌握房屋所有权，因此他们对房屋的处置一定程度需听命于区房管局或单位的统一决策，这一尴尬的现状导致居民不能自由买卖、拆建或维修自己所居住的房屋，难以通过自己的努力改善现有生活条件。

在调研中我们了解到，有近半数（47.95%）的公房户有意愿购买自己现在居住的房屋，这体现了居民对房屋自有自用的期望。通过公房私有化可以提高居民自发进行房屋修缮改建的积极性，为街区有机更新提供有利条件，因此在政策中可以提供条件推动私有化的进展。

【自行修缮】

有效实现人口疏散和产权梳理只是改善历史街区居住条件的的基础，提升物质环境品质仍然要从房屋的保护与修缮入手，但历史街区房屋存量巨大，单纯依靠政府力量对其进行统一修缮会给政府带来过大负担，另一方面也容易抹杀房屋自然更新中产生的多样性，不能满足居民多元化的居住需求。因此我们希望能够了解居民是否有意愿参与房屋的改造工作，从而进一步引入民间力量，自上而下、自下而上地完成房屋建筑的有机更新。

回顾街区内以往的房屋修缮与翻建工作，自90年代以来各种大小修缮从未间断，其中以07~09年最为频繁。2007年为迎接奥运，曾经由区房管局牵头对历史街区内的公房进行了统一翻修，仅向居民收取每平米500元的象征性费用，这一年翻建的房屋占20年内翻建总数的18.88%。而仅2009年上半年为迎接60年国庆，街区中修缮房屋的就已经与2007年全年翻建数量接近。由此可见07~09年是房管局房屋修缮工作开展的频繁时段。

在调研中也发现，尽管该地区36%的房屋在20年内曾经过翻建，但居民对于修缮工程的满意度令人堪忧，尤其是部分政府工程完工后，对房屋质量仍不满意的居民数量占35.38%。造成这一现象的原因一是政府工程往往周期短、数量大，导致施工质量缺乏保障；二是施工单位与居民之间缺乏沟通，导致居民对房屋的具体使用需求未能充分体现到翻修的新房上。由此可见，翻建工程要获得居民的好评就应当避免大规模、简单化、急功近利的修缮模式，一当提高施工质量，二当采取小规模渐进式的更新模式，让居民直接参与到家园的修缮工程中来。

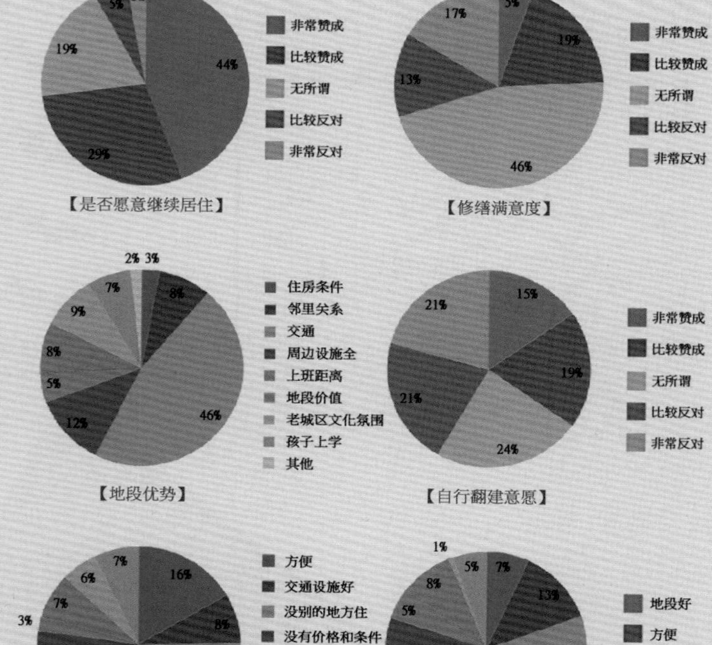

改造
TRANSFORMATION

展望

【世界语境】

历史街区的再生已经成为近年来的世界性潮流，成功的如东京、纽约、马德里、伦敦、米兰等城市通过将衰落历史街区与当代创意产业的嫁接实现了历史街区区域空间价值的增值；在建筑设计方面，近几年的趋势之一，是著名、前卫设计师积极在顶级商业品牌旗舰店的设计中展示最新的设计理念，而这些作品多是置身传统历史街区，是区域再造与激活的成功案例。

【北京语境】

北京旧城保护经过多年波折，现已成为官方和民间的共识，去年官方更出台鼓励创意产业入驻、激活衰落区域的政策。但是由于北京旧城的复杂的产权与空间历史，尚待完善的保护策略，以及平展的空间肌理，都构成街区再造的难题和限制——同时，这也应看作设计的动力。到目前为止北京旧城再造缺乏成功的模式，本章致力于探索的，正是再生的诸种新的可能性。

【八条街、九块地】

经过这次调研我们产生了一个创意，创意在于设计既不是单纯的建筑设计，也不是常规的街区规划，而是将预定的概念街区(西四新北街)划分为9个街块(以胡同为街块南北界线)，以规划中的新北街为核心，进行街块的概念设计。9种不同设想的街块设计将构成对新北街再造的、有针对性的整体想象，同时，也形成街区再生的9种模式。

【改造诉求】

展览的主题是“再生策略：北京旧城”这并不是一个仅把“北京旧城”设定为一个文化和空间符号的展览。由于新北街位在作为北京旧城25片保护区之一的西四北街区内，该区域传统胡同肌理保存完好，新北街规划对限高(6 m)、设计形式(传统风貌)等有严格限制。

因此，新北街的概念设计可以说是在被限定“北京旧城”的条件下进行的，当然，严格的限定也是激发设计师想象的动力。实际上，巨大的灵活性也正是传统中国空间的特征之一，而设计师破解的，正是在低密度保护街区进行空间再生的全新模式，同时，这也构成对世界已有再生模式的挑战。

【对于我们】

对于出生在北京的我们来讲，对北京旧城都市空间和再生困境的症结——产权关系混乱的关注与破解，一直是用力所在。他既试图通过将区域由寄生的高密度建筑遗存转化为安置原住民及区域再生的孵化器，又致力于将全新的公共空间纳入沿街商业空间的再造，形成一种自我消化的，良性的再生模式。

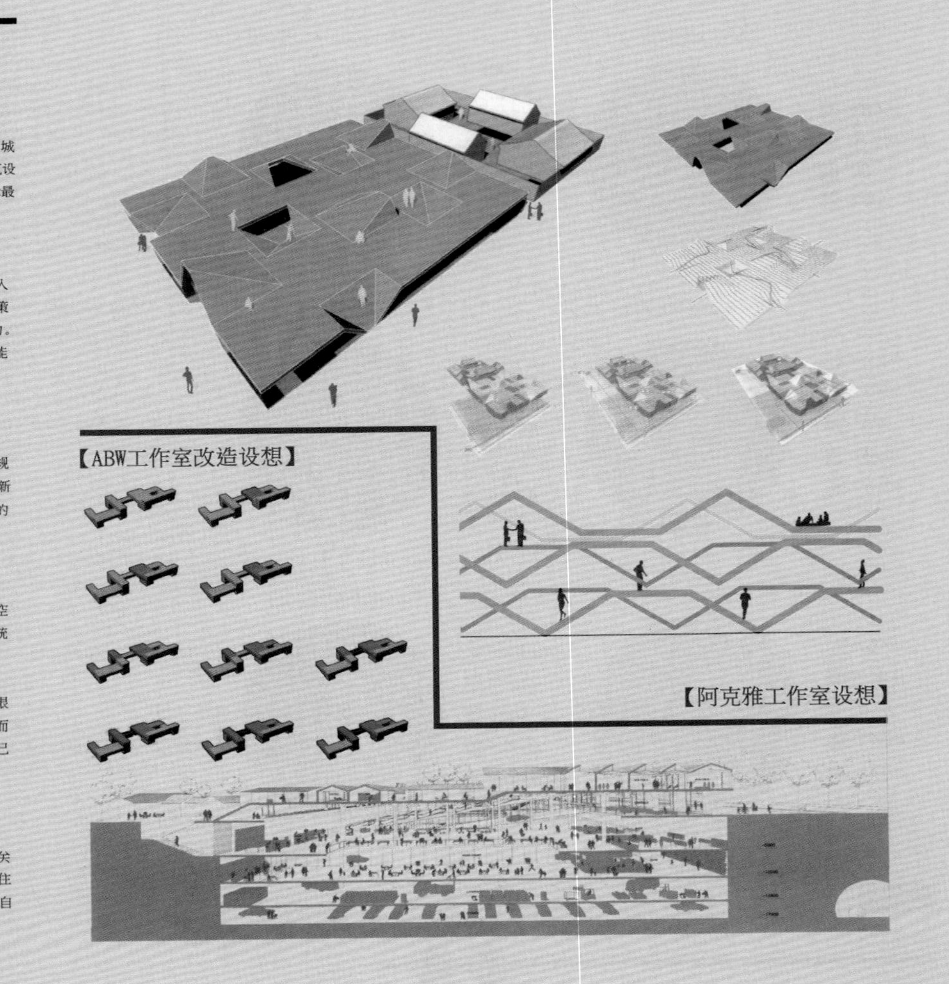

【私建二层现象普遍存在】

【废旧厂房未被利用】

【私搭乱建现象严重】

【自主修缮应该得到提倡】

【房屋质量令人堪忧】

【高质量的解放后建筑也应保存】

西四 改造

TRANSFROMATION METHOD

剔

【房屋建筑分类整治策略】

建筑质量分类

根据调研获得的房屋质量与年代，将其分为四种类型，以便于有针对性地采取适当的保护整治措施：

一、质量较好的住宅：保持原状；

二、质量一般的旧住宅：应留意旧房的维护工作，定期进行房屋检修，避免质量隐患产生；

三、质量较差的破旧住宅：重点关注，迫切需要维修或翻建；

四、质量改善不明显的翻新住宅：由负责翻建工作的相应部门进行回访，了解质量问题出现的原因并予以维修。

建筑风貌分类

在保证房屋质量和居民居住条件的基础上，对房屋风貌进行规范。针对不同的风貌类型有侧重点地制定风貌整治策略：

一、风貌良好的传统建筑：保留，维修维护时完全采用传统做法，保持其传统四合院建筑风格；

二、风貌良好的现代建筑：保留，若有进一步建设，应保持符合历史文化街区风貌控制要求的的层高、色彩和建筑细部风格特点；

三、存在风貌问题的建筑：针对具体问题，对其色彩、尺度、构造做法进行全面整治，若影响地区风貌情节严重应予以彻底拆除，或拆除后以传统形式进行翻建。改造中，须委托专业部门对其翻改建方案进行鉴定审查，保证改造后的风貌质量。

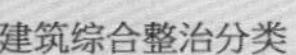

对于一些典型严重影响地区历史风貌的多层建筑和插建建筑，如白塔寺药店，应当明确态度，尽快予以拆除。同时应当严格历史居住街区内各类建设的管理制度，对居民进行法制教育，约束私搭乱建行为，同时委托明确的管理部门对历史街区风貌进行监管，杜绝街区内新增任何违规建设行为。

建筑综合整治分类

在院落分类的基础上，基于建筑的质量和风貌，综合考虑院落形制和保护价值等因素，对四合院建筑进行综合整治分类：

保护类建筑——针对完全符合四合院格局、形制的现存建筑，在现状基础上进行保护性修缮，修旧如旧，严格保护其传统建筑风貌。

综合整治类建筑——针对基本符合四合院形制、但由于不当的翻改建导致格局不理想的现存建筑，在现有基础上进行翻建、改建，使之恢复四合院建筑应有的形态。

更新类建筑——针对完全不符合四合院形制的杂乱加建建筑，规划将其拆除后，根据历史地图重建为规整的四合院建筑，恢复院落格局。

改造 西四

TRANSFROMATION METHOD

加减

【四合院的改造手法】

历史居住街区的的保护与发展问题是涉及物质、社会、人口、经济等多方面的复杂性问题，不可能有任何捷径可以大而化之、一概而论，也难以耗费巨大的精力一事一例地逐个解决。因此无论是针对历史街区保护级别、建筑改造形式、项目合作模式还是居民的外迁方式，都应当经过梳理归纳，根据具体需求划分对象类型，制定明确的政策导向、高效率的项目管理机制。

经调研，西四历史街区院落空间存在的问题主要是狭窄、破败，不规矩的建筑过多，侵占本来珍贵的院落空间。因此，在院落空间的改造过程中，我们认为应该拆除私搭乱建、补新建建筑、改原有建筑，在整理院落范围的过程中整理院落空间，力图提高当地居民的生活舒适度。

【改旧】

此类院落可以明显看出其最初即为简单的四合院，但居民的私搭乱建在厢房边沿，对个别风貌质量一般的建筑造成了破坏，同时也严重压缩了院落空间。通过改旧手法对原有建筑进行改造，用以满足居民的居住空间。

【拆除】

此类院落虽然后来掺入的许多私搭乱建严重破坏了原来院落的空间，但原来风貌质量较好的建筑保护良好，故而采用简单的拆除私搭乱建的手法进行此类院落的空间整治。将原来保留的建筑进行简单的整治即可。

【合院】

西四部分地区的院落内建筑排布不规律，像这种不是四合院又不能合成一个二进院的情况下，采用合院的手法将不同院落的几座建筑合成一个院，这类院落的基本单元大部分是三合院。另外原来院落的空间也随着合院的过程合并到一起，形成一个集中的院落空间。

【规院】

此类院落很明显是用地边界的限制造成的，院内的私搭乱建使本来秩序性就不强的建筑组合变得更糟，当然院落空间也不好用。我们运用规院的手法，将杂院拆分成四合院、三合院及L形院的组合，进而将院落空间合理拆分。

【补新】

根据此类院内现存的风貌、质量较好的建筑，并结合场地位置的肌理分析，推断拆除私搭乱建之后的院落形制为四合院，故补新，恢复原来院落空间，重新找回被私搭建筑侵占的院落空间。

【打断】

此类院落进深较大，加之保留的建筑围合情况类似传统的四合院，故将其改造为二进院。此类院落在改造过程中除了拆除、补新之外还需要将部分建筑打断。院落空间特点：通道式的院落空间改成块状好用的空间。

【拆分】

此类院落私搭乱建过多，整理过程中以现有保留建筑及梳理的肌理为主要依据，将原来的大院落进行拆分，并将原来的通道式的院落空间转变成现在的四合院和L形院内空间。

【拆补】

此类院落拆除私搭乱建之后基本形制显而易见，整理的手法就是简单的拆补，拆除私搭乱建后，补充新建建筑，完善院落形制的同时，整理出宽敞的院落空间。

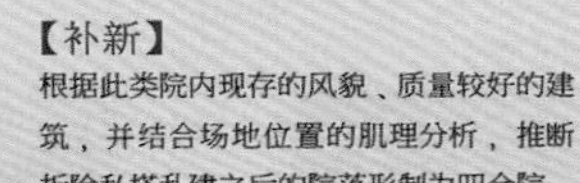

【标准形制四进院落四合院】

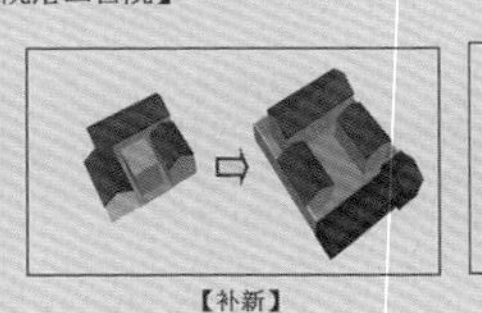

【标准形制三进院落四合院】

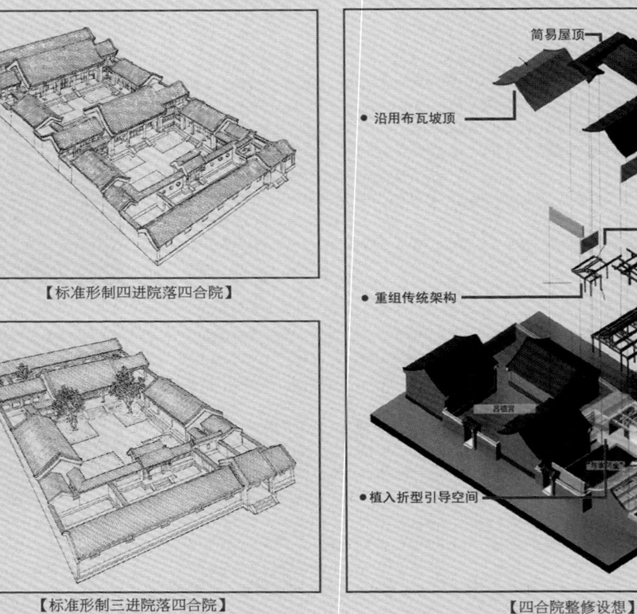

【四合院整修设想】

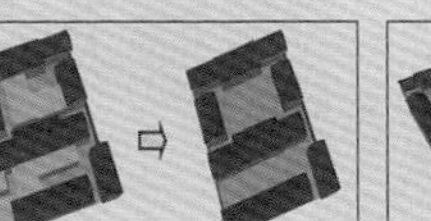
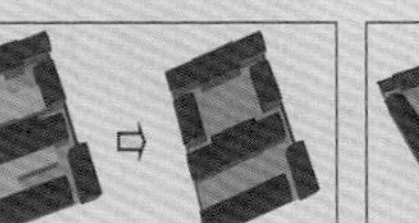

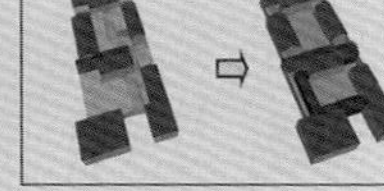

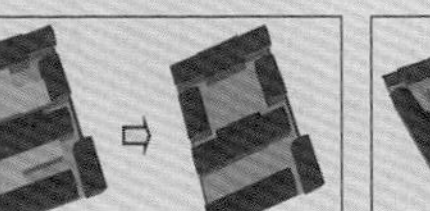
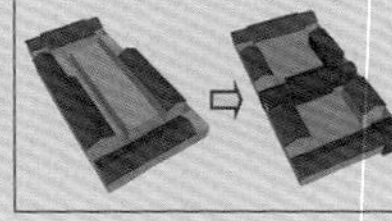

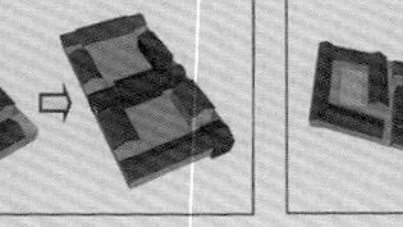
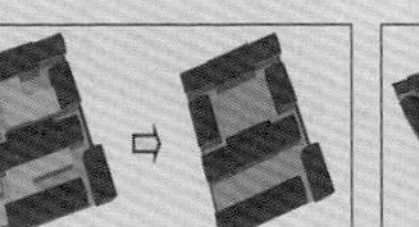

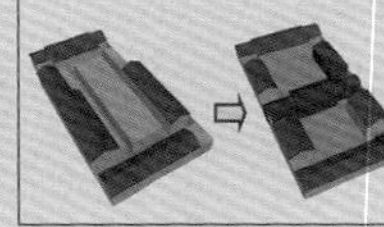
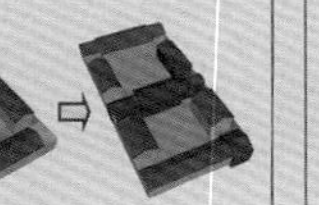

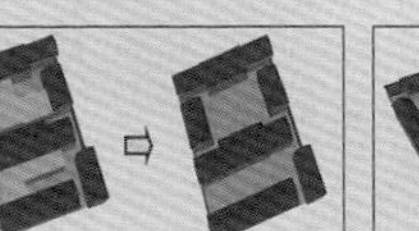
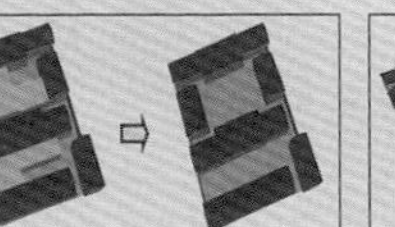
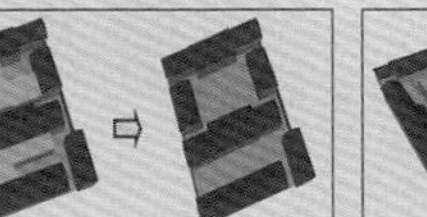

【改旧】 【补新】 【合院】 【拆分】

【拆除】 【打断】 【规院】 【拆补】

西四 改造

TRANSFROMATION METHOD

焕新

人口密度大　急需疏散

【人口疏散的必要性】

人口疏散是旧城居住街区一切改造工作的核心问题，在概述提到过，北京市2009年东西文武四城区常住人口208.3万人，常住人口密度225.46人/公顷，达到全市总平均值(10.33人/公顷)的21.8倍之多。由于旧城核心区位价值的不断攀升，越来越多的人聚集到旧城中来，但受到旧城空间的限制，大部分人口集中居住在低矮的四合院平房区，一些历史街区的人口密度甚至达到700人/公顷以上，人均居住面积不足 5 m²，甚至有一家三口挤在不足 9m² 的平房中生活。在巨大的人口压力之下出现了大量违章加建、房屋加速破败、低端产业聚集、低收入群体聚集等现象，房屋的修缮、加建的拆除、胡同与四合院格局的恢复工作无法推进，历史街区无法为中高端产业发展提供稳定的社会条件。因此，人口疏散问题是解决一切旧城发展更新问题的先决条件，只有在合理疏解人口的基础上才能谋求风貌保护与产业复兴。

旧城历史居住街区的更新问题包括人口疏散、产权调整、硬件设施完善、街区活力激发、管理体制健全等多个方面，这些环节和要素之间相互制约，是一个循序渐进的动态发展过程。总体来看可分为四个阶段：

一、人口疏散：针对街区人口过度密集和人均居住面积不足的问题，引导适当比例的人口外迁，降低房屋用地负荷， 从而为留驻居民生活条件的改善、地区环境的优化、 街区产业的升级腾出足够的发展空间。

二、产权整理：包括院落产权的明晰和住房的自有自用化。 在人口密度降低、人均资源增长的基础上，针对产权混杂导致的管理修缮责任模糊问题，明晰历史居住街区的房屋与院落产权，鼓励房屋的自有自用，从而明确历史建筑保护修缮的责任部门或个人，提高社会力量参与历史街区保护与更新的积极性。

三、硬件改善：包括街区整体环境、房屋院落质量和基础市政设施几方面。 在人口疏散和产权整理的基础上，针对目前物质空间衰败的现象，提升房屋硬件质量和基础设施现代化水平，增加公共服务设施密度，改善街区整体外部环境，从而提升地区居住品质。

四、多元化发展模式引入：包括产业发展、文化复兴与社会和谐三方面。在街区整体环境改善的基础上，针对目前历史居住街区经济发展停滞、传统文化没落、社会矛盾较多的现象，向居住街区引入一些多元化发展的途径，提供在居住街区内发展产业的可能，激发地区活力，为居民带来新的生活和就业模式，为文化带来新生。

最后从社会和谐的角度出发，在更新房屋、改善居民基本生活条件的基础上，应当推动地区的社会结构调整与社会进步，实现社区居民的共同繁荣与和谐共处。 因此可以从人口结构调整入手，满足居民更高层次的现代化生活与精神文化需求、促进邻里之间的密切交往、实现社区的和谐发展、激发居住街区的生命力。

【政策】

从政府的态度上，旧城人口疏散理念已经得到了充分重视，首先北京市针对历史街区的由“修缮、改善、疏散”策略于2010年初调整为“疏散、修缮、改善”， 虽然只是简单文字顺序的调整，但从中可以解读到人口疏散的重要意义和核心地位得到了政府的着重强调；其次在西城区也提出了全区“两年3 万户”的人口疏散工程，其中西四北头条至八条和阜成门内两个保护区正是疏散工作的重点。然而人口疏散是一项长期而艰巨的任务，1980~1990年十年时间只疏解了5万人(180万~175万人)，针对北京旧城居住人口众多、居住街区历史悠久的特点，应当停止“‘以拆促迁、以迁促建’的驱赶式人口政策， 转而实行‘限制旧城人口进入’与‘发展新区，以建引迁’并举的政策”。

【调查】

我们在西四北和白塔寺地区的居民调查中发现， 虽然该地区居住条件恶劣但大部分居民却仍然留在本地居住，原因主要有三： 1、缺乏居民可以负担的外迁房源；2、大部分居民缺乏足够的外迁资金购买商品房；3、缺乏能适合于不同居民需求的外迁疏散政策。因此要解决旧城的人口疏散问题应由三方面入手：

一、提供稳定可靠的外迁房源：提供区位、价位、交通、设施条件可接受的经济适用房源，满足外迁居民的合理安置；

二、增强居民的自购房能力：根据市场评估价向外迁居民提供补偿金或购房优惠政策；

三、多样化人口疏导机制： 完善旧城居住街区改造的政策体系与管理制度，建立能够为不同收入水平、不同搬迁或改造意愿的居民提供相应选择的政策机制，使各类居民均能根据自己的发展需求，找到可以接受的改造方式。

【方法】

经过调研以及后期思考我们发现，外迁房源和补偿金的提供直接牵扯政府在财政上的更大投入，相对难度较大，但多样化人口疏导机制的建立则能够通过政策手段调动居民自身外迁意愿，实现街区人口的有机疏散，应当着重予以研究。

2.2 东四三条至八条历史文化街区

项目名称：东四三条至八条历史文化街区调研

项目概况：东四三条至八条一带，属于北京旧城历史文化保护区。这一区域的四合院、胡同、街巷是在元代街巷格局上发展形成的，是明清北京城重要的传统街区。

项目完成人员：屈辰　邵龙飞　李劭天　刘艾乔　李美仪

项目特点：胡同东西向，平直顺畅，南北有小巷相连，宅院规模较大，多为明清官僚宅邸。

成果分析：通过调研，看到昔日辉煌的雕梁画栋今日的破败，看到居民生活的艰难以及艰难中人性的微妙变化，这鼓励我们首先要保护属于那里的人和属于那里的生活。东四三条至八条历史文化街区现状调研报告如下所示。

区位环境

备注： 相比什刹海地区来讲，东四片区没有那么出名， 却自己保存了十条的当年的风貌， 让我们看到那个时候的东四 。

【位置与交通】

片区位置

东四，位于北京东城区中部，东四北大街东侧。东四地区所属区域以朝阳门北大街西侧为界，与东直门街道办事处、朝阳区朝外街道办事处相临；西侧以东四北大街东侧为界，与景山街道办事处毗邻；南与朝阳门街道办事处相接，北以东四十条南侧为界，与北新桥街道办事处相接。 辖域东西长 1.5 km， 南北宽 1.1 km，总面积 1.65 km²。

在元代称十字街。明代于十字路口四面各建一座四柱三楼式木牌楼。又因位居皇城之东，故称东四牌楼，简称东四。牌楼随时间消失后，东四作为地名一直沿用至今，泛指东四南大街、东四北大街、东四西大街、朝阳门内大街交会处及附近地区。

现状交通

东四片区的公共交通大体上来说是不错的。在片区南的朝阳门内大街上有钱粮胡同公交车站，北面的东四十条大街上有东四十条站。横向来讲，九条五条的一头都是有公交车站的，居民坐公交车出行是很方便的。而如果是地铁的话，东四片区西北角有五号线张自忠路站，西南角有五号线和六号线的东四站，对于住在片区东面的居民来讲恐怕地铁就不是那么的方便了。说完了不错的公共交通，就不得不提糟糕的南北向公路路面情况。东四片区西是东四北大街，由于东四片区保护以及拆迁难的问题，这条路很窄，但是生生挤下了四车道。两边的店家生意也很兴隆，但是人行道却又偏偏很窄，只能容下两个人并肩行走，导致了不少人走在非机动车道上，加上有下公交车的人要穿越非机动车道蜂拥去人行道，有的骑自行车的人不想躲闪索性就在机动车道上走，导致路上混行情况很厉害，非机动车和行人都是很危险的。路上也是高低不平，有少些的行道树，但没什么道路景观。朝阳门北小街出现的问题与东直门北大街相似，但相比来讲朝阳门北小街情况稍好一些，可能是因为路面客观上比东四北大街宽的缘故。

片区内部的道路以宽度分成四级来看，分别是小于三米，三米至五米，五米至七米以及七米至九米。因为私家车数量的增长，在并不宽敞的胡同中停放着很多小轿车，为了争抢为数不多的空间作为停车位，胡同里很多地方都有私家的地锁，胡同景观也被挤在了一旁。小胡同中错车也成为了胡同里大爷的一项重要的任务。一不小心，车头就撞在别人家墙上，以至于我们看到很多房上有列痕，房子的一角也被装上防撞的铁栏杆。

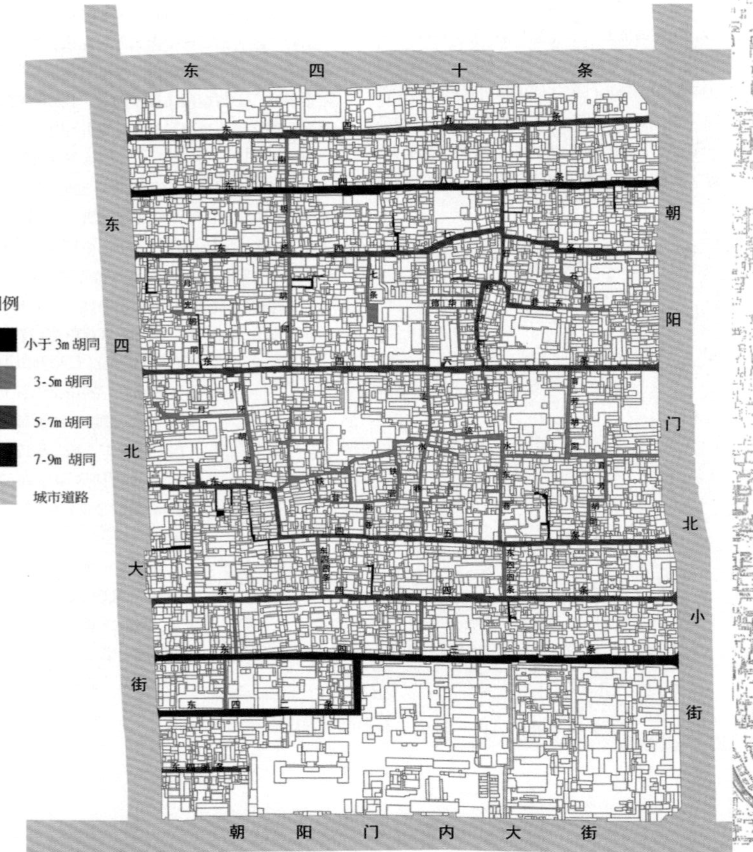

区位环境

备注：相比什刹海地区来讲，东四片区没有那么出名，却自己保存了十条的当年的风貌，让我们看到那个时候的东四。

【基础设施与历史背景】

基础设施

东四辖区内驻有中国戏剧家协会、中国对外演出公司、中国展览中心等中央单位27个；有北京市百货公司、北京日化三厂、北京计算机二厂等市级单位113个；有区百货公司、兴华服装公司、区二建公司等区属单位177个；还有中学3所，小学5所，聋人学校1所，医院2所，托幼园所9所，图书馆1座。

教育相关　　片区内小学

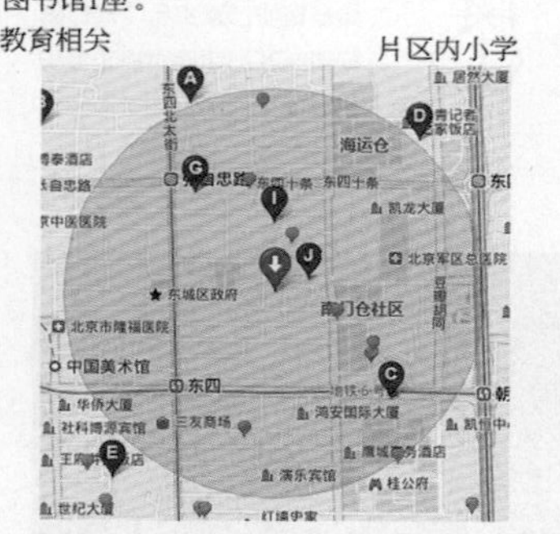

生活相关　　片区内便利店

历史环境　　1914年的东四片区

东四街道办事处所辖区域，元朝属寅宾坊、穆清坊；明朝属南居贤坊、思诚坊；清朝属正白旗；民国属内三区。1952年分别称宝玉办事处、东水车办事处，隶属于东四区。1958年9月，由当时的东水车办事处、宝玉办事处、辛寺办事处和东颂年办事处合并称东四办事处，隶属于东城区。1960年东四办事处改称东四人民公社，1968年一度称东四街道革命委员会。1990年10月正式称东城区人民政府东四街道办事处。办事处因位于东四而得名。

位于东城区中部。元代称十字街。明代于十字路口四面各建一座四柱三楼式木牌楼。又因位居皇城之东，故称东四牌楼，此地简称东四。清康熙三十八年（1699）毁于火，后照原样重修。1954年东四牌楼拆除。东四作为地名沿用至今，泛指东四南大街、东四北大街、东四西大街、朝阳门内大街交会处及附近地区。东四南大街明代有著名的“四大恒”金店、合芳楼糕点铺及米市灯市、驴市等。东四北大街南端地处东四商业圈，北端地处北新桥商业圈。东四三条至八条的胡同及一些四合院保存较为完好，为北京市历史文化保护街区。东四五条有徐世昌故居；东四六条的崇礼旧宅为国家级文物保护单位；东四七条有灿公府第、海兰察府第等；东四八条内有承恩寺、正觉寺，71号院为叶圣陶故居；东四九条内有清代谟贝子府、乾隆大学士李侍尧府等。地域内有瑞珍厚饭庄、吴裕泰茶庄、三友纺织品商场、华侨大厦、隆福广场。东四区域内已被列入文物保护单位的王府、寺庙、仓廒、四合院共8处，其中全国重点文物保护单位2处（孚王府、崇礼住宅）北京市文物保护单位2处（南新仓、大慈延福宫建筑遗存）东城区文物保护单位4处（仓南胡同5号、东四八条71号院、东四六条55号院、东四四条5号院）。

图例
全国重点文物保护单位
北京市文物保护单位
东城区文物保护单位

作为90后，当年的东四地区及隆福寺的繁荣商业的场景我们很可惜没有亲眼目睹过，但是在做调研的时候遇到的生活在东四的老一辈人说起当年那可是很骄傲的。我们所能做的就是保护好这里，让老一辈人的北京故事能传承下去。当地的历史遗迹既为他们带来故事与财富也带去了治安与噪声问题。文化既被传承了，也被西方人影响了。什么文化都有，就是没有自己的文化，这是我们最不希望看到的。

界限 / 融合

备注：东四片区作为一个形制规整的历史街区保护案例，可以为同在北京的鼓楼片区提供一些参考。

【城市肌理的产生及影响之 东四片区】

街区的体量

东城作为一个地理概念，已有 700 多年的历史。由于东四片区曾有很多王公贵族的宅院，在现有历史街区中，属于道路系统规矩、肌理完整的范例。南北向四合院的排列使得胡同多为东西向，北京旧城所特有的“鱼骨”式胡同肌理非常清晰。

街区内的道路虽然整齐，但相当狭窄（3~7m）本身不能满足现代城市的交通需求，甚至影响城市干道交通的通畅。从通行与可达的层面上来说，与周边的城市空间有着比较明显的隔阂。此外，从右图中可以看到街区尺度的庞大，以东四一条至十条为例，街区南北长997m，东西长 738m。

如果能够很好地改善原有胡同的通行效能，不仅可以缩小街区的尺度，更好地向城市开放，还能增加毛细道路的密度。周边地区在城市更新的过程中没能延续鱼骨式肌理，建筑的体量差距也会给路过的人带来非常明显的界限感。

规划的初衷一定程度上导致了这些棘手的问题。当前的城市规划，建议将四合院保护作为历史街区保护工作的核心，不断对各个院落进行整饬，但由于相配套的市政设施、人口以及交通等城市基本职能的问题并没有被解决，于是类似于私搭乱建、胡同拥挤等现象不断地出现。

从右边的几张分析图中我们可以发现，沿街的部分未划入保护区范围，这样就给商业的发展留出了空间。而保护区内的不符合风貌和体量的建造也并没有得到控制。

北京旧城区目前的境遇与世界上其他历史悠久的城市有些不同。一些国家选择离开旧城区建设现代城市（罗马、伦敦）， 这种方法我们已经无法实现了。一些国家在原有老城区中，通过持续的、新的建造，延续原有的街区模式，并更新建造模式，从而发展了本民族当代建筑的新形式（日本），北京的非保护区都已经建起了新式的建筑，这种方法我们也无法实现了。

北京的旧城区坐落于现今城市的市中心，在这里进行历史街区保护，应该是与其他城市有所区别的，这个街区能融入当代北京，这个街区才真正有价值。

日占领时期的东四片区

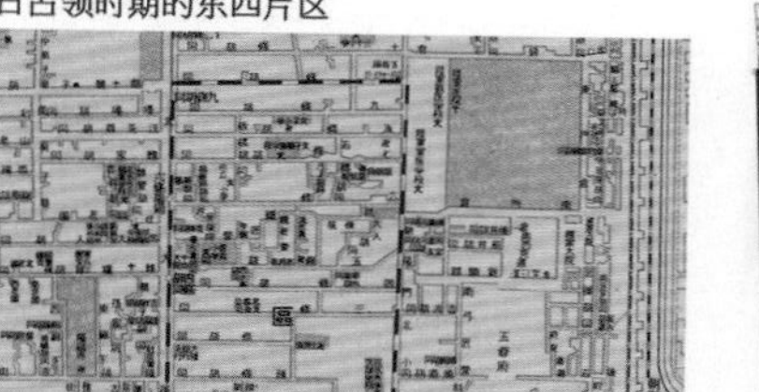

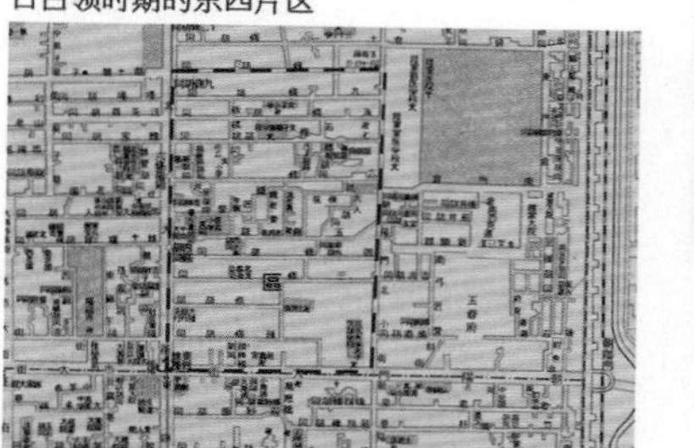

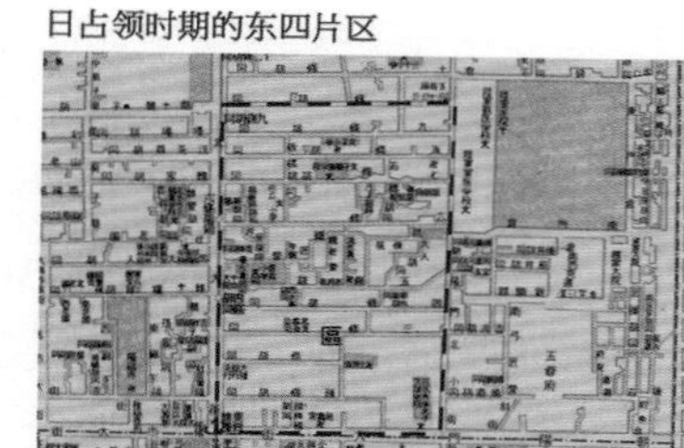

界限 / 融合

备注：平江古城的保护虽然同样没有注重与周边的连接，但保护机制非常完整，方案贯彻深入。可作为鼓楼方案框架的参考。

【苏州古城平江历史文化保护区】

苏州是一座自建城始就按照规划意图有计划建设的城市，它因势利导，以水为中心进行规划和建设，自然和人工开凿的河道水系与方格网道路系统密切结合，构成了水陆结合、河街平行的双棋盘式的城市格局。这是中国古代城市规划与建设史上的典范，既代表了古代城市规划的基本思想，又反映了水网地区规划的独特手法和成就。

平江历史文化街区位于古城东北角，所确定的历史文化街区范围东至外城河，西至临顿路，北至白塔东路，南至干将东路，用地面积116.5 hm²。

坊巷体制：集中设市，市里（坊）有严格区分，里（坊）内不设商业，以坊为名，按街巷分地段而规划的聚居制度。

从右边卫星图与道路的叠加图可以看出，对比保护区内外，我们可以发现平江古城的其他地区在城市更新过程中并没有延续原有的街区模式。

平江历史文化保护区的保护与整治：

分类	面积（hm²）	比例（%）
保护	12.67	12.2
改善	26.54	25.6
保留	19.13	18.5
整饬	4.54	4.4
更新	40.59	39.2
总计	103.47	100

保护区内的整治模式较为完整，贯彻也很到位，这种保护与更新模式能够让保护区内的城市进程不停滞，但保护区以外的城市空间仍旧没有很好的更新模式与之相配套。街区的体量、建筑的体量都相差悬殊，道路也未能及时拓宽，以满足现时代对古城基本城市职能的需求。

保护区注重了保护所有步行街巷的原有尺度，维持变化丰富的道路断面和界面不变。主要传统街巷亦是主要景观街巷和游览路线，严格控制其景观风貌，保护和恢复有特色的铺地。街区内所有道路均可通行非机动车，平江路禁止通行助动车。这种做法最大限度维持了街巷格局的原貌，但也在某种程度上限制了保护区功能上的单一化，交通、功能以至于生活方式仍旧无法很好地与周边融合。

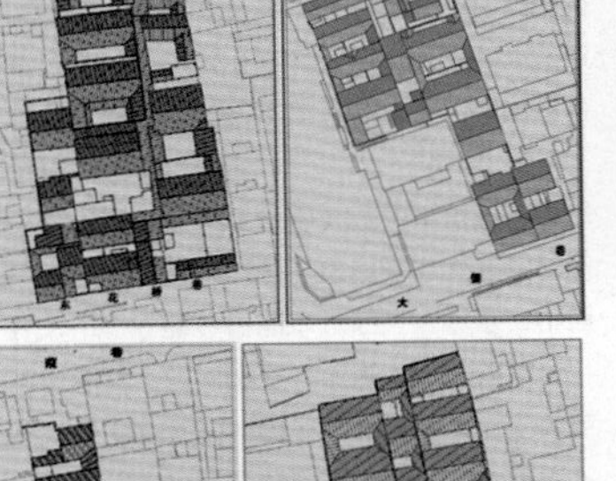

街道、河道以及桥梁现状

现状肌理

古地图中的平江街道格局

界限／融合

备注：通过一些比较成熟的方案，分析街巷格局保护的方法，最首要的应该维持哪些内容，又如何与周边的城市空间协调。

【街巷格局的作用】

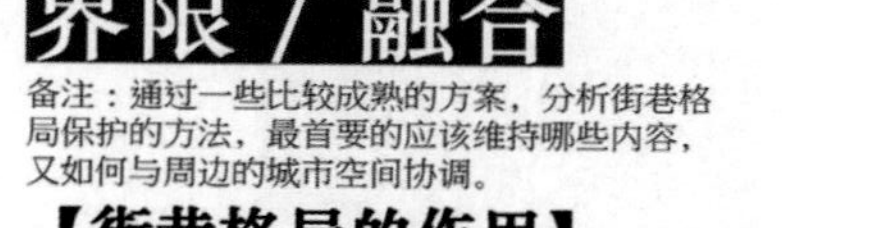

西海
后海
前海

街巷格局更多时候不是一个定量的概念，以人进入街区之后的感受为准。具体是哪些因素决定了这种感受？

上图是苏州平江历史文化保护区建造、改造指导的示意图，并非由官方统一进行改善性的建设，而是对建筑立面各组分的比例关系做出了明确的规定，保证风貌统一但又不千篇一律。

右上图是关于什刹海地区的北京胡同的格局分析，北京胡同比较正规的“鱼骨”式格局其实并未出现在北京绝大多数现存的胡同中，取而代之的是胡同的曲折和不确定性。什刹海地区前海、后海和西海不同的氛围是现今北京胡同格局的缩影，前海的喧闹多元是商业娱乐类胡同的代表，后海的咖啡馆或是茶馆以及一些传统建筑的改造，以及西海以民居为主的安静，也体现出这种由商业娱乐向居住的过渡是如何实现的。

右下图分别是金泽市历史街区商业与居住混合的示意图、东京根岸的街区以及京都的街景。我们可以看到功能多元化的思想，还有对天际线很好的控制。从老城区到容积率较高的新区，建筑高度、体量和风格不是突变，而是渐变，这也是历史街区和新城区融合时需要注意的。

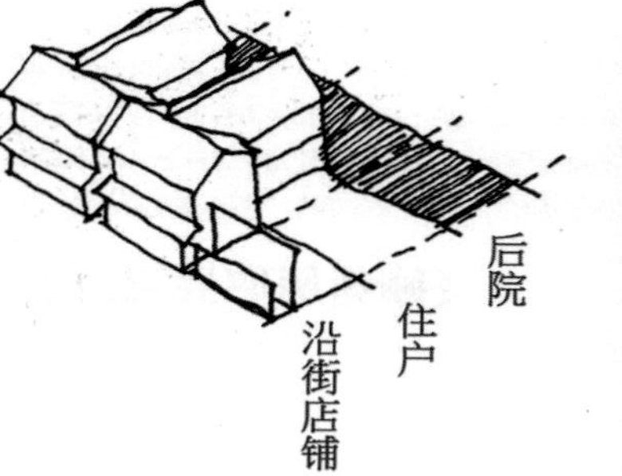

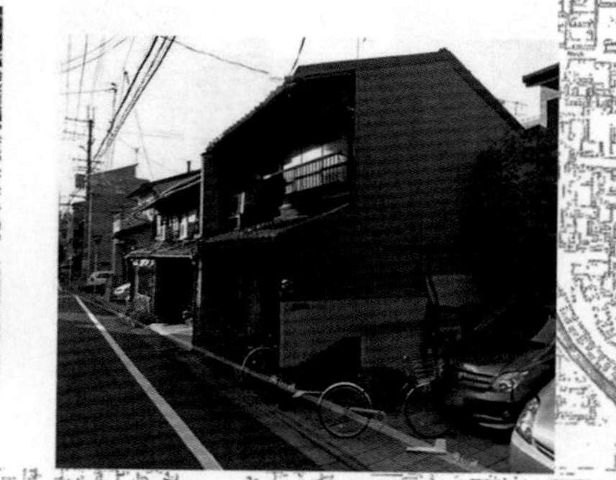

界限／融合

备注：从历史街区到现代城市的自然过渡是消除城市界限的重要方法。居民的活动对于融合几个街区之间的界限也起着关键作用。

【高宽比与街道过渡】

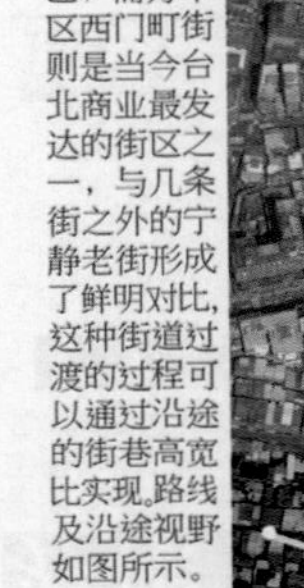

万华是台北最古老的街区，而万华区西门町街则是当今台北商业最发达的街区之一，与几条街之外的宁静老街形成了鲜明对比，这种街道过渡的过程可以通过沿途的街巷高宽比实现。路线及沿途视野如图所示。

【居民活动的影响】

当地居民的活动、本市游客的活动以及外来游客的活动范围，在每个人脑海中都构建了一张心智地图，地图上的边界通常是他们感兴趣的活动范围。在关键点设置一些好用的活动场地可以有效消融这些界限，让大家的心智地图有更多的重合点。

下图是对一条古老街道两侧的改建。绿荫大道上的延续性首先得到确保。上面的百年古树被小心地保护，两侧的景观人行区域宽度为12.5～17m，沿路的空间除人行道以外，还设置了休息区、儿童区、聚会区，并在车行道路中间的部分，设置了双向的4m宽自行车道。

右图是法国Saint Malo，一个在第二次世界大战轰炸中奇迹幸存下来的城市。在Recouvrance区最古老的街道上有一处被遗忘的弃屋，设计师在这里植入了一个新的当代元素。

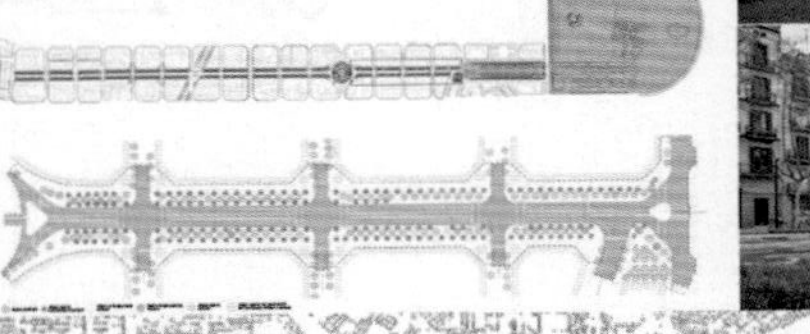
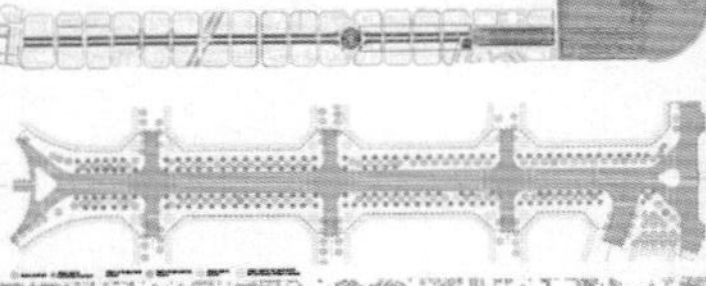

界限／融合

备注：产业的发展对于一个街区的复兴和活化起着关键的作用，有很多成功的案例，产业结构的丰富和更新能够让历史街区与周边融合。

【产业结构的发展】

右图分别从不同角度说明历史悠久的街区在城市发展过程中经历产业结构变化的现象。

平江历史文化保护区在规划前和规划后的功能机构如右图所示。规划前该地区的居住功能占绝对的主导地位，规划后适当减少了居住用地的比例，这涉及一定程度的人口迁出，同时也涉及该地区建设强度的微调。而如工业用地这类不再适合市中心，特别是历史街区的功能被移除，原有的工业用地和另外一些已拆除的闲置地成为下一阶段的发展预留地。街区内大量之前未经考证的、具有历史价值的老宅被列为文物古迹用地之后，文物古迹用地骤增。单纯的商业用地不仅增加了所占的比例，而且还融入旅游服务的性质。市政设施用地虽然只是由0.2%增加到0.4%，但涨幅达到一倍，可见市政方面的工作量显著增加。

左上图的店铺来自东四至国子监范围内的胡同。历史街区特有的氛围吸引了很多年轻人。不仅有来此开店的创业者，经营类型包括服装、餐饮、手工体验、家具、艺术品，此外还有开办设计事务所的年轻设计师。这些独特的店铺不仅有着比较明显的胡同个性，同时又将人流引入胡同，让这里成为逛街路线的一部分，历史街区和城市之间的界限就这样消融了。

左下的长滨则是在丰富产业的基础之上，进一步表达了当地居民对这些产业逐渐接手的过程。上海的田子坊在这方面稍有欠缺，虽然田子坊的产业得以激活，但是当地居民几乎未曾参与任何一个店铺的经营。

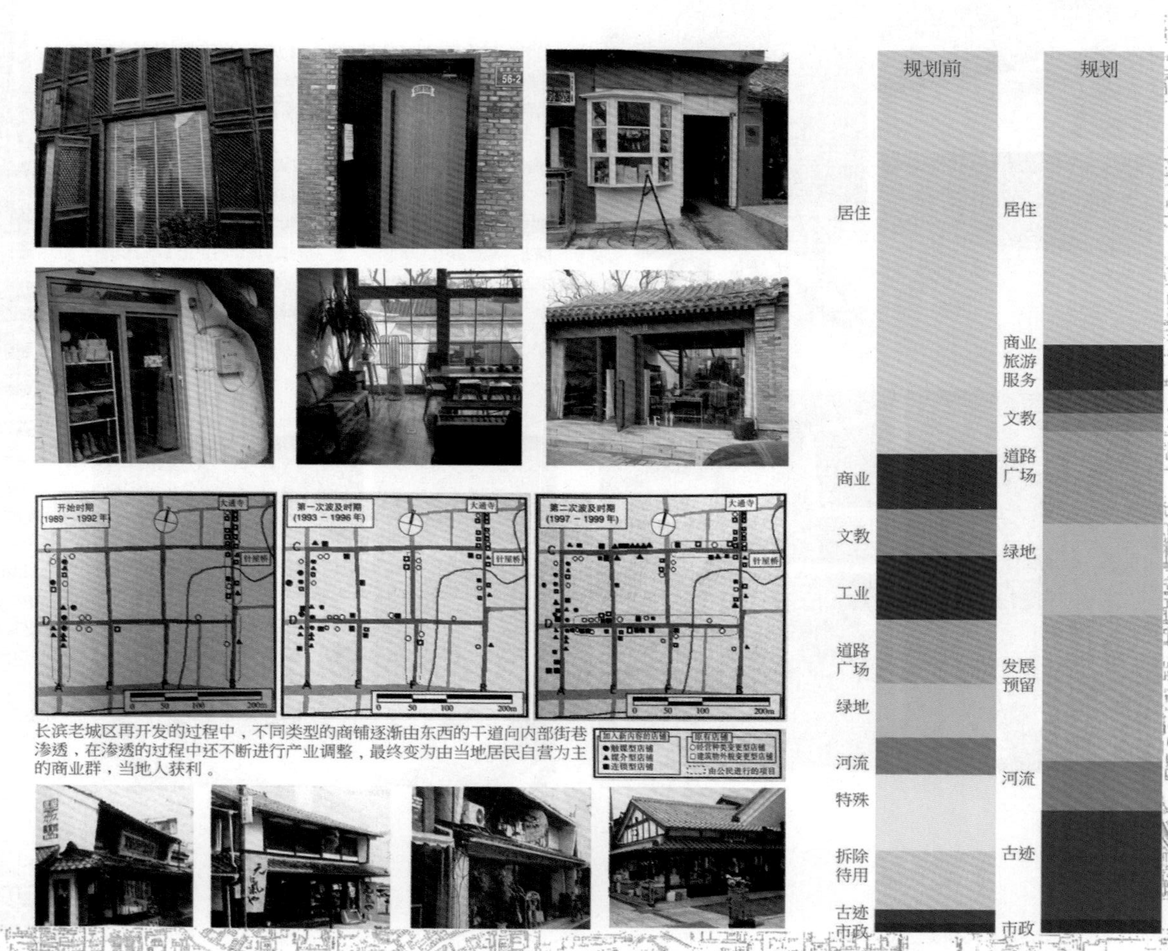

长滨老城区再开发的过程中，不同类型的商铺逐渐由东西的干道向内部街巷渗透，在渗透的过程中还不断进行产业调整，最终变为由当地居民自营为主的商业群，当地人获利。

自然 / 景观 / 生态

备注：公共空间和私密 - 半私密空间的绿化各不相同。前者以国槐夹道为主，后者有自发和非自发式两种。

【绿化景观】

公共空间

北京四合院以房屋、回廊、围墙等把一方天地围合在自己生活的空间里。在这样的小天地中，人们往往通过在庭院中栽花、种树与自然相协调。

而相对各家的合院而言，胡同间的绿化则常是以国槐为主的行道树，东四片区亦不例外。胡同间的街道通过行道树的树荫围合成的公共空间，与庭院深处建筑围合出的私密空间恰好相互呼应，构建出较为舒适的交往和行走空间。

从卫星图中的平面绿化面积中可看出，东四片区没有大面积的公共绿地，主要绿化范围集中在道路两旁。胡同间的行道树很多树龄较大，有的古树已挂牌标明保护。然而在实地考察中发现，当地的植株保护情况不容乐观。

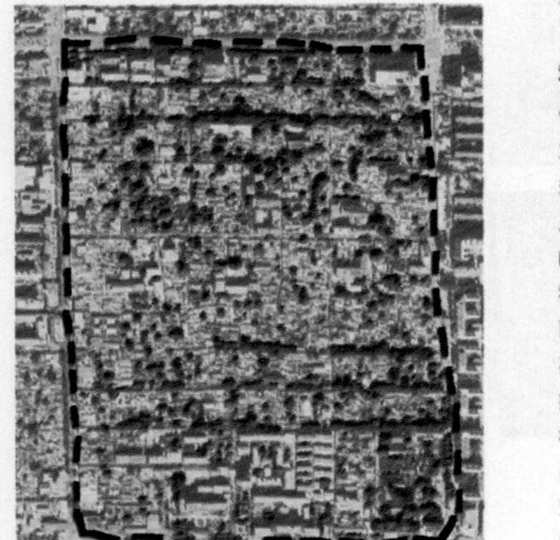

东四片区平面绿化示意图

左上：仰视天空，槐树在上方围合出了公共空间
左下：东四街道两旁种有行道树
右：街道间维护不好的行道树

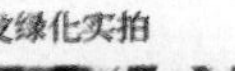

私密 - 半私密空间

传统四合院中的主院地面四隅会有四块方形的土地不铺砖，专为种树而留。符合格局的大四合院都种有海棠树，亦有讲究正规宅院的主院不种枣树和梨树一说。然而由于历史原因，东四片区的各座院落大多都已加盖成杂院，因而除原本院落中保留的树木以外，各家各自进行门前、宅内绿化。

我们将东四街道—私宅之间过渡的绿化方式分为自发和非自发两种。

其中自发绿化主要是各私宅门前，窗前的盆栽和沿街的少量竹类及灌木。北京庭院中最具特色的即是盆栽花木，莲、石榴、桂花、夹竹桃、菊花、梅花等均是四合院内可移动的绿化角色。由于外拍时北京尚未完全如春，各家门前的盆栽并没有全部发芽开花。亦有人家将假花与自己种植的草本植物相结合，饱满的颜色使得门前充满生机。

自发绿化实拍

非自发绿化实拍

自然 / 景观 / 生态

备注：以同在北京的菊儿胡同和南池子片区为例，简述北京旧城区街道绿化现状。

【绿化景观】

我们对和东四片区一样被涵括于《北京旧城25片历史文化保护区保护规划》文件中的南池子片区、南锣鼓巷片区的菊儿胡同进行了实地考察。

南池子片区

南池子地区卫星图　　南池子地区平面绿化图

南池子地区紧邻故宫东南角，东起南河沿大街，西至南池子大街，北邻东华门大街，南抵菖蒲河公园。南池子改造是北京皇城保护规划中的第一个试点，2001年底正式开始修缮改建，2003年8月工程结束。改造基本保持了原有的胡同肌理和建筑高度，小院式院落风格和园内种草植树的格局亦基本延续。

然而，原打算试行的“微循环”——即摒弃过去旧城改造中“大拆大建”和“剃光头”的做法，对那些亟需改造的地区进行小规模、渐进式的改造——并没有明显体现。实际操作几乎是直接拆除了所有旧胡同和院落，直接建造了新的四合院、合院式住宅，居住方式也从原本的杂院变成了一屋一户、甚至一院一户的私密处所。大量的拆旧建新和仿制，使得新建四合院和保留下来却未得到合理修缮的旧宅产生极大的反差，公众对于南池子地区改造的效果亦是颇有争议。

从卫星图上看出，南池子地区的绿化面积并不大，植株多种在街道两旁，院内树木比较少。实际调研时该情况基本属实，私院内少有古树，院间道路种有部分行道树并摆有灌木、小乔木。私院内树龄小、种类少，杂院门前摆有不少小盆栽。改建成低层现代住宅的院内种有小乔木和藤蔓植物。

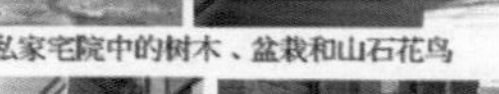

私家宅院中的树木、盆栽和山石花鸟

左：低层住宅园内藤类

右上：磁器库北巷老院门前盆栽
右下：普渡寺前巷道旁盆栽

菊儿胡同

菊儿胡同卫星图

菊儿胡同平面绿化图

菊儿胡同位于北京市东城区西北部，东起交道口南大街，西至南锣鼓巷。整个街坊面积8.28公顷。

从1987年开始，由吴良镛领导的清华城市教研组对北京市旧城整治开展了一系列研究，1987年选定菊儿胡同41号院作为试点。进行有机更新，即保存完好的，修缮半好半坏的，拆除最坏的加以重建。经过十多年的探索，找出重建的办法，即用二、三层的单元楼来围绕原有树木作为庭院，形成"类四合院"。

菊儿胡同两旁的行道树生长状况良好，低层住宅的建筑立面上有藤蔓植物。胡同内的类四合院住宅在一定程度上保护了原有院落的大型乔木，合院内亦有小灌木。街道绿化率较南池子、东四相比更大，街道尺度和视觉效果也更加舒适。

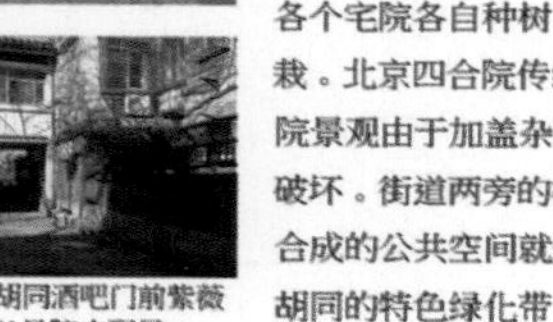

左上：菊儿胡同街景
左下：维护较好的行道树

右上：胡同酒吧门前紫薇
右下：41号院内配景

小结

东四街道的绿化景观现状与北京老城区胡同的情况基本相同，由于传统私宅私院没有公共绿地的概念，各个宅院各自种树种植盆栽。北京四合院传统的庭院景观由于加盖杂院而被破坏。街道两旁的槐树围合成的公共空间就是北京胡同的特色绿化带。

自然 / 景观 / 生态

备注：从城市生态学的角度来看，东四片区亦存在城市普遍存在的诟病。

【街道生态】

城市生态系统

城市生态系统是一个以人为核心的系统，它不仅包含自然生态系统的组成要素，也包括人类及其社会经济等要素，因此城市生态系统是一个自然、经济与社会复合的人工生态系统。城市本身并不是一个完整的、自我稳定的生态系统，它结构单一，消费者的数量远远大于生产者。城市化进程使得原有的自然生物群落数量减少，作为生产者的绿色植物减少，分解者赖以生存的土壤结构也被巨大改变。要维持这种非平衡的稳定状态，就要不断地从系统外出入能量和物质。

由于城市生态系统的高度人工化，不仅产生了环境污染，同时城市物理环境也发生了极大改变，如城市热岛与逆温层的产生、地形变迁、不透水地面等破坏了原有的自然调节机制。生态系统的营养关系出现倒置导致城市生态系统十分脆弱无法自律。

在遭到破坏或是存在缺陷的城市系统中，街道甚至城市的复兴项目应当提倡恢复城市生态系统的平衡。

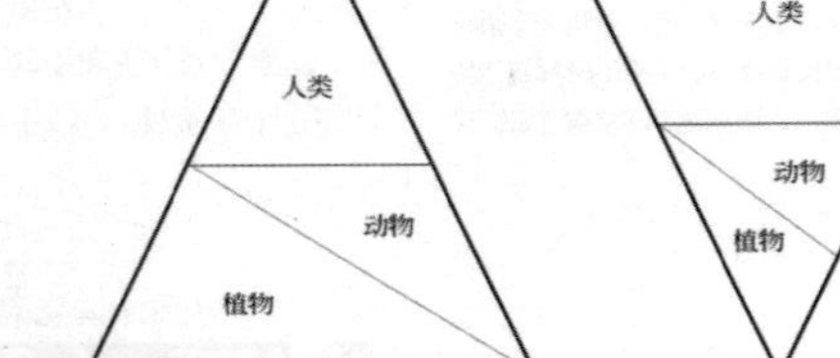

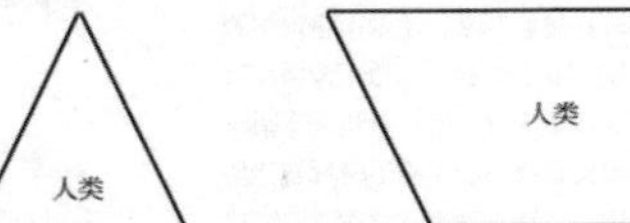

不同类型的生态系统营养结构示意图，左：自然生态系统，中：农村生态系统，右：城市生态系统

东四街道生态环境现状

东四片区流水巷附近两名工人在对拆除院落中砍伐下的树木进行加工。随着整修改建的进行，胡同中的生产者还在不断减少。

东四街道的生态现状与城市现状类似，即大量缺少生产者和分解者。由于杂院中几乎每一个几平米的小屋就能住下一人甚至一户，各种私搭乱建限制、甚至破坏了原有绿色植物的生长。拥挤的建筑物使得本就不多的植物不能进行充分的光合作用，加之机动车持有量的增加，胡同内的空气质量亦在持续恶化。由于没有大面积草地、树林，只有盆栽或树坑中才有土壤。当地居民在树坑处随意摆放拖把和各种建筑材料，或是用塑胶、瓷砖封住树坑，让坑中的土壤性质也在发生改变，分解者在街道中的作用也就更加微乎其微。不透水的道路不能分解落叶，加重了城市垃圾处理的负担。

奈良与布加勒斯特老城区的生态振兴

通过查阅资料，我们选取了位于日本奈良县和罗马尼亚首都布加勒斯特市的两个以改善生态为主的老城区复兴案例。

奈良新风水城

奈良县位于日本纪伊半岛中央，四周为大阪府、京都府、和歌山县、三重县所环绕，属内陆县。由被称为“近畿之屋顶”的纪伊山地及扩展至北侧的平原组成，土地面积约占全国面积的1%，山地面积所占比重较大，森林覆盖率为77%，大约90%的人口集聚在县北部的奈良盆地及其周边地区。

自710年至784年奈良县曾是日本的首都，称为“平城京”，是日本文化、艺术和工艺的摇篮。在佛教传入日本的公元6世纪至8世纪期间，奈良一直作为日本的政治、文化中心而繁荣。公元710年，仿效中国唐代的长安城而创建的大规模国际首都“平城京”，作为历史性的遗产已列入世界遗产之中。西方的文化、艺术、建筑技术等透过古代通商道路——丝绸之路传入日本，存有以东大寺、法隆寺为首的世界文化遗产、佛教建筑、佛象雕刻等许多国宝和重要文化遗产。

平城京道路示意图

奈良东大寺

奈良市是日本历史名城和国际观光城市，也是奈良县政府所在地和奈良县最大的城市，设立于1898年2月1日。1994年，为了使古老的城市奈良恢复生机，政府提出在城市郊区依照风水原则进行城市复兴规划。整个项目由日本神户大学研究中心负责，提出试图将这个地区丰富的传统艺术与现代建筑环境和原始自然环境编织在一起的理念。风水是借鉴古老的中国在特定的环境下用于占卜其潜在的财富和运气的方法，可以看作是人类社会与自然环境共生的结果。

技术／建筑

备注：东四片区内的建筑质量和风貌与鼓楼地区的情况基本一致，我们在东四片区调研所发现的问题和一些解决办法，相信在鼓楼地区也有一定的适用性。

【东四片区】

明朝初期，由于朝代更替，连年战乱，北京人口骤减，以至“商贾未集，市井尚疏”，东四地区也在战乱中落败，远不如往日繁华。但永乐皇帝继位后，迁都北京，大兴土木，重建北京城，东四片区便位于内城中心区域。明代北京城规划严谨，“胡同－四合院”的里坊式居住形式便形成于此时。

清军入关，定都北京，而且沿用明代的北京城布局，故清代北京城继承了明代所形成的布局形态及风貌，因而东四片区内建筑多为明清时代的四合院风貌。

建国以来，由于种种原因，大多数四合院未能得到应有的维护。建筑质量较好的一般为名门大宅，院子宽敞，建筑高大，选料上乘，做工精细，但由于多户分住，保护困难。个别木结构建筑损坏比较严重，部分坍塌，承重结构存在不同程度的老化，构件残缺。部分损坏严重的院落，经过维修翻建后，是红砖、平顶、铝合金门窗，原有风貌荡然无存。

唐山地震以后，四合院内居民开始“跑马圈地”，私搭乱建，见缝插针，各自为政，院内增加了许多简易房屋、窝棚，这些大多用于厨房、杂物库等，低矮丑陋，挤占了四合院最精彩的空间，是邻里纠纷的焦点，是破坏风貌的罪魁祸首。

目前胡同四合院内人口密度过大，以至加盖过多，破坏了院落空间和建筑风貌，同时也影响采光、通风、排水，建筑质量和卫生环境差。居民生活质量无法保证。

现状建筑质量分布图

N

图例：
建筑结构完好
建筑结构一般
建筑结构很差

建筑质量说明举例

建筑性质	建筑高度	建筑质量分类	现场照片
R	3~5 m	一类	
R	3~5 m	二类	
R	1~3 m	三类	

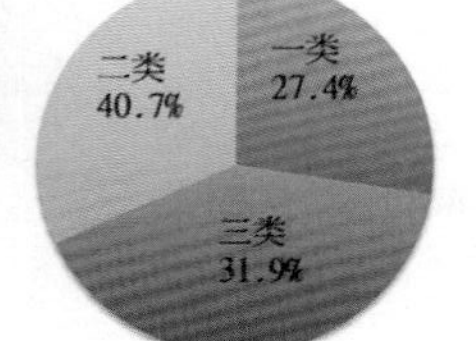

建筑质量分类百分比图

备注：
建筑质量分类注释：
一类：结构好，维护好，配套全
二类：结构一般，维护一般，配套不全
三类：结构很差，维护很差，配套不全

备注：东四片区的历史风貌的保存比较完好，虽然院落内加盖问题严重，但居民依然在努力保存原有的风貌，这是值得鼓励的。

【东四片区】

胡同是北京唯一的，独特的文化。胡同的形制形成于明代，历经明、清、民国、新中国一直保留至今，胡同依然成为北京的独特文化。新中国成立后，城市的工业化加速，加之国家部委进驻，北京很多四合院平房建筑惨遭拆迁，继而建造成高楼大厦，严重破坏了北京的旧城风貌和胡同文化。

目前，北京旧城保护问题得到重视。北京文物专家费时一年，在旧城范围内挑选了具有保留价值的六百五十八处四合院，挂牌之后就意味着铁定保存，这让诸多开发商望而却步。

而且北京已经摒弃过去“剃平头，起高楼”的旧城改造做法，对胡同的改造多采取小规模、渐进式的方式，二三环内大拆大建的现象在日益减少。

然而北京的民居多是木结构，一二百年之后难免腐蚀、破败。而今，木结构建筑在我国并非主流，钢结构以其坚固耐用的特点在建筑业大行其道。北京胡同建筑改造时，也有部分建筑应用钢结构进行加固。

目前，北京旧城胡同改造有其基本原则，保留原有的胡同肌理，道路的走向、位置及名称与原有街巷基本一致，之后补齐胡同功能，同时以院落为单位，进行微循环、小规模式的改造，根据各个院落的问题，进行有效的改造，对建筑进行修旧如旧的整修，保持其简洁古朴的风格。北京城利用逐个院落的改造方法更新城市，同时保留了胡同风貌。

现状建筑风貌分类图

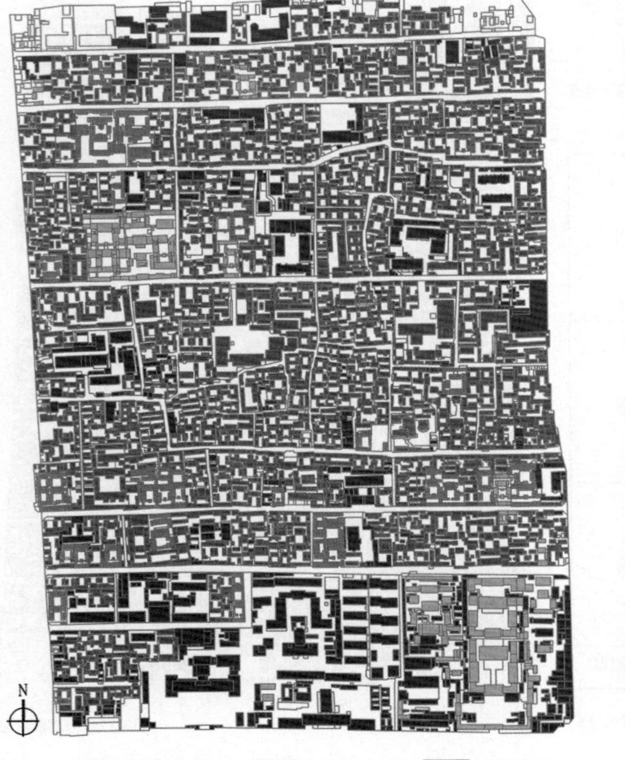

综观东四片区建筑，一类属于文物保护，登记在册的建筑物，约占 11.9%，计 39055.7m²，二类有价值的传统建筑及近现代建筑，占 4.2%，计 13720.1m²，三类成片具有典型四合院风格且与保护区风貌相协调的一般传统建筑占 64.3%，计 21089.5m²，四类与保护区风貌协调的现代新建筑占 2.7%，计 8892.8m²，五类与保护区风貌不协调的新建筑占 16.9%，计 55493.2m²。可以看出其中与保护区风貌协调的一般传统建筑占大多数，不协调的建筑比例较小。虽然不协调的建筑比较高大显眼，对保护区风貌的威胁也较大，但仍可认为“保护区”内建筑风貌基本保持了清末民国时期的历史风貌。因此，整个地区的恢复历史传统风貌是很有基础的。

国家、市、区级文物保护单位统计表

序号	文保单位	用地面积（m²）	建筑面积（m²）	文保级别
1	东四八条 71 号	1119	637	东城区文保单位
2	东四六条 3~65 号	10977	6055	全国重点文保单位
3	东四六条 55 号	1167	649	东城区文保单位
4	东四四条 5 号	896	547	东城区文保单位
5	大慈延福宫建筑遗存	1485	978	北京市文保单位
6	孚王府	46239	31168	北京市文保单位
7	东四三条 77 号	721.5	490.7	市普查登记在册
8	东四四条 3 号	1892.5	1212.3	市普查登记在册
9	东四七条77~79号	7561	3855.3	市普查登记在册
10	东四八条 61 号	923	641.9	市普查登记在册
11	东四八条 111 号	994.7	667.9	市普查登记在册

技术/市政

备注：东四片区的市政工程条件严峻，市政设施缺乏，亟待整改，在旧城胡同区内具有代表性，对此的研究可以普遍迁移到旧城其他地区。

【东四片区】

本地区排水设施极少，大多院落虽已引入排水口，但干管至今沿用清末、民初盖板地沟，雨、污合流。个别低洼院落无法排水，仅依靠渗漏，如遇大雨，院内积水难行。

供水只到院落，均裸管直埋，年久失修，腐蚀严重，再加以住户私接乱改，大都引上下水入户，造成遗漏，责任不清，纠纷不断。

生活燃料以液化气为主，以往私人取暖用蜂窝煤，自“煤改电”工程实施以来，住户取暖陆续改用电，机关单位自建柴油锅炉房。天然气除极个别引入，未大规模通气，无液化气站。

用电已扩容，已不再限电，住户普遍安装空调，均明线敷设，与光缆、话缆纵横交错，既不雅观，又存隐患。有线电视、电话均可接通入户。电力、电信全部架空电缆，主要分布在东西向胡同和部分南北向胡同里，电线杆新旧交替，线路紊乱，标识不清，路灯损坏，夜巷昏暗。

全区居民基本使用公共厕所，厕浴到户极少，公厕卫生环境一般，难以管理，是地区卫生环境的大敌。

片区内设封闭式垃圾站一座，每天大队垃圾车云集于此，遗撒散味，絮噪嘈杂，严重扰民。

囿于地域限制，南北交通不畅，各胡同间联系受制约，胡同狭窄，存在较大消防隐患。邮筒、果皮箱、指示牌、路标等个别有破损或残缺不全。

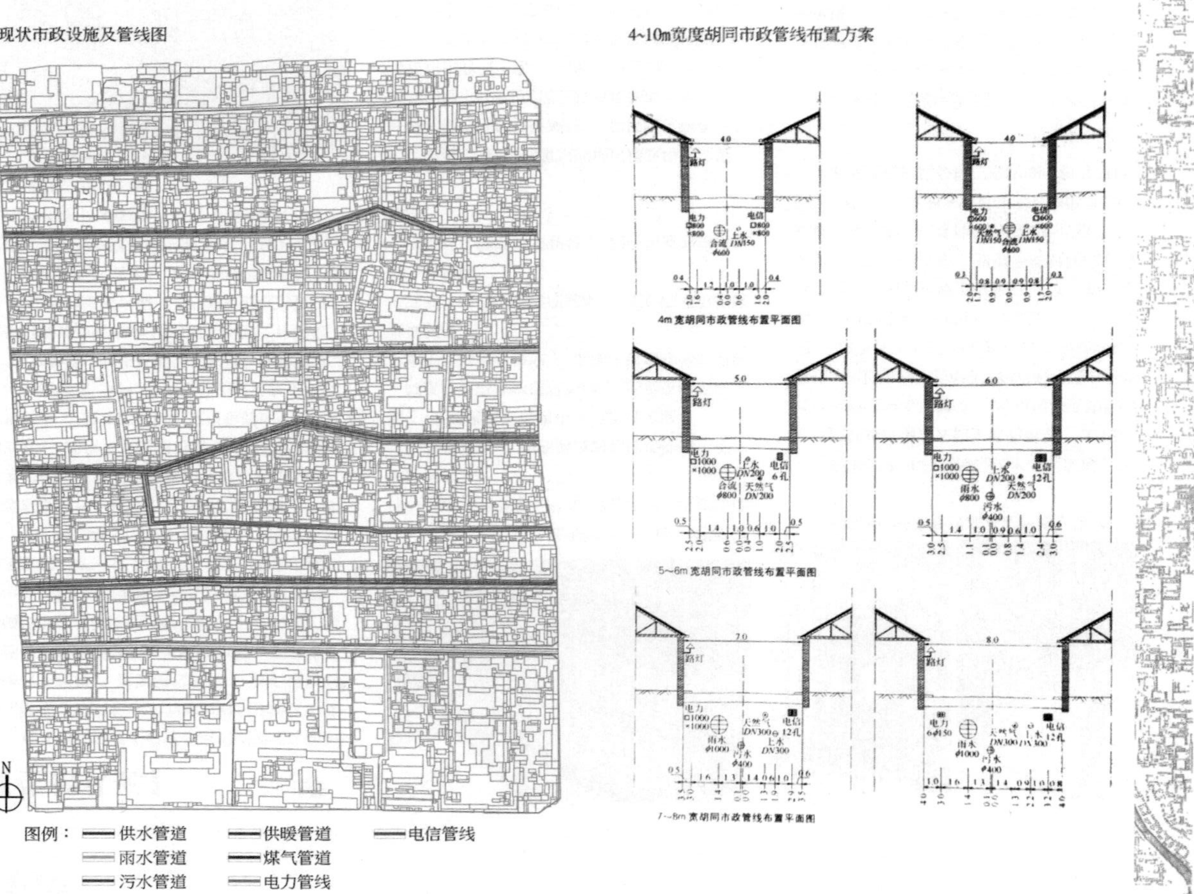

居民生活与社会文化

居民是城市生活的主体，一个地区文化的产生与当地居民的生活状态是密不可分的。

【概述】

东四地区包括大街3条，胡同44条，下设21个居委会，总户数18879户，总人口47677人。

民族　汉族42781人，占总人口的89.7%；
回族3141人，占总人口的6.5%；
满族1479人，占总人口的3.1%；
蒙古族206人，朝鲜族28人；
其余民族总计4896人，占总人口的10.2%。

人口密度 每平方千米28895人。

单位与社会组织 东四辖区内驻有中国戏剧家协会、中国对外演出公司、中国展览中心等中央单位27个；有北京市百货公司、北京日化三厂、北京计算机二厂等市级单位113个；有区百货公司、兴华服装公司、区二建公司等区属单位177个；还有中学3所，小学5所，聋人学校1所，医院2所，托幼园所9所，图书馆1座。

在老房子的基础上改建的小学

【生活状态】

近几年，随着人们逐渐意识到老城区保护的重要性，政府投入人力物力对东四地区的胡同进行了改建。在调研过程中，我们看到的大部分房屋都已经经过了翻修加固，新建的公共厕所卫生条件比过去好了很多，也实现了煤改电，但居民的生活条件并没有显著的改善，很多居民仍然一家人蜗居在十几平米的小屋子里，院子被简陋的加盖小屋填满，甚至连晾衣服都成了一个难题。东四修地铁站拆了一部分老房子，尽管大多数居民表示喜欢现在的生活方式，却也并不感到可惜，反而希望拆迁面积扩大、最好能把自己这里也拆走。

这意味着一种传统的生活方式正在走向消亡。这种消亡并不是因为其本身存在的弊端，而是因为周边的压力——房价上涨、住房紧缺，旧房改造不合理，现有的建筑已经难以满足居民的生活需要。这些外界因素促使当地居民不得不放弃现有的生活方式，离开几代人居住的老屋，搬到地理位置不那么好，却可以提供舒适居住环境的地方去。

外观气派，却与周围青砖红门完全不搭调

民房外的电表已经实行一户一表，粗略估计一个院子至少有四户以上的人家，居住环境十分拥挤。

老旧的建筑和现代加盖建筑的不协调

在调查中，很多居民对居住条件表示不满，这些意见普遍集中在以下几方面：

- 院落内私搭乱建情况严重，活动空间不足。
- 由于胡同道路较窄，机动车进出和停放问题难以解决。
- 流动人口较多且管理混乱，部分院落卫生问题十分糟糕。
- 部分私人院宅装潢夸张，破坏街道的整体美感。

另外，尽管随着东四地区煤改电的实施，环境污染的问题有所减轻，但同时也存在一些新的问题。一些居民反映电暖热度不足，采暖费用也有所上涨，造成了一定的经济负担。东四一带如今的常住人口以老年人和外来务工人员为主，居民普遍收入水平较低，怎样在不加重经济负担的同时尽可能地改善他们的居住环境，需要我们在城市改造过程中投入更多的关注。

随着近些年科技与经济水平的发展，老建筑已经难以满足人们生活的需要，对旧城进行改造已经不可避免。但单纯将老城推倒重建，让居民搬迁至别处的方法已经不再适用，这不仅不能解决问题，反而会破坏城市中原有的生活方式与文化底蕴。

对于一座历史城市的保护，不仅仅只是保护了它的文化古迹，更重要是把居民的情感联系在一起，让这种生活的文化传承下去。在这一点上，欧洲人乐意让所有到那里去的人共同欣赏被他们保护下来的城市和老建筑。

皇城根一带的老胡同，现在大多已经被拆掉，原来的居民被拆迁至城市边缘，建起了只有富人们才能买得起的四合院，看起来的确豪华气派，却再也没有了老北京胡同原有的风韵和生活气息。这样的糟糕城市改造，不应该在北京这个六朝古都重演。

居民生活与社会文化

居民是城市生活的主体，一个地区文化的产生与当地居民的生活状态是密不可分的。

【居民生活情趣】

· 日常活动

由于院内空间不足，人们的日常社交活动通常就在胡同里进行，孩童玩耍的地点通常也是纵横交错的胡同中。特别是到了夏天，时常可见附近的居民聚在院门口下棋聊天的场景。由于场地限制，可进行的活动并不多，更多居民的生活情趣倾向于摆弄花草或者饲养宠物，走在路上经常能看见居民饲养的猫、狗和鸟。

东四地区有着工会、共青团、妇女联合会等社会组织，这些组织也会偶尔组织些集体活动，频率却很低，很难达到促进邻里交流的目的。自从东四奥林匹克公园建立后，居民的活动场地较过去有所增加，街道中也增加了一些健身器材。相对来讲，本地居民之间的邻里交流比流动人口要多，老人之间的交流又比年轻人要多。

老北京本地的住户通常邻里之间十分熟悉，交往也比较密切，聚在院门口聊天是他们日常最普遍的社交方式之一。

· 早市

东四附近最热闹的商业区要数隆福寺一带，在1993年的一场大火之后，曾经生意火爆的隆福大厦就没落了，从此之后再也没有恢复当年的繁华。

然而这里的早市却是人头攒动，从蔬菜水果、鸡鸭鱼肉到生活日用甚至宠物用品可谓应有尽有，热闹非凡。附近的老字号门店也会在店门前单开窗口或摆摊向附近的居民提供早餐，整个市场的总体质量可谓物美价廉，应有尽有。

· 庙会

据记载，庙会以隆福寺为中心，包括附近街巷，形成了一个繁华的商业区，“百货骈阗，为诸市冠”、“凡珠玉绫罗、衣服饮食、古玩字画、花鸟鱼虫，以及寻常日用之物，星卜杂技之流，无所不有”。不仅四城百姓都来购物玩耍，一些王公大臣和在京的外国人，也来此搜罗古玩珍奇。在那个时代，庙会的举办大大促进了东四商业的繁荣，而如今只有过年时才能稍许恢复庙会的盛况。

由于街道的场地限制，东四胡同中的居民并没有特别固定的活动场所，尽管周围也有着奥林匹克公园、隆福大厦前的广场等场地，但居民们显然更乐于在家门口活动。老北京胡同里的居民生活节奏并不快，他们走街串巷，和街坊朋友聊天下棋，或是遛狗打麻将，摆弄些花花草草。除此之外，东四居民的活动方式还有散步、踢毽子、小球运动、扭秧歌、太极拳等等，尽管客观条件有限，却也乐在其中。

至于文化底蕴，东四地区历史悠久，曾居住过许多政界、军界、文化界历史名人。如沙千里、徐世昌、段祺瑞、叶圣陶、作家王蒙等人。

著名作家、教育家叶圣陶曾住在东四八条71号院。该院共三进院落，院内遍植花草，环境宜人；沙千里故居是一所有三进院子的建筑。现在院子的外观没有什么大的变化，甚至门口依然保留着一道铁栅；段祺瑞故居原为清代康熙皇帝第二十二子允祜府。北洋政府时期，该府被段祺瑞所得。如今为东城区重点保护文物。

居民生活与社会文化

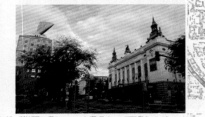

和其他地区已有的旧城保护和改造的案例进行对比，或许这样可以找到我们在工作中的不足之处。

【案例 · 德国柏林】

柏林历来都是德国思想、政治和文化的中心，被德国人称作“心脏城市”。联邦德国与民主德国统一后，柏林重新作为德国的首都。

柏林住宅建筑的改造主要由三部分构成：老建筑的更新，现有新建筑的维修（冷战结束后，东柏林共有27万套民主德国时期建造的大板住宅，建筑质量普遍存在问题，主要的改造任务有三项：维修设备、改善墙体和屋顶的保温和防渗漏功能、立面的美化和装饰）和旧区风貌的保护与更新。

“谨慎的城市改造”意味着利用老的建筑，尽可能少拆除，防止居民的流失，街道、商店、小作坊、庭院等多样化的成分应该保留。“城市是社会形势经济的，同时也是福利的、政治的、文化的变迁集中交织场所。”

在实施更新和改造的过程中，柏林人坚持保留建筑原有的克劳依茨贝克特征，旨在唤起对危旧地区的希望和信心，认为建筑状况应通过少量的拆除，结合内部的绿化和里面的造型来改善，街道、广场、绿地等公共设施必须根据需要来更新和补充。

对于拆除，一直是有争议的。柏林东部共约有100万套空置房，维修和市场都成问题，拆除是一种很简单的方法，然而有人认为随着欧盟东扩，移民高峰即将到来，应做好住房储备，合理利用旧住房防止出现住房紧缺的现象。

柏林在旧区风貌的保护和更新方面确定了四个目标：首先，有历史价值的建筑物必须确保长期的保护与消除空置相结合，建筑物要为居民或企业所用；第二，有关的建筑措施要以时代相应的形式产生；第三，谁愿意在原地居住，就应该在原地居住，长期的可承受的福利性的租金要作为资助的相应措施；第四，文物建筑的细节研究是在建造前期的程序、形式的规定、外墙的颜色必须系统地记录和决定，哪些是必须保持的，哪些是可以变通的。

尽管第二次世界大战使柏林的城市文化备受摧残，但并不能磨灭柏林的城市个性。高速发展中同样出现过空间质量下降，建筑质量降低，居民的心理需求被忽视的问题。统一以后，西柏林补贴逐步取消，投资重点向东柏林倾斜，对于西柏林人来说，公共福利的降低和个人收入的减少是必然的过程。再加上住房市场并不景气，东西柏林居民的矛盾，观念的抵触不是短时间能够消弭的。然而经过整合和过渡之后，柏林稳步地发展着，在这里，老城改造的成功也有着很大的功劳。

在具体的规划设计工作中，柏林人认为街道和城市空间必须保持原有的空间关系和比例尺度，并保持地段内功能的多样性和延续性，特别是居住功能和与此相关的小企业，生活服务设施不受其他内容的冲击和影响。比如在旅游发达的地段，餐厅数目是受到严格控制的，防止旅游业影响正常的城市居住生活。一个地段的保护更新是长期的、连续的，要通过十到十五年逐步完成。

旧区改造不仅保护了有价值的历史建筑，而且对城市文化的多样性和旧区活力再现的作用是显而易见的，对城市经济也有积极的影响。在这方面施潘道城郊地段的成就相当突出，它成为现在柏林著名旅游地段，居住人数增加，具有浓郁的生活气息和多样化的城市景象。

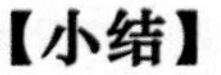

【小结】

城市发展的过程也是不同的意识形态交融的过程。在进行旧城改造的时候，我们应该更多地去思考该如何保护当地居民的正常生活不受干扰，而不是想方设法让他们搬迁到别的地方去。居民生活是旧城区的一部分，若是没有人使用，建筑也就失去了它本身的价值，再具有文化价值的老房子，也只能是一间古老的空屋罢了。正是有人的活动，城市才有了活力，才能保持地区的多样性和可持续性。

改造前后的东柏林大板住宅

德国统一后，尽管柏林墙大部分已经被拆除，只留有一小部分作为时代的记忆，但东西柏林的文化差异仍然存在，也许还需要很多年的磨合才能真正融合。

设计导则

备注：东四片区作为一个形制规整的历史街区保护案例，可以为同在北京的鼓楼片区提供一些参考。

【通行与可达】

交通规划致力于为历史街区提供一个完整并可持续发展的交通路网，为激活历史老城、整合交通廊道，提供较为完善的公交服务和便捷的慢行网络。

与周边区域及全市的联系

从历史街区出发，能够以最便捷的方式（公交、地铁和邻近的城市快速路）到达北京的机场、火车站以及市中心的发达地区。同时，从北京的其他地方也能够尽快抵达这里。这需要为公共交通预留出空间，并整饬道路网。

清晰的道路网

老街区对过境交通的副作用一直是很严重的问题，清晰的道路网可以为过境交通提供便利的同时，增加街区内微循环的效能。选择适宜的位置拓宽道路，打通尽端道路，减少怪异路口。支路占道路面积中的绝大部分，将形成紧凑的街道网格并界定适合步行的街块，地块长度一般不超过 200 m 。同时交通流量较小的支路将被设计为功能混合的城市空间，沿支路可安排建筑的出入口，路边停车、商铺或户外茶座。

慢行系统

解决了该街区对城市的交通职能之外，要有严格的、属于自己的慢行系统，贯穿街区内有价值的活力点，供当地居民或游客使用，从道路宽度以及入口上设置限行。

停车策略

设置面积小、但分布广泛的小型公共停车场。部分道路设置为单行道，以配合停车的便捷性。

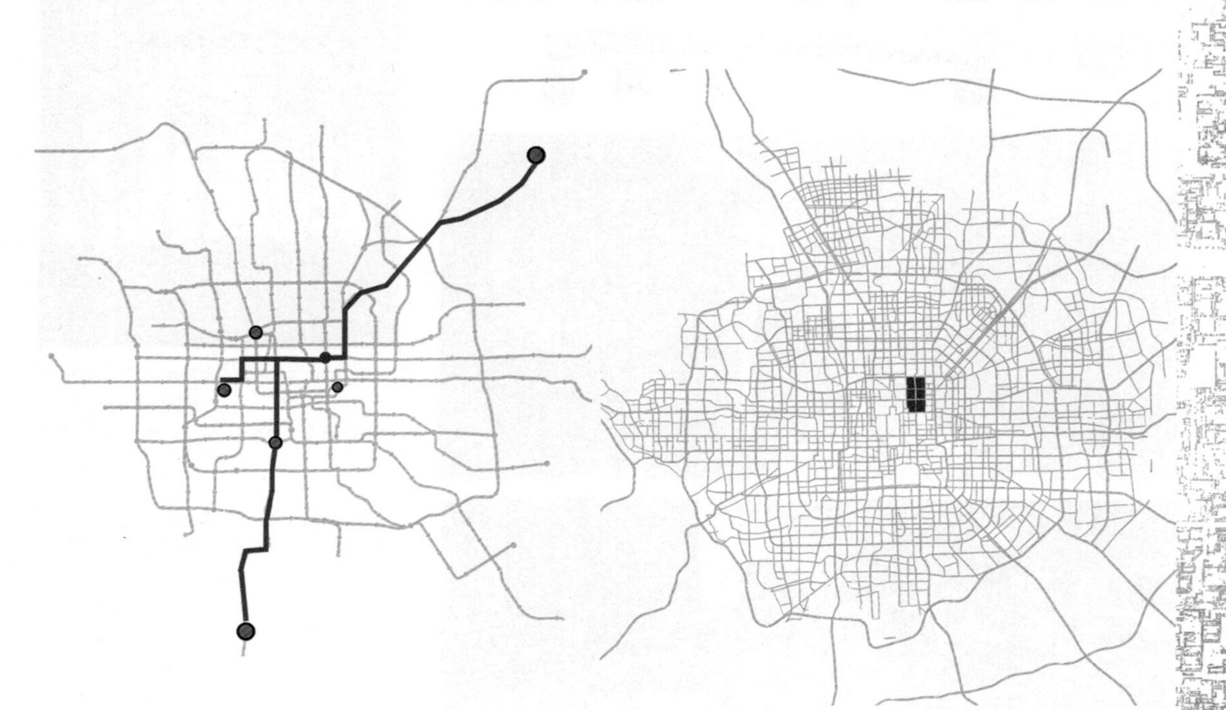

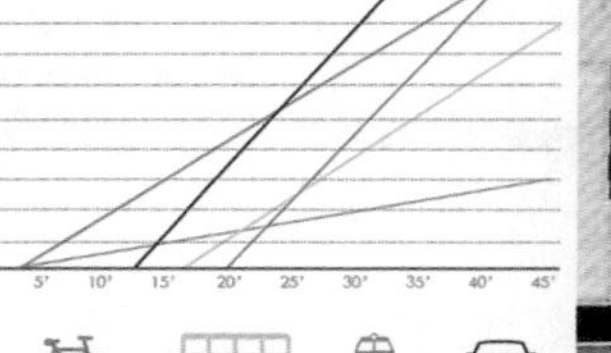

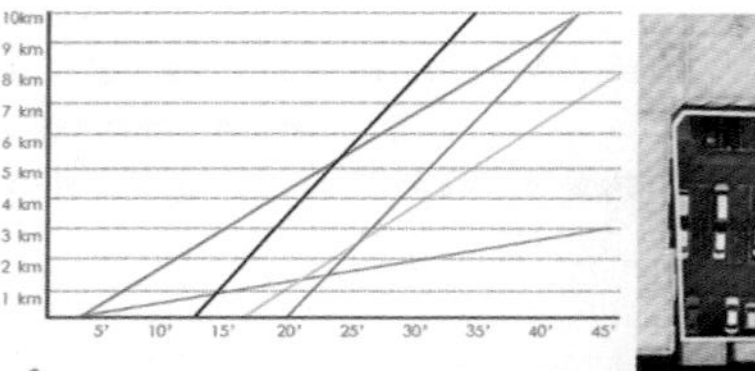

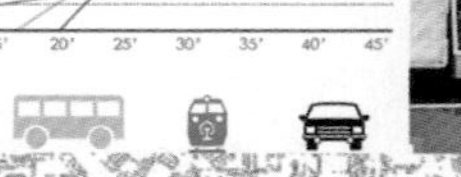

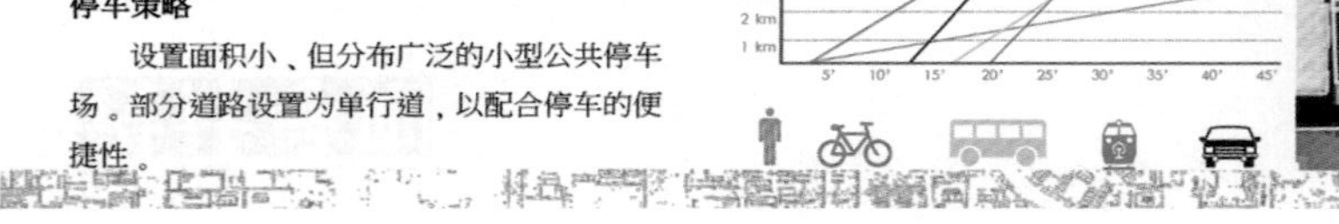

设计导则

【土地利用】

控制人口

老城区的人口疏散是必要的，再好的规划方案也是通过一个合理的人口指标完成的，根据该街区的实际承载能力控制人口。

混合功能

历史街区产业机构的丰富是其复兴和延续的关键，丰富历史街区的用地性质，增加混合功能的建筑，为产业的活化做好准备。

适当提高开发强度

北京的历史街区地处北京的市中心，完全固守极低的建设强度是有困难的，大量房屋加盖和人口爆棚的现象与不合理的强度控制不无关联。只要在建筑风貌、建筑体量上符合周边的环境，可以考虑适度增加开发强度。同时也为市中心的高密度、高强度模式提供实验的可能。

【空间品质】

绿化与环境

1. 在不拆除住宅的情况下，构建更多供给人们交往、停留的空间，并加以绿化。
2. 保护现有植株（尤其是古树和行道树）以增加生态环境中的生产者。
3. 鼓励自发的绿化活动，如盆栽、屋顶花园等。
4. 减少胡同内车辆的进出量。

院落／房屋改造：

1. 保留四合院原有的标准形制，对毫无章法的私搭乱建进行拆除整改。
2. 合理利用现代建筑技术加固房屋，提高房屋质量。
3. 根据胡同淳朴简约的整体风貌改造各个院落的维护结构，继承胡同风貌。
4. 保持合院的形制，合理并有规律地增加封闭空间用以居住、生活。
5. 根据四合院建筑的构造方法和采用的材料，建造新房屋。
6. 适当选用现代建筑材料构筑空间，以求不影响院落的采光、通风等自然条件。

市政工程改造：

1. 统一规划各个市政设施管网布置。
2. 市政管网布置尽量采用埋设的方法，防止明线敷设，电力、电信管线尽量不采用架空敷设的方式。
3. 合理规划给、排水方式。
4. 合理拓宽道路，拆除沿街加盖，方便通行。
5. 有效规划消防通道。
6. 在胡同区内合理设置停车场地。

2.3　南北长街历史街区

项目名称：南北长街历史街区调研

项目概况：南北长街在北京宫城边的位置，是故宫以西、中南海以东的一片狭长地带。南长街北起西华门大街，南到长安街；北长街北起景山前街，南至西华门大街，其历史可上溯到元代，位置极为重要。

项目完成人员：范文铮　邹洋　齐冰竹　姜淼　康佳意

项目特点：现在南北长街的胡同保存较好，有织女桥东河沿、大宴乐胡同、教育夹道、会计司胡同、前宅胡同、后宅胡同等，形成了以民居为主的古槐成荫、环境幽雅的风貌特色。

成果分析：对南北长街的现状、居民生活状况进行了深入研究，了解政府对其的保护方法和原则，分析保护与发展过程中产生的矛盾，并思考两者如何能协调发展。南北长街历史街区现状调研报告如下所示。

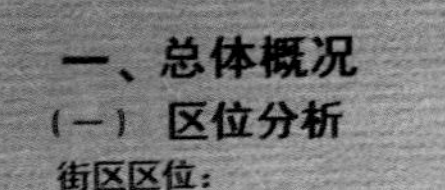

一、总体概况

（一） 区位分析

街区区位：

南北长街，西华门大街街区位于北京西城区，故宫与中南海之间的地段上，属西长安街街道办事处下面的四个居委会管辖（北长街、西华门大街、勤劳、南长街居委会）。街区西侧为中南海，东侧为故宫和中山公园，南端为西长安街，北端为文津街，四周边界明确，此范围为研究范围并划定为保护区范围。街区范围内规划总用地面积为30.57hm²，现状总建筑面积约15.1万平方米。

街区概述：

街区内以居住建筑为主，除普通居民住宅外，还有许多高级住宅穿插其间。另外区内有2所中学、1所小学、1所职校、3所幼儿园、1个区图书馆和1个佛教文化研究所，文化教育气息浓厚。此外有几家行政机构分布于区内。商业网点主要沿南北长街街面布置，大多规模较小，区内商业气氛不浓。

街区内建筑形态多为传统的四合院式，具有浓厚的清朝时期的建筑特征。但因历史原因，院内私搭乱建现象严重，导致普通居民的四合院大多变为大杂院。建筑密度很高，人口密度也较大，建筑布局与产权关系复杂。建筑质量参差不齐。近30年建造的一些建筑，大多数结构质量较好，但有些建筑与传统风貌不太协调，个别建筑甚至起到破坏作用。新中国成立前的建筑基本为民居，质量较差，急需维修、改造。街坊内市政条不完备，自来水只通到院内，排水不畅，雨污不分；电力设施老化，烧饭取暖仍以煤为主，生活条件较差。较多的当地居民对这里的生活颇有抱怨，生活情况较差。

南北长街在老城区区位图

北海公园 景山公园 府右街 西单 故宫 南池子大街 中山公园

南北长街区位图

（二） 交通分析

区域实景

文津街 景山前街 西单北大街 北河沿大街 西长安街 东长安街

图例 公交站点 地铁站

交通分析图

出行方式比例：

公交 地铁 步行 汽车

区域交通：

南北长街周边主要交通为：北为文津街和景山前街，西为西单北大街，东为王府井大街，南为西长安街和东长安街。

这边的公交站点比较多，交通较为便利，在南北长街约1550m的街道上，有3个公交站点。地铁站也比较便利，天安门西和天安门东地铁站能保证快捷到达这里。

街区交通的主要方式是胡同通过南北长街、西华门大街与市区主干道相连，南长街长约750m，平均宽度约18m；北长街长约800m，平均宽度约20m；西华门大街长约280m，平均宽度约30m； 街区内许多胡同狭窄、曲折，给居民出行带来诸多不便。南北长街、西华门大街两侧行道树质量很好，绿树荫浓。整个街区集中绿地少，没有专用机动车停车场。沿街的商店店面设计缺乏统一规划，杂乱无章，成为影响街区风貌形象的重要因素之一。

（三） 街区演变

图例
衙署 府库 河湖
坛庙 住宅

街区历史演变图（1750年）

清代（1750年）：

南北长街街区用地性质由皇家御用园林用地下降为皇家服务用地性质。胡同肌理呈自由布局，这已基本奠定了今天南北长街街区空间的格局。同时出现了一种新的用地性质——寺庙，均分布在北长街街区内。

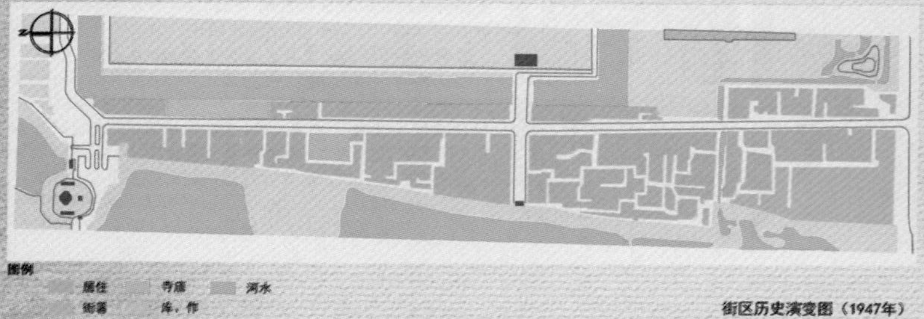

图例
居住 寺庙 河水
衙署 库、作

街区历史演变图（1947年）

民国（1947年）：

随着1911年清王朝的灭亡，皇城中土地使用性质发生革命性变化。

为封建统治阶级服务的机构彻底消失，南北长街街区除一些宗教性质的寺庙保留下来以外，整个街区性质转化为居住用地。

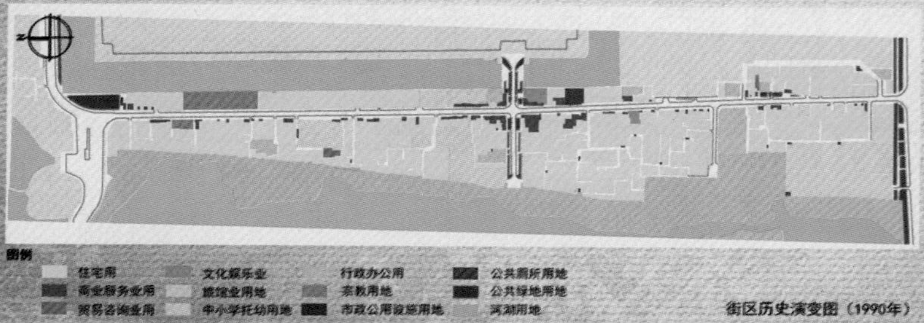

图例
住宅用 文化娱乐业 行政办公用 公共厕所用地
商业服务业用 旅馆业用地 宗教用地 公共绿地用地
贸易咨询业用 中小学托幼用地 市政公用设施用地 河湖用地

街区历史演变图（1990年）

九十年代初期（1990年）：

南北长街街区用地性质除大量变为居住用地外，还在沿街出现了大量的商业、零售业。同时，行政用地以及教育用地也更加明确。这样的用地性质和形式基本沿用至今。

现今的土地使用与北京九十年代的土地使用功能基本相同。在此我们将引出一个新的词汇——土地兼容性，即不同土地使用性质在同一用地中共处的可能性以及同一土地在使用性质上的多种选择与置换的可能性。此地块的土地使用功能多样，因此土地兼容性很高。

南北长街的现状用地可分为十三类：（1）居住用地：居住用地在街区中占的比例最大，住宅基本上是四合院式建筑。（2）学校、托幼用地：过多的学校建筑占用了大量用地，而学校建筑对空间布局和形态的要求却与该地区的传统居住建筑空间的形态差异比较大，形成了某种程度上的负面作用。（3）商业用地：商业建筑基本上集中分布在南北长街两侧。它们大多规模较小，租用临街的住房经营。从历史角度看，东华门一带是专门为勋戚、宦官、皇室设置的市，这也是直到今天东华门、南北池子大街的商业氛围浓于南北长街的深层原因。(4)行政、文化、宗教、贸易等用地：街区中行政办公用地占总用地比例2.9%，街区中还有西城区图书馆、老干部活动站、佛教研究所、佛教协会、福佑寺等文化、宗教用地。一些小公司散布于街区之内。区内还有一处清洁垃圾处理站和近四十座公共厕所。

南北长街历史照片

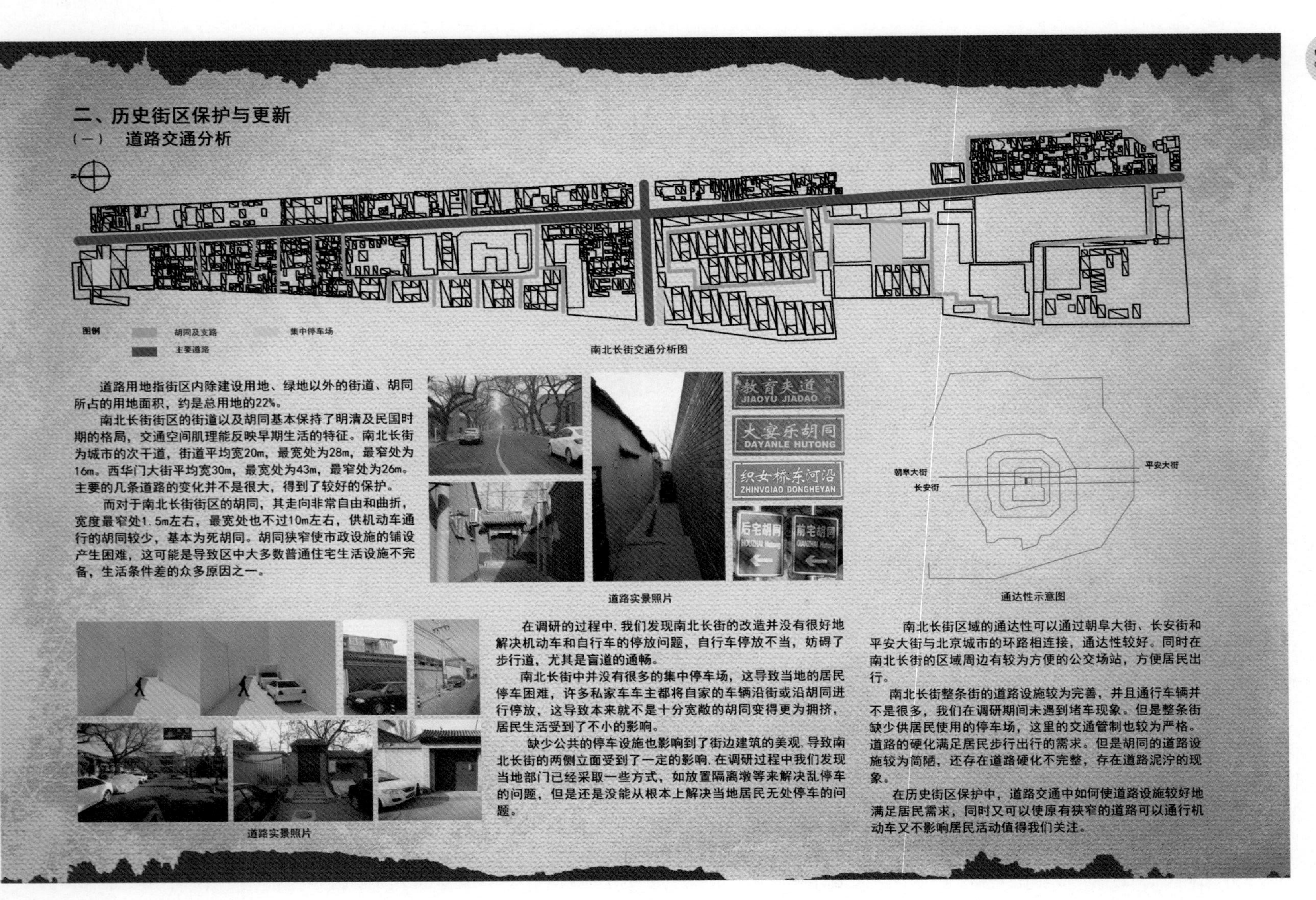
二、历史街区保护与更新
（一） 道路交通分析
N
图例
胡同及支路
主要道路
集中停车场
南北长街交通分析图
道路用地指街区内除建设用地、绿地以外的街道、胡同所占的用地面积，约是总用地的22%。
南北长街街区的街道以及胡同基本保持了明清及民国时期的格局，交通空间肌理能反映早期生活的特征。南北长街为城市的次干道，街道平均宽20m，最宽处为28m，最窄处为16m。西华门大街平均宽30m，最宽处为43m，最窄处为26m。主要的几条道路的变化并不是很大，得到了较好的保护。
而对于南北长街街区的胡同，其走向非常自由和曲折，宽度最窄处1.5m左右，最宽处也不过10m左右，供机动车通行的胡同较少，基本为死胡同。胡同狭窄使市政设施的铺设产生困难，这可能是导致区中大多数普通住宅生活设施不完备，生活条件差的众多原因之一。
教育夹道
JIAOYU JIADAO
大宴乐胡同
DAYANLE HUTONG
织女桥东河沿
ZHINVQIAO DONGHEYAN
后宅胡同
前宅胡同
道路实景照片
朝阜大街
长安街
平安大街
通达性示意图
道路实景照片
在调研的过程中，我们发现南北长街的改造并没有很好地解决机动车和自行车的停放问题，自行车停放不当，妨碍了步行道，尤其是盲道的通畅。
南北长街中并没有很多的集中停车场，这导致当地的居民停车困难，许多私家车车主都将自家的车辆沿街或沿胡同进行停放，这导致本来就不是十分宽敞的胡同变得更为拥挤，居民生活受到了不小的影响。
缺少公共的停车设施也影响到了街边建筑的美观，导致南北长街的两侧立面受到了一定的影响，在调研过程中我们发现当地部门已经采取一些方式，如放置隔离墩等来解决乱停车的问题，但是还是没能从根本上解决当地居民无处停车的问题。
南北长街区域的通达性可以通过朝阜大街、长安街和平安大街与北京城市的环路相连接，通达性较好。同时在南北长街的区域周边有较为方便的公交场站，方便居民出行。
南北长街整条街的道路设施较为完善，并且通行车辆并不是很多，我们在调研期间未遇到堵车现象。但是整条街缺少供居民使用的停车场，这里的交通管制也较为严格。道路的硬化满足居民步行出行的需求。但是胡同的道路设施较为简陋，还存在道路硬化不完整，存在道路泥泞的现象。
在历史街区保护中，道路交通中如何使道路设施较好地满足居民需求，同时又可以使原有狭窄的道路可以通行机动车又不影响居民活动值得我们关注。

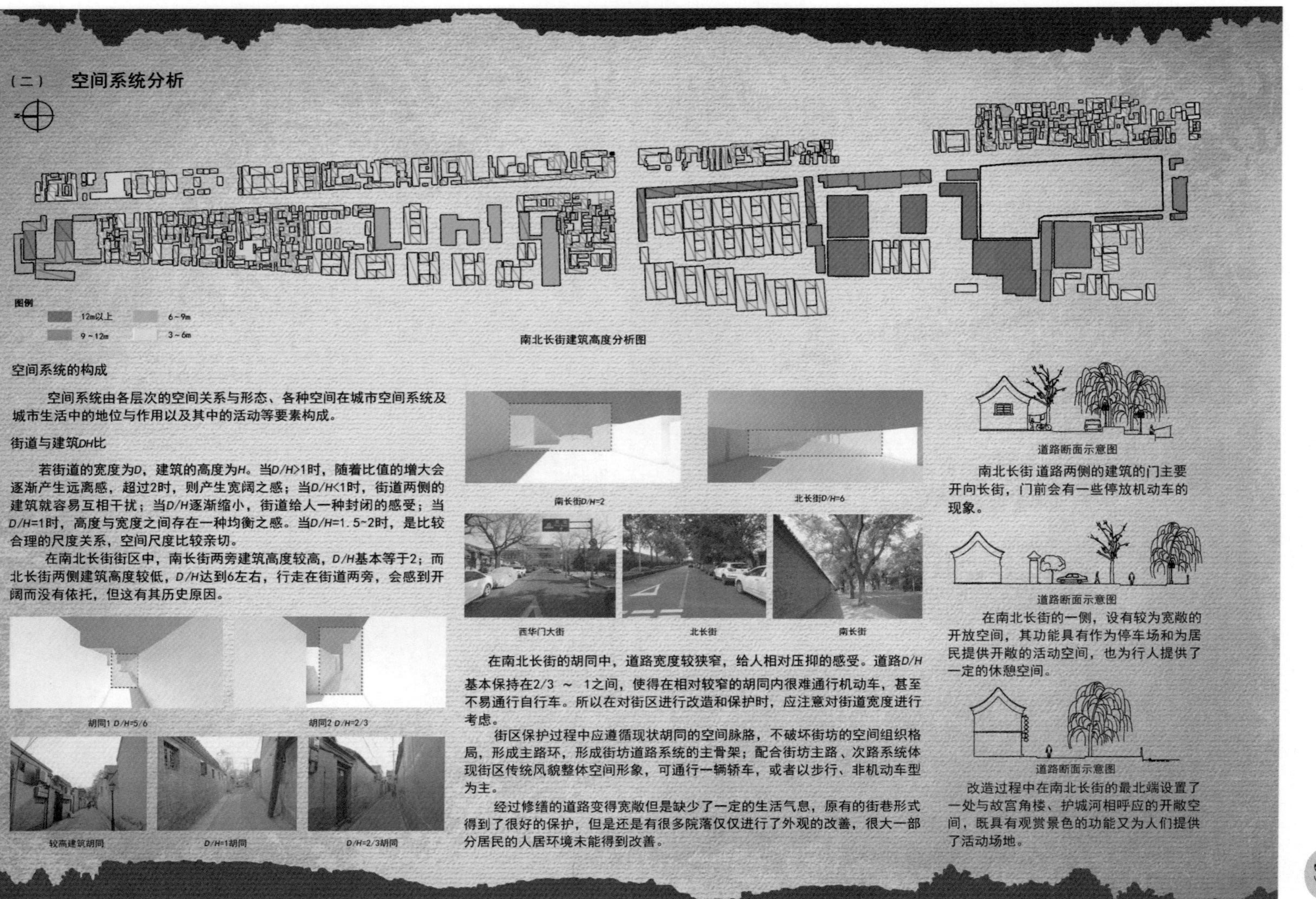
（二） 空间系统分析
图例
12m以上
6~9m
9~12m
3~6m
南北长街建筑高度分析图
空间系统的构成
空间系统由各层次的空间关系与形态、各种空间在城市空间系统及城市生活中的地位与作用以及其中的活动等要素构成。
街道与建筑DH比
若街道的宽度为D，建筑的高度为H。当D/H>1时，随着比值的增大会逐渐产生远离感，超过2时，则产生宽阔之感；当D/H<1时，街道两侧的建筑就容易互相干扰；当D/H逐渐缩小，街道给人一种封闭的感受；当D/H=1时，高度与宽度之间存在一种均衡之感。当D/H=1.5~2时，是比较合理的尺度关系，空间尺度比较亲切。
在南北长街街区中，南长街两旁建筑高度较高，D/H基本等于2；而北长街两侧建筑高度较低，D/H达到6左右，行走在街道两旁，会感到开阔而没有依托，但这有其历史原因。
胡同1 D/H=5/6
胡同2 D/H=2/3
较高建筑胡同
D/H=1胡同
D/H=2/3胡同
南长街D/H=2
北长街D/H=6
西华门大街
北长街
南长街
在南北长街的胡同中，道路宽度较狭窄，给人相对压抑的感受。道路D/H基本保持在2/3 ~ 1之间，使得在相对较窄的胡同内很难通行机动车，甚至不易通行自行车。所以在对街区进行改造和保护时，应注意对街道宽度进行考虑。
街区保护过程中应遵循现状胡同的空间脉胳，不破坏街坊的空间组织格局，形成主路环，形成街坊道路系统的主骨架；配合街坊主路、次路系统体现街区传统风貌整体空间形象，可通行一辆轿车，或者以步行、非机动车型为主。
经过修缮的道路变得宽敞但是缺少了一定的生活气息，原有的街巷形式得到了很好的保护，但是还是有很多院落仅仅进行了外观的改善，很大一部分居民的人居环境未能得到改善。
道路断面示意图
南北长街 道路两侧的建筑的门主要开向长街，门前会有一些停放机动车的现象。
道路断面示意图
在南北长街的一侧，设有较为宽敞的开放空间，其功能具有作为停车场和为居民提供开敞的活动空间，也为行人提供了一定的休憩空间。
道路断面示意图
改造过程中在南北长街的最北端设置了一处与故宫角楼、护城河相呼应的开敞空间，既具有观赏景色的功能又为人们提供了活动场地。

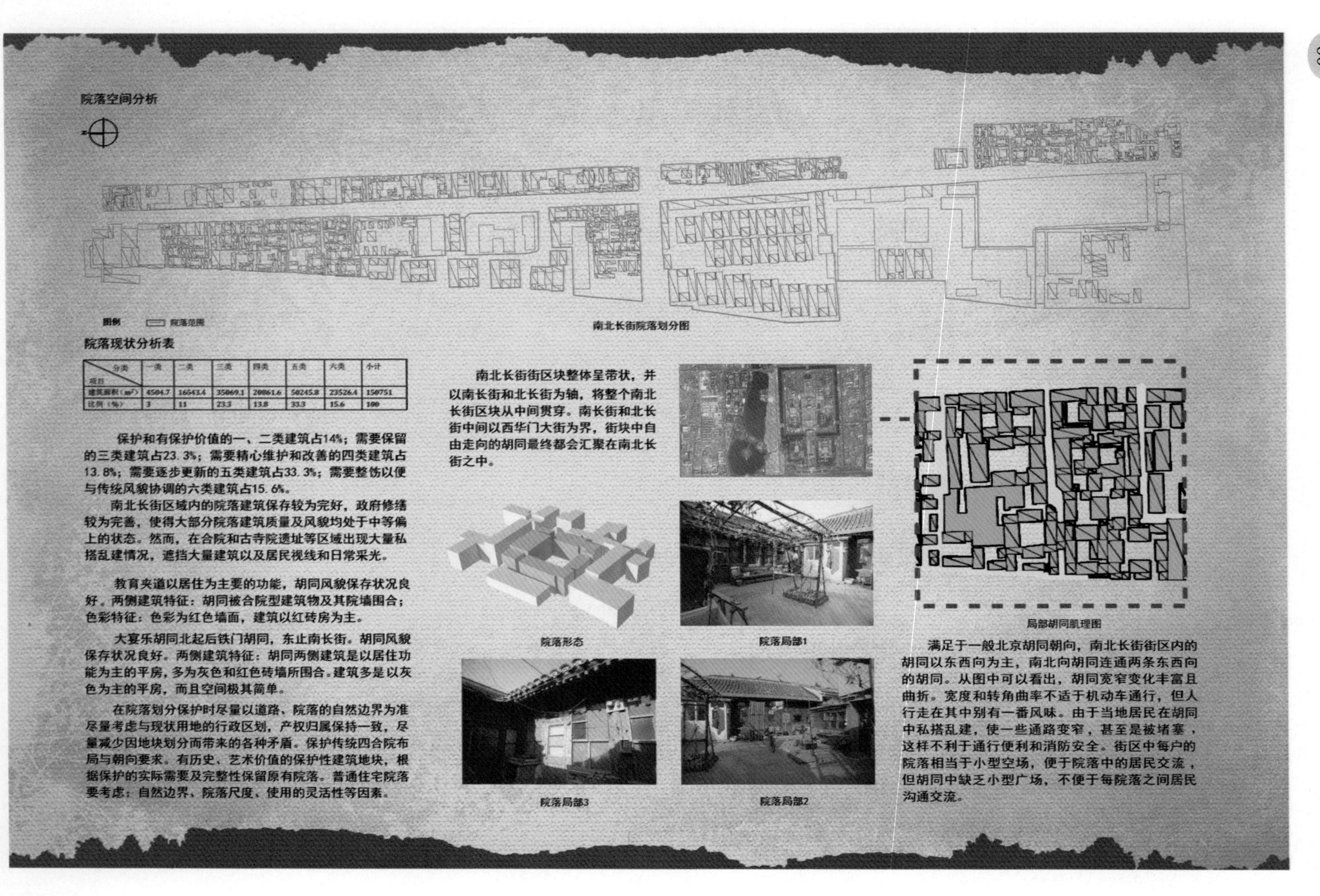

院落空间分析

南北长街院落划分图

院落现状分析表

项目 \ 分类	一类	二类	三类	四类	五类	六类	小计
建筑面积（m^2）	4504.7	16543.4	35069.1	20861.6	50245.8	23526.4	150751
比例（%）	3	11	23.3	13.8	33.3	15.6	100

保护和有保护价值的一、二类建筑占14%；需要保留的三类建筑占23.3%；需要精心维护和改善的四类建筑占13.8%；需要逐步更新的五类建筑占33.3%；需要整饬以便与传统风貌协调的六类建筑占15.6%。

南北长街区域内的院落建筑保存较为完好，政府修缮较为完善，使得大部分院落建筑质量及风貌均处于中等偏上的状态。然而，在合院和古寺院遗址等区域出现大量私搭乱建情况，遮挡大量建筑以及居民视线和日常采光。

教育夹道以居住为主要的功能，胡同风貌保存状况良好。两侧建筑特征：胡同被合院型建筑物及其院墙围合；色彩特征：色彩为红色墙面，建筑以红砖房为主。

大宴乐胡同北起后铁门胡同，东止南长街。胡同风貌保存状况良好。两侧建筑特征：胡同两侧建筑是以居住功能为主的平房，多为灰色和红色砖墙所围合。建筑多是以灰色为主的平房，而且空间极其简单。

在院落划分保护时尽量以道路、院落的自然边界为准尽量考虑与现状用地的行政区划，产权归属保持一致，尽量减少因地块划分而带来的各种矛盾。保护传统四合院布局与朝向要求。有历史、艺术价值的保护性建筑地块，根据保护的实际需要及完整性保留原有院落。普通住宅院落要考虑：自然边界、院落尺度、使用的灵活性等因素。

南北长街街区块整体呈带状，并以南长街和北长街为轴，将整个南北长街区块从中间贯穿。南长街和北长街中间以西华门大街为界，街块中自由走向的胡同最终都会汇聚在南北长街之中。

院落形态

院落局部1

院落局部3

院落局部2

局部胡同肌理图

满足于一般北京胡同朝向，南北长街街区内的胡同以东西向为主，南北向胡同连通两条东西向的胡同。从图中可以看出，胡同宽窄变化丰富且曲折。宽度和转角曲率不适于机动车通行，但人行走在其中别有一番风味。由于当地居民在胡同中私搭乱建，使一些通路变窄，甚至是被堵塞，这样不利于通行便利和消防安全。街区中每户的院落相当于小型空场，便于院落中的居民交流，但胡同中缺乏小型广场，不便于每院落之间居民沟通交流。

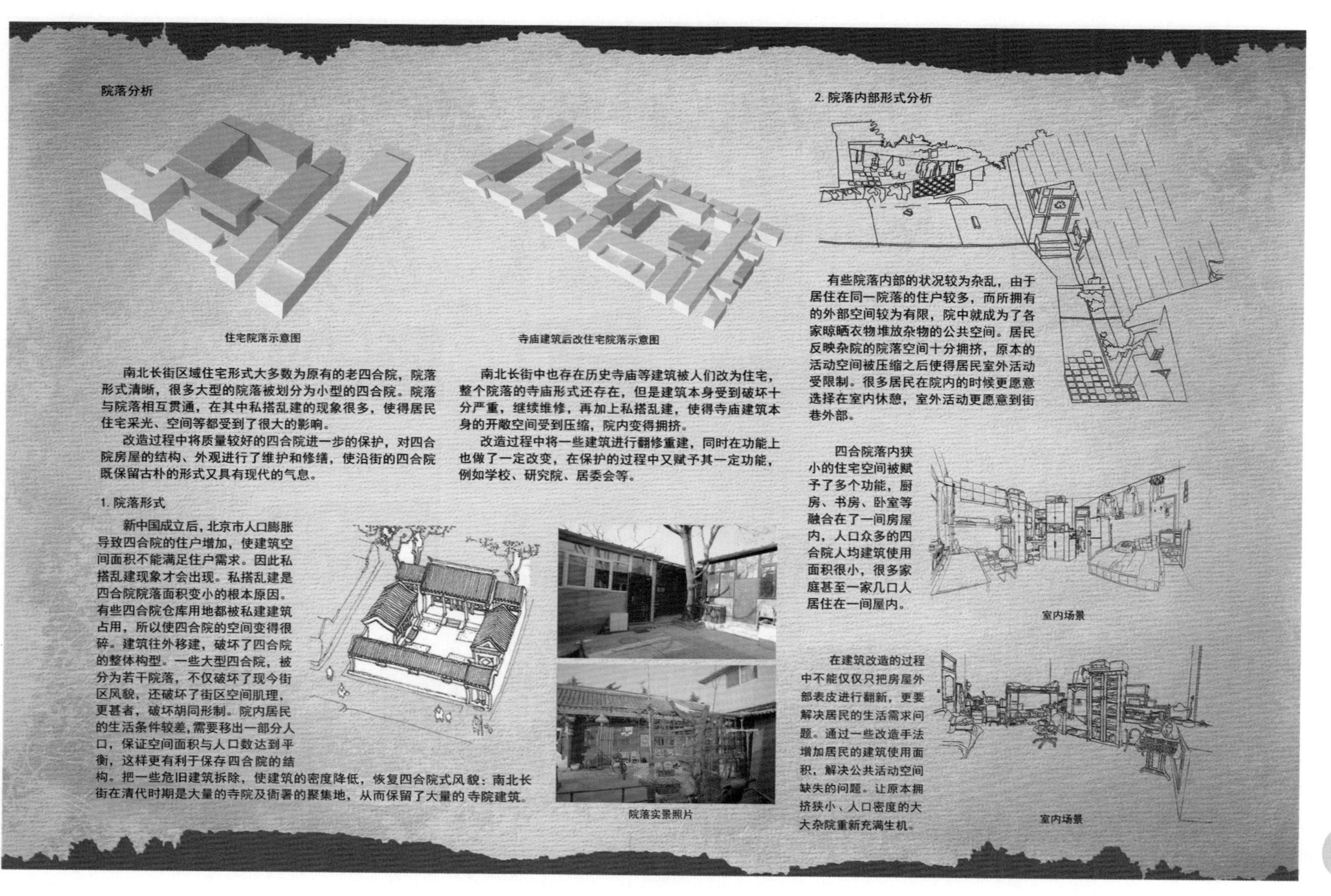
院落分析
住宅院落示意图
寺庙建筑后改住宅院落示意图
南北长街区域住宅形式大多数为原有的老四合院，院落形式清晰，很多大型的院落被划分为小型的四合院。院落与院落相互贯通，在其中私搭乱建的现象很多，使得居民住宅采光、空间等都受到了很大的影响。
改造过程中将质量较好的四合院进一步的保护，对四合院房屋的结构、外观进行了维护和修缮，使沿街的四合院既保留古朴的形式又具有现代的气息。
南北长街中也存在历史寺庙等建筑被人们改为住宅，整个院落的寺庙形式还存在，但是建筑本身受到破坏十分严重，继续维修，再加上私搭乱建，使得寺庙建筑本身的开敞空间受到压缩，院内变得拥挤。
改造过程中将一些建筑进行翻修重建，同时在功能上也做了一定改变，在保护的过程中又赋予其一定功能，例如学校、研究院、居委会等。
1. 院落形式
新中国成立后，北京市人口膨胀导致四合院的住户增加，使建筑空间面积不能满足住户需求。因此私搭乱建现象才会出现。私搭乱建是四合院院落面积变小的根本原因。有些四合院仓库用地都被私建建筑占用，所以使四合院的空间变得很碎。建筑往外移建，破坏了四合院的整体构型。一些大型四合院，被分为若干院落，不仅破坏了现今街区风貌，还破坏了街区空间肌理，更甚者，破坏胡同形制。院内居民的生活条件较差，需要移出一部分人口，保证空间面积与人口数达到平衡，这样更有利于保存四合院的结构。把一些危旧建筑拆除，使建筑的密度降低，恢复四合院式风貌：南北长街在清代时期是大量的寺院及衙署的聚集地，从而保留了大量的寺院建筑。
院落实景照片
2. 院落内部形式分析
有些院落内部的状况较为杂乱，由于居住在同一院落的住户较多，而所拥有的外部空间较为有限，院中就成为了各家晾晒衣物堆放杂物的公共空间。居民反映杂院的院落空间十分拥挤，原本的活动空间被压缩之后使得居民室外活动受限制。很多居民在院内的时候更愿意选择在室内休憩，室外活动更愿意到街巷外部。
四合院落内狭小的住宅空间被赋予了多个功能，厨房、书房、卧室等融合在了一间房屋内，人口众多的四合院人均建筑使用面积很小，很多家庭甚至一家几口人居住在一间屋内。
室内场景
在建筑改造的过程中不能仅仅只把房屋外部表皮进行翻新，更要解决居民的生活需求问题。通过一些改造手法增加居民的建筑使用面积，解决公共活动空间缺失的问题。让原本拥挤狭小、人口密度的大大杂院重新充满生机。
室内场景

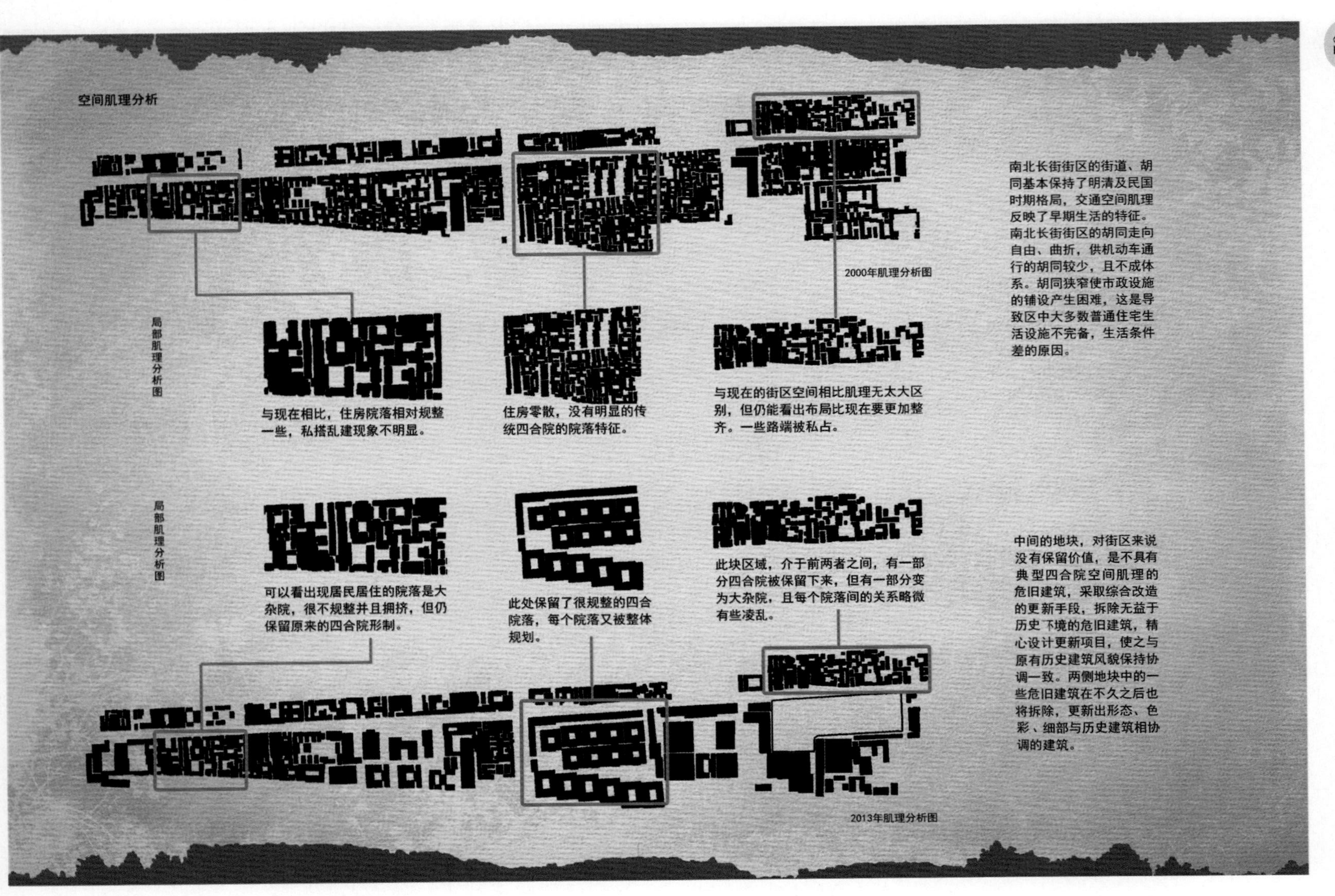
空间肌理分析
局部肌理分析图
与现在相比，住房院落相对规整一些，私搭乱建现象不明显。
住房零散，没有明显的传统四合院的院落特征。
与现在的街区空间相比肌理无太大区别，但仍能看出布局比现在要更加整齐。一些路端被私占。
2000年肌理分析图
南北长街街区的街道、胡同基本保持了明清及民国时期格局，交通空间肌理反映了早期生活的特征。南北长街街区的胡同走向自由、曲折，供机动车通行的胡同较少，且不成体系。胡同狭窄使市政设施的铺设产生困难，这是导致区中大多数普通住宅生活设施不完备，生活条件差的原因。
局部肌理分析图
可以看出现居民居住的院落是大杂院，很不规整并且拥挤，但仍保留原来的四合院形制。
此处保留了很规整的四合院落，每个院落又被整体规划。
此块区域，介于前两者之间，有一部分四合院被保留下来，但有一部分变为大杂院，且每个院落间的关系略微有些凌乱。
2013年肌理分析图
中间的地块，对街区来说没有保留价值，是不具有典型四合院空间肌理的危旧建筑，采取综合改造的更新手段，拆除无益于历史环境的危旧建筑，精心设计更新项目，使之与原有历史建筑风貌保持协调一致。两侧地块中的一些危旧建筑在不久之后也将拆除，更新出形态、色彩、细部与历史建筑相协调的建筑。

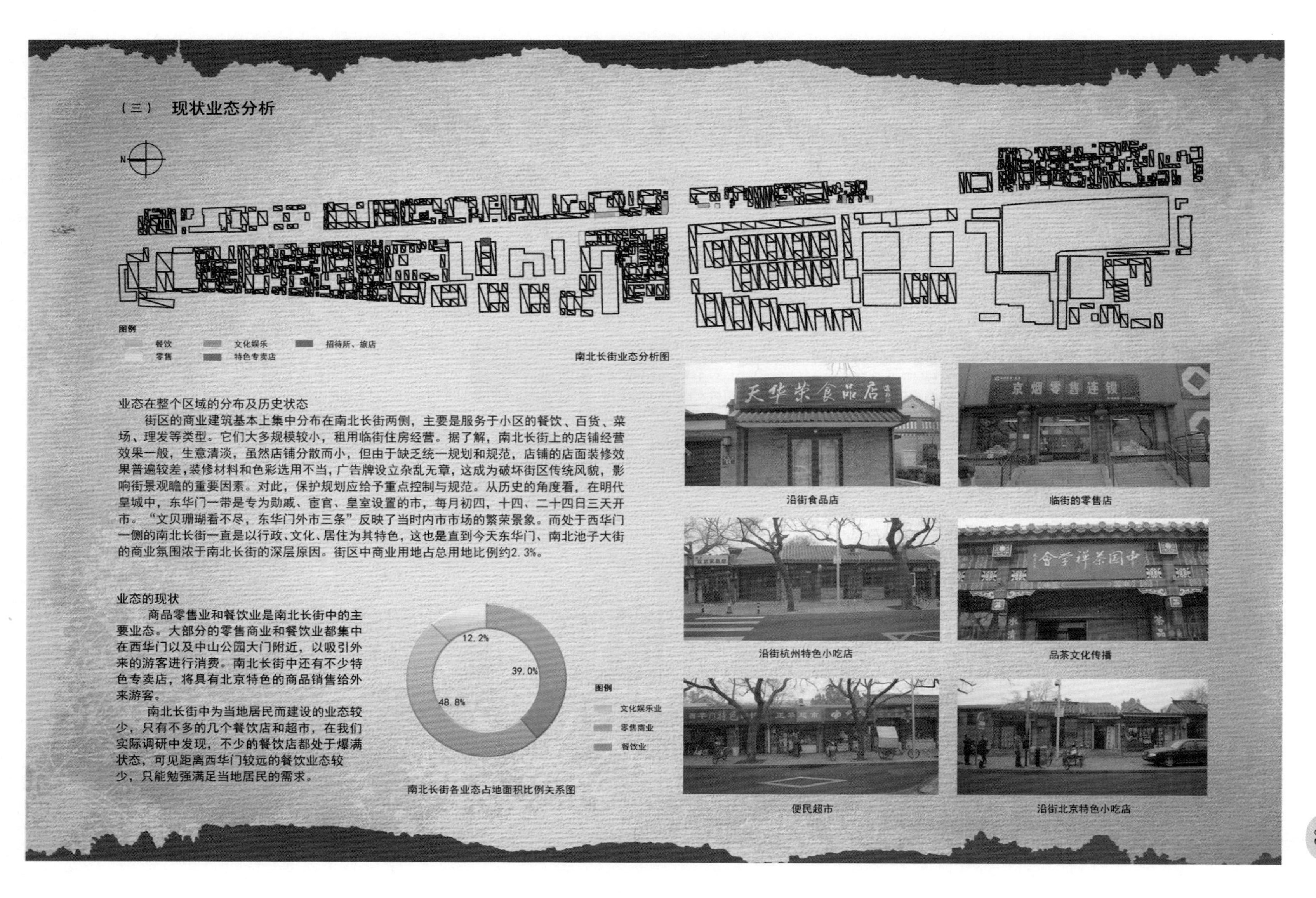
（三） 现状业态分析
N
图例
餐饮
文化娱乐
招待所、旅店
零售
特色专卖店
南北长街业态分析图
业态在整个区域的分布及历史状态
街区的商业建筑基本上集中分布在南北长街两侧，主要是服务于小区的餐饮、百货、菜场、理发等类型。它们大多规模较小，租用临街住房经营。据了解，南北长街上的店铺经营效果一般，生意清淡，虽然店铺分散而小，但由于缺乏统一规划和规范，店铺的店面装修效果普遍较差，装修材料和色彩选用不当，广告牌设立杂乱无章，这成为破坏街区传统风貌，影响街景观瞻的重要因素。对此，保护规划应给予重点控制与规范。从历史的角度看，在明代皇城中，东华门一带是专为勋戚、宦官、皇室设置的市，每月初四，十四、二十四日三天开市。“文贝珊瑚看不尽，东华门外市三条”反映了当时内市市场的繁荣景象。而处于西华门一侧的南北长街一直是以行政、文化、居住为其特色，这也是直到今天东华门、南北池子大街的商业氛围浓于南北长街的深层原因。街区中商业用地占总用地比例约2.3%。
业态的现状
商品零售业和餐饮业是南北长街中的主要业态。大部分的零售商业和餐饮业都集中在西华门以及中山公园大门附近，以吸引外来的游客进行消费。南北长街中还有不少特色专卖店，将具有北京特色的商品销售给外来游客。
南北长街中为当地居民而建设的业态较少，只有不多的几个餐饮店和超市，在我们实际调研中发现，不少的餐饮店都处于爆满状态，可见距离西华门较远的餐饮业态较少，只能勉强满足当地居民的需求。
12.2%
39.0%
48.8%
图例
文化娱乐业
零售商业
餐饮业
南北长街各业态占地面积比例关系图
天华荣食品店
京烟零售连锁
中国茶祥宇舍
沿街食品店
临街的零售店
沿街杭州特色小吃店
品茶文化传播
便民超市
沿街北京特色小吃店

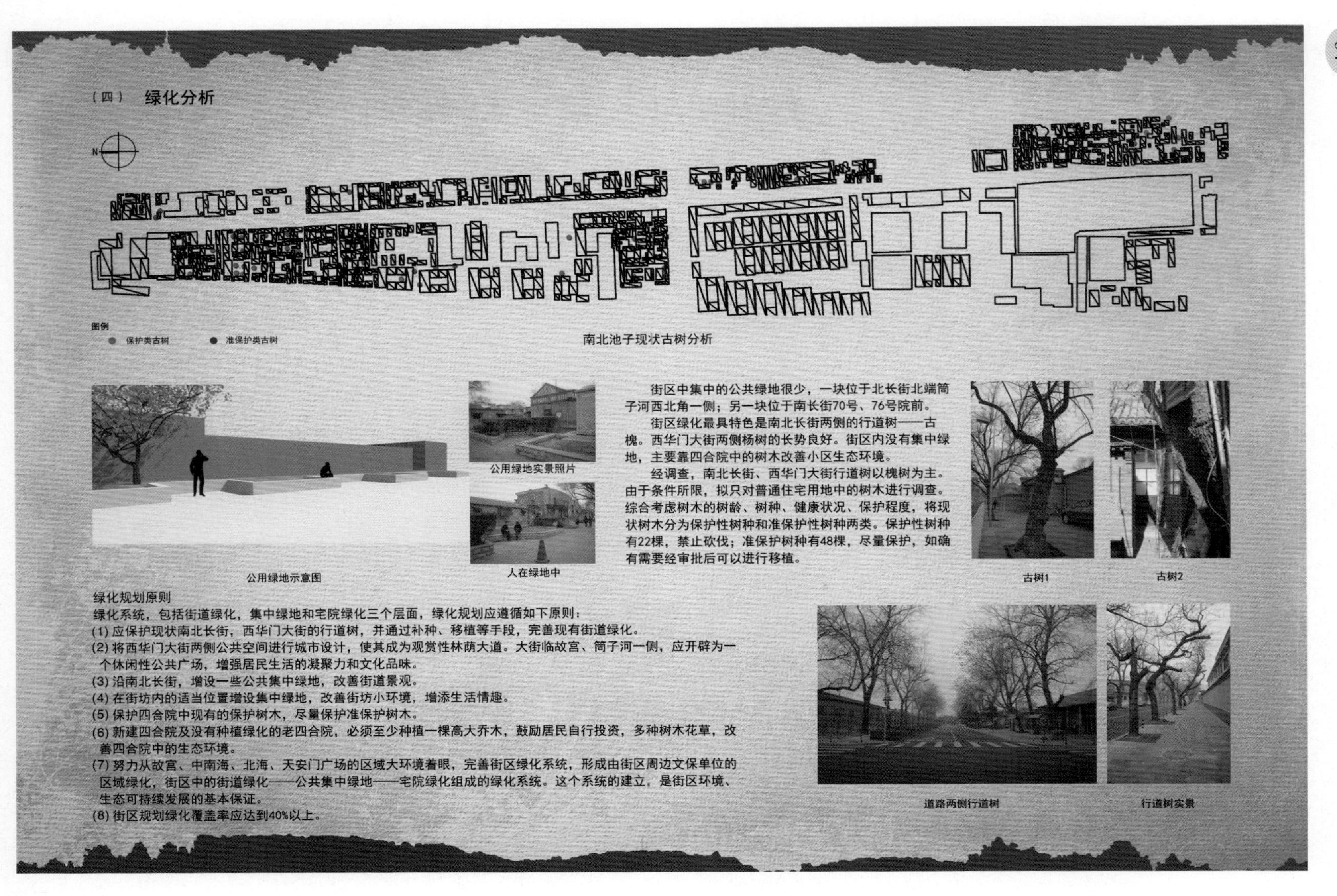
（四） 绿化分析
N
图例
保护类古树
准保护类古树
南北池子现状古树分析
公用绿地示意图
公用绿地实景照片
人在绿地中
街区中集中的公共绿地很少，一块位于北长街北端筒子河西北角一侧；另一块位于南长街70号、76号院前。
街区绿化最具特色是南北长街两侧的行道树——古槐。西华门大街两侧杨树的长势良好。街区内没有集中绿地，主要靠四合院中的树木改善小区生态环境。
经调查，南北长街、西华门大街行道树以槐树为主。由于条件所限，拟只对普通住宅用地中的树木进行调查。综合考虑树木的树龄、树种、健康状况、保护程度，将现状树木分为保护性树种和准保护性树种两类。保护性树种有22棵，禁止砍伐；准保护树种有48棵，尽量保护，如确有需要经审批后可以进行移植。
古树1
古树2
绿化规划原则
绿化系统，包括街道绿化，集中绿地和宅院绿化三个层面，绿化规划应遵循如下原则：
(1) 应保护现状南北长街，西华门大街的行道树，并通过补种、移植等手段，完善现有街道绿化。
(2) 将西华门大街两侧公共空间进行城市设计，使其成为观赏性林荫大道。大街临故宫、筒子河一侧，应开辟为一个休闲性公共广场，增强居民生活的凝聚力和文化品味。
(3) 沿南北长街，增设一些公共集中绿地，改善街道景观。
(4) 在街坊内的适当位置增设集中绿地，改善街坊小环境，增添生活情趣。
(5) 保护四合院中现有的保护树木，尽量保护准保护树木。
(6) 新建四合院及没有种植绿化的老四合院，必须至少种植一棵高大乔木，鼓励居民自行投资，多种树木花草，改善四合院中的生态环境。
(7) 努力从故宫、中南海、北海、天安门广场的区域大环境着眼，完善街区绿化系统，形成由街区周边文保单位的区域绿化，街区中的街道绿化——公共集中绿地——宅院绿化组成的绿化系统。这个系统的建立，是街区环境、生态可持续发展的基本保证。
(8) 街区规划绿化覆盖率应达到40%以上。
道路两侧行道树
行道树实景

（五） 人文景观分析

福佑寺

昭显庙

佛教研究院

万寿兴隆寺

琉璃瓦住宅

琉璃瓦住宅

用琉璃瓦的住宅：

经过多年的历史变迁，只有皇家使用的琉璃瓦“流入”了民间，这里的居民也开始使用了起来。但调研过程中，居然有几户人没能认出这种瓦曾经的使用用途。

行政、文化、宗教、贸易等用地

街区中行政办公用地占总用地比例为2.9%，街区中还有西城区图书馆，老干部活动站，佛教研究所，佛教协会，福佑寺等文化、宗教用地。一些小公司散布于街区之内。区内还有一处清洁垃圾处理站和近四十座公共厕所。

序号	文保单位	用地面积（m^2）	建筑面积（m^2）	文保级别
1	故宫西华门	——	——	国家级
2	福佑寿	5551.1	2761.1	市级
3	升平署戏楼	24471.1	1031	市级
4	昭显庙	5435.2	198.2	市级
5	中南海东围墙	——	——	市级
6	中山公园西墙	——	——	市级
7	中南海西苑门	——	——	市级
8	万寿兴隆寺	875.8	634.4	区级

上述用地性质，进一步强化了南北长街街区的文化氛围。

昭显庙：

昭显庙在西城区北长街71号。清雍正十年（1732年）建，祭祀雷神的地方。现仅存大殿。俗称雷神庙。故宫外八庙之一。市级文物保护单位。

布局特色：

昭显庙坐北朝南，外垣门东向。垣门外砌绿琉璃筒瓦硬山调大脊影壁；山门三间；钟鼓二楼，歇山重檐黄琉璃瓦绿剪边，旋子彩画；前殿三间，绿琉璃瓦歇山调大脊顶，三踩单昂斗拱；中殿三间，歇山调大脊，黄琉璃瓦绿剪边，五彩重昂斗拱，和玺彩画；后殿五间，和玺彩画；另有配殿若干。因社会变革和政治风波，如此雄伟壮丽的一座雷神庙，如今惟有遍体鳞伤的影壁与后殿。

福佑寺：

位于北京北长街北口路东。建于清顺治年间，为清圣祖玄烨的避痘处。雍正元年（1723年）拟分给宝亲王（乾隆帝）弘历作为私第。弘历登基后改为喇嘛庙，名福佑寺。后代曾数次重修。寺坐北朝南，外垣门西向。属于文物保护单位。1927年改为班禅驻北平办事处。1980年后作过班禅驻京办事处。

布局特色：

全寺共为三进。第一进由山门、钟鼓楼、天王殿组成。门正南面建有巨型琉璃照壁。主建筑天王殿为黄琉璃瓦歇山顶，殿前东西建有钟鼓楼，为黄琉璃瓦重檐歇山顶。第二进殿中大雄宝殿为寺的中心建筑。第三进为后殿，歇山顶。大雄宝殿5间，后殿5间，主殿的两侧均建有配殿、配房等。

万寿兴隆寺：

位于北长街39号，与北海白塔隔街相望。万寿兴隆寺始建于明代，最初为明代兵仗局的佛堂，是供奉兵器的地方。它与西苑即中南海内建于平台之上、专供帝王点将发兵的紫光阁，同为皇室耀武扬威的地方。到了清代，因为康熙皇帝的生母出生于此，万寿兴隆寺兴盛一时，于康熙年间两次重修，并在1681年改为佛寺，称兴隆寺，现寺门上方匾额题字的万寿兴隆寺五个字，就是康熙皇帝的亲笔。但是到了清末，万寿兴隆寺已经败落不堪了，由于万寿兴隆寺紧傍着紫禁城，成了因年老而从宫中放出来的太监居住的场所，新中国成立时，万寿兴隆寺是北京市唯一还住有养老太监的寺庙。

现在的万寿兴隆寺虽然还保存着当年寺庙山门的旧貌，但内里早已经成了居民大杂院，变得杂乱不堪了，可喜的是大的规制还可寻。殿顶的黄琉璃瓦，房檐下的彩绘，还在彰显着过去的显赫地位。

中国佛教文化研究所：

于1987年4月23日在中国佛教协会所在地——北京广济寺内正式成立。该所的成立旨在培养研究佛教义理与现代弘法僧才，挖掘北京特有的京城佛教文化资源，开展深层次的研究工作，推动海内外文化交流，弘扬祖国传统优秀文化，促进首都精神文明建设。

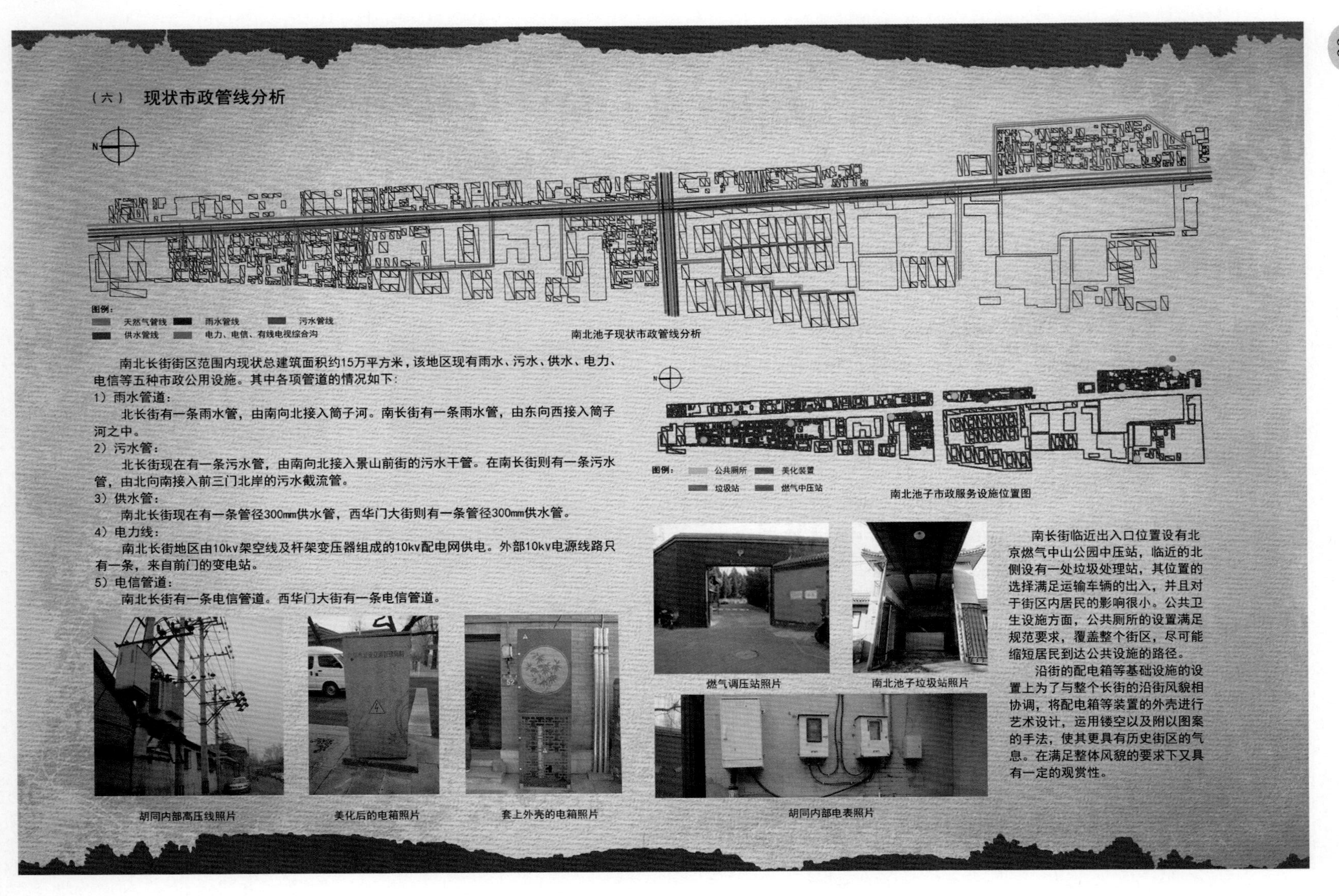
（六） 现状市政管线分析
图例：
天然气管线
雨水管线
污水管线
供水管线
电力、电信、有线电视综合沟
南北池子现状市政管线分析
南北长街街区范围内现状总建筑面积约15万平方米，该地区现有雨水、污水、供水、电力、电信等五种市政公用设施。其中各项管道的情况如下：
1）雨水管道：
北长街有一条雨水管，由南向北接入筒子河。南长街有一条雨水管，由东向西接入筒子河之中。
2）污水管：
北长街现在有一条污水管，由南向北接入景山前街的污水干管。在南长街则有一条污水管，由北向南接入前三门北岸的污水截流管。
3）供水管：
南北长街现在有一条管径300mm供水管，西华门大街则有一条管径300mm供水管。
4）电力线：
南北长街地区由10kv架空线及杆架变压器组成的10kv配电网供电。外部10kv电源线路只有一条，来自前门的变电站。
5）电信管道：
南北长街有一条电信管道。西华门大街有一条电信管道。
图例：
公共厕所
美化装置
垃圾站
燃气中压站
南北池子市政服务设施位置图
南长街临近出入口位置设有北京燃气中山公园中压站，临近的北侧设有一处垃圾处理站，其位置的选择满足运输车辆的出入，并且对于街区内居民的影响很小。公共卫生设施方面，公共厕所的设置满足规范要求，覆盖整个街区，尽可能缩短居民到达公共设施的路径。
沿街的配电箱等基础设施的设置上为了与整个长街的沿街风貌相协调，将配电箱等装置的外壳进行艺术设计，运用镂空以及附以图案的手法，使其更具有历史街区的气息。在满足整体风貌的要求下又具有一定的观赏性。
燃气调压站照片
南北池子垃圾站照片
胡同内部高压线照片
美化后的电箱照片
套上外壳的电箱照片
胡同内部电表照片

三、居民社会生活

（一）　居民社会生活形态分析

人口分布现状

南北长街街区是一个以居住性质为主的社区，它由四个居委会管辖，隶属于西长安街街道办事处，由于地处故宫、中南海之间，紧临天安门广场、北海公园等北京市重大公共建筑及场所，因此，除了有历史街区保护的意义外，其形象还有很强的窗口示范作用。

人口分布

	北长街居委会	西华门大街	勤劳居委会	南长街居委会
总户数（户）	651	865	614	431
总户籍人口数（人）	1581	2204	1529	1168

各居区域占地面积与居住用地面积分析

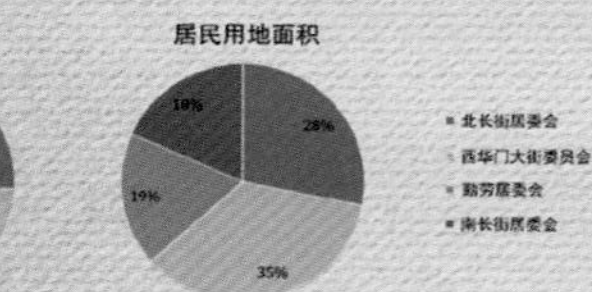

人口密度

在历史文化保护区中，保护对象是以院落为单位的。院落占面积大小一般均在百平方米为单位的尺度上浮动，为了较准确地反映以四合院为单位的居民居住状况，研究中尝试采用一种新的人口密度表示法：即以100m² 为基本用地面积单位，通过比较每100m² 用地面积上所居住的人口数，来体现四合院的居住人口密度，从而划分出院落居住疏密程度的等级。

现状调查显示街区人均居住建筑面积为14.88 m²，而普通居民的人均居住建筑面积大多小于13m²，相当拥挤。改善居住条件，势在必行。

研究中将每100 m² 居住用地上现状人口密度分为五级：

Ⅰ级：0～2（含）人/100 m²（超适型）；
Ⅱ级：2～4（含）人/100 m²（舒适型）；
Ⅲ级：4～7（含）人/100 m²（经济型）；
Ⅳ级：7～10（含）人/100 m²（拥挤型）；
Ⅴ级：＞10人/100 m²（超挤型）。

根据这样的划分，可以明确南北长街保护区改善居住条件应努力的方向：发展Ⅰ、Ⅱ级，暂时保留Ⅲ级并逐渐淘汰Ⅲ级，消灭Ⅳ、Ⅴ级。

人口密度分级及用地状况表

等级	人口密度（人/100 m²）	人均居住用地面积（m²/人）	人均建筑面积（m²/人）	用地面积（m²）	占总比例（%）	类型用地
Ⅰ	0～2（含）	≥50	25	47649.4	29.2	超适型
Ⅱ	2～4（含）	25～50（含）	12.5～25（含）	34313.3	21.1	舒适型
Ⅲ	4～7（含）	14.3～25（含）	7.2～12.5（含）	53829.3	33.1	经济型
Ⅳ	7～10（含）	10～14.3（含）	5～7.2（含）	20464.5	12.6	拥挤型
Ⅴ	＞10	＜10	＜5	6538.4	4	超挤型
小计				162794.9	100	

居民生活环境与生活形态

住户现状

我们和当地的居民交谈，了解当地居民的一定生活状况。

住宅方面：居民大多生活在杂院中。院内有很多的私搭乱建。使得院内的活动空间压缩，使居住的环境变得压抑。谈到院内私搭乱建的时候，当地的居民情绪有些激动，对我们说如果没有私搭乱建，不能满足居民的生活居住需求。

另一位当地居民说："家中三口人生活在 12m² 的狭小空间中，不仅在日常生活中带来不便，居住空间同时也严重不足。"

在采访过程中，这样的住户有很多，在居住空间不足的环境中，基础设施覆盖密度较小，不能完全满足当地居民的日常生活需求。由于胡同内建筑组合过于复杂导致其中的路径过于曲折，给居民带来不便。在某些街巷里建筑外墙过高，导致路径相对较窄，同时有些住户将一些车辆及杂物摆放到路中，影响居民出行。

我们在调研院落的空间的时候发现：居民为了满足各自的生活需求，对于自家的住宅进行外扩，例如有些住户外扩厨房等。私搭乱建破坏了原有的四合院肌理，不仅压缩了庭院空间，同时对于建筑本身也有很大的影响，导致居民的生活质量变差。

住宅单元示意图

采访区域示意图

（二） 现状问题分析

所有的问题都是有联系的，从而组成了问题网。

四合院变为大杂院

由于所有制的变更，宅院由私产变为公产。一些大院就变为多户居住的大杂院，随着院内子女相继成家，十几家共住一个大院子，于是四合院内形成了一个新结构。由于人口数量较大，且空间有限，居民私搭乱建，导致大部分院落完全不见老北京四合院的风貌，居民居住条件恶劣。

建筑质量

建筑密度很高，人口密度也较大，建筑布局与产权关系极为复杂。建筑质量参差不齐。近30年建造的一些建筑，大多结构质量较好，但有些建筑与传统风貌不太协调，个别建筑甚至起到破坏作用。新中国成立前的建筑基本为民居，较差，急需维修、改造。

生活配套设施不完善

街坊内市政条件不完备，自来水只通到院内，排水不畅，雨污不分；电力设施老化，烧饭取暖仍以煤为主，生活条件较差。

住户盼望拆迁，不认为这些老房子是需要保护的。

商店缺乏统一规划

一些商店的LOGO不统一且突兀，运用不恰当的建筑和装饰材料，显得杂乱无章，使消费环境变差，从而影响经济收入。沿街商业建筑的广告尺度过大，遮挡了建筑的屋顶。因此使以居住为主的传统街道风貌形象遭到破坏。

绿地与开敞空间不足

区域内部没有集中绿地和居民交流的公共空间，因此该区域也不具有公共配套设施，比如座椅、建筑小品等。此区域住户大多是老年人，区域中没有配置老年人的公共健身器材。没有集中绿地，使此区域居民无法享受舒适的聚集空间。

历史街区遭到破坏

居民是历史文化保护区的保护和更新改造的主体因素，应该调动居民的参与热情和积极性。“居民参与”是历史文化保护区各项工作的前提。居民不主动保护南北长街，政府的拆迁政策一旦执行，我们马上将看不到这些伴随南北长街而生的自由布局的胡同。

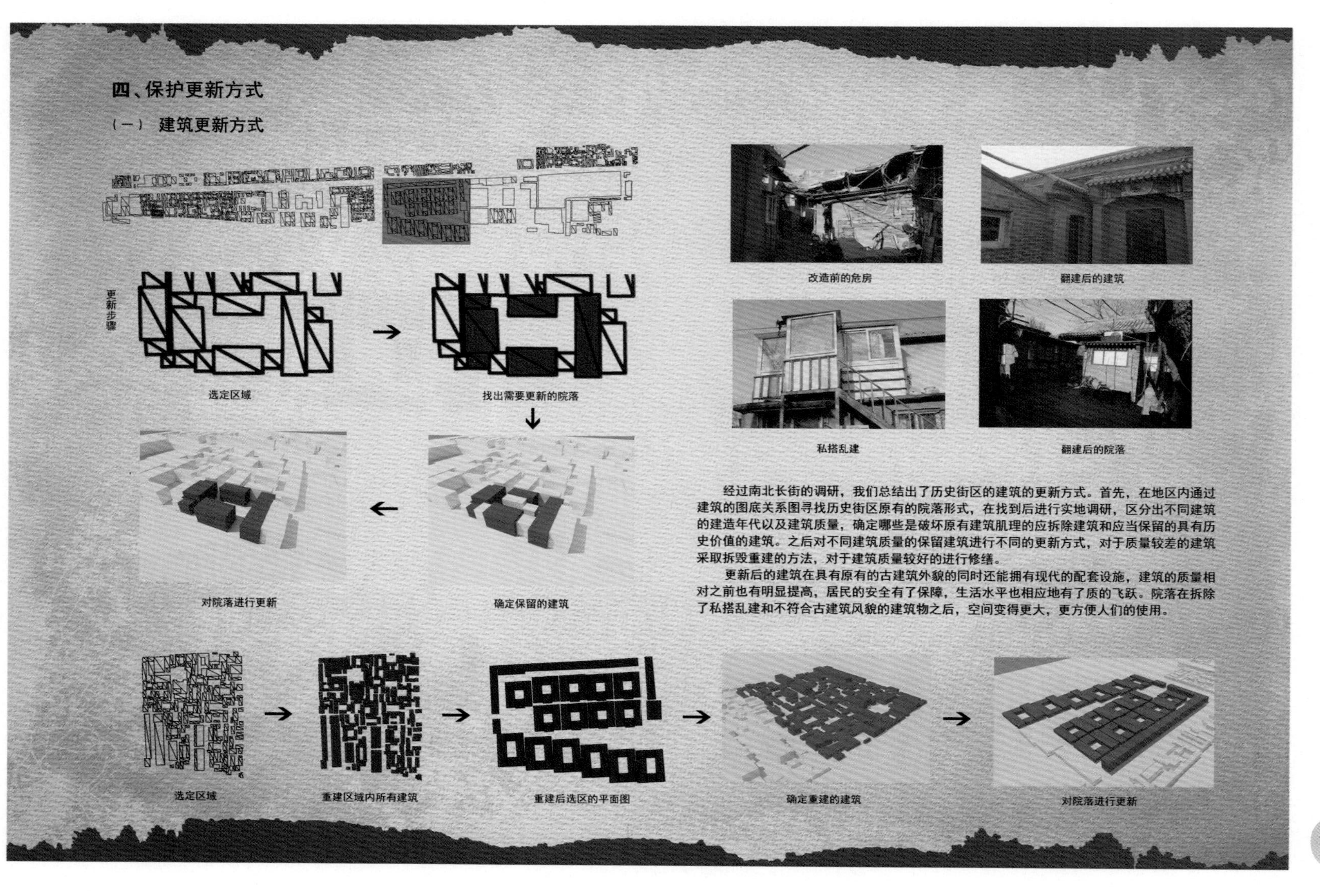
四、保护更新方式
（一） 建筑更新方式
更新步骤
选定区域
找出需要更新的院落
确定保留的建筑
对院落进行更新
改造前的危房
翻建后的建筑
私搭乱建
翻建后的院落
经过南北长街的调研，我们总结出了历史街区的建筑的更新方式。首先，在地区内通过建筑的图底关系图寻找历史街区原有的院落形式，在找到后进行实地调研，区分出不同建筑的建造年代以及建筑质量，确定哪些是破坏原有建筑肌理的应拆除建筑和应当保留的具有历史价值的建筑。之后对不同建筑质量的保留建筑进行不同的更新方式，对于质量较差的建筑采取拆毁重建的方法，对于建筑质量较好的进行修缮。
更新后的建筑在具有原有的古建筑外貌的同时还能拥有现代的配套设施，建筑的质量相对之前也有明显提高，居民的安全有了保障，生活水平也相应地有了质的飞跃。院落在拆除了私搭乱建和不符合古建筑风貌的建筑物之后，空间变得更大，更方便人们的使用。
选定区域
重建区域内所有建筑
重建后选区的平面图
确定重建的建筑
对院落进行更新

（二） 肌理更新方式

原有南北长街肌理图

现在南北长街肌理图

原有的肌理延续传统的北京内城肌理，以北京的四合院为单元组成整个南北长街街区。街区具有浓厚的老北京气息。胡同作为整个街区的脉络，将各个院落联系起来，形成错落有致，进退变化的的街区肌理。街区的道路宽度主要服务于原有的功能使用，只能满足步行、非机动车通行。但是随着时间的推移，多数老四合院居住人口密度过大，院内私搭乱建现象严重，四合院已成为大杂院，四合院已经不能满足人们的居住需求，一些大单位的建筑体量庞大，严重破坏了街区的整体景观。

根据南北长街街区的历史背景及北京市总体规划的要求，将该街区定位为具有鲜明北京传统风貌特征的四合院式居住性街区。

现有的肌理根据北京的传统风貌特征，以传统的四合院为单元，组合成现有的街区。将原有的一片区域重建，在道路的设置上满足机动车通行，解决历史街区机动车出入不便的现状。

现有的部分区域改造，在改变原有历史街区居住环境较差的现象的同时，又保留了传统的居住模式。

保护原则与模式

利弊分析：

该片区域的改造方式是将原有的住宅推平重建，这种方式没有将原有的居住建筑很好地保存下来，但是通过营建新的建筑在保存原有风貌的同时，更宜于满足现代居民的居住与生活需求，同时使道路拓宽；院落变得整洁；满足消防安全。

（三） 微循环模式保护与更新

南北长街立面照片

具体到南北长街历史街区，其保护应体现在五个层次上：

第一、保护故宫、北海、中南海、天安门广场形成的历史区域的整体景观；

第二、保护街区、街道、胡同形成的历史空间架构、脉络和肌理；

第三、保护文物建筑、传统的四合院和作为历史信息载体的影壁、砖雕、题字、绘画、门匾等要素；

第四、保护传统四合院的生活空间、场景，传统建筑的风格、形态、尺度、色彩、材料、典型作法及河湖、树木；

第五、严格控制和制止破坏北京历史街区传统风貌的行为。

微循环式保护与更新：保护与更新是相辅相成、对立统一的一对概念。在保护规划中论定的保护对象，总有一天会因破损而无法保护；在保护规划中确定的更新对象，如果更新物有较高价值，总有一天会转化为保护对象。这是一个动态的循环，而且如果按照保护规划执行，它还是一个有序的动态循环。只有将保护与更新对象的划定“微型化”，让新旧建筑物适时更替。

立面位置示意图

2.4　南北池子历史街区

项目名称：南北池子历史街区调研

项目概况：南池子大街明清时都是皇城内东南隅的街道。清代开始被称为南长街，又称东华门外南街，有内务府属库房、衙署。民国初年，南池子大街才与东长安街连通，并开始有普通平民陆续进入这里居住。南池子大街东西两侧分布着明朝的东苑、皇史宬，清代的普渡寺等重要历史遗存，还有飞龙桥胡同、缎库胡同、磁器库胡同等大大小小的胡同。

北池子大街南起东华门大街，北至五四大街，全长921m，宽21m。东与文书巷街，北池子头条、二条、三条及骑河楼街、草垛胡同相接。在清乾隆时称北长街，宣统时称北池子，1949年后称北池子大街。原武备院、俄罗斯文馆旧址在此。今街内有清宣仁庙、凝和庙，均为市级文物保护单位。现为北京市25片历史文化保护街区之一。

项目完成人员：范文铮　邹洋　齐冰竹　姜森　康佳意

项目特点：北京市在对南北池子进行保护更新时确定了“整体保护、合理并存、适度更新、延续文脉、整治环境、调整功能、改善市政、梳理交通”的修缮原则，即最大限度地保存较好的四合院和可以修好的四合院，达到保护其历史的真实性和所携带的全部信息的目的。

成果分析：对南北池子地区的现状、居民生活状况进行了深入研究，并与南北长街以及宽窄巷子等保护规划案例进行比较分析，深入探讨街区保护更新的理论与方法。南北池子历史街区现状调研报告如下所示。

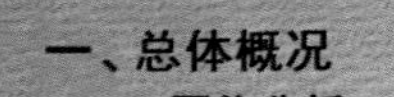

一、总体概况

（一） 区位分析

街区区位及概述

南池子大街

东城区东华门街道辖域。位于故宫北侧，呈南北走向。北起东华门大街，与北池子大街相接；南至东长安街；东与缎库胡同、菖蒲河沿、普渡寺西巷等胡同相交；西与飞龙桥胡同、大苏州胡同、小苏州胡同、银丝胡同相交。三级街道。长792 m，宽15 m。

明清皆为皇城内东南隅的街道。街东之地俗称小南城，又称东苑，有重华宫、崇质殿。景泰年间，英宗废居于此。清代称南长街，又称东华门外南街，俗称南池子，有内务府属库房、衙署。民国初年于其南端皇城墙开辟三孔券门后，此街始与东长安街连通。1965年将表章库、石头缝、箭厂冯家、南井、羊圈、民声等胡同并入，改称南池子大街。"文化大革命"时改称葵花向阳路，后恢复原名。136号为明、清两代的皇家档案馆，即皇史宬。明嘉靖十三年（1534年）建，珍藏明、清实录，圣训，玉牒等重要典籍，1982年定为全国重点文物保护单位。

北池子大街

在北京市东城区，南起东华门大街，北至五四大街，全长921m，宽21m。东与文书巷街、北池子头条、二条、三条及骑河楼街、草垛胡同相接。清乾隆时称北长街，宣统时称北池子，1949年后称北池子大街。原武备院、俄罗斯文馆旧址在此。今街内有清宣仁庙、凝和庙，均为市级文物保护单位。现为北京市25片历史文化保护街区之一。

（二） 交通分析

区域实景

交通分析图

出行方式比例：

公交 | 地铁 | 步行 | 汽车

南北池子在老城区区位图

南北池子区位图

区域交通

在北京城市总体规划中，本街区内的两条南北向道路，南池子大街和南河沿大街规划拓宽，道路红线分别是南池子大街35m，南河沿大街50m。针对现状的交通流量和道路使用情况，我们认为可考虑保留南河沿大街道路西侧而向东拓宽的可能性，而南池子大街则应保持现状，不得拓宽。

南河沿大街主要承担了分流南北向交通的任务，车流量较大；街道东侧的建筑也主要是多层的现代商业建筑，沿街风貌已经发生了改变，留存的平房很多也质量较差，保留价值不高；而且南段已经过拓宽，比北段约宽5～6m，有拓宽的便利条件。而南池子大街则是不同的情况；大街两侧主要是1～2层的传统建筑，如果拓宽会对现有街道尺度、空间和风貌造成较大的影响。

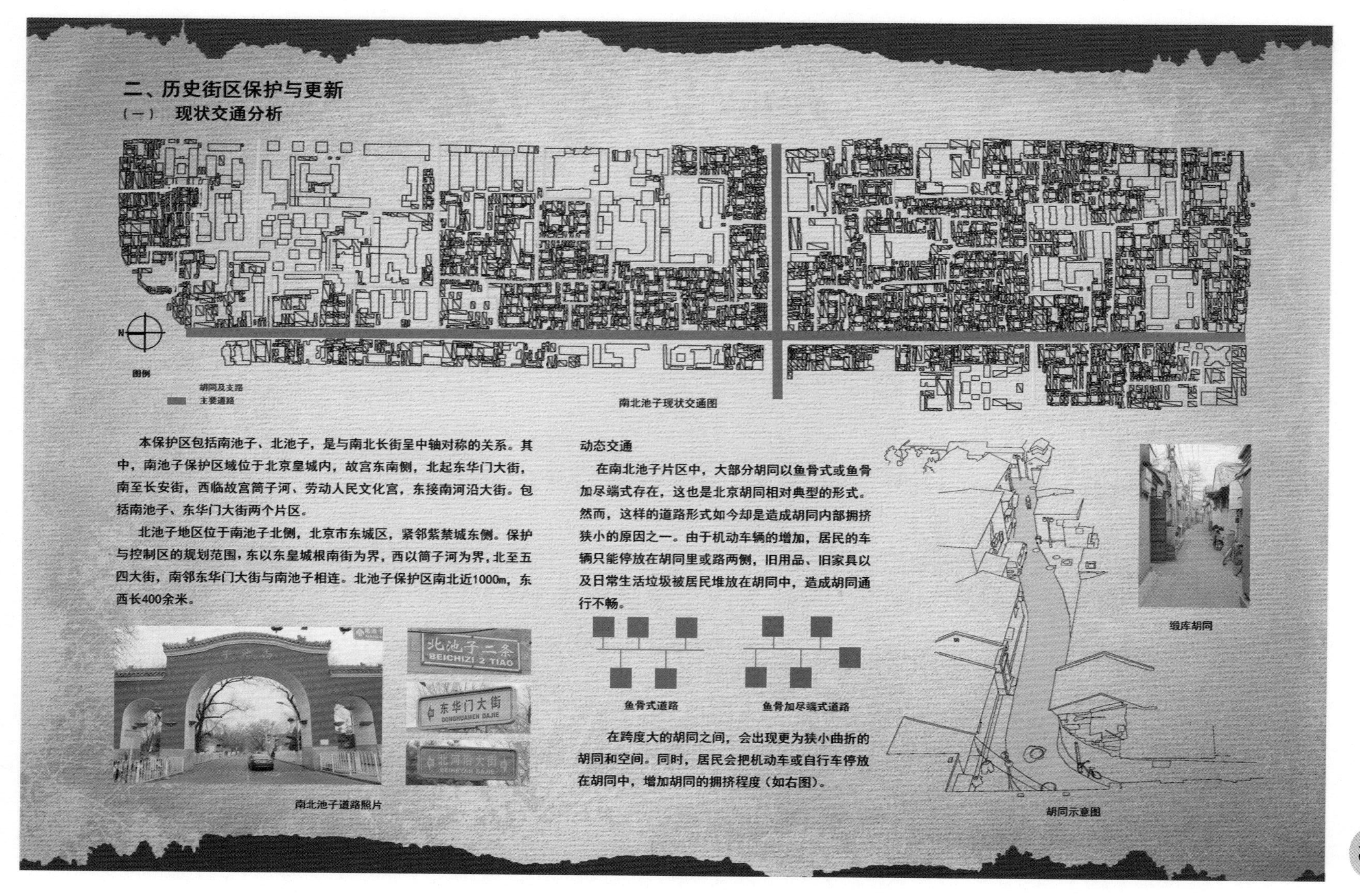
二、历史街区保护与更新
（一） 现状交通分析
N
图例
胡同及支路
主要道路
南北池子现状交通图
本保护区包括南池子、北池子，是与南北长街呈中轴对称的关系。其中，南池子保护区域位于北京皇城内，故宫东南侧，北起东华门大街，南至长安街，西临故宫筒子河、劳动人民文化宫，东接南河沿大街。包括南池子、东华门大街两个片区。
北池子地区位于南池子北侧，北京市东城区，紧邻紫禁城东侧。保护与控制区的规划范围，东以东皇城根南街为界，西以筒子河为界，北至五四大街，南邻东华门大街与南池子相连。北池子保护区南北近1000m，东西长400余米。
北池子二条
BEICHIZI 2 TIAO
东华门大街
DONGHUAMEN DAJIE
北河沿大街
BEIHEYAN DAJIE
南北池子道路照片
动态交通
在南北池子片区中，大部分胡同以鱼骨式或鱼骨加尽端式存在，这也是北京胡同相对典型的形式。然而，这样的道路形式如今却是造成胡同内部拥挤狭小的原因之一。由于机动车辆的增加，居民的车辆只能停放在胡同里或路两侧，旧用品、旧家具以及日常生活垃圾被居民堆放在胡同中，造成胡同通行不畅。
鱼骨式道路
鱼骨加尽端式道路
在跨度大的胡同之间，会出现更为狭小曲折的胡同和空间。同时，居民会把机动车或自行车停放在胡同中，增加胡同的拥挤程度（如右图）。
缎库胡同
胡同示意图

静态交通
N
图例
集中停车
路边停车
路边停车
现状停车分析图
南北池子片区对于停车有较好的规划，其中包括大量的路边停车、地上停车场和地下停车场，以及自行车停放区域和公共自行车租借区域。
南池子在街边设置地下停车场，有效缓解胡同内部停车为居民日常生活带来的不便。同时，在南池子大街沿街设置大量自行车停放处。
北池子在外围合理分布公共集中停车场地，在内部道路，可用分时段停车等方式，以满足停车需要。如：二十七中校门口扩建出一片小型停车场；骑河楼北巷拓宽后的单侧停车区；银闸胡同南口医院前停车场等。
南池子大街地下停车场入口
路边停放自行车
公共自行车站
南北池子片区中有四处公共自行车租赁站，为居民出行和锻炼身体提供便利，在老城区中设立多处租赁站有利于缓解交通压力。作为城市交通的组成部分，公共自行车具有以下优势：
1. 不存在大气和噪声污染，可为居民和旅游者提供便捷的绿色出行方式，提高城市的绿色竞争力，同时骑车还有助于强身健体；
2. 为城市提供1~5 km短途出行解决方案，成为城市交通系统不可或缺的组成部分，提高道路资源利用率，缓解道路交通拥堵；
3. 与公共汽车相比，自行车具有体量小、操作灵活、可达性好和投资少的特点。可作为轨道交通接驳的辅助性工具，最大限度地促进各种交通资源的合理利用，满足居民多层次的短距离出行以及不同出行目的的交通需求，便捷、高效地集散客流，提高城市交通的整体运行效率。
公共自行车租赁区域示意图
3%
租过
36%
不知道
61%
知道，没租过
13%
支持低碳出行
17%
锻炼身体
16%
其他
22%
旅游
32%
上下班（学）

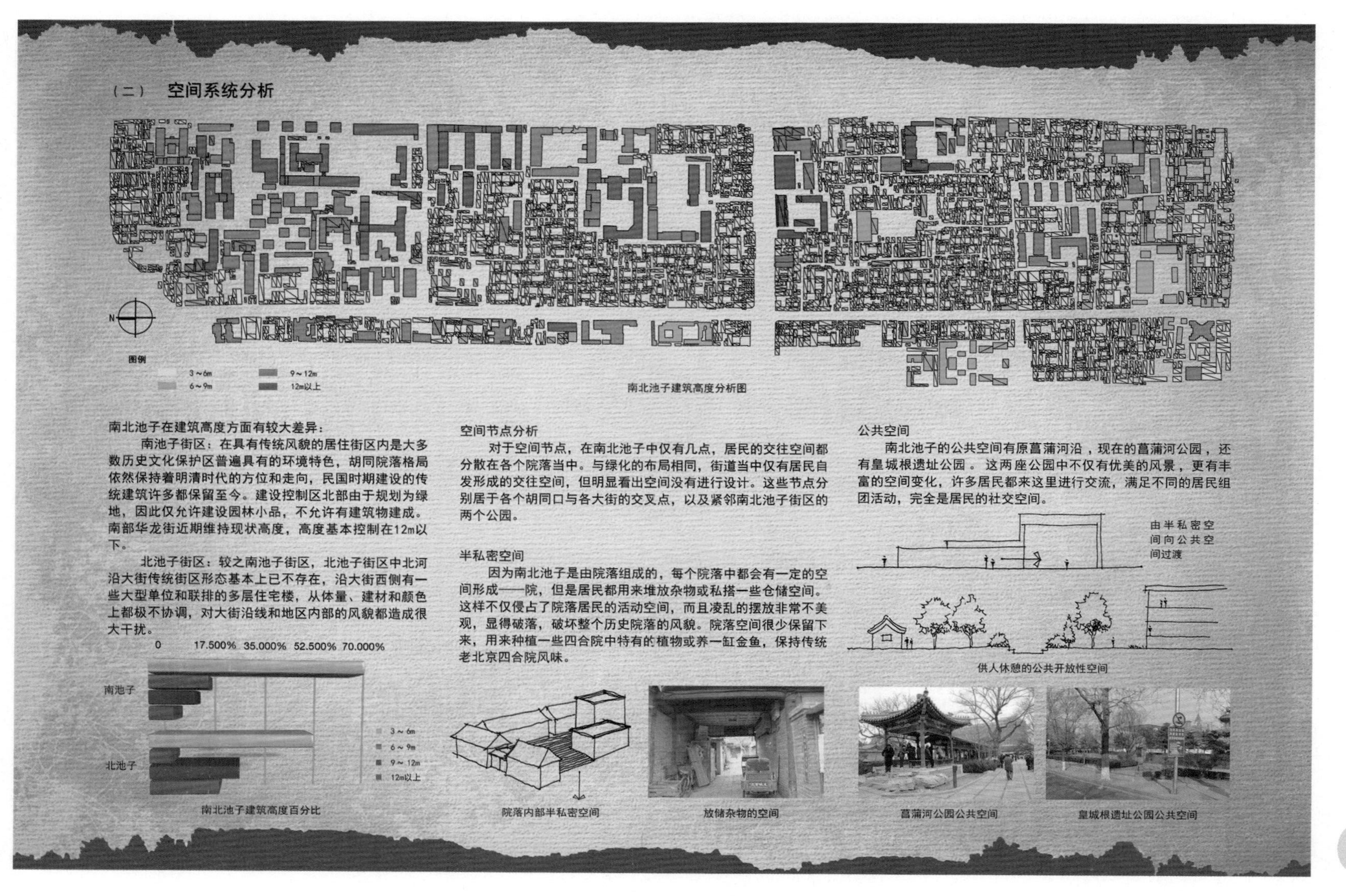
（二） 空间系统分析
N
图例
3～6m
6～9m
9～12m
12m以上
南北池子建筑高度分析图
南北池子在建筑高度方面有较大差异：
南池子街区：在具有传统风貌的居住街区内是大多数历史文化保护区普遍具有的环境特色，胡同院落格局依然保持着明清时代的方位和走向，民国时期建设的传统建筑许多都保留至今。建设控制区北部由于规划为绿地，因此仅允许建设园林小品，不允许有建筑物建成。南部华龙街近期维持现状高度，高度基本控制在12m以下。
北池子街区：较之南池子街区，北池子街区中北河沿大街传统街区形态基本上已不存在，沿大街西侧有一些大型单位和联排的多层住宅楼，从体量、建材和颜色上都极不协调，对大街沿线和地区内部的风貌都造成很大干扰。
0 17.500% 35.000% 52.500% 70.000%
南池子
北池子
3～6m
6～9m
9～12m
12m以上
南北池子建筑高度百分比
空间节点分析
对于空间节点，在南北池子中仅有几点，居民的交往空间都分散在各个院落当中。与绿化的布局相同，街道当中仅有居民自发形成的交往空间，但明显看出空间没有进行设计。这些节点分别居于各个胡同口与各大街的交叉点，以及紧邻南北池子街区的两个公园。
半私密空间
因为南北池子是由院落组成的，每个院落中都会有一定的空间形成——院，但是居民都用来堆放杂物或私搭一些仓储空间。这样不仅侵占了院落居民的活动空间，而且凌乱的摆放非常不美观，显得破落，破坏整个历史院落的风貌。院落空间很少保留下来，用来种植一些四合院中特有的植物或养一缸金鱼，保持传统老北京四合院风味。
院落内部半私密空间
放储杂物的空间
公共空间
南北池子的公共空间有原菖蒲河沿，现在的菖蒲河公园，还有皇城根遗址公园。这两座公园中不仅有优美的风景，更有丰富的空间变化，许多居民都来这里进行交流，满足不同的居民组团活动，完全是居民的社交空间。
由半私密空间向公共空间过渡
供人休憩的公共开放性空间
菖蒲河公园公共空间
皇城根遗址公园公共空间

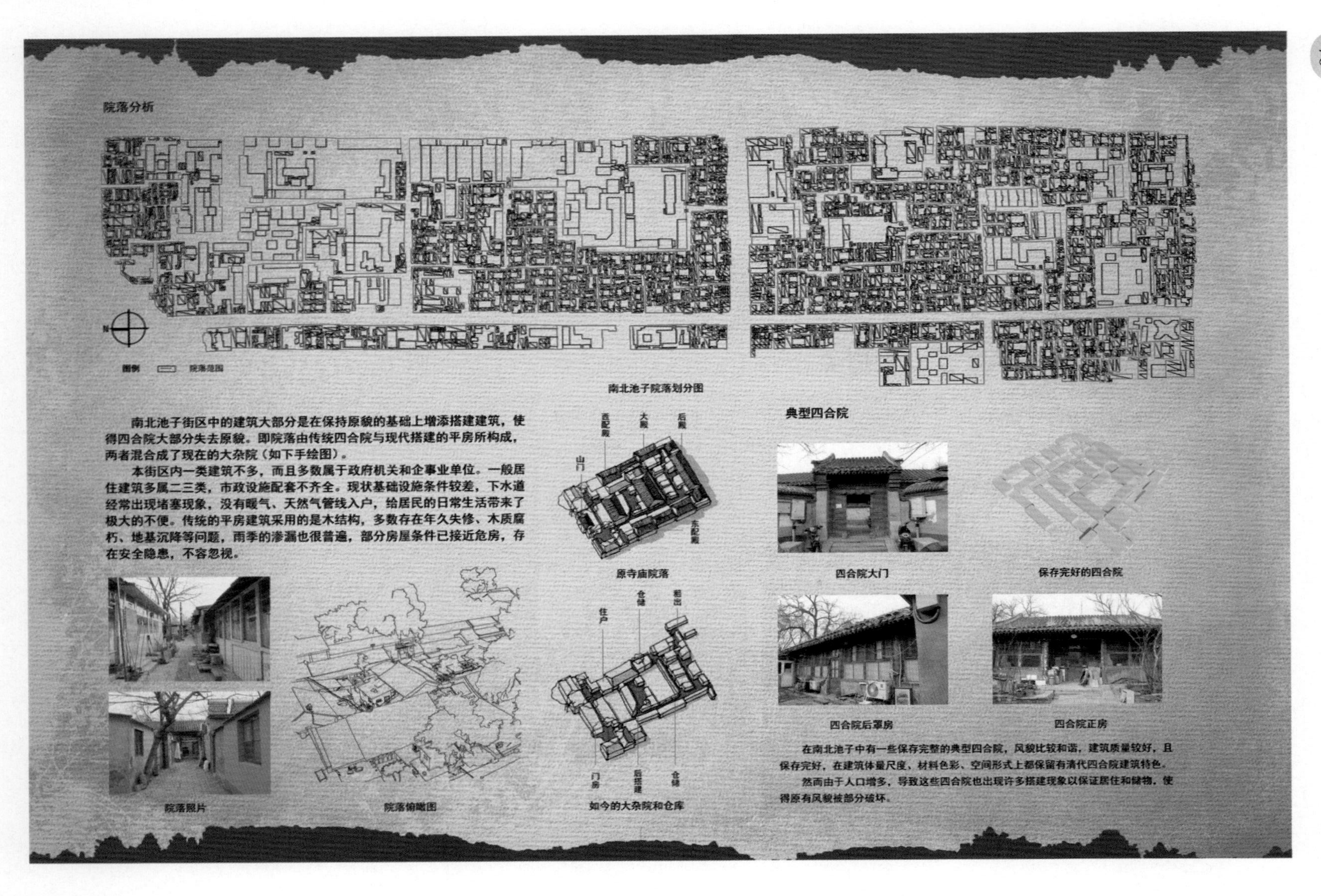
院落分析
图例 院落范围
南北池子院落划分图
南北池子街区中的建筑大部分是在保持原貌的基础上增添搭建建筑，使得四合院大部分失去原貌。即院落由传统四合院与现代搭建的平房所构成，两者混合成了现在的大杂院（如下手绘图）。
本街区内一类建筑不多，而且多数属于政府机关和企事业单位。一般居住建筑多属二三类，市政设施配套不齐全。现状基础设施条件较差，下水道经常出现堵塞现象，没有暖气、天然气管线入户，给居民的日常生活带来了极大的不便。传统的平房建筑采用的是木结构，多数存在年久失修、木质腐朽、地基沉降等问题，雨季的渗漏也很普遍，部分房屋条件已接近危房，存在安全隐患，不容忽视。
山门
西配殿
大殿
后殿
东配殿
原寺庙院落
住户
仓储
租出
门房
后搭建
仓储
如今的大杂院和仓库
院落照片
院落俯瞰图
典型四合院
四合院大门
保存完好的四合院
四合院后罩房
四合院正房
在南北池子中有一些保存完整的典型四合院，风貌比较和谐，建筑质量较好，且保存完好，在建筑体量尺度、材料色彩、空间形式上都保留有清代四合院建筑特色。
然而由于人口增多，导致这些四合院也出现许多搭建现象以保证居住和储物，使得原有风貌被部分破坏。

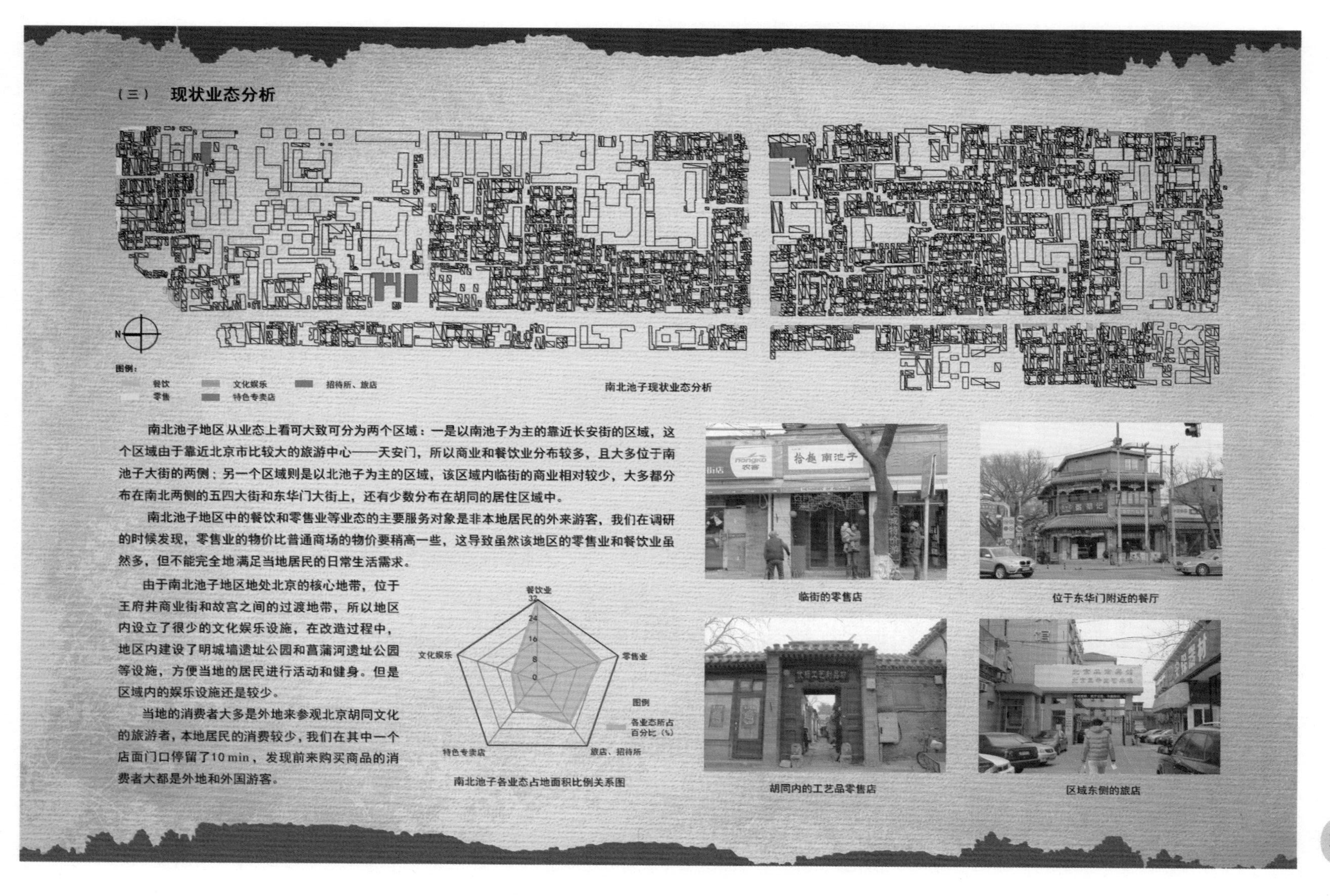

（三） 现状业态分析

南北池子现状业态分析

南北池子地区从业态上看可大致可分为两个区域：一是以南池子为主的靠近长安街的区域，这个区域由于靠近北京市比较大的旅游中心——天安门，所以商业和餐饮业分布较多，且大多位于南池子大街的两侧；另一个区域则是以北池子为主的区域，该区域内临街的商业相对较少，大多都分布在南北两侧的五四大街和东华门大街上，还有少数分布在胡同的居住区域中。

南北池子地区中的餐饮和零售业等业态的主要服务对象是非本地居民的外来游客，我们在调研的时候发现，零售业的物价比普通商场的物价要稍高一些，这导致虽然该地区的零售业和餐饮业虽然多，但不能完全地满足当地居民的日常生活需求。

由于南北池子地区地处北京的核心地带，位于王府井商业街和故宫之间的过渡地带，所以地区内设立了很少的文化娱乐设施，在改造过程中，地区内建设了明城墙遗址公园和菖蒲河遗址公园等设施，方便当地的居民进行活动和健身。但是区域内的娱乐设施还是较少。

当地的消费者大多是外地来参观北京胡同文化的旅游者，本地居民的消费较少，我们在其中一个店面门口停留了10 min，发现前来购买商品的消费者大都是外地和外国游客。

南北池子各业态占地面积比例关系图

临街的零售店

位于东华门附近的餐厅

胡同内的工艺品零售店

区域东侧的旅店

（四） 现状绿化分析
图例：
保护类古树
准保护类古树
南北池子现状业态分析
街区内现有的公共绿地较少，菖蒲河公园是在原河道之上搭板后铺成的草皮，北部居民小区内改造之后有一块绿地，东华门与南河沿大街交叉口有新修绿地。绿化用地在更新后也只占总用地面积的很小一部分。街道胡同内由于传统格局，没有可供休息的绿地，区域内的古树大多位于院落内部，古树、大树分散于院落胡同之中，树冠覆盖率较高。这些古树、大树是文化环境的重要组成要素，也是历史文化保护区保护对象的一部分。
确定要拆除的风格不协调的建筑
拆除后植树成为公共绿地
左侧图片所示的区域位置
在保护过程中，设计者结合建筑更新与风貌整治，在传统院落中逐步恢复院落绿化系统。一方面去除老朽的且影响建筑质量的速生树木，另一方面栽种传统树木，结合庭院绿化，突出传统风貌。
在改造过程中，将部分和传统建筑风貌冲突的建筑拆除，在空余出来的区域上进行公园绿化的设计，在更新建筑的同时，给当地居民们提供了空余时间的活动场地。这改善了当地的气候环境。在区域中主要设计了两块上述的区域，一是位于地区北部的菖蒲河公园，为附近的居民提供活动场所，同时过滤长安街所带来的噪声，二是拆除东黄城根南街与北河沿大街之间的狭长地带，改为街心绿地，由皇城墙遗址的历史命名为皇城遗址公园。在给居民提供活动条件的同时，成为一个景点，吸引游客前来游玩。
南北池子中的古树照片
菖蒲河公园内游玩的当地居民

（五） 人文景观分析

重要人文景观介绍

本街区内现有各级文物和在册文物名单：

级别	名称	地址	公布批次	年代
全国重点文物保护单位	皇史宬	东城区南池子大街136号	3	明
北京市文物保护单位	普渡寺大殿	东城区普庆前巷	3	清
	军调处1946年中共代表团驻地	东城区东华门大街1号	5	1946年
东城区文物保护单位	欧美同学会	南河沿大街111号	3	清
	皇城墙	东长安街、景山前街	3	明
北京市普查登记在册文物	四合院	南池子大街32号	5	民初
	外交学会	南池子大街71号	5	民国
	原丹麦使馆	南池子大街25号	5	近代
	暗八仙门墩	南河沿大街109号	4	民国
	门楼砖雕	南湾子大街15号	4	民国
	砖雕和象眼刻画	南池子大街49号	4	民国

皇史宬

在南池子南口东侧，是我国保存皇家史册的档案库。皇史宬又名表章库，建于明嘉靖十三年，距今约480年历史。多次进行修缮。建筑由皇史门、正殿、东西配殿和御碑亭组成，总面积约2000 m^2 。

正殿皇史宬建筑在2m高的台阶上，外形为一宫殿式建筑，红墙黄瓦，金碧辉煌。殿内屋顶为拱券式，没有梁、柱，故称“无梁殿”。地面放置着152个收藏档案的鎏金雕龙铜皮樟木柜，即“金匮”。这种建筑形式和内部设置，不仅能防火、防潮和避免虫咬鼠伤，而且能经受数百年的风雨侵蚀。明清两代皇室的大量重要档案，如明代的“实录”、“玉牒”、“圣训”等，都珍藏在这里。《永乐大典》的副本、《大清会典》、《朔汉方略》内阁副本等珍贵史料，也存储于此。1982年公布为全国重点文物保护单位。

普渡寺大殿

原为清初所建的喇嘛庙。据《顺天府志》记载：原址是明代南城洪庆宫的一部分。清入关后，即为摄政王多尔衮的王邸。多尔衮被定罪削爵后，该府第即废。到康熙三十三年（1694年），改建成玛哈噶喇庙。乾隆四十四年（1779年）又重新修葺扩建。1776年，乾隆将该寺赐名为“普渡寺”。 据1985年调查，远寺殿宇拆毁较多，现只存山门殿和大殿及部分配房。现大殿为教室，中间一间为仓库。这个寺院为南池子小学，于1984年公布为北京市文物保护单位。

皇城墙

位于天安门东侧。建设年代为明代，1986年公布为东城区文物保护单位。而现状情况是，皇史宬、普渡寺大殿都存在着被侵占的问题，保护状况不容乐观，许多问题都需要在规划中加以解决。

皇史宬

皇城墙遗址

普渡寺

普渡寺

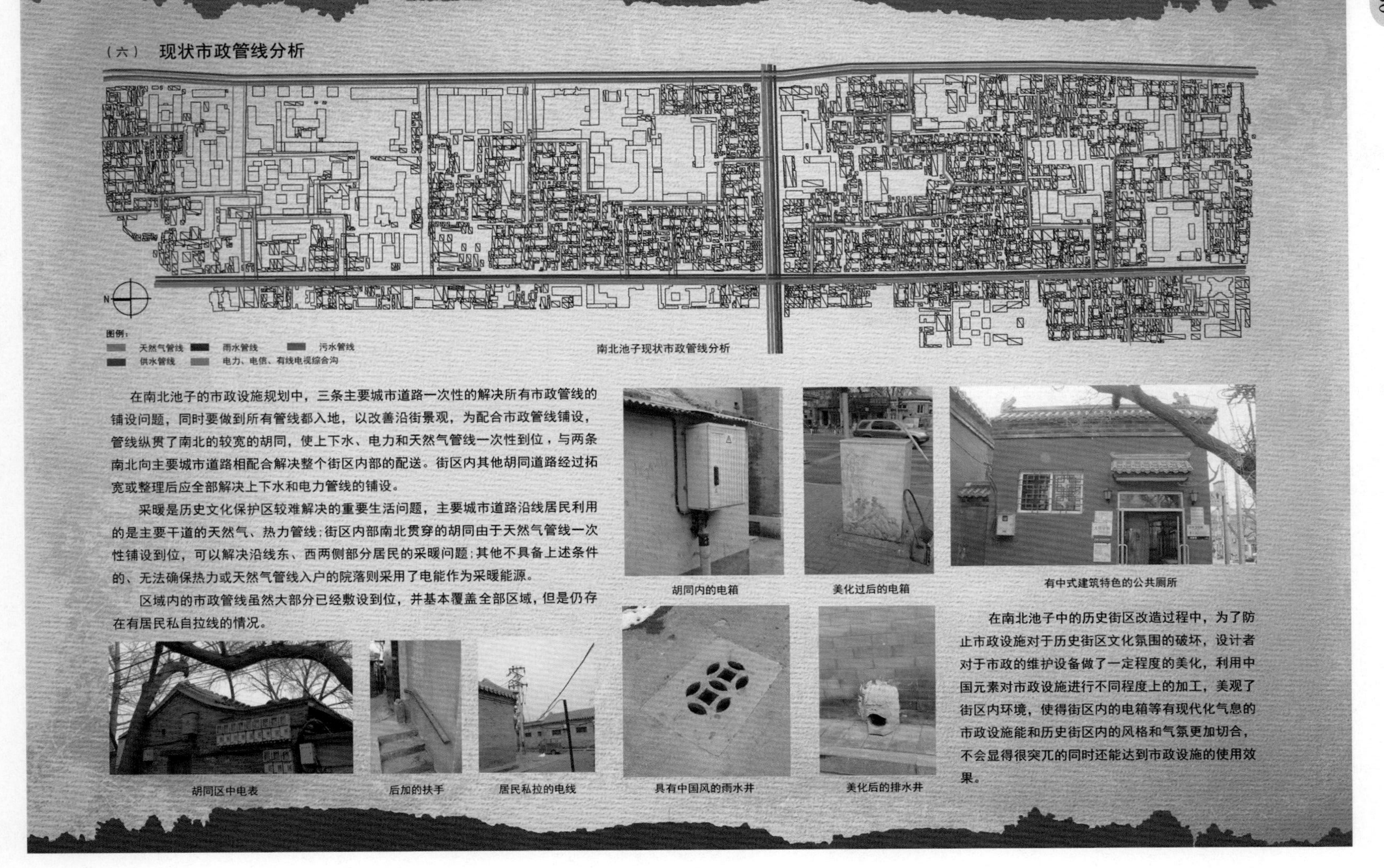
（六） 现状市政管线分析
图例：
天然气管线
雨水管线
污水管线
供水管线
电力、电信、有线电视综合沟
南北池子现状市政管线分析
在南北池子的市政设施规划中，三条主要城市道路一次性的解决所有市政管线的铺设问题，同时要做到所有管线都入地，以改善沿街景观，为配合市政管线铺设，管线纵贯了南北的较宽的胡同，使上下水、电力和天然气管线一次性到位，与两条南北向主要城市道路相配合解决整个街区内部的配送。街区内其他胡同道路经过拓宽或整理后应全部解决上下水和电力管线的铺设。
采暖是历史文化保护区较难解决的重要生活问题，主要城市道路沿线居民利用的是主要干道的天然气、热力管线；街区内部南北贯穿的胡同由于天然气管线一次性铺设到位，可以解决沿线东、西两侧部分居民的采暖问题；其他不具备上述条件的、无法确保热力或天然气管线入户的院落则采用了电能作为采暖能源。
区域内的市政管线虽然大部分已经敷设到位，并基本覆盖全部区域，但是仍存在有居民私自拉线的情况。
胡同区中电表
后加的扶手
居民私拉的电线
胡同内的电箱
美化过后的电箱
具有中国风的雨水井
美化后的排水井
有中式建筑特色的公共厕所
在南北池子中的历史街区改造过程中，为了防止市政设施对于历史街区文化氛围的破坏，设计者对于市政的维护设备做了一定程度的美化，利用中国元素对市政设施进行不同程度上的加工，美观了街区内环境，使得街区内的电箱等有现代化气息的市政设施能和历史街区内的风格和气氛更加切合，不会显得很突兀的同时还能达到市政设施的使用效果。

三、居民社会生活

人口分布现状

南北池子街区是一个以居住性质为主的社区，其中北池子地区总户籍8531人，其中重点保护区5166人，占61%。建设控制区3365人，占39%。

而南池子街区则分属5个居委会管辖：东华门居委会、南池子居委会、南河沿居委会、缎库居委会和飞龙桥居委会。整个街区的人口数据如下：

建设控制区户籍户数为114户，人数为285人；

重点保护区户籍户数为4237户，人数为8845人；

总户数4351户，户籍总人数9130人；

目前街区中人户分离的现象比较普遍，户在人不在的共有3103人，人在户不在的共有473人。

人口密度

在历史文化保护区中，保护对象是以院落为单位的。院落面积大小一般均在百平方米为单位的尺度上浮动，为了较准确地反映以四合院为单位的居民居住状况，研究中尝试采用一种新的人口密度表示法：即以100m²，为基本用地面积单位，通过比较每100m²用地面积上所居住的人口数，来体现四合院的居住人口密度，从而划分出院落居住疏密程度的等级。

在调查的过程之中，我们了解到北池子的人口净密度为656人/hm²。其中5906人的居住用地面积低于北京市15～20m²的人均居住用地面积标准，占总人口的69%，这部分人的居住用地5.83hm²，占总居住用地的45%。因此，必须采取有效措施，降低人口密度并提高这部分人的人均居住用地面积。这样才能使居民获得更好的生活环境。

而南池子街区内则有院落600多个，户籍居住人口密度约为5.14人/100m²，但存在着严重分布不均的情况，部分院落人口密度达到10人/100m²以上。在南池子中，人口密度<2人/100m²的院落共34个，占总数6.33%；人口密度为2～4人/100m²的院落共90个，占总数16.76%；人口密度为4～7人/100m²的院落共196个，占总数36.5%；人口密度为7～10人/100m²的院落共142个，占总数26.44%；人口密度>10人/100m²的院落共75个，占总数13.97%。

调研中人口密度最大的几个区域分布情况

住户现状

我们和当地的居民交谈，了解当地居民的一定生活状况。

住宅方面：居民大多生活在杂院中。院内有很多私搭乱建。使得院内的活动空间压缩，使居住的环境变得压抑。当地有部分居民将原有建筑进行了改造，为了增加使用空间对原有的建筑形式进行了很大的破坏。在询问过程中，当地居民表示加建建筑已经成为了一种风气，自己家不在这建，过两天邻居也会把这块地占了。

在采访过程中，这样的住户有很多，在居住空间不足的环境中，基础设施覆盖密度较小，而由于胡同内建筑组合过于复杂导致其中的路径过于曲折，给当地居民带来不便。在某些街巷里建筑外墙过高，导致路径相对较窄，同时有些住户将一些车辆及杂物和各种建筑垃圾摆放到路中，影响居民出行。

我们在调研院落的空间的时候发现：有部分居民为了满足各自的生活需求，私自搭设电线，将电线擅自搭入自家院落。这是一种十分危险的举动，但是也从侧面体现出该地区市政设施的不完备。这种举动导致胡同内发生火灾的概率变高，不仅压缩了庭院空间，同时对于建筑本身也有很大的影响，导致居民的生活质量变差。

胡同内堆积的杂物

胡同内私拉的电线

南北池子内的居委会照片

南北池子内的物业

胡同内随意堆积的建筑垃圾

拥挤的胡同

采访院落的位置

现状问题分析

由于历史的遗留问题，新中国成立初期，大的合院由原先的一户居住变成了多户混居的大杂院，原本合院的整体结构被打散形成了新的合院结构，原本宽敞的合院也变得拥挤不堪，而随着家庭的繁衍扩大，原本的居住空间不够，便产生了许多私搭乱建。居民自建房时由于没有足够的理论知识，居民的私建房大多质量堪忧。

在调研过程中，我们发现临街的街区改造情况远远好于胡同深处的街区，这导致虽然街区从外面看起来改造良好，但是内部的居民们的生活质量并没有得到显著提高，当地为居民所建设的服务设施也较少，大多都是为外来游客所提供的消费场所。

建筑质量极差的房屋

建筑墙皮已经开始脱落

居民加建的储物室

胡同内随意停放的自行车

四、保护更新方式

（一） 南北池子建筑更新方式

改造前概况

南池子在明清时属皇城。修缮改建前，这一地区的民宅多是大杂院，户均建筑面积26.84 m²，危旧房占91.96%；市政设施老化，居民院内无厕所，居住条件十分恶劣；地区道路无机动车通行能力，消防车进不去，成为东城区的重大火灾隐患地区。

改造前照片

改造模式

南池子修缮改建工程东城区政府没有让房地产开发商参与，而是坚持政府组织、群众参与的工作体系。

政府直接投入资金，通过部分转让土地和向居民售房等方式实现资金平衡。

南池子工程地段内原有1076 户居民，回迁安置了300 户，部分定向安置到芍药居经济适用房。

改造后照片

南池子建筑的保护与更新方式规划

在规划中，根据对建筑的现状风貌、现状质量和用地调整、道路规划等方面的综合考虑，共采用了六种整治方式。

改善类、更新类和沿街整饰类的建筑整治后应符合本地区的传统风貌制式规范，符合建筑的身份。

对于更新类的建筑，可采取综合改造的手段，对其拆除新建，但更新改造必须精心设计，使更新改造后的建筑屋脊高度控制在6m控高范围内，同时与保护区原有的建筑规模、尺度、空间形态、色彩、材料、屋顶形式、细部等方面保持协调一致。在保证尺度和格局大致不变的情况下允许按照现代生活的模式进行平面布局，以满足人们日常生活的需要。

其中，各级文物保护单位在其保护范围内的保护和恢复依北京市文物局的相关规定执行，文物保护单位保护范围外的一类建设控制地带建筑的整治方式在近期内按照历史文化保护区的保护规定执行。

北池子建筑的保护与更新方式规划

北池子地区保护规划范围内的建设控制区内没有文物保护单位。

部分近现代建筑与历史风貌相协调，如中华工商联合会办公楼、民政部办公楼、最高人民检察院办公楼等予以保留。其他建筑均采取更新、整饰的方法加以处理。

（1）保留类建筑：风貌比较和谐。建筑质量较好，不予拆除。但是其中部分建筑体量大，高度超高，由于位于旧城核心部分，建议将来改建或重建时，降低高度，控制在9m以下。同时应注意减小体量，尊重与旧城传统尺度的关系。

（2）更新类建筑：图纸上除标明的保留类建筑外，建设控制区内的其他建筑均为更新类，即从保护整体风貌角度而言必须在适当时期改建或更新的建筑，否则将对地区风貌构成破坏，或不利于风貌整治的效果。

（二） 肌理更新方式

通过原有肌理图和现在肌理图的对比不难发现，在十年间南北池子的大部分肌理并没有大的变化，只是局部对院落进行移除，居民进行迁居，由此增加了院落空间，降低人口容量，使居民能享受更多的交流空间，并舒适地居住于此。

还有一部分院落建筑面积增加，大部分是居民私搭乱建造成的。增加的建筑致使院落的自由空间被侵占，不仅是居民出行不方便，更影响了居民的采光，甚至是消防安全受到威胁。

原有肌理

破落院落照片

有些住户把房子拆除，但是拆除后所剩的砖等废弃物没有清理干净，导致环境遭到破坏，这种环境不光是物理上的还有人文上的。

现有肌理

通过增加一小部分的建筑，再改变建筑立面，能有效地增浓历史古老街区的历史感，并且使建筑得到有机更新(如右图所示)。

原来的建筑状态

现在的建筑状态

五、 历史街区保护与更新总结

改造策略

经过这一周的调研，我们认为历史街区的改造策略应该主要以以下的三点为主：

1. 历史街区应该在以政府为主导的前提下，尽量与当地的居民组织相互协商，听取当地原住民对于该历史街区的改造意见，这样才能使得改造后的历史街区更有当地特色。

2. 历史街区改造在引入商业元素时应当控制地区内的开发强度，避免过多的商业影响到当地本来的历史文化氛围，这样也能保证当地居民的生活环境不受影响。

3. 在历史街区改造时应该保留原有历史氛围，不改变原先街区的历史文化氛围，争取达到“修旧如旧”的目标，防止现代建筑入侵历史街区，破坏当地文化氛围。

改造手法总结

1. 迁出部分原住民

大多数历史街区在改造前人口密度都比较高，原住民的生活环境由于人口过多，环境十分嘈杂，居民的生活质量也十分低下，但是如果将居民全部迁出会导致原有的历史文化氛围流失，所以迁出一定量的居民是比较明智的一种举措，这样不仅能为当地居民改善生活环境，还能保留原有的文化氛围不被破坏，是一种双赢的举措。

高人口密度空间　　向外搬迁一定人数　　人口密度降低

2. 拆除私搭乱建

由于普通居民对于古院落并没有十分强的保护意识，加之近年来住房紧张的问题导致历史街区内的私搭乱建逐年增多，这类建筑不仅很大程度上破坏了历史街区内的氛围，还具有非常不稳定的结构，极容易发生火灾等危险情况，所以拆除这类私搭乱建还原原有建筑风貌十分必要。

院落内私自搭建的房屋

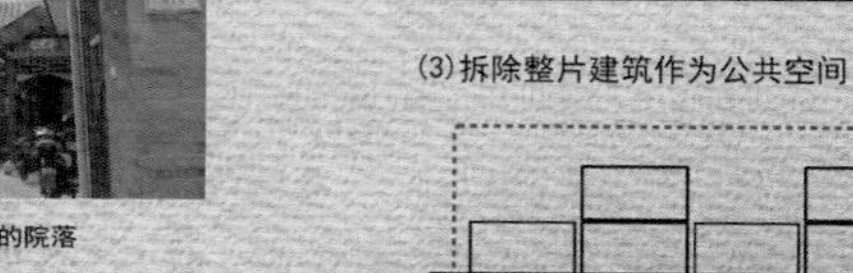

拆除私搭乱建后宽敞的院落

3. 改善建筑质量、美化街道立面

首先是改善建筑质量，将20世纪70年代前后建造的建筑样式平庸、建筑质量低下的现代风格建筑进行改善，少量传统建筑迁移重建至本区域内其他地块，对部分建筑进行传统建筑形式的维修保护；对部分老旧建筑进行传统建筑形式的改造新建。如此提升城市立体观瞻效果，美化城市形象，营造良好的城市环境。

美化沿街立面改造内容包括：拆除原有建筑影响观瞻的店铺招牌及门头牌匾；改造原有建筑外立面形式，包括楼顶平改坡、增加部分造型，外墙立面装饰、墙体刷新等；规范清理其他影响建筑物外观的设施。改造工程完工后，将有效改善城市建筑景观环境，进一步提升城市形象和品位。

改造前的胡同　　改造后的胡同立面图

4. 历史街区内公共空间的改造

传统历史街区中建筑密度较大，很少有能够供居民们日常休闲的公共绿地存在，导致居民们没有大的活动场地进行休闲娱乐活动，在改造过程中，我们应当在不破坏原有胡同肌理的前提下设计活动场地供当地居民使用。我们总结了3种不同的方式：

(1)拆除原有的单独建筑作为公共空间：

(2)原有建筑不动，在顶部设计公共空间：

(3)拆除整片建筑作为公共空间：

改造手法总结

5. 改造街巷的肌理，使其更加符合空间尺度的需求

通过对街巷肌理的优化，能够增强空间的秩序感与可达性。因为街道空间尺度由两旁的建筑和院墙所界定，在改造肌理时考虑到适宜人的空间尺度，能够给人舒适的感受。当街道断面高宽比约为1:1，此种空间尺度是从居住空间模式上发展起来的，人行其中，感受到的也必然是宜人的尺度、生活化的空间。

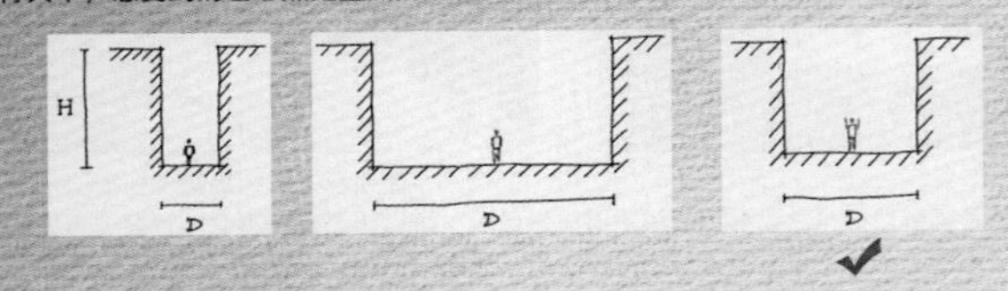

6. 功能重构，合理利用边缘化空间

空间利用的最大化，边缘空间不仅是区分边缘的因素，同时是塑造空间形象、表达空间存在含义、营造场所认知氛围的要素。对原来街道空间进行了梳理，还重视了构建新的功能空间，保留市井生活的氛围，达到重塑场所精神空间的营造。

例如，历史街区的檐下空间和实墙边缘空间，充分发挥了这些空间的公共性。在原有的空间模式中，边缘空间产生丰富的生活化活动。在这些具有积极意义的边缘空间加入消费功能，从某种程度上来说，是对原有休闲生活方式的延续。

合理利用檐下空间和实墙边缘空间　　建筑与院墙限定空间尺度

7. 引入适当的商业

如今大多历史街区的改造模式中，都充满了商业的气氛。并不是说商业不能出现在历史街区中，而是不能有过度的商业。适当的商业能汇集人气，同时商家出售的纪念性商品也能彰显该区域的历史价值。

如保护更新后的"三坊七巷"南后街的定位是传统文化商业街，根据老字号的经营现状选择部分予以恢复，一些寿山石刻、脱胎漆器、软木画等福州传统工艺美术大师在南后街设置工艺美术大师展示店，能够增加传统商业氛围，活跃气氛。又如宽窄巷子的茶文化，就是成都慢节奏的安逸生活的一种良好体现。

商业街类型	地域分布	历史渊源	城市规模	支柱产业
传统商业街	城市市域中心	城市名片，体现城市文化底蕴	全国布点，以一二线城市更具规模	传统商业，亟待改善和功能升级
专业商业街	城市某一特定商业街区	某一城市特色产业或行业集中	全国布点	依据专业市场划分
旅游商业街	城市旅游景点与之毗邻处	与城市某一景点结合产生	全国布点，以旅游城市居多	旅游产业

8. 采用装饰来增强文化氛围

历史街区除了建筑本身，还可以从街区内的座椅、市政设施、景观小品等入手，对其进行适当的文化装饰，以此来增加区域的文化气氛。

如：南长街沿街的配电箱等基础设施的设置上为了与整个长街的沿街风貌相协调，将配电箱等装置的外壳进行外观上的设计，用镂空以及附以图案的方法，使其更具有文化的气息。满足风貌要求的同时可以具备一定观赏性，提高区域艺术气息。

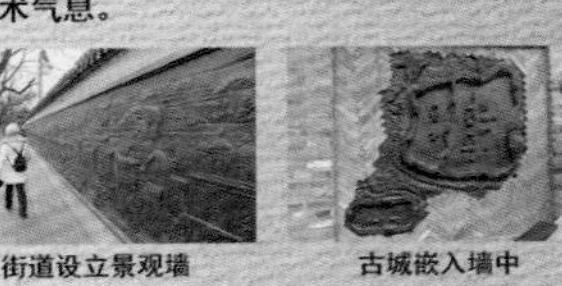

木栅栏围住电箱　电箱加上古典元素　街道设立景观墙　古城嵌入墙中

9. 强化地方文化特色

强化地方文化特色等同于强化人们生活风貌的环境，体现于对历史文化街区居民的社会生活、宗教信仰、风俗习惯、生活情趣、文化艺术等方面所反映的人文环境特征的保护，同时积极建设新的具有文化内涵和地域特征的社区生活。我们不难看出，在我们调查的这几片历史街区中，不乏有佛教研究会，佛教寺庙和茶文化的店铺。对于一个有着悠久历史的地区，我们在保护众多文物古迹的基础上，还应传承具有地方文化特色的物质空间环境，将文物古迹的保护与利用和城市传统文化相结合，体现丰富的城市文化内涵。

茶文化店铺　文化景观　文化景观

10. 不定期引入特色文化活动，增强历史文化氛围

除了基本的建筑改造等历史街区的保护措施，还可以引入精神上的文化活动，以此来打破历史街区的单调感。通过人们的参与其中，更能感受到历史街区的文化气氛，增加街区的趣味性，以此来提升人气。

购物体验　对景观文化观光体验　增加游客服务空间　拍照绘画自由空间

营造文化氛围　提供运动场地　促进特色手工艺发展

2.5 琉璃厂历史街区

项目名称：琉璃厂历史街区调研

项目概况：琉璃厂位于北京西南角，是一条拥有800年历史、东西长约800m的街道。13世纪初，元朝政府在建都北京时因需要大量的琉璃用料在琉璃厂如今的位置开了许多官窑烧制琉璃，后至清代时各地进京赶考的举人大多集中住在这一带，因此，在此出售书籍和笔墨纸砚的店铺较多，形成了较浓的文化氛围。

项目完成人员：王玄羽　郑岩　聂英立　李婵玢　田家兴

项目特点：经过多年发展，如今琉璃厂已成为专营笔墨纸砚、古玩字画等传统文化产品，拥有多家百年老字号的文化商业街，浓浓的文化韵味每年吸引着成千上万的中外游客。

成果分析：对琉璃厂历史街区进行了全面而细致的调研，深入分析了其现状与曾经实施过的改造措施，发现现存问题并提出合理的处理方法。琉璃厂历史街区现状调研报告如下所示。

【琉璃厂历史街区】调研报告

【总体概况】

一、区位

北京琉璃厂文化街位于现在北京的和平门外，西至宣武区的南北柳巷，东至宣武区的延寿寺街，全长约800 m。

二、历史背景

回溯历史，远在辽代这里并不是城里，而是郊区，当时叫“海王村”。后来到了元朝，这里开设了官窑，烧制琉璃瓦。自明代建设内城时，因为修建宫殿，就扩大了官窑的规模，琉璃厂成为当时朝廷工部的五大工厂之一。到明嘉靖三十二年修建外城后，这里变为城区，琉璃厂便不宜于在城里烧窑，而迁至现在的门头沟区的琉璃渠村，但“琉璃厂”的名字则保留下来，流传至今。

图1　清代琉璃厂

图2　现代琉璃厂

清初顺治年间，在京城实行“满汉分城居住”。而琉璃厂（见图1）恰恰是在外城的西部，官员、赶考的举子也常聚集于此逛书市，使明朝时红火的前门、灯市口和西城的城隍庙书市都逐渐转移到琉璃厂。各地的书商也纷纷在这里设摊、建室、出售大量藏书。繁华的市井，便利的条件，形成了“京都雅游之所”，使琉璃厂逐渐发展成为京城最大的书市，形成了人文荟萃的文化街市，与文化相关的笔墨纸砚，古玩书画等等，也随之发展起来。

清初，在原琉璃厂厂址上修建了师范学堂，这就是现在的师大附中的前身。在原厂址往南修建了海王村公园，成为了琉璃厂集市的中心。1926年，又建了和平门，修了新华街。从此，琉璃厂文化街分成了如今的东琉璃厂和西琉璃厂。

1905年	清政府建立工艺品陈列室
1908年	建立京师高等师范学堂
1917年	被规划为永久性商业街，建造海王村公园
1926年	开辟南新华街，琉璃厂分为东西两部分
1950年	公私合营，许多老店陆续消失
1960年	琉璃厂成为普通街道，仅保留中国书店、荣宝斋等门市
1986年	市政府恢复琉璃厂文化街

三、现状

改革开放以来，琉璃厂经历多次翻建和修缮，如今的琉璃厂文化街，成为广集天下图书、字画、古玩、文房四宝的所在，成为国内外游客光顾老北京文化的必游之地。被世人誉为“九市精华萃一衢”的琉璃厂文化街，整条街一眼望去，艺术地再现了昔日文化街市的历史风姿（见图2）。

【街道格局及交通系统】

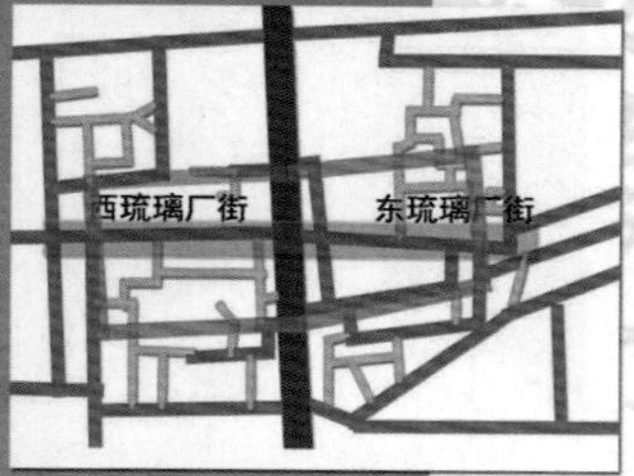

图3 规划目标路网

西琉璃厂街 东琉璃厂街

规划形成环通型道路网使车流形成回路，避免车流进入步行街

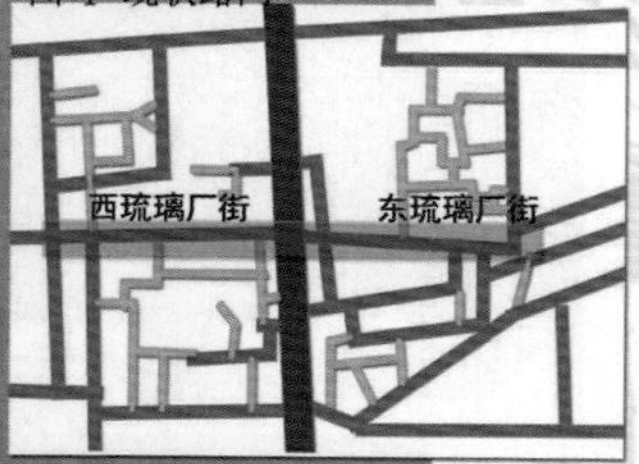

图4 现状路网

西琉璃厂街 东琉璃厂街

实际形成道路网有很多机动车尽端导致大量车流涌入规划步行街中

图5 三等级道路系统现状

图6 不同等级街道路面状况差距巨大

一、街道格局

对于道路交通系统的改建规划

1. 开辟步行街

琉璃厂地处繁华街区，人车流稠密，规划在其南北各修一条辅助道路，将车辆从琉璃厂引到外围，使车流形成回路避免车流进入步行街，从而创造安全清静的环境。

2. 加宽红线，铺设管线

为了解决市政管线的铺设问题，将建筑红线由原来的4～8m加宽到10～20 m，整合出新的街区轮廓，沿街建筑均设地下室，将管道、电缆吊挂其间，既解决了管线铺设问题，又可增加仓储面积。

但是 街区现状与理想规划效果存在较大差距

以下 将会对于道路及交通现状做具体分析

图7 前门大栅栏琉璃厂地区总体街巷肌理结构

（一）街道结构与形态

1. 街道平面布局

本次调研的主要研究对象是琉璃厂文化街区，东西琉璃厂街东至延寿寺街，西至南北柳巷，全长约1km。中间有南新华街将琉璃厂街东西截断，西侧约100m距离在20世纪末拆迁并新建椿树园小区，联通小区道路均为双向两车道城市支路，其他方向在延伸约200m内，胡同肌理大体保留，但是由于私建临时建筑占道，路网结构遭到一定程度的破坏。

2. 主次街道连接体系

琉璃厂街向北约500m，即为前门西大街，是城市主干道，作为城市次干路的南新华街与之正交，并横跨东西琉璃厂街，东西琉璃厂街规划为宽约8m的商业步行街。除琉璃厂街北约300m外香炉营头条为双向四车道道路外，其他与琉璃厂街平行的道路宽度均小于此，不能达到分流效果。

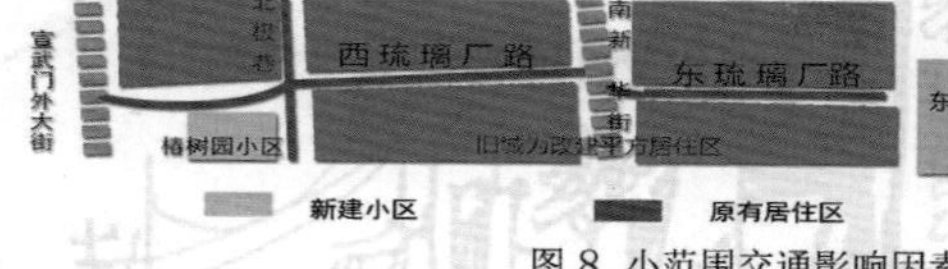

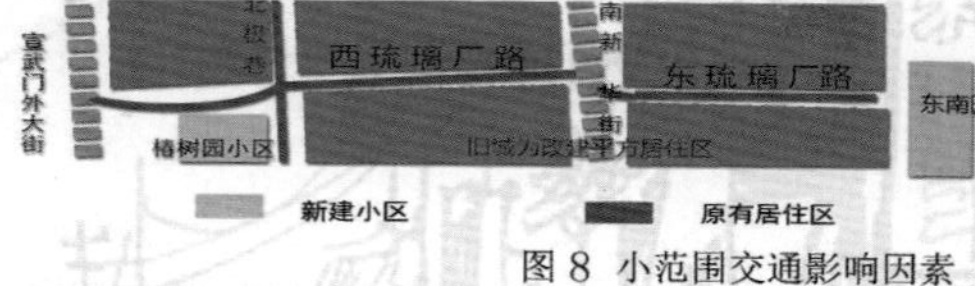

图8 小范围交通影响因素

3. 分级体系

a 城市次干道连接外部交通 机动车通行，双向，例如南新华街，横贯东西琉璃厂街的南新华街为双向六车道的城市次干道，承担大部分进出机动车交通。

b 城市支路支撑片区主要道路骨架 包括琉璃厂东西街、香炉营头条、前门西河沿在内的几条平行向街道承担主要机动车交通。

c 狭窄胡同遍布 琉璃厂街路南路北，有16条小巷呈鱼骨状排列，呈贯穿性和尽端型两种形式。胡同中随处可见搭建的临时建筑，逐步侵占着公共空间，使得原本就不宽敞的胡同变得更加狭窄。就是这样的道路系统联系着众多的平方、四合院，形成了高密度、低容积率的特殊城市景观。

【琉璃厂历史街区】调研报告

【街道格局及交通系统】

图 9 生活性道路形式分为联通式和尽端式两种，皆普遍狭窄

图10 新老街区衔接处疏于管理一方面住房用地紧张，但现存大量废弃用地

图11 少数沿街民居急功近利的改为商业用途，充斥品质低劣的雷同商业，同时街巷生活景观被破坏

图12 附近街道有些已完全成为商业街

通常，原有旧城区道街巷尺度本不是为机动车辆而设计的。此片区主要采取了下述两种方法对道路进行改建：

一是为满足交通量的需要拆房扩路；

二是保留旧城街巷原有格局，限制机动车进入。

（二）街道功能

商业一条街 + 居住一大片 = 前店后住商业居住功能混杂

此地区围绕东西琉璃厂街，前商后住，前店商户大多是外地人并不在本地居住，住户多为本地居民，大多在此生活数十年，而其后住户东西琉璃厂街为北京的传统文化街市，以经营书籍、古玩、字画、文具为主，其承担了商业街的功能。由于两侧穿插着居民生活街巷，其又是沿街居民出行的必经之路。商业街中白天行人游客较为密集，与之相交的鱼骨状小巷中临近街口的多以出租为主，大多做画室、印刷、刻章等生意，巷深处或院内则大多为原始住户。

街道性质		街道举例	街道功能
商业街	文化商业街	东西琉璃厂街	经营古玩字画旅游纪念品等
	生活商业街	延寿寺街	居民生活商品餐饮等
生活性道路		东北园胡同	进入或联通居住单元

由于琉璃厂街的特殊的传统文化和商业吸引力，促使周边许多街道功能渐渐出现商业化现象，并且这一现象还有渐渐扩大的趋势。需要注意的是，雷同旅游商业业态让当地居民在短时间内看到经济效益，但从文化传承的角度上看是当地传统生活文化的消失。

（三）街道空间及景观

1. 边界的整体性与连续性

历史上，琉璃厂东西两头都有铁门，厂东门、厂西门。边界的整体性以及连续性清晰，商业与生活住区相处协调统一。经过改建，现状在纵向上的连续性保持很好，在小巷交汇处，多有经过设计的入口标示，与周围环境衔接较为融洽。

从整体性上看，街道近端处缺少明确的空间界定，西琉璃厂街尽端与新建道路之间疏于整治，连接部分没有住户，废旧房屋残骸残败不堪，甚至形成垃圾堆放的基点。东琉璃厂的东头则直接与狭窄生活道路相交，由平整的整修青砖路面，直接连接到狭窄且路面状况糟糕的胡同，地面洼陷不平，污水横流，路边小商贩遍布。游客游览至此，看到完全不同于整修街道的场景。

图13 街道上横向连续性处理细致，但却忽略了纵向尽端处理

街中段的交叉入口处设计明确美观，尽端处则疏于管理

【琉璃厂历史街区】调研报告

【街道格局及交通系统】

图14 唯一一块空地被停车场占用

图15 商住功能混杂现在住宅穿插其间

图16 新建建筑风貌与保护街区景观环境极其不协调

图17 直线型街道街底的新建建筑一览无余，该地区风貌缺少协调区过渡

2. 空间格局的层次感和秩序感

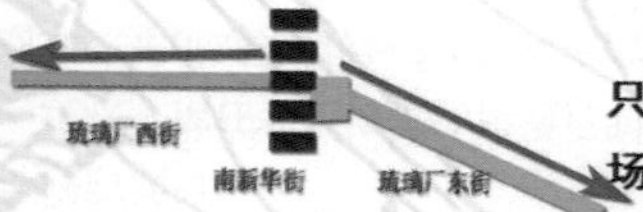

图18 直线型街区

整体街区呈直线型，只有东街入口一处开阔场地，且现作为停车场占用，街道空间层次感较弱。

但是东西街主体虽然平行，但在入口处以斜角相交，在视觉上有一定的趣味性。至于整体片区，周边道路多为棋盘网格式，而东街南侧的樱桃斜街则突破了北京旧城的传统街道方正的布置形式，周边住宅院落也由此自由生长而成。

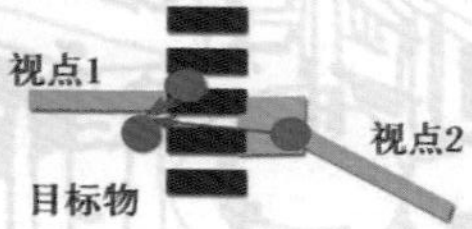

图19 斜交路口视线分析 由于东西街的斜角，在马路两侧的视觉上的趣味性

视点1

视点2

在直线型街道尽端的现代高层古街建筑背景中若隐若现，对视觉通廊景观有很大影响。

3. 街区的形式及色彩

街区内以仿古的新建建筑为主体，并油饰以红色为主色调的色彩，地面铺装为统一青石地砖。但是不论是枝状胡同还是相交胡同的生活街区，临街房屋则以青灰色为主色调，路面为沥青铺设，少量支路为旧有砖石地面，普遍房屋状况不佳，即便统一色调及整修的外墙，依旧难掩破败的房屋造成的景观落差。

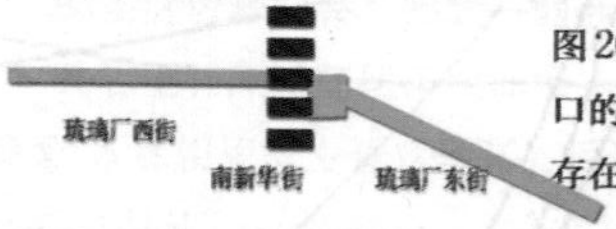

图20 同处一条街上，位于街口的建筑和深处的建筑外观存在巨大的色彩落差

经验借鉴

苏州平江古城采取整体保护。采用原始白墙为基础，街前街后色彩统一协调。铺地采用原始街砖风貌协调自然。

图21 街后普通居住区　　街前商业区

【琉璃厂历史街区】调研报告

【街道格局及交通系统】

关于步行街的规划未能实现的原因

1 由于前店后居的形式，除琉璃厂路外，商户背面为纷杂破旧的居住院落，与之平行的道路皆为狭窄曲折胡同，不能解决商户通勤及货运车辆交通以及住户交通需求。

2 西街尽头连接新建小区，导致有部分穿行交通量。

3 由于西街中有五十余年历史的椿树医院，为满足救护车辆的行驶需要，同时空间狭窄没有专用停车场地，救护车也只能于路边停放。

4 道路平均宽度8~10m，而临街店铺以封闭式经营为主，街道与商业经营的互动性不强，很难与经营活动连接起来，但是给路边停车带来了方便。

5 附近应规划有大型停车场，解决游客车辆停放。

6 交通管理上存在诸多疏漏。

二、交通系统

(一) 对外交通

对外联系干道保证了历史街区对外旅游交通和公共交通的可达性。地铁2号、4号线及多路公交车皆可方便到达。

图 22 周边交通系统分析

周边公共交通系统已近完善，但是仍有很多人驾驶私家车前往，造成旧城区交通高峰期混乱，停车难。

可见，虽然公共交通的客观条件可以满足，但是在北京，尤其是旧城区，倡导公共交通出行、绿色出行的观念依旧任重而道远。

(二) 对内交通

1. 规划交通方式与现状

规划　此文化街定义为完全步行街，完全禁止机动车进入。后来由于机动车的发展，逐渐改为规定采取机动车限时通行。

现状　常在非允许机动车通行时间造成交通堵塞，机动车、非机动车以及行人共同抢占道路，以西街为例，在拥堵时300m的长度，如果考虑避让各种车辆大约需要花费10min方能通过。

2. 交通流分析

车流构成	人群	特点
工作人员	多为高层管理人员	大量，有相对固定的高峰期，对于早晚时段，会构成一定影响
顾客车流	顾客及游客	大量，时间随意性强，是主要机动车流
住户	居民出行	较少，此片区居民机动车拥有量不高，但与工作车流方向相反，易造成交叉拥堵
穿行车流	需穿行人群	少量，街道连接居住小区有少量穿行车流

a 机动车　机动车流较为复杂，此类交通流是内部交通的主要影响因素

b 非机动车　周边住户出行方式以非机动车和公共交通方式出行为主，还有小的不规则货流以非机动车的形式运送，这就造成了多种交通方式的混合。

c 行人　在街区内停留的行人以游客为主体，由于游览需要经常停留拍照，复杂的交通状况也会降低游客的游览兴致。

3. 分类流线分析

由于东西琉璃厂街功能以商业为主，整条街道中人流以购物游览的游客为主，同时由于片区内缺乏居民公共活动场所，很多居民将街边作为停留聚集，甚至日常娱乐活动的场所。

a 游客　文化街虽然不是尽端式，但是改建范围有限，改建范围外皆为居民生活住宅，路况较差，与经改建的街区风格迥异，游客一般会选择由入口进入再次折返的路线进行游览。

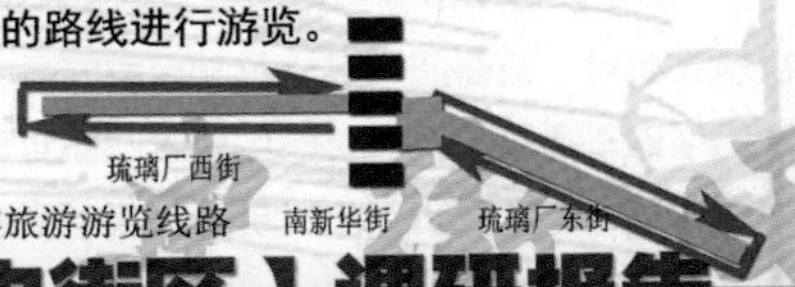

图 23 游客旅游游览线路

【琉璃厂历史街区】调研报告

【街道格局及交通系统】

图 24　该地区木架构建筑较多，且书店纸制品较多，防火形势严峻，防火标示随处可见

图 25　有集中式非机动车停车，但大多结合公共建筑设置，其他则零星散布于街巷间或自家院落

图 26　大量闲置用地未得到利用，如果改造成停车场或停车楼，可以解决许多路边违章停车问题，改善交通

b 商户　货物运送且需停留时间，人流线固定少有冲突。

c 住户　主要为非机动车及人流，流线固定少有冲突。

4.消防交通

书店最怕失火，且由于居住房屋与前商房屋相连，一旦居住房屋失火必将殃及前商，但是连接居住院落的道路普遍较窄，机动车很难通行，最窄处仅有60cm，消防车辆难于进入，防火形势不容乐观。

（三）静态交通

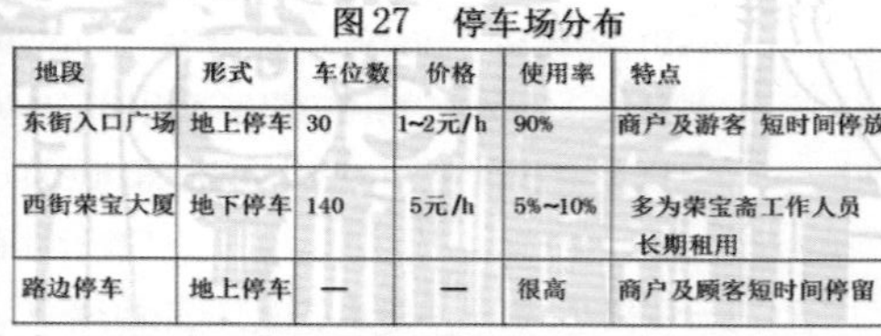

图27　停车场分布

地段	形式	车位数	价格	使用率	特点
东街入口广场	地上停车	30	1~2元/h	90%	商户及游客 短时间停放
西街荣宝大厦	地下停车	140	5元/h	5%~10%	多为荣宝斋工作人员长期租用
路边停车	地上停车	—	—	很高	商户及顾客短时间停留

图28　东街地上停车场

图29　西街地下停车场

以东西琉璃厂街平均宽度8m计算，除去两侧停放车辆所占宽度，可供行人车辆行驶的路面宽度不足3m。

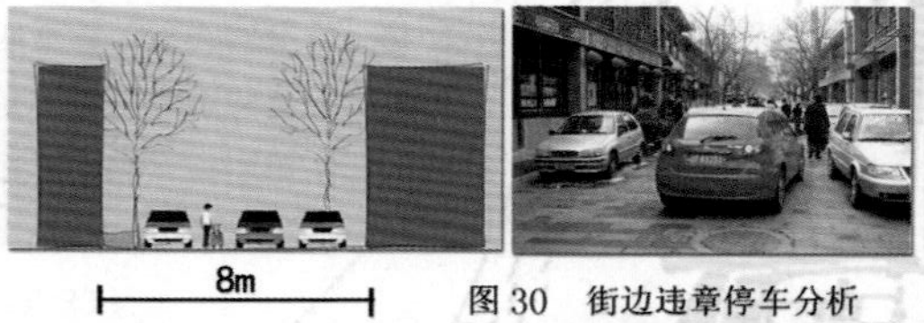

8m

图 30　街边违章停车分析

地下停车场的车位很充足，但是闲置率却很高，究其原因，

其一　是由于费用较高；

其二　是地下停车停放麻烦，不适宜短时间停放；

其三　是游客不熟悉这个新建的停车场，标示不够明显；

其四　是管理部门对于占道停车的现象采取默许的态度。

许多短时间停放车辆喜欢选择路面停车的方式，但是地面停车场由于面积限制，不能满足需求，所以导致占道违规停车现象极为普遍。这就导致了本就不宽的路面宽度被停车瓜分。

成功经验借鉴

解决旧街道违规停车问题

1. 限制机动车进入

澳大利亚昆士兰科尔恩街

城市地方法规规定将车类

活动进行管理分级，车辆进行登记，特殊车辆，需申请车辆、时间、位置类型及最大速度。

2. 建设集中式停车场，由于旧区不适宜大规模拆建

a　拆除质量差、风貌不协调建筑做地面停车场；

b　大型建筑功能替换做停车楼；

c　开辟地下停车场，但是旧区地下环境复杂，慎用。

【琉璃厂历史街区】调研报告

【空间系统分析】

图 31 自然的街道格局得以保留

图 32 建筑单体构成街道形态

图34 建筑间的间距使街道边界界定明确

一、空间系统的构成

空间系统由各个层次的空间关系与形态、各种空间在城市空间系统及城市生活中的地位与作用，以及其中的活动等要素构成。

二、保护原则

重要的开放空间应予以保护，其重点在于空间功能和形态、空间联系的结构关系的保持。

三、街道空间格局

“五街合一”的独特格局：琉璃厂文保区内的五条胡同形成了北京唯一一处“五街合一”的独特格局。

这5条胡同全长1693m，从最北端开始，顺时针方向依次为樱桃斜街(579 m)、铁树斜街(556m)、韩家胡同(367m)、五道街(155 m)堂子街(36m)。它们相互交汇的地方有座五道庙。此庙虽小，但所处位置是从金中都旧址到元明清都城的标志点，具有重要的历史价值。

樱桃斜街和铁树斜街在古都皇城棋盘式的方正格局中独具个性，是清末民初“新”老市中心间的交通关联形成的特殊城市肌理。琉璃厂附近保留下很多像铁拐李斜街、王广福斜街以及上斜街和下斜街等那样的斜街，更多地保持了原来民间自然形成的街巷道路格局（图31）。

四、街道空间的性质及特征

琉璃厂的街道空间性质为步行商业街。它的空间形态有以下特征：

（1）琉璃厂步行街的基本形态是由两列沿线型布置的建筑单体组合而成，表现出明显的街道特点。边界的建筑具有连续性和整体性（图32）。

（2）琉璃厂步行街的两端没有明确的空间界定，与周围胡同没有形成空间上的区分，没有表现出明确的领域属性。

（3）琉璃厂步行街是由滞留、半滞留性的空间串联起来的复合空间。如具有滞留性的东街广场和具有半滞留性的节点空间，具有突出的路径属性。

1．街道空间的界面

（1）街道空间的界定 —— 建筑的间距

a. 原则

街道两侧建筑之间的距离应该让街上的行人可以看到建筑后面的天空或景观，避免街道侧界面对行人的压抑感。在这一前提下，小的间距比大的间距更能界定一条街（图33）。

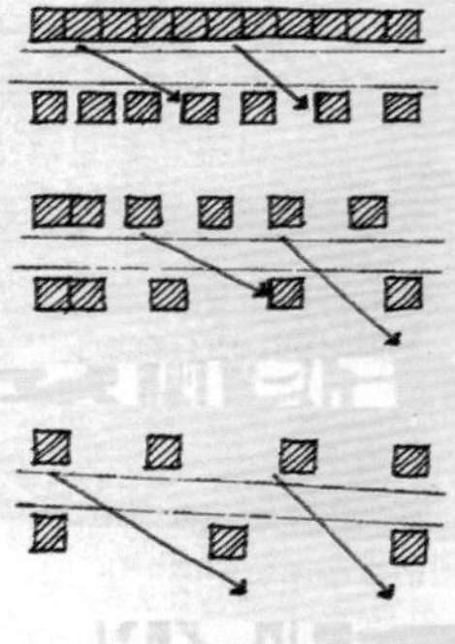

图33

b. 现状分析

根据以上原则，对照琉璃厂的现状，两侧的建筑间距可以使行人看到周围的景观和建筑，并未造成视觉上的障碍。而建筑之间的间距在1~2m 之间，这种小间距使琉璃厂的边界界定较为明确（图34）。

【琉璃厂历史街区】调研报告

【空间系统分析】

（2）高与宽之比

a. 概念及原理

若街道的宽度为*D*，建筑的高度为*H*，当*D/H*>1时，随着比值的增大会逐渐产生远离之感，超过2时则产生宽阔之感；当*D/H*<1时，街道两侧的建筑就容易互相干扰；当*D/H*比值进一步缩小，街道就是一种封闭之感；当*D/H*=1时，高度与宽度之间存在一种均衡之感；而当*D/H*=1.5~2时，是比较合理的尺度关系，空间尺度比较亲切（**图35、图36**）。

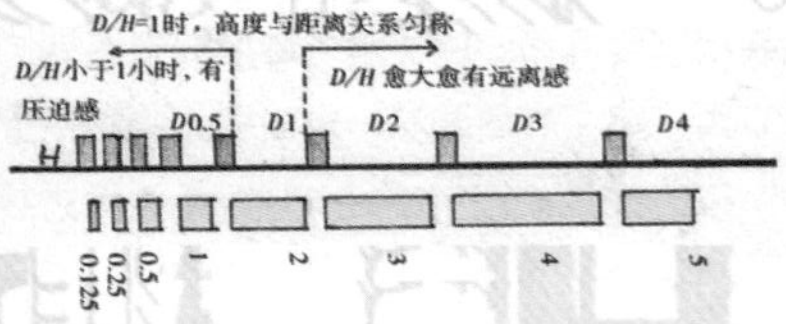

图35　建筑中 *D/H* 的关系

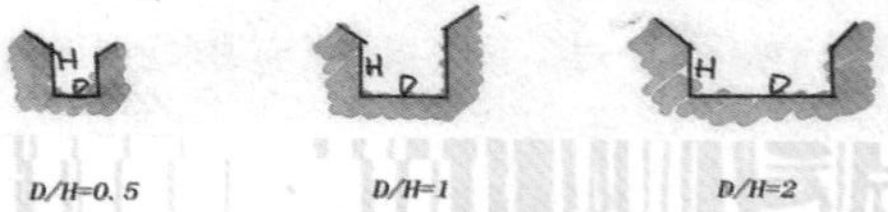

图36

b. 现状分析

对于改造之前的琉璃厂文化街来说，沿街建筑一般多为一层，高度约为3.6m；道路宽度在4m左右；*D/H*约为1.1。**行走在东西主要的两条街道中，人会有较舒适感。经过改造后的街道，部分建筑加至二层，**高度在6m左右，街道宽度在7~12m之间；人走在其中会感觉视野较为宽阔（**图37**）。

图37　*D/H*约为1.5，视野宽阔

图38　*D/H*过小造成压抑感

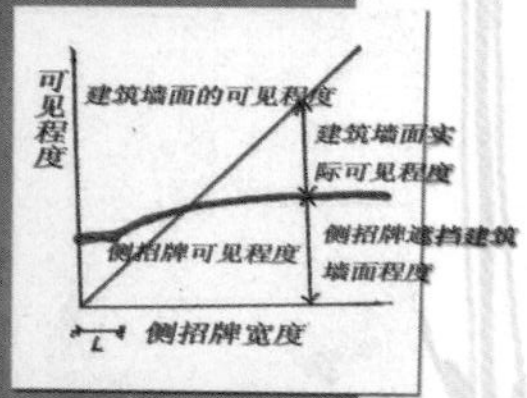

图40

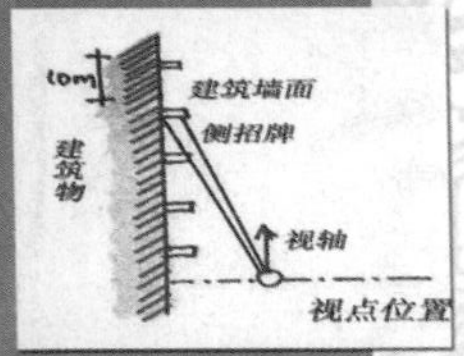

图41

c. 案例对比

对于琉璃厂周边的小胡同，道路基本维持原貌，宽度在2~3m之间，有些狭窄地段只有1~2m。**但由于道路两侧的民房存在私搭乱建的行为，有些由一层加至二层，**高度大致在6m。这就导致*D/H*值过小，人走在其中会产生恐惧之感（**图38**）。**建议相关部门对民房中存在的私搭乱建现象加强治理。**

2. 街道空间的通透感

第一次轮廓线与第二次轮廓线

a. 概念及原理

建筑本来的外观形态称为建筑的“第一次轮廓线”，建筑外墙的突出物和临时附加物所构成的形态称为建筑的“第二次轮廓线”。“第一次轮廓线”的秩序和结构清晰，街道空间的通透感强；相对“第二次轮廓线”无秩序、非结构化，街道空间的通透感差（**图39、图40、41图**）。

第一次轮廓线的秩序和结构清晰　　第二次轮廓线无秩序、非结构化

图39

b. 现状分析

我们了解到市政部门已对琉璃厂西街道路的“第二次轮廓线”进行整改。104处占道经营的门前摊被取缔，腾退面积140余平方米；32个占道经营的遮阳篷、27个铁制货架子被拆除，腾退面积85 m^2；此外还有23处违法建设、80m^2占道台阶被拆除。

【琉璃厂历史街区】调研报告

【空间系统分析】

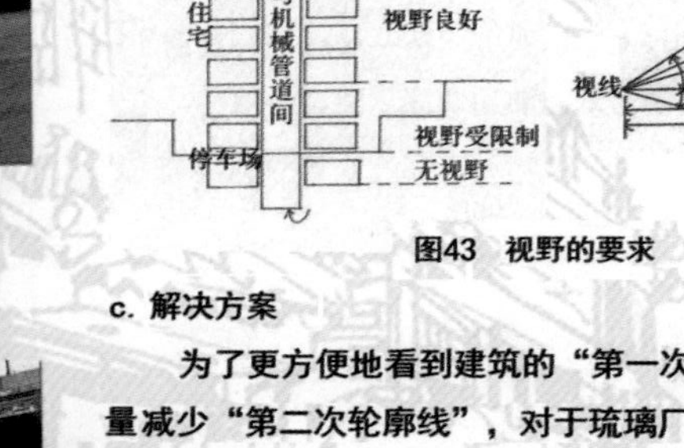

图 42　未整改的招牌遮挡视线

但在部分街道仍存在侧招牌混乱的现象，如电线杆、电线及电线杆上的招牌等，道路上的障碍物和高高低低的招牌（图 42）相对影响了视线的通透感。

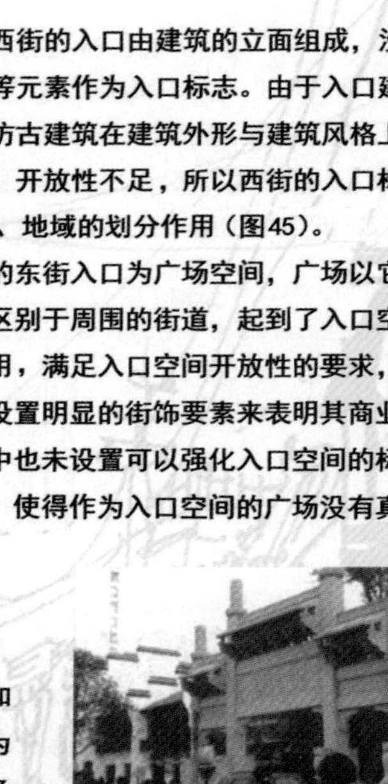

图43　视野的要求

c. 解决方案

为了更方便地看到建筑的“第一次轮廓线”应尽量减少“第二次轮廓线”，对于琉璃厂商业街可以采用以下方案：

① 琉璃厂的部分街道应适当加宽，使“第一次轮廓线”能更好地进入人们的视线。

② 极力限制遮挡“第一次轮廓线”的“第二次轮廓线”，特别是侧招牌，相关部门应加强对广告及指示牌匾的统一规划（图44）。

图 44　整改过的招牌

③ 街道的空间序列

空间的序列感构成街道的空间秩序，赋予空间以连续而有层次性的整体动态感受。

(1) 入口空间

a. 设计原则

入口作为商业街的形象有很强的标示性和领域性，因此街区入口应具有开放性和吸引力。

图 45　琉璃厂西街入口

b. 现状分析

琉璃厂西街的入口由建筑的立面组成，没有用牌坊、门楼等元素作为入口标志。由于入口建筑与街边两侧的仿古建筑在建筑外形与建筑风格上没有明显的区别，开放性不足，所以西街的入口标示没有起到地段、地域的划分作用（图45）。

琉璃厂的东街入口为广场空间，广场以它特有的空间尺度区别于周围的街道，起到了入口空间划分地段的作用，满足入口空间开放性的要求，但广场中并没有设置明显的街饰要素来表明其商业街的性质。广场中也未设置可以强化入口空间的标志，缺乏吸引力，使得作为入口空间的广场没有真正发挥它的作用。

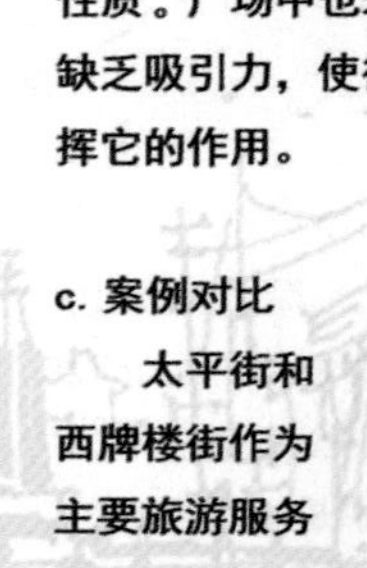

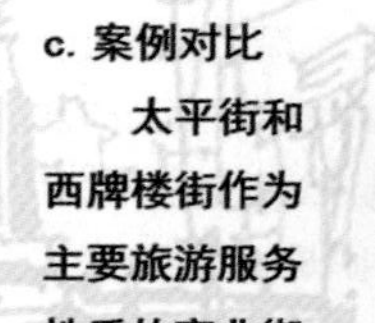

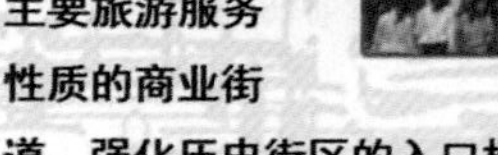

c. 案例对比

太平街和西牌楼街作为主要旅游服务性质的商业街道，强化历史街区的入口标志空间，保护街区内部的标志性景观。在西牌楼东口与三泰街交接处恢复原有的明藩王府西牌楼，孚嘉巷西巷口复原太平门，马家巷和金线街的街巷口建坊门，太平街南、北入口建设广场空间，作为历史街区标志性入口。街区内部利用救火会旧址建设“文夕”大火纪念广场，突出朱昌琳故居和贾谊故宅作为街区内部的标志性游览景观特征。

【琉璃厂历史街区】调研报告

【空间系统分析】

图46 随意摆放的座椅

图47 会面、聊天的场地

图48 视野良好的空间

(2) 节点空间

a. 设计原则

线性街道的节点在组织步行序列空间中具有重要作用，从功能上讲，节点空间是为人们提供停留或标示的地方，应具有可休息的特性。界定空间的要素要明确。

b. 现状分析

在我们对琉璃厂的调研中，并没有发现可供游客休闲娱乐的节点空间，在东西两条街中很少有可以停留的场所。琉璃厂东西两条街全长750m，游客行至其中，除了在东街入口处的广场能稍作停留外，很难找到其他的休息空间。而少量分布在街道中的座椅也没有结合绿化景观形成小空间，只是在街边随意地放置着（图46），使用率很低，也没有起到真正为游客提供休闲场所的作用。

c. 案例对比

哥本哈根的斯托格勒街上有许多供人停留的空间，它们不是等距离分布，每处现状和活动也都各不相同，但都提供了坐、会面、聊天的场地，形成了该步行街的公共空间（图47）。无论是对游客还是在当地居住的居民来说，斯托格勒街上的节点空间都能满足他们的需求，游客在这里看远处的教堂有良好的视线；当地的居民也会在这里聊天、看表演（图48）。

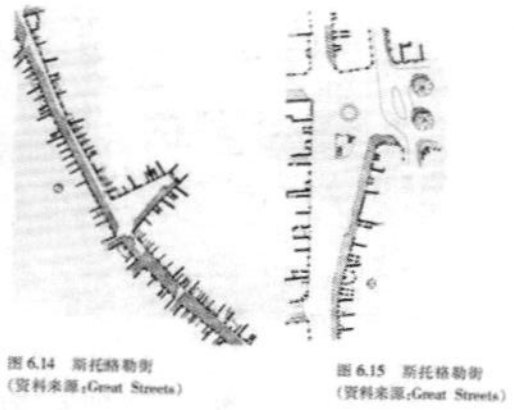

(3) 广场

东琉璃厂广场通过对部分旧建筑的拆除和现存小广场的整理形成了一个小的市民休闲场所（图49），并于广场北侧原海王村公园旧址新建海王村市场。历史上海王村公园是一处露天集市，是当地民俗文化的主要载体（图50）。考虑到土地价值和经济效益，并兼顾历史风貌的传承，在原地安置了一个两层半的海王村交易市场，参照原型的建筑和广场被安放在屋顶上，以提示该地段的历史痕迹。

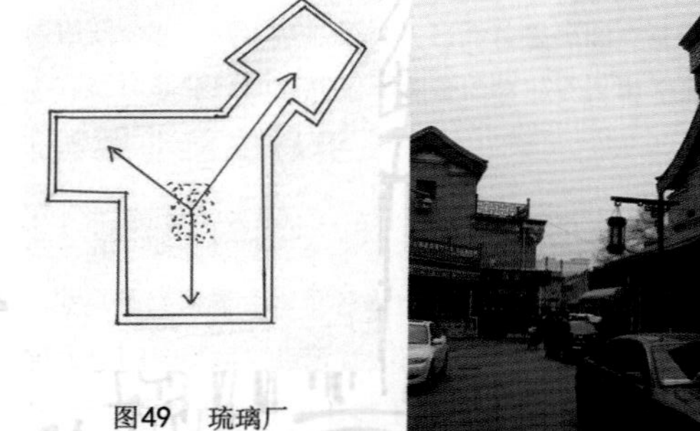

图49 琉璃厂东街广场平面图

图50 东街广场

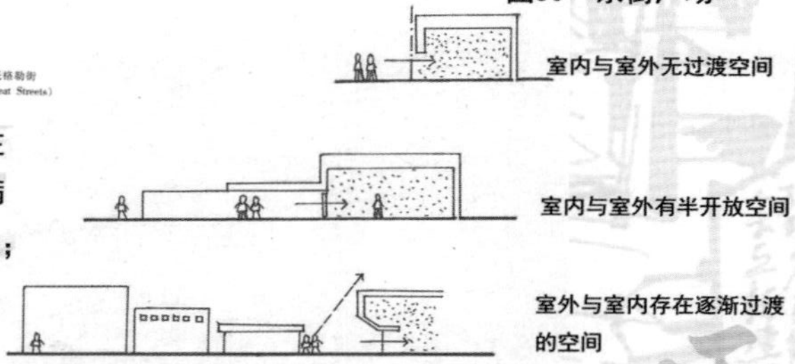

室内与室外无过渡空间

室内与室外有半开放空间

室外与室内存在逐渐过渡的空间

【琉璃厂历史街区】调研报告

【建筑的保护与更新】

一、建筑的保护方法

对现存具有一定历史价值的历史建筑进行不同程度的改造以便利用，主要是通过功能性的改造或更新改造，在保持历史建筑的原有风貌的同时使历史建筑获得新生，以促进和发展历史街区的活力，使它和现代社会经济发展相适应，同时保持历史街区传统风貌的完整与协调。

更新方法	针对对象	具体方法	琉璃厂实例
修缮	文物保护单位及保护建筑	修旧如旧，合理利用	正已祠
维修	保护建筑和历史建筑	精心修复，更新设备，充分利用	荣宝斋
改善	部分历史风貌建筑及与历史风貌无冲突的一般建筑	对建筑外部空间进行整修	荣宝斋拍卖中心
		对内部空间进行改造	中国书店
		对传统建筑结构进行简化	
改造与拆除	与历史风貌有冲突的一般建筑	传统手法，延续历史，再塑空间	荣宝斋大厦
		符号拼贴，抽象简约	
		对比中突出历史	

图51 正已祠戏楼

图52 荣宝斋

图53 荣宝斋拍卖中心

图54 荣宝斋大厦内部

二、建筑现状分析

建筑质量分析图

整个保护区内质量较差的建筑占整体的50%左右，而对建筑进行改造的仅有30%，其余20%为新建建筑。

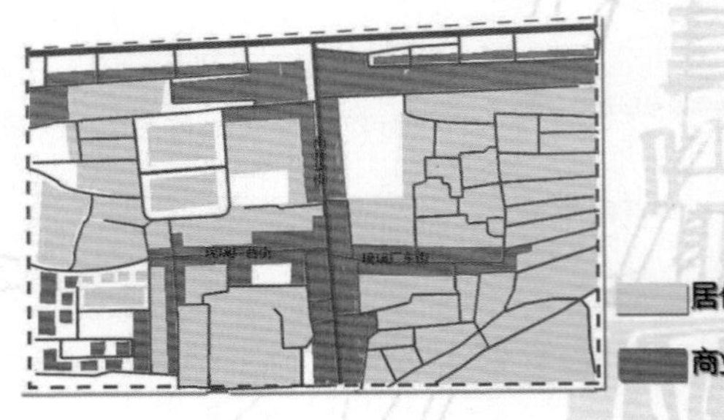

建筑功能分析

规划区域内的商用与居住建筑分析，其中居住建筑占70%左右，商业建筑主要位于道路两侧，部分利用原有建筑进行内部改造，丰富其功能。

通过建筑质量与功能分析可以看出，其中的商业建筑质量较好，而居住建筑多数为没有进行改造的质量较差的建筑。

三、商业建筑分析

功能性的改造和更新，主要是按照现在使用的要求，调整房屋布局，增加现代设施，只要外形依旧，其他都可以改变。在改造中只要求历史建筑的信息有所延续，其他都服从实用功能。

昔时店铺多为私人经营的书肆和文物商店，建筑尺度较小，形式及色彩古朴、雅致，由于琉璃厂街不像一些具有重要文物价值的古建筑，没有原封不动地进行保留，所以在改建时采用维修、重建的手法，并做到修旧如旧，合理利用。在琉璃厂建筑重建方面，建筑采用新建筑与传统风貌形似的方法，立面选用明清时期的建筑风格。

【琉璃厂历史街区】调研报告

【建筑的保护与更新】

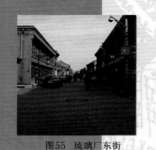

图55 琉璃厂东街

图56 较高的商业建筑

图57 较高的居住区

图58 新建的居住小区

（一）建筑高度及外轮廓

在街区的各个地方准确地制定新的建筑高度限制线，从而组成不破坏城市已形成的历史建筑轮廓线的新建筑轮廓线，有效地保护历史街区的风貌。

明清建筑风格：呈现出形体简练、细节繁琐的形象。明清建筑突出了梁、柱、檩的直接结合，减少了斗拱这个中间层次的作用。

1. 建筑外轮廓

建筑的外轮廓方面，由于琉璃厂东西街建筑（图55）的高低不同（多为1~2层变化），使得建筑外轮廓起伏和形式产生变化，增加了韵律感，与改造前的明清建筑轮廓线相近。

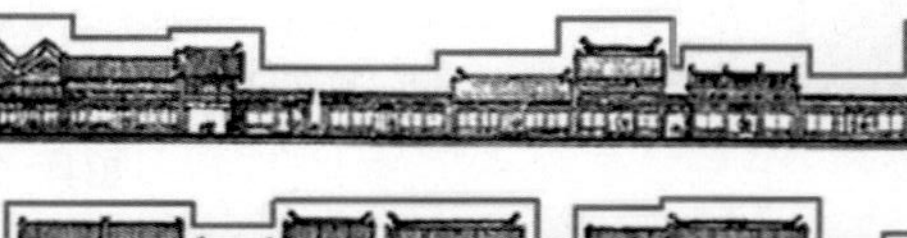

琉璃厂东西街的建筑轮廓线

2. 建筑高度

建筑的高度：琉璃厂东西街原建筑基本上为1~2层，首层高360 cm，二层高300cm 。改建后与改造之前的模式基本相同，保持了原有的立面形式，建筑高度与之前相比略有增加，部分商铺为增加使用面积，加建了二楼。一楼与二楼的高度多为400 cm 。

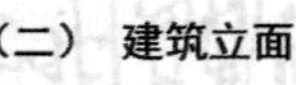

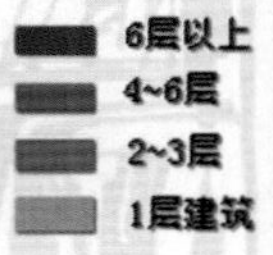

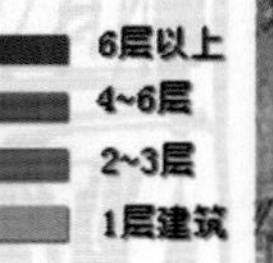

建筑高度分析

整体上看，规划区域内建筑高度多为1~3层，但通过分析图可以看出，外围的新建商用建筑（图56）及部分新建小区高度（图58）为6层以上，对该区域产生影响。应合理控制建筑高度，避免琉璃厂淹没在高楼大厦中。

（二） 建筑立面

1. 色彩

建筑立面采用明清时期的风格可以还原历史的真实性，但是琉璃厂街内部颜色格调不一，部分色彩过于浓重，不仅相互间不协调，且形成了古而不朴的外貌，影响了文化街的艺术效果，冲淡了这条街的文化气息。

琉璃厂历史街区

【琉璃厂历史街区】调研报告

【建筑的保护与更新】

图59 内部空间

图60 内部空间

图 61 展览空间

图 62 楼梯处空间

位于西安的北院门街区改造，北院门传统地段保护与更新规划，将街道两侧的建筑最大限度地保留下来，其建筑立面的色彩淡雅、古朴，建筑风格符合传统庭院式格局和建筑风格，将历史完整地保留下来，重塑了历史的真实性。

北院门街景

2. 材质

原琉璃厂内的建筑一般都是砖木建筑，改建后街道内以现代的材料去建造传统形式的建筑，采用钢筋混凝土框架、玻璃窗、花格木门等，与原建筑相比较，更适合现代人的生活。

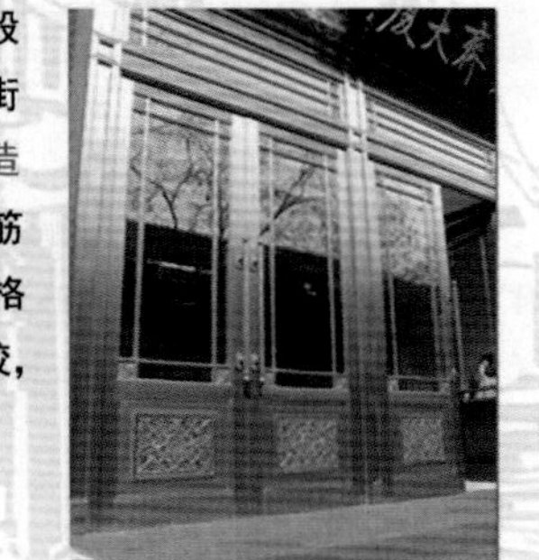

（三） 内部空间与格局

运用现代材料和空间处理手法创造出满足现代生活需要的内部空间，一种是利用轻质隔断将空间进行重新分割，主要目的是为了方便租赁和使用。将一间店面分割开来租赁或将店铺分割为前后两部分便于使用；另一种方法是添加夹层，增加空间层次，提高空间利用率。如下图空间分析所示。

空间分析

琉璃厂最早是文人聚会的地点，不仅可以供人们购买书籍字画，还是文人交流的场所。所以在格局方面除了店面外，还会在内部增设一交流空间（图59），用来提供游客的交流场所。

街内唯一作为参观和交流的改造项目就是荣宝斋大厦，改造较好，内部空间采用多变的形式，不仅可以进行交易还有两个展览空间（图 61）作为艺术交流，虽然空间内部采用现代的材料，但却很好地将“信息中心”这一历史文脉流传下来。

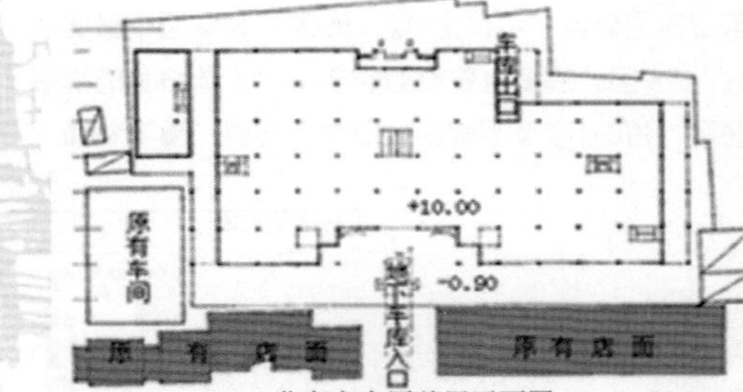

荣宝斋大厦首层平面图

而新建的荣宝斋大厦将“信息交流”这一功能与建筑格局相结合，通过对室内空间的重新处理，使其满足使用功能（如图所示），并延续了荣宝斋作为交流场所的功能。

【琉璃厂历史街区】调研报告

【建筑的保护与更新】

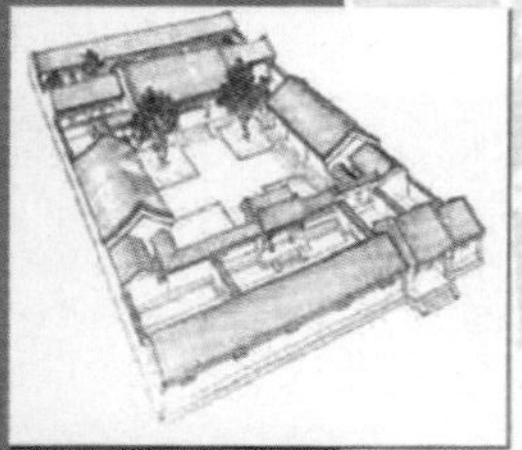

四、四合院的保护

四合院（图63）源于元代院落式民居。以院落（或天井）为核心，四面由东、西、南、北四面房子围合起来形成的内院式住宅。多为一户一住的形式，内院是很好的户外空间。

图63　四合院鸟瞰图

图 64　菊儿胡同鸟瞰图

图 65　菊儿胡同院内

图 66　类四合院剖面

琉璃厂内主要的居住模式为传统的四合院，部分为20世纪50年代的筒子楼，这些住宅的排列形式构成了保护区内的肌理，而如何保护这些传统民居成为一个重要问题。

存在的问题：琉璃厂内四合院具有传统的模式，而性质却有很大的改变。通过调研了解到，居民的生活环境与质量存在很大的问题。由一户一住变为现在的大杂院，基础设施也大不如前，很多住户没有解决居住面积的问题。庭院空间也失去了安静与私密性。

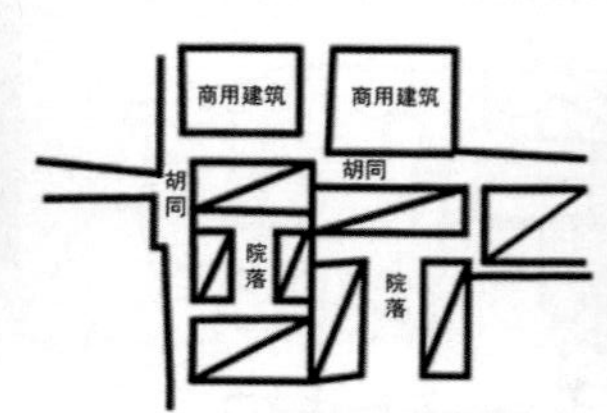

琉璃厂内四合院模式

琉璃厂四合院内环境

而具有代表性的菊儿胡同（图64），运用“有机更新”思想和“新四合院体系”构想，新四合院住宅是一幢变革了的现代单元式公寓住宅（图65）。

“类四合院”模式，即抽取传统空间形态的原型，用新材料和理念创造新的人居环境，同时解决一些目前面临的问题。设计参照了老北京四合院的格局，又吸收了公寓式住宅楼的私密性的优点，整个布局错落有致。功能完善设施齐备的单元式公寓组成的“基本院落”，是新四合院体系的要素。

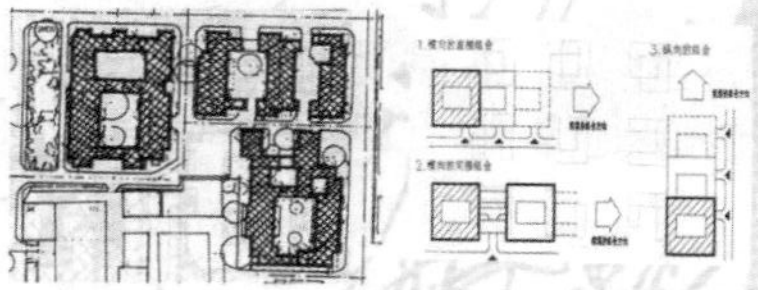

菊儿胡同院落分析

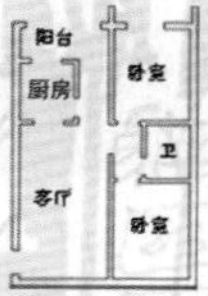

室内户型图

菊儿胡同保留原有的“平面以庭院为中心”，而四周所环房屋转换为单元式住宅。并对设施进行了改进，在满足使用功能的同时，对格局也做了保护。

建议：通过与菊儿胡同的对比发现，琉璃厂内的四合院保护方面存在诸多问题。

1. 建议在规划过程中，做到整体规划，做到整体保护。
2. 为满足居民的使用需求，在控制建筑高度的同时，适当允许加建。
3. 加强胡同内的管理，拆除私搭乱建的临时建筑。
4. 给予当地居民适当补贴，提高生活水平。
5. 增加隐性设计，保证居民的生活不被打扰。

【琉璃厂历史街区】调研报告

【建筑的保护与更新】

五、文物古迹的保护

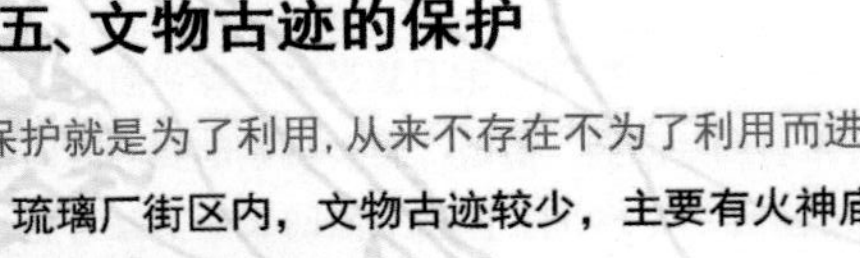

保护就是为了利用，从来不存在不为了利用而进行的保护。

琉璃厂街区内，文物古迹较少，主要有火神庙及正已祠两个具有历史文化的古迹。

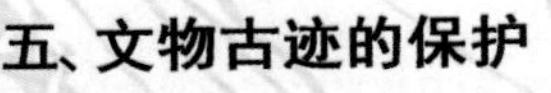

图67　火神庙

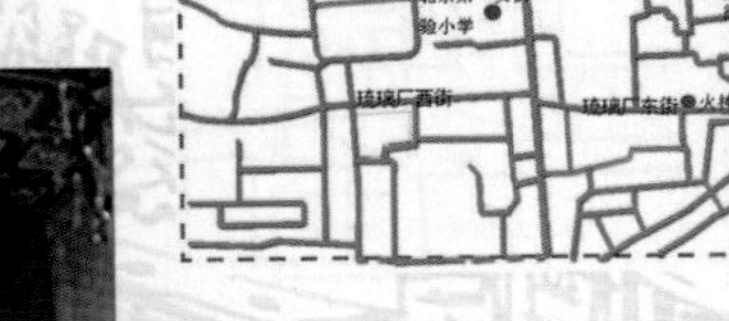

琉璃厂文物古迹分布图

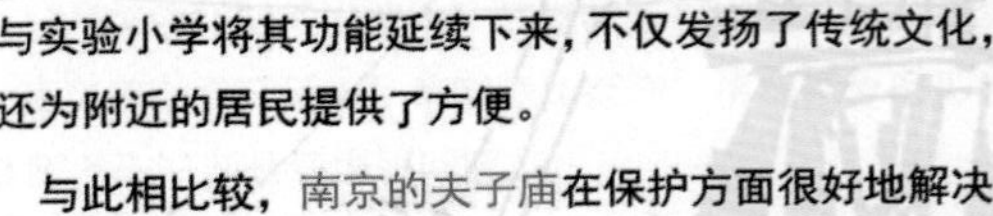

规划区域内的文物古迹主要有：正已祠戏楼、火神庙以及北京第一实验小学。

图68　正已祠戏楼

火神庙：琉璃厂于清乾隆年间已有不少书肆，书肆最忌火灾，迷信者拜火神以求免，火神庙由此而来。以前每逢农历正月初四到十五，琉璃厂及廊坊头条各古玩店多在此出摊，字帖、珠宝、翡翠琳琅满目，故又名文化商场（图67）。

正已祠戏楼：相传它原是明代的古庙，清康熙年间，改建为戏楼。是一座具有三百多年历史的纯木质结构的古戏楼（图68）。现今依旧为戏楼，但是戏楼只对内部人员开放，降低了它的功能。

图69　秦淮河南岸

北京市第一实验小学：前身是"国立北京高等师范学校附属小学校"，创办于1912年，9月5日是她的成立纪念日。现在依旧延续其使用功能，继续作为学校使用。

如今的正已祠戏楼虽然仍为戏楼，但是只对内部开放；火神庙作为宣武区重点保护单位，也是院门紧锁，早已找不到昔日文化商场的场景。虽为历史古迹的保护，但仅仅将其外部形式保护起来，没有将功能延续下去，使得它们失去了本身的性质。清真礼拜寺与实验小学将其功能延续下来，不仅发扬了传统文化，还为附近的居民提供了方便。

与此相比较，南京的夫子庙在保护方面很好地解决了保护与利用的关系。

1984年以前，夫子庙已近半个世纪有名无"庙"了，残存的只是秦淮河南岸（图69）一道建于万历三年（1575年），全长110m的大照壁学宫中几座年久失修的厅、堂及贡院的远楼。而经过规划，夫子庙又开始洋溢着浓郁的生活气息，三十年代中断的春节灯会又重新成为传统。通过文化特色的重塑，使得夫子庙又具备了以往的生气。

南京夫子庙

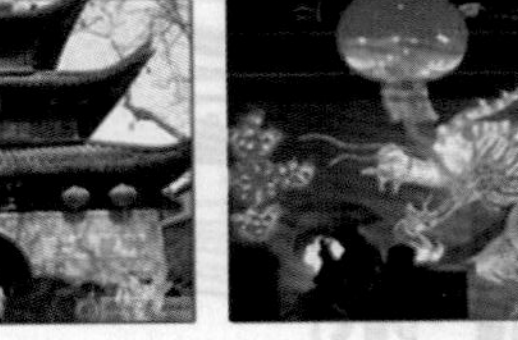

夫子庙夜景

建议：文物古迹的保护，不仅仅局限在对历史建筑的复原，更多的是将其文化及活动形式延续下去，以便增加其活力。

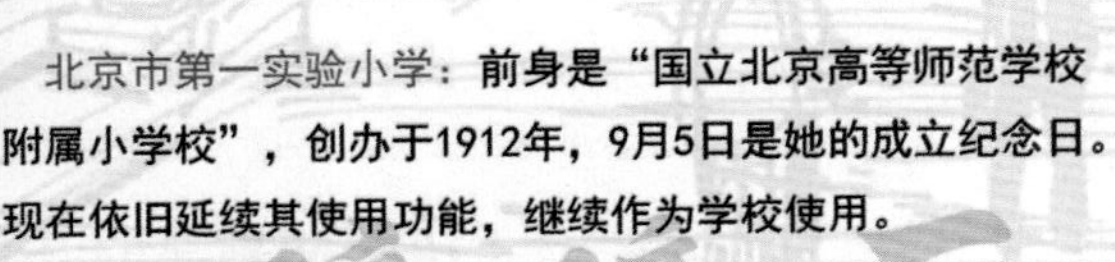

【琉璃厂历史街区】调研报告

【景观环境分析】

图 70 被保护的古树

图 71 琉璃厂绿化

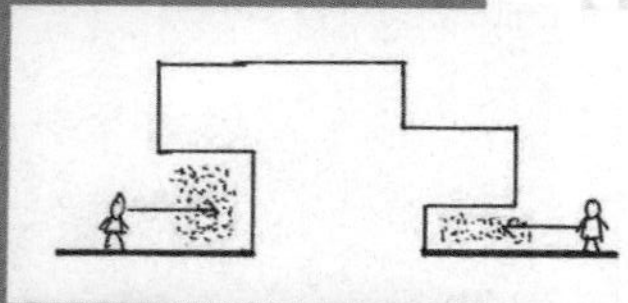

图 73 结合建筑形态的不同绿化景观

图 74 仿古街灯

（一） 树种

琉璃厂的主要树种有国槐和洋槐，在琉璃厂东北园南巷5号院内，有一棵保存完好的古槐，树高17m，干周628cm，冠幅20m×14m，是宣武区内最粗的古槐（图70）。

在对琉璃厂进行规划改造中，有26棵古树得到了保护。新种植的树种多为落叶乔木如槐树等，它们的树叶形状大多比长绿树稀疏，使阳光可以透过树叶照到街上（图71）。

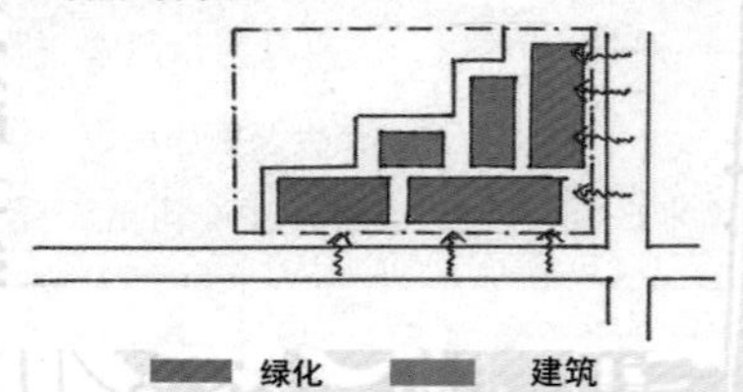

图 72 建筑周围的防风绿化

（二） 街灯

琉璃厂的东西街两侧设置57盏具有民族特色的仿古街灯，以走马灯为表现形式的仿古街灯在道路两侧一字排开，灯杆为红色“厂”字形，高约3.5m，街灯的外壁被六边形的玻璃罩住，里面为白色的圆柱灯体，上写“琉璃厂”三个大字，并绘有梅花、山水等图案（图74）。

调研中我们了解到，由于街灯采用的是节能灯，同时安装有控制系统，因此还是比较省电的。建筑景观照明灯设立了多层灯带，通过两至三层灯带的照射，并通过透视光，突出了传统古建灰色墙体、红色立柱、斗拱廊檐、商家牌匾字号。

（三） 铺装

改造后的琉璃厂文化街地上新铺的是青石地砖，清运步道方砖2000余块。新铺仿古青砖2720m²，并且设置了道牙石，整体的铺装效果与建筑及街道的风格相一致，使人在其中感受到一种和谐之美。实现了现状道路规划，临街居民院附近设立防火垃圾箱，方便居民和社会单位倾倒生活垃圾。在琉璃厂整条街上设置环保果皮箱，以健全环卫设施，提高琉璃厂西街的环境卫生质量。

（四） 小品及标识

在琉璃厂西街两侧的建筑前有体现文化特征的石狮子雕塑（图75），但东街的广场中几乎没有体现文化特色的景观小品，使广场缺失了文化景观。总体来说，琉璃厂文化街中的景观小品较少，希望在今后的改造中予以改善。

街面上看不到有关琉璃厂的任何标志。如果不特别说明，游客也不知道这是什么街。因此，在此次夜景照明的同时，琉璃厂西街东口将首次设立琉璃厂地域标识，提升琉璃厂的知名度。

图75 景观小品

【琉璃厂历史街区】调研报告

图 76 四合院内的水龙头

图 77 排水管道

图 78 电力设备

图79 环卫设施

一、市政工程

市政工程是城市生存和发展必不可少的物质基础，是提高人民生活水平和对外开放的基本条件。

（一）市政工程现状分析

市政工程规划	街面店铺设施	胡同居民设施	观测现象
给水工程规划	有	有	胡同中平房5~10户居民共用1个龙头，楼房每层1个龙头
排水工程规划	有	不完善	雨水口不多且小，胡同常会存留有下雨积水和生活污水
电力工程规划	有	有	狭窄胡同中电线设置低矮，存在危险隐患
电信工程规划	有	有	电信设施良好
燃气工程规划	不需要	无	胡同中居民自搭厨房，使用煤气罐来烧水做饭
热力工程规划	有	无	冬天胡同中没有暖气，居民烧煤取暖
消防设施规划	没发现	没发现	随处可见消防的提示但没有发现任何消防设施
环卫设施规划	有	无	只有在街道路口处有垃圾回收，有人定时回收

1. 给水工程：胡同中5~10户居民共用1个自来水龙头，且设施简陋，给当地居民带来不便（图76）。

2. 排水工程：胡同内只有很小的一个雨水口，没有污水口，生活污水无法处理，常会堵住雨水口，造成胡同内气味难闻且会存留积水（图77）。

3. 电力设施：每个胡同的用电仪器集中安置在入胡同口处，进入两米左右宽的胡同头边就是密密麻麻的电器电线，且与街道连接的电线杂乱无章不美观（图78）。

【市政及服务设施】

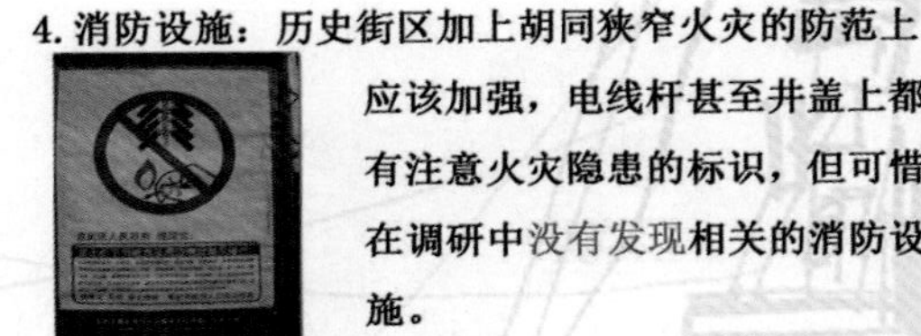

4. 消防设施：历史街区加上胡同狭窄火灾的防范上应该加强，电线杆甚至井盖上都有注意火灾隐患的标识，但可惜在调研中没有发现相关的消防设施。

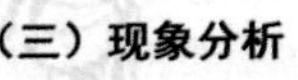

5. 环卫设施：调研中经常有工作人员在回收垃圾，清理及时。可是设施普遍肮脏破旧，也有垃圾丢在附近地上，缺少清洁管理。

（二）现状评价

正面评价：街道及沿街两侧建筑的市政设施配备比较完整，且标识清楚，符合现代生活的需求。全面地考虑为游客和商户提供比较便利的购物和观赏环境。

负面评价：改造时仅仅考虑到了旅游者目光所及的地方，却忽略了最重要的生活在这里的居民。街道前后的基础设施差距甚远。

（三）现象分析

街后造成诸多基础设施落后的硬伤是胡同狭窄，市政管线的敷设在理论上不太可能。改善居民生活条件的必要条件是拓宽胡同的宽度，可是这样沿街的建筑也会受牵连。

【琉璃厂历史街区】调研报告

【市政及服务设施】

图 80 居民的平日活动

图81 秩序监督岗

图82 周边的服务设施

图83 居民的平日活动

二、公共服务设施

（一）现状分析

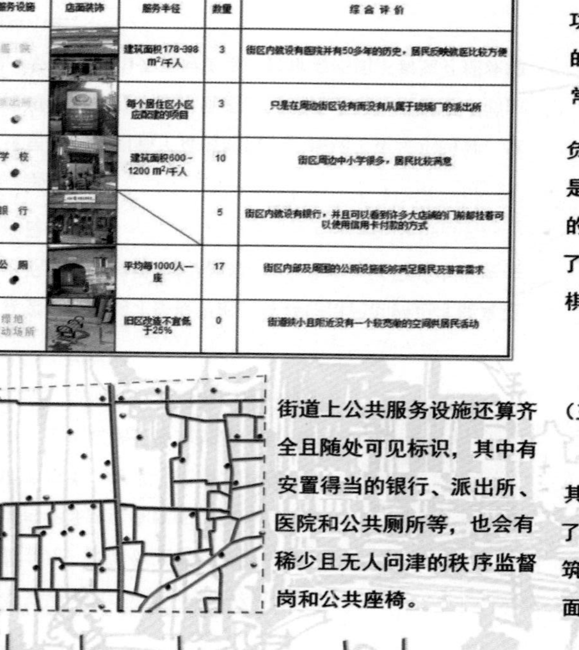

服务设施	店面装饰	服务半径	数量	综合评价
医院		建筑面积178-398 m²/千人	3	街区内就设有医院并有50多年的历史，居民反映就医比较方便
派出所		每个居住区小区应配建的项目	3	只是在周边街区设有而没有从属于琉璃厂的派出所
学校		建筑面积600-1200 m²/千人	10	街区周边中小学很多，居民比较满意
银行			5	街区内就设有银行，并且可以看到许多大店铺的门前都挂着可以使用信用卡付款的方式
公厕		平均每1000人一座	17	街区内部及周围的公厕设施能够满足居民及游客需求
绿地活动场所		旧区改造不宜低于25%	0	街道狭小且附近没有一个较宽敞的空间供居民活动

街道上公共服务设施还算齐全且随处可见标识，其中有安置得当的银行、派出所、医院和公共厕所等，也会有稀少且无人问津的秩序监督岗和公共座椅。

（二）现状评价

正面评价：医院在琉璃厂中已有50多年，能够将其形式功能延续下来是值得提倡的。银行是为了满足现代生活的需求而建造的，十分必要。派出所则是对琉璃厂时常的盗窃、碰瓷案件进行治理，不可缺少。

负面评价：建设秩序监督岗（图 81）的初衷是好的，但是不知为何疏于治理而只留下了一个空壳，被违章停放的车辆围住。本就稀少的路边座椅无人维护清洗，变成了摆设。居民们只能这样自娱自乐（图 80），甚至连个棋桌都要自己创造，即便如此也都很满足。

（三）现象分析

沿街的连续店铺，剔除了历史上其曾为"信息中心"的特点并割断了这一历史文脉，同时也限制了建筑空间的深度，使得它在现代生活面前显得有点苍白无力。

那么，我们为什么不能使沿街的建筑适当地分离和后退，从而创造一些可供人们休息、滞留、交往的多功能空间呢？这样不仅丰富了空间形式，增加人们信息交流的途径，也能使人们体会到步行街的特点和功能。

【琉璃厂历史街区】调研报告

【市政及服务设施】

三、总结

（一）现状

街前没落：

就是像《故都竹枝词》中所云：“阅肆张罗雀掠门，海王村果静如林。空闲海估尊哥定，待价千年画宋元”，琉璃厂一片萧条景象。

今天的琉璃厂很多小店走马灯似地换着主儿，从廉价工艺品（图84）、新近拍卖场热卖画作的仿制品到大量雷同的古董、字画、瓷器、书籍充斥其中，很多店铺更像大拼盘的杂货店，大而全、杂而乱，昔日的文化品位和特色消失殆尽。

图84　琉璃厂内的廉价工艺品

其实，民族的才是世界的，保持住自己的特色才能真正长盛不衰。失掉根本的琉璃厂如今在中外游客眼中也失去了往日的魅力。

图 85　居民的居住现状

街后落破：

在这里，仿佛回到了从前的日子，想起了童年小时候：拿着难得的粉笔在墙壁上画画，无忧无虑地注视着空中的白鸽，带着红领巾天真地笑着，拉扯着妈妈不肯离开那冰糖葫芦小车。

但这里的居住条件较差，平均三口之家居住面积才十几平方米，居民们的生活质量有待提高（图85）。

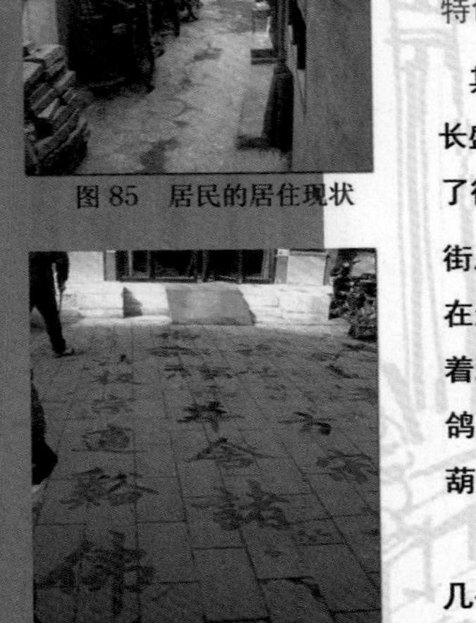

图 86　居民胡同中的业余活动

（二）调研感受

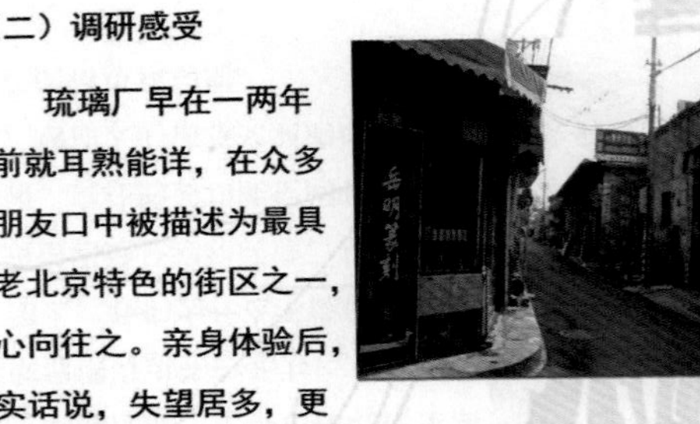

琉璃厂早在一两年前就耳熟能详，在众多朋友口中被描述为最具老北京特色的街区之一，心向往之。亲身体验后，实话说，失望居多，更直观的感受，只是一条鱼龙混杂、真假不一、各地汇集、价格虚高的古玩自由市场，所谓的古朴建筑背后散发着令人压抑的钱味。倒是琉璃厂东街背后的众多胡同颇有特色，拍下一些当作久违的人文习作（图 86）。

（三）现象分析

琉璃厂的经营者应该放下“贵族气”的架子来贴近百姓。从发展历程看，曾经是文人学者聚集的琉璃厂无论从文化街自身发展还是从百姓需求考虑都应该如此。这样使琉璃厂成为普通百姓日常乐于光顾的一个场所。外国游客到这里可以观赏、购物，而普通百姓也能参与其中来学习，在其中找到乐趣，这样的经营之路就越走越宽了。

希望这里在日后改建中能够成为很传统很中国的文化，像一股地下泉水，咕咕咚咚源源不断地暗暗翻花，给琉璃厂这条文化之河注入源泉，让中国的传统文化在这静静地流淌中静静地传承。

【琉璃厂历史街区】调研报告

【非物质文化遗产的传承与保护】

图 87 旧时的琉璃厂文化街是我国文化中心

图88 琉璃厂现状：临街外部建筑装修华丽

图89 琉璃厂现状：内部建筑较为陈旧

琉璃厂大街位于北京和平门外，是北京一条著名的文化街，它起源于清代，在这里出售书籍和笔墨纸砚的店铺较多，经营古玩字画的店铺也很多，形成了较的文化氛围。

今日琉璃厂，远远不是乾隆时代李文藻笔下的那条“东西二里许”的狭小街巷，也不是20世纪50年代由鳞次栉比的私营店铺缀成的一条旧街，十年浩劫遗留的斑痕，在这里也已涤荡净尽。

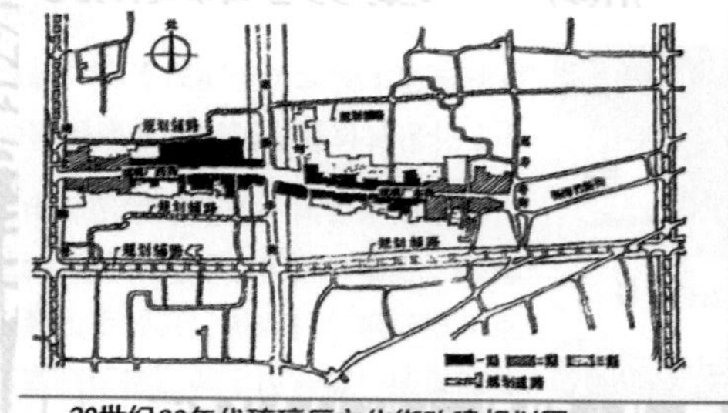

20世纪80年代琉璃厂文化街改建规划图

1985年，改建工程基本竣工，马路铺上了洋灰砖。东西琉璃厂的铺面房，俱以清代楼台轩馆式样重建，贴金敷粉、油漆彩画，不失我国古建之精髓。

不得不说，琉璃厂文化街曾经是我国古代文化的聚宝地，然而时过境迁，一切都在时间的洗礼中改变。

人为的破坏，社会的改变，琉璃厂已经难见往昔的繁华景象。而保留至今的非物质文化遗产，能否在今后的发展中幸存，恐怕也将是个未知数。

如何摆脱这种窘境，将是琉璃厂、北京市，乃至整个中国不得不考虑的问题。

一、遗产现状

1. 古代民俗传统

琉璃厂民俗方面最著名的莫过于有400多年历史的厂甸庙会。庙会始于明代嘉靖，兴于清代康熙，盛于乾隆。厂甸庙会一向以书籍古玩、字画文具独秀于林，自古便以“文市”著称。

旧时的琉璃厂庙会

新中国成立后厂甸的庙会仍一直举行，直到1963年被迫中断。

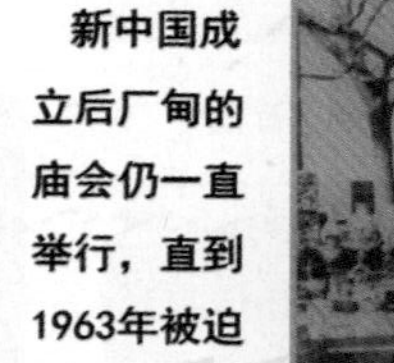

现在的琉璃厂庙会

厂甸庙会又以崭新的面貌、深厚的文化内涵、高雅的文化品位出现在京城百姓面前，一举成为北京标志性庙会，使这一历史悠久的文化活动继续得以传承。

2006年5月20日，该民俗经国务院批准列入第一批国家级非物质文化遗产名录。

【琉璃厂历史街区】调研报告

【非物质文化遗产的传承与保护】

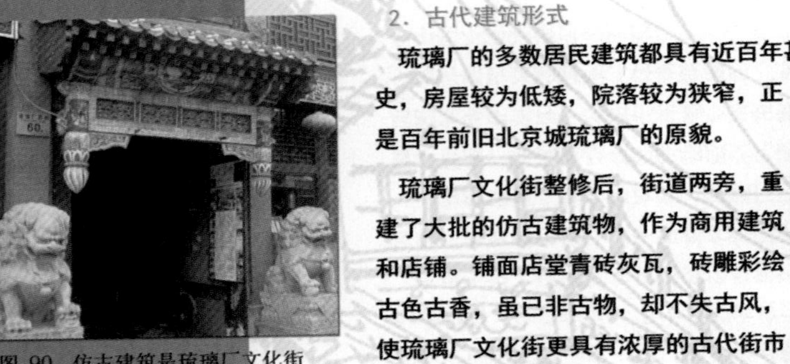

图 90 仿古建筑是琉璃厂文化街建筑的沿街建筑的主要形式

图 91 老字号都采用仿古的建筑形式，并进行了一定程度的现代化改建

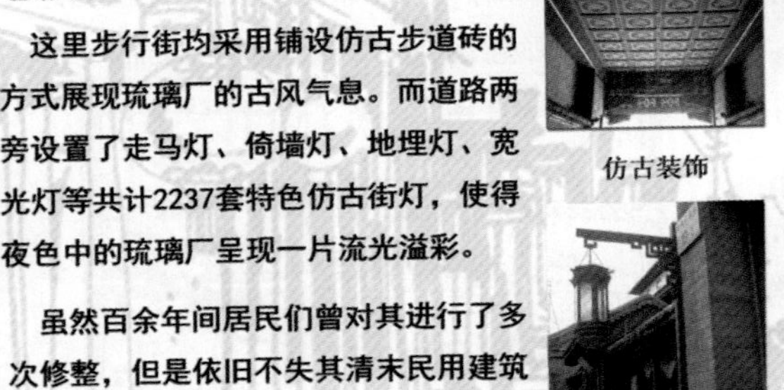

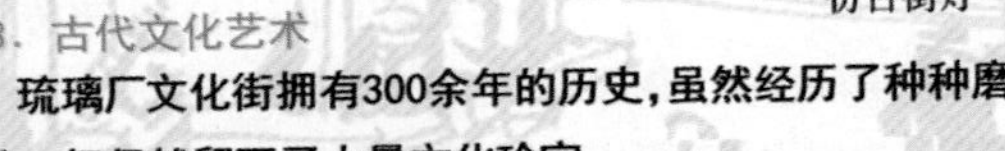

2．古代建筑形式

琉璃厂的多数居民建筑都具有近百年甚至上百年的历史，房屋较为低矮，院落较为狭窄，正是百年前旧北京城琉璃厂的原貌。

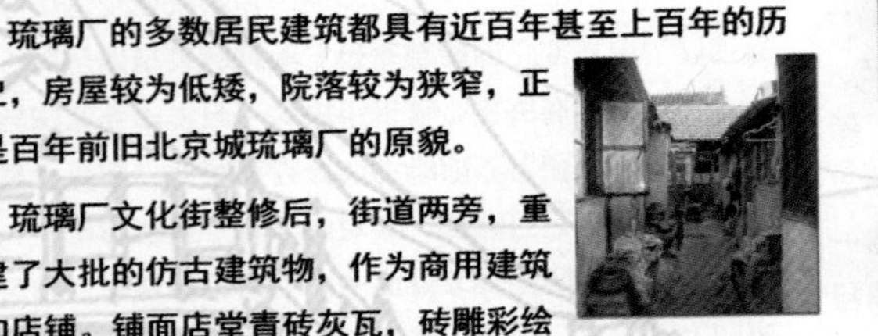

琉璃厂民居

琉璃厂文化街整修后，街道两旁，重建了大批的仿古建筑物，作为商用建筑和店铺。铺面店堂青砖灰瓦，砖雕彩绘古色古香，虽已非古物，却不失古风，使琉璃厂文化街更具有浓厚的古代街市色彩。

仿古装饰

这里步行街均采用铺设仿古步道砖的方式展现琉璃厂的古风气息。而道路两旁设置了走马灯、倚墙灯、地埋灯、宽光灯等共计2237套特色仿古街灯，使得夜色中的琉璃厂呈现一片流光溢彩。

仿古街灯

虽然百余年间居民们曾对其进行了多次修整，但是依旧不失其清末民用建筑群的特色。

3．古代文化艺术

琉璃厂文化街拥有300余年的历史，虽然经历了种种磨难，但仍然留下了大量文化珍宝。

琉璃厂经营古玩字画的店铺很多，沿街商店近100家。有以振环阁和震云阁为代表的珠宝杂项，以乐海轩和古艺斋为代表的音响乐器，以汲古斋和韫玉斋为代表的仿古文物等等，而这其中最著名的要数以下几项：

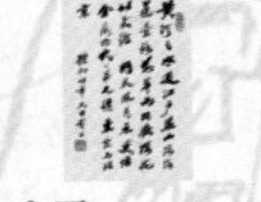

以荣宝斋和宝古斋为代表的古今字画

以韵古斋和萃珍斋为代表的金石陶瓷

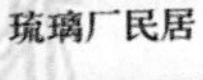

以来薰阁和一得阁为代表的文房四宝

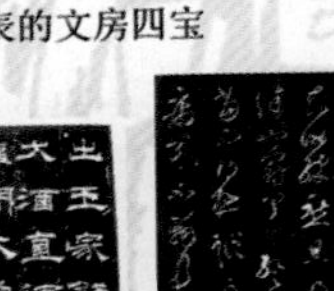

以观复斋和庆云堂为代表的历代碑帖

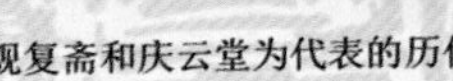

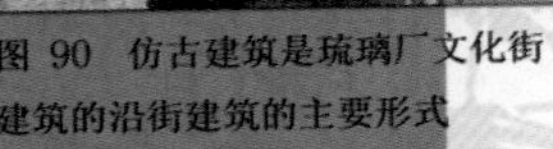

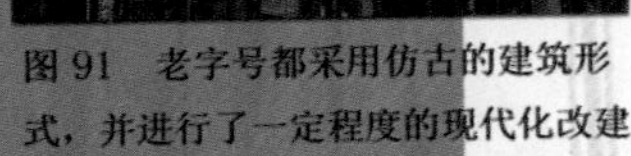

除此之外，还有以瑞成斋和邃雅斋为代表的文物锦盒和古书装修，还有文盛斋的纱灯、宫灯和锦昌店的地毯、壁毯等。

【琉璃厂历史街区】调研报告

【非物质文化遗产的传承与保护】

图 92 步行街缺乏管理，机动车通行和停放严重影响了文化街的容貌

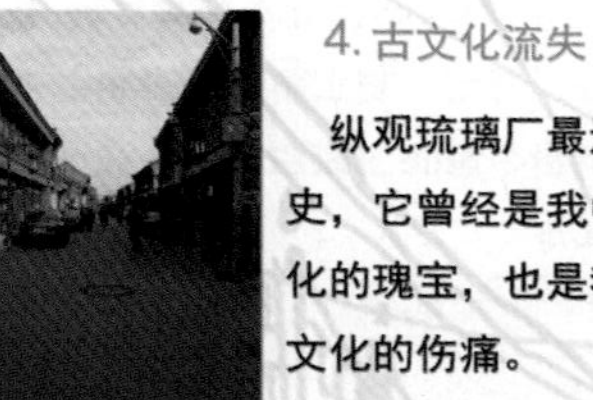

日渐冷清的琉璃厂

4. 古文化流失

纵观琉璃厂最近一百年来的历史，它曾经是我中华民族古代文化的瑰宝，也是我中华民族古代文化的伤痛。

难以想象，作为北京乃至中国最具深厚文化底蕴的街道的琉璃厂曾经一度成为了普通的住宅街道。除了荣宝斋、一得阁和中国书店外，诸多老字号商铺相继消失，琉璃厂因此经营萎缩，房舍破旧，日渐萧条。

这种状况直到1982年，文化部和北京市决定恢复琉璃厂文化街，并于1984年结束了第一期工程，曾经的景象终于得以重现。

然而这终究只是表面现状，物是人非的事实始终已经无法改变。加之现代人的意识观点与文化需求取向的转变，琉璃厂文化街已经难以见到往日的风光了，正在逐渐走向沉寂。

图 93 老字号商业化严重，人们往往对其产品望而却步

图 94 民居老旧缺乏修缮，当地居民普遍表示不满

5. 市场竞争力不足

琉璃厂文化街缺乏管理，市场秩序较为杂乱。受到车流的影响，购物环境相对较差。并且其经营项目相对单一，文化气息商业化过于严重，加之人民文化生活的需求逐渐改变，琉璃厂相对于往昔，渐渐失去了与同类市场相互竞争的能力。

北京城区中，琉璃厂文化街最大的竞争对手莫过于潘家园市场。潘家园市场形成于1992年，是伴随着民间古玩艺术品交易的兴起和活跃逐步发展起来的，现在已成为一个古色古香的传播民间文化的大型古玩艺术品市场，是全国品类最全的收藏品市场。

经营的主要物品有仿古家具、文房四宝、古籍字画、旧书刊、玛瑙玉翠、陶瓷、中外钱币、竹木骨雕、皮影脸谱、佛教信物、民族服装服饰、文革遗物等。

	成市时间	历史背景	商铺构成	经营项目	管理	客流量
琉璃厂文化街	成市早于乾隆时（1736-1795），历史相对悠久。	清朝时期全国文化艺术中心，古玩集散地。20世纪六七十年代曾经成为普通的居民街。八十年代复市。	曾经老字号林立，后来相继消失，只余下荣宝斋、中国书店等老字号。复市后老字号部分回迁。现沿街店铺多为外地来京人员经营。	古今字画、金石陶瓷、文房四宝、历代碑帖等文化艺术类作品和手工艺品。项目较为单一。	普遍缺乏管理，虽是步行街却有机动车穿行和停放。环境卫生有待改善。	全年开市，相比潘家园市场，客流量小，差距较为明显。厂甸庙会举办时期客流量显著激增。
潘家园市场	正式成市于1992年，成市时间相对较短。	清末民初，有“鬼市”之称。家道中落的达官显贵变卖家财之地。	成市后店铺地摊数量巨大，分为地摊区、古建房区、古典家具区、现代收藏区、石雕石刻区、餐饮服务区等六个经营区。	古物与仿古商品居多，花鸟鱼虫俱备，有全国最大、最便宜的旧货古玩交易市场，并且根据市场需求对经营项目进行多元化发展。	管理相对较好，商家分布较为有条理，为创造良好购物环境提供了有力保证。	坐店商铺全年365天开市，地摊每周末开市，周末开市日客流量可达六、七万人。

与后来居上的潘家园市场相比，琉璃厂古文化街现在已经明显竞争力不足了。

【琉璃厂历史街区】调研报告

【非物质文化遗产的传承与保护】

图95 琉璃厂文化街旧貌

图96 老字号店铺

图97 海王村公园旧照

图98 京师女子师范学堂旧址

二、解决：古文化街复兴

1. 历史

琉璃厂是个拥有上百年历史的文化街。数量众多的老字号，古玩与字画，可以说这里是收藏家的乐园。但是，并不是每个人都清楚这里的店铺、字画、手工艺品的文化底蕴，因此将这些文化底蕴用不同的方式、不同的语言向人们宣传，让人们了解，才可能带来更大的商机。

路边摊售卖文房四宝

2. 文化

琉璃厂曾经是全中国的文化中心之一。清代乃至民国时期，这里代表着全国文化，是不可否认的事实。然而，人类在进步，文化在发展，人们对文化的需求改变了，琉璃厂却很少接纳新事物、新文化，使得其文化地位不停地下降。因此，能否吸纳新文化，发展新文化，恢复其在文化界的地位，是琉璃厂能否复兴的关键。

中国字画展览

3. 特色

琉璃厂依旧有着其他地方无法比拟的古典氛围。

无论是古朴的建筑风格，还是仿古的铺砖地面和仿古街灯装饰，亦或是古代习俗和居民的文化活动，这里古文化味道十足。

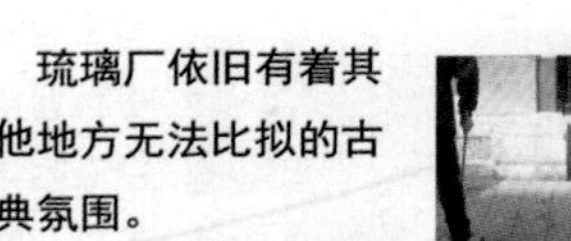

当地居民的沿街书法

如果在吸纳新事物的同时，不丧失这种古典美，定将让琉璃厂再现昔日辉煌。

与此相应的，尽快完善琉璃厂文化街的管理机构和条例解决违章停车和环境卫生等一系列问题，也是这条步行文化街的要务之一。

综上所述，琉璃厂文化街应当结合自身条件，扬长避短，发扬传统民族文化艺术和技艺，接纳新生文化与先进思想以及适应现代发展的经营理念。进行多元化发展，完善管理与秩序为人民提供一个良好的购物环境和文化氛围。

对于一个以传统文化为主题的古商业街来说，这将是一个任重道远的任务。但是，如果能实现上述的措施，古文化街的复兴将指日可待，再现其昔日辉煌。

【琉璃厂历史街区】调研报告

【居民社会生活形态分析】

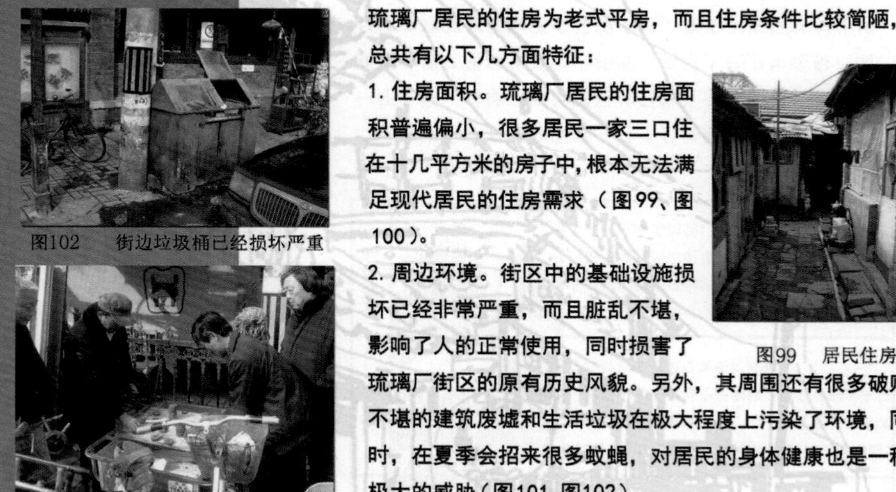

图102 街边垃圾桶已经损坏严重

图103 居民缺少娱乐空间

图104 限车指示牌形同虚设

一、居住条件

琉璃厂居民的住房为老式平房，而且住房条件比较简陋，总共有以下几方面特征：

1. 住房面积。琉璃厂居民的住房面积普遍偏小，很多居民一家三口住在十几平方米的房子中，根本无法满足现代居民的住房需求（图99、图100）。

图99 居民住房

2. 周边环境。街区中的基础设施损坏已经非常严重，而且脏乱不堪，影响了人的正常使用，同时损害了琉璃厂街区的原有历史风貌。另外，其周围还有很多破败不堪的建筑废墟和生活垃圾在极大程度上污染了环境，同时，在夏季会招来很多蚊蝇，对居民的身体健康也是一种极大的威胁（图101、图102）。

图100 私搭乱建占道

图101 周边的残垣破瓦

3. 供暖。现在当地居民还有很多使用燃煤供暖，没有天然气，以至于洗澡问题无法很好地解决。

4. 公共空间。居民在街区中很难找到一处公共休息空间，唯一的较大空地还被作为了沿街停车场，而且这里经常是停满了车 （图103）。

二、道路交通

1. 街区道路。禁止机动车行驶的指示牌形同虚设，无人管理。机动车、行人、自行车共同行驶在街区道路中造成街区交通拥堵，人车混行。并且机动车在街区两侧随意停车，大大压缩了街区实际使用宽度，加剧了拥堵（图104）。

2. 街区胡同。由琉璃厂街区进入居民住房的胡同宽窄不一，最窄的只有一人肩宽，宽的也不过只够两人并肩通过的距离。

胡同分析表

种类	功能	现状	宽度
交通集散性胡同	一般与城市街道连通，具有集散的交通功能	满足要求，但道路两侧常有机动车停放	6~7m
交通到达性胡同	为居民进出交通服务	宽窄不一，不能全部满足要求	0.5~2m
生活性胡同	两侧服务本地居民的小型商业设施，以人行为主	人车混行，交通混乱	6~7m
旅游性胡同	以步行为主的公益性胡同	机动车占据大部分空间	6~7m

【琉璃厂历史街区】调研报告

【居民社会生活形态分析】

图105 街边绿化

图106 医院沿街而设

图107 厕所前空间被占据

三、景观绿化

1. 植物。琉璃厂街区两侧有很多古树（落叶乔木），但是这些古树缺乏保护，有很多都被圈在店铺或居民的平房里，没有按照保护规范划定保护范围（图105）。

优点：夏天可以很好地起到遮阴效果，让行人免受烈日的侵害，同时冬季树木落叶，使得冬季阳光不被树叶所遮挡。

缺点：树种单一，缺少变化。

2. 节点标志。

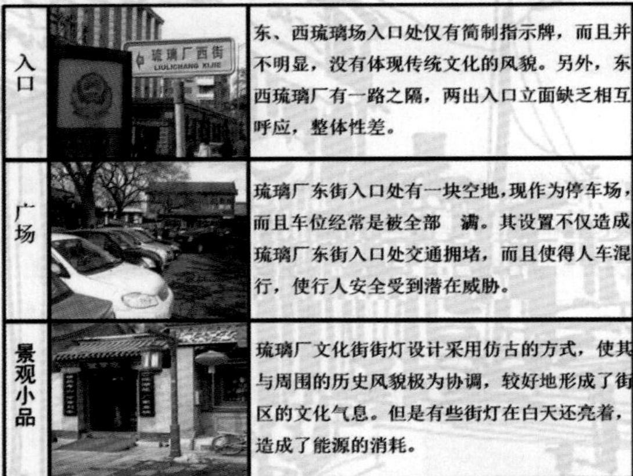

入口		东、西琉璃场入口处仅有简制指示牌，而且并不明显，没有体现传统文化的风貌。另外，东西琉璃厂有一路之隔，两出入口立面缺乏相互呼应，整体性差。
广场		琉璃厂东街入口处有一块空地，现作为停车场，而且车位经常是被全部 满。其设置不仅造成琉璃厂东街入口处交通拥堵，而且使得人车混行，使行人安全受到潜在威胁。
景观小品		琉璃厂文化街街灯设计采用仿古的方式，使其与周围的历史风貌极为协调，较好地形成了街区的文化气息。但是有些街灯在白天还亮着，造成了能源的消耗。

四、基础设施

在街区中有一家医院，三个公共厕所，一家银行，一所小学，方便了当地居民的日常生活。但是，医院的医用垃圾与居民生活垃圾相混，有很大的卫生隐患；而且这些建筑与街区历史风貌不符，影响了街区的文化气息。

历史街区在保护其记载历史信息真实遗存的同时，还应使它能够满足现代生活的要求。通过对房屋内部及非特色空间部位的合理改建、适度增建及使用空间调整、内部设施更新，以提高房屋的现代化生活质量和环境质量，创造历史空间的有机延续。

在保持适当的居住人口是历史地段维持生存活力的基本条件之外，还应该相应提高户外居住环境质量。适当迁走一定住户，同时拆除搭建建筑和少量无价值的破损建筑，增加绿地与空地，以保证依然居住在历史地段的居民达到一定标准的居住质量，从而恢复历史地段的活力。

五、经验总结

1. 在不破坏街区历史风貌的前提下进行整治，还原周边建筑风貌和地面铺设，街区对景和空间景观结合。并结合小型开放空间为居民和游客提供休闲娱乐场所。

2. 根据建筑的历史文化价值、建筑质量和以后的使用功能等进行分类，保护和修缮有历史文化价值的建筑，充分挖掘历史建筑再利用的潜力。对于价值低的建筑适当地进行拆建。

3. 给街区周围的居民提供完善的给、排水和垃圾清运设施，避免对自然环境、人文环境及视觉环境的破坏。

琉璃厂居民居住舒适度调查表

调查内容	很满意	满意	一般	不满意	很不满意	备注
住房	1 (1.89%)	2 (3.77%)	12 (22.64%)	13 (24.53%)	25 (47.17%)	居民普遍认为住房面积小
周边环境	0(0%)	9 (16.98%)	10 (18.87%)	12 (22.64%)	27 (50.94%)	垃圾问题严重
供暖供气	1 (1.89%)	3 (5.66%)	4(7.55%)	15 (28.30%)	30 (56.60%)	冬天大都燃煤供暖，家里洗澡很成问题
公共空间	2 (3.77%)	7 (13.20%)	10 (18.87%)	9 (16.98%)	25 (47.17%)	缺少居民休闲娱乐场所
道路交通	0(0%)	3 (5.66%)	8(15.09%)	10 (18.87%)	32 (60.38%)	乱停车严重，街区道路拥挤
绿化景观	1 (1.89%)	15 (28.30%)	25 (47.17%)	10 (18.87%)	2 (3.77%)	夏季可遮阴，冬季也能照到阳光
基础设施	28 (52.83%)	10 (18.87%)	3 (5.66%)	2 (3.77%)	10 (18.87%)	周边设施比较齐全

【琉璃厂历史街区】调研报告

【居民社会生活形态分析】

图109 改造后的四合院

图110 上海新天地鸟瞰

图111 西安北院门商业街

六、历史街区传统生活保护

（一） 传统生活保护现状

历史街区是历史文化名城重要的组成部分。作为一个历史文化名城不仅要拥有优秀的历史文化遗存和重要的文物古迹，还要有历史街区。因为历史街区是这个名城历史发展中存留下来的连片的建筑群体，它记载着这座城市发展过程的历史信息。它是成片的而不是单幢的房屋，因而就能反映出城市的特色和风貌。还因为是街区，就有居民，有人在进行着各种各样的生存活动，街区就能作为具有生命力的城市的一个组成部分。同时它也是城市文明、传统文化传承的窗口。

图 108 无价值旧房

历史街区是历史上形成的居住区，因而它首要的功能是居住。现在许多人认为老的生活方式根本不能适应现代人的生活要求，大多数无文物价值的旧房应当拆除。然后翻造新的住宅，只要在形式与尺度上注意与原有建筑风貌协调即可。老街坊中的新小区就这样产生了，私搭乱建也随之而来（图108）。

目前，历史街区突出的状况是近几年人口的膨胀、乱架乱盖的现象普遍、环境杂乱、加上不完善的生活设施、生活质量得不到保证、邻里之间由于空间紧张而变得关变得关系紧张。恢复区域的正常生活模式意味着降低人密度与重建生活秩序。

（二）改造方式

1. 添加性保护

这是一处北京小四合院的改造（图109）。它只是添加了厨卫、锅炉房，对平面稍加改造并重新油漆装饰了一下。然而它却有着现有的大规模改造后的小区中难得的幽雅与舒适。它承载着四合院的文化，但又洋溢着现代的气息。

2. 开发性保护

上海新天地的改造关注的是，再生上海里弄生活形态所带来的商业机会（图110）。然而正是这种关注带来了建筑保护的机会。

西安的书院门和北院门（图111）是西安人和中外游客最为津津乐道的两条传统街区，是民间工艺等为主开发的传统商业街区。北院门是以钟、鼓楼为依托结合回族传统饮食形成的传统商业街区。商业使传统街道极具活力。虽然街道上的建筑大多是模仿明清建筑，但是街道的尺度、照明条件和由于街道上的活动而产生的品质（商店、餐饮、各种展览）以及传统的建筑风格共同形成的整体氛围很吸引人。

（三） 经验总结

1. 保护历史性街坊的根本出发点应是保护一个街区的生活方式，必须使之稳定，渐进地发展。

2. 保护性城市设计更应该是一个过程，而不是一个结果。

3. 保护性城市设计更多地应该为一种管理，而非一定型设计。

4. 变被动保护为主动保护。

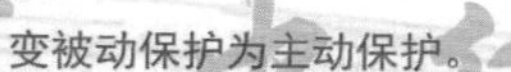

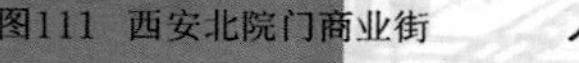

琉璃厂历史街区

【琉璃厂历史街区】调研报告

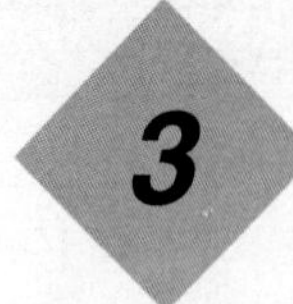

3 历史街区保护规划案例

3.1 北京鼓楼地区传统街区改造规划

项目名称：鼓楼地区历史街区保护更新规划

项目概况：北京钟、鼓楼地区是北京独具特色的历史文化街区，长期以来对北京的城市政治、经济和社会发展进步产生了重大的影响。

项目完成人员：屈辰　邵龙飞　李劭天　刘艾乔　李美仪

项目特点：钟、鼓楼作为国家级的文物保护单位，目前周边大体保留着明清时期的胡同肌理，以民居四合院为主。该地区存在传统文化特色逐渐衰退、公共空间匮乏、缺少街区活力等问题。

成果分析：该设计构思的主要出发点是如何在整体区域环境中彰显古老的鼓楼独特的历史魅力，如何在延续原有建筑风貌肌理的同时融入新时代的使用需求，如何在改善当地居民生活状况的同时引入可持续发展的理念。北京鼓楼地区传统街区改造规划方案如下所示。

叙·蓄·续 鼓楼片区更新方案

小组成员 屈辰/邵龙飞/李劭天/刘艾乔/李美仪

指导教师 李勤/冯丽 二零一三年五月

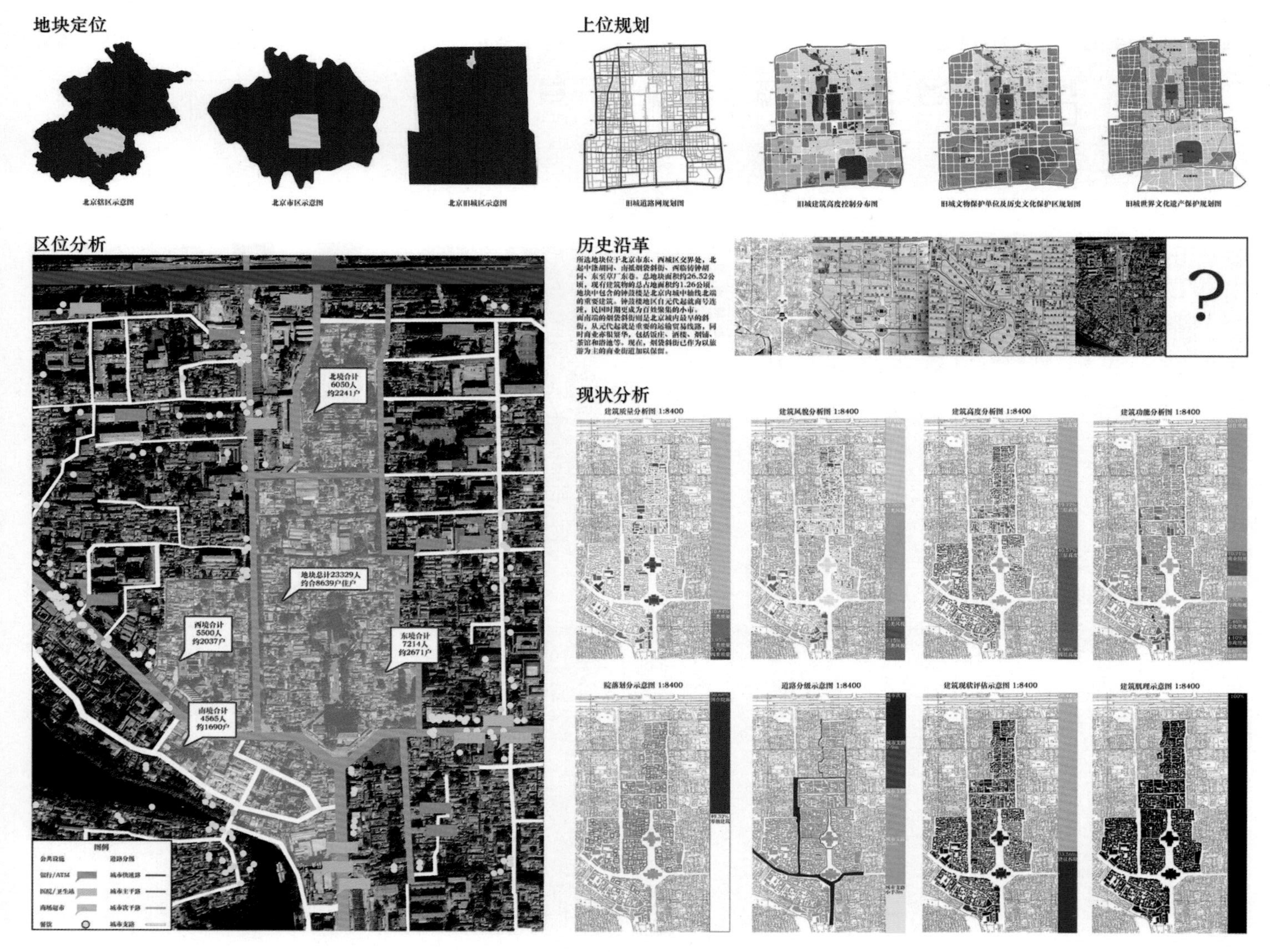

敘·蓄·续

鼓楼片区更新方案

小组成员 屈辰／邵龙飞／李劭天／刘艾乔／李美仪

指导教师 李勤／冯丽

二零一三年五月

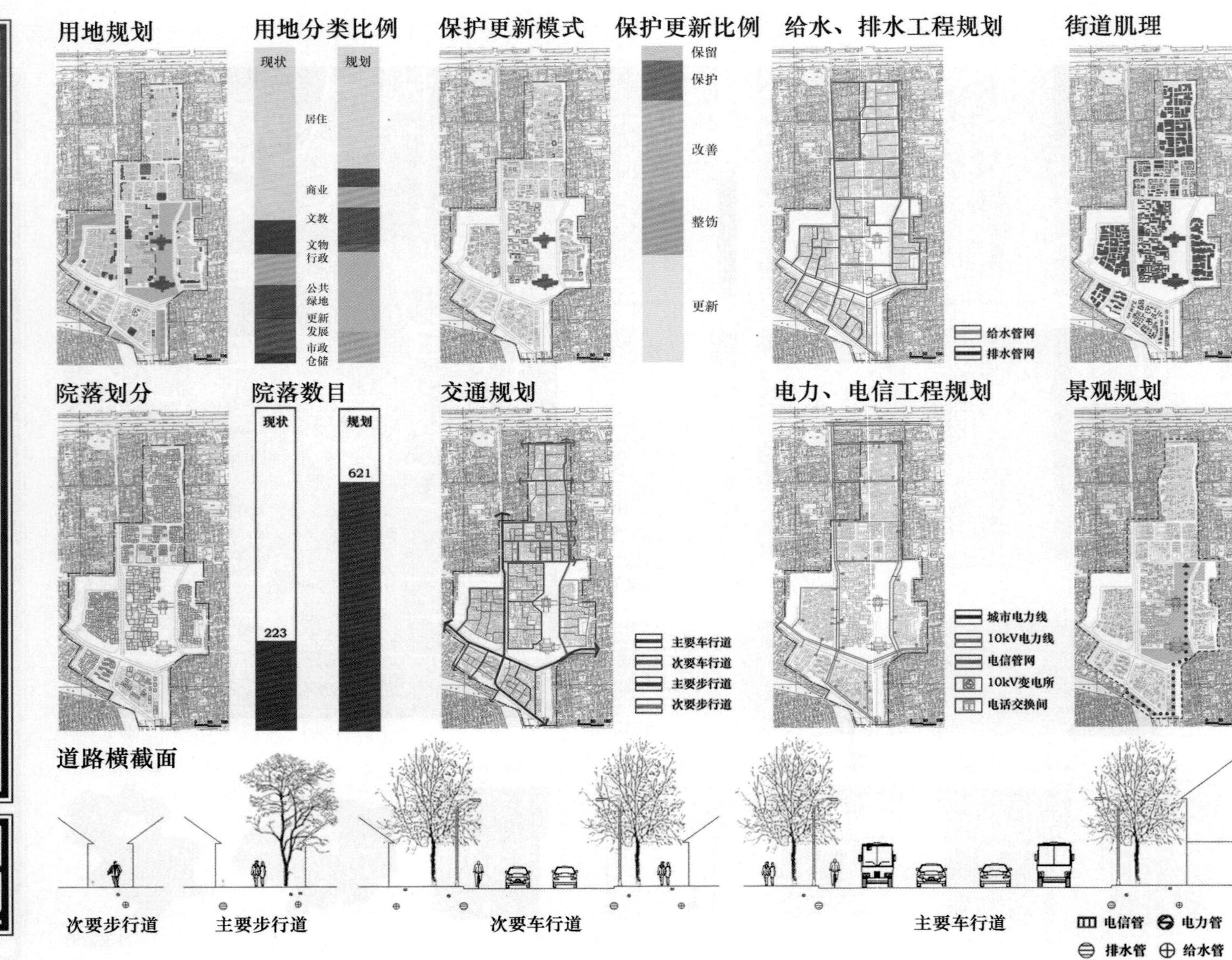

敘·蓄·续
鼓楼片区更新方案
小组成员 屈辰/邵龙飞/李劭天/刘艾乔/李美仪 指导教师 李勤/冯丽 二零一三年五月
总平面图
叁
总规划面积 26.52hm²
总建筑面积 8.46hm²
建筑密度 21.26%
容积率 0.32
总人口 16428 人
户数 5867 户
居住用地 10.33hm²
更新发展用地 2.53hm²
公共绿地 6.81hm²
商业用地 1.59hm²
文教用地 1.67hm²
文物用地 3.14hm²
行政用地 0.57hm²
比例尺
二十米 四十米 八十米 一百六十米

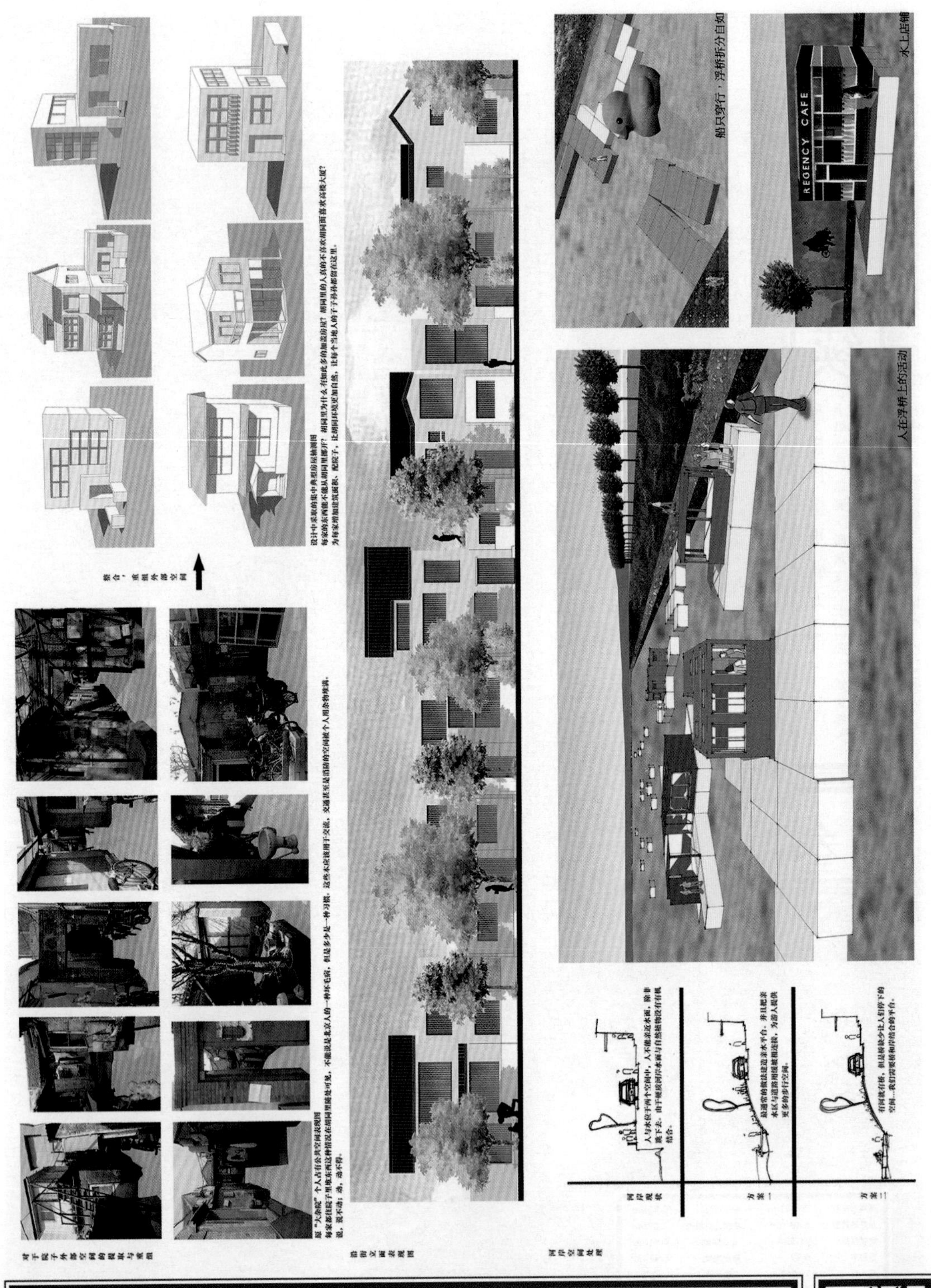

叙·蓄·续 鼓楼片区更新方案

小组成员 屈辰/邵龙飞/李劭天/刘艾乔/李美仪 指导教师 李勤/冯丽 二零一三年五月

肆 空间策略

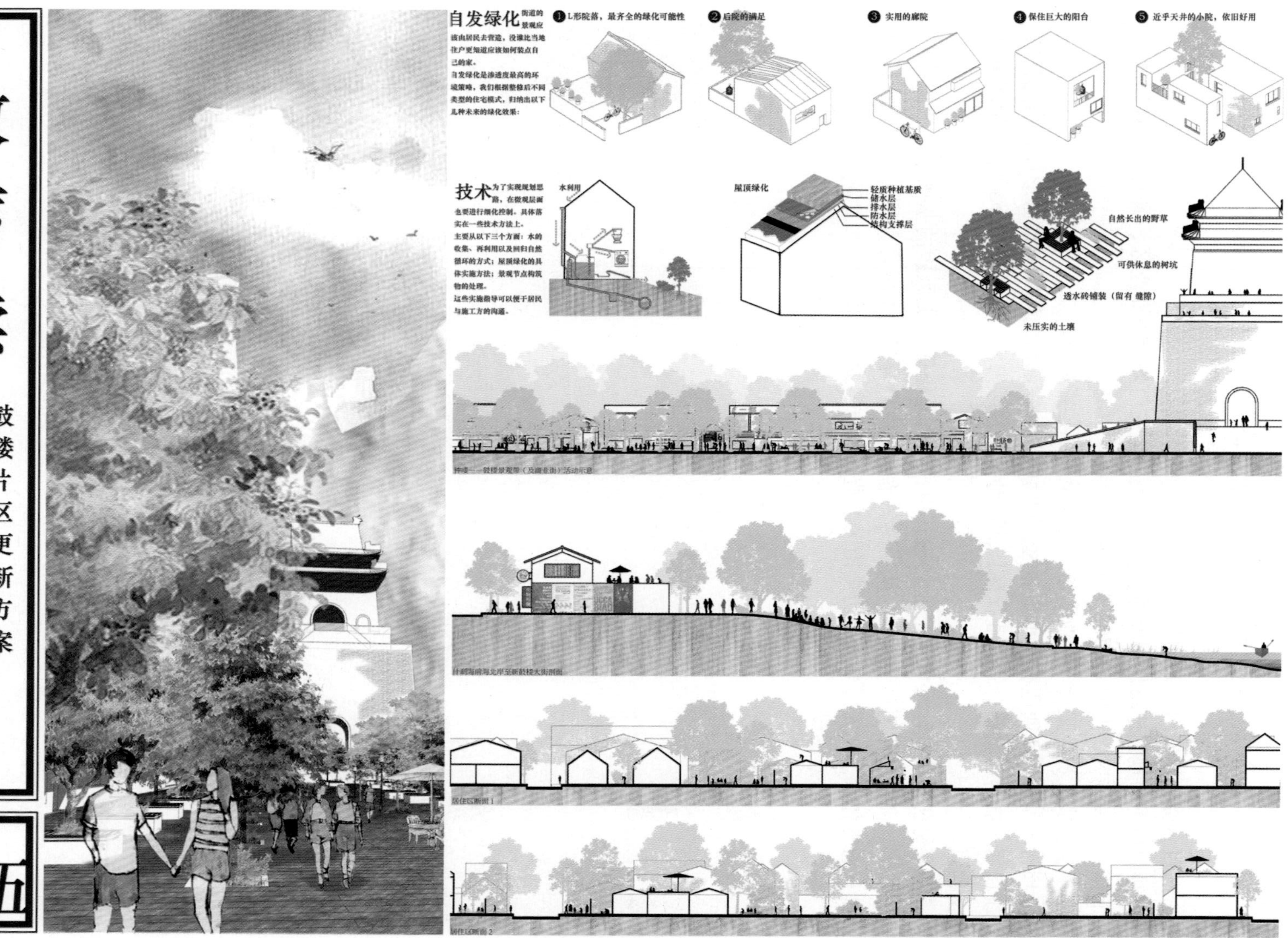
敘·蓄·续
鼓楼片区更新方案
小组成员 屈辰/邵龙飞/李劭天/刘艾乔/李美仪
指导教师 李勤/冯丽
二零一三年五月
环境策略
伍
自发绿化 街道的景观应该由居民去营造，没谁比当地住户更知道应该如何装点自己的家。
自发绿化是渗透度最高的环境策略，我们根据整修后不同类型的住宅模式，归纳出以下几种未来的绿化效果：
1 L形院落，最齐全的绿化可能性
2 后院的满足
3 实用的廊院
4 保住巨大的阳台
5 近乎天井的小院，依旧好用
技术 为了实现规划思路，在微观层面也要进行细化控制。具体落实在一些技术方法上。
主要从以下三个方面：水的收集、再利用以及回归自然循环的方式；屋顶绿化的具体实施方法；景观节点构筑物的处理。
这些实施指导可以便于居民与施工方的沟通。
水利用
屋顶绿化
轻质种植基质
储水层
排水层
防水层
结构支撑层
自然长出的野草
可供休息的树坑
透水砖铺装（留有 缝隙）
未压实的土壤

3.2　地安门外大街历史街区保护更新规划

项目名称：地安门外大街商业片区保护更新规划

项目概况：规划地块是靠近钟、鼓楼一侧的地安门外大街商业区，属北京市规划的皇城北侧民俗展览区，占地253868平方米。

项目完成人员：张超　蔡亚　于寒露　桑家眸　彭斌鑫

项目特点：地块西侧有碧水垂柳的什刹海公园，东部南北锣鼓巷地区形成较为完整的传统民居与旅游购物结合的商业社区；北部钟鼓楼巍峨耸立，整片区域承载了大量的历史人文信息。

成果分析：该设计将文化产业渗透其中，在恢复街区历史风貌的基础上，考虑将居住、旅游、商业和休闲集于一体，从居民、游客和商户等多角度考虑保护更新方式，完善该地区服务体系。地安门外大街历史街区改造规划方案如下所示。

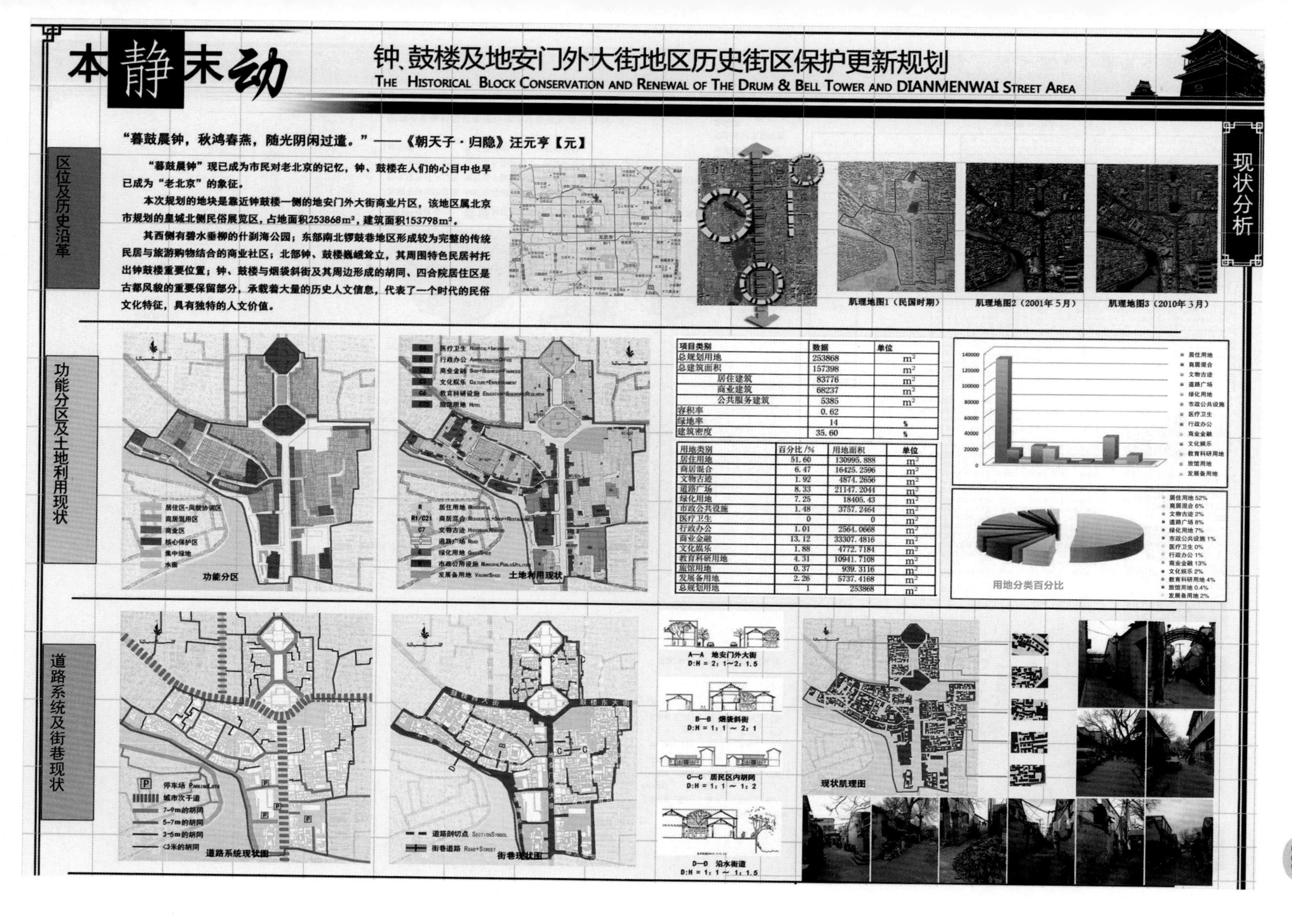

项目类别	数据	单位
总规划用地	253868	m²
总建筑面积	157398	m²
居住建筑	83776	m²
商业建筑	68237	m²
公共服务建筑	5385	m²
容积率	0.62	
绿地率	14	%
建筑密度	35.60	%

用地类别	百分比/%	用地面积	单位
居住用地	51.60	130995.888	m²
商居混合	6.47	16425.2596	m²
文物古迹	1.92	4874.2656	m²
道路广场	8.33	21147.2044	m²
绿化用地	7.25	18405.43	m²
市政公共设施	1.48	3757.2464	m²
医疗卫生	0	0	m²
行政办公	1.01	2564.0668	m²
商业金融	13.12	33307.4816	m²
文化娱乐	1.88	4772.7184	m²
教育科研用地	4.31	10941.7108	m²
旅馆用地	0.37	939.3116	m²
发展备用地	2.26	5737.4168	m²
总规划用地	1	253868	m²

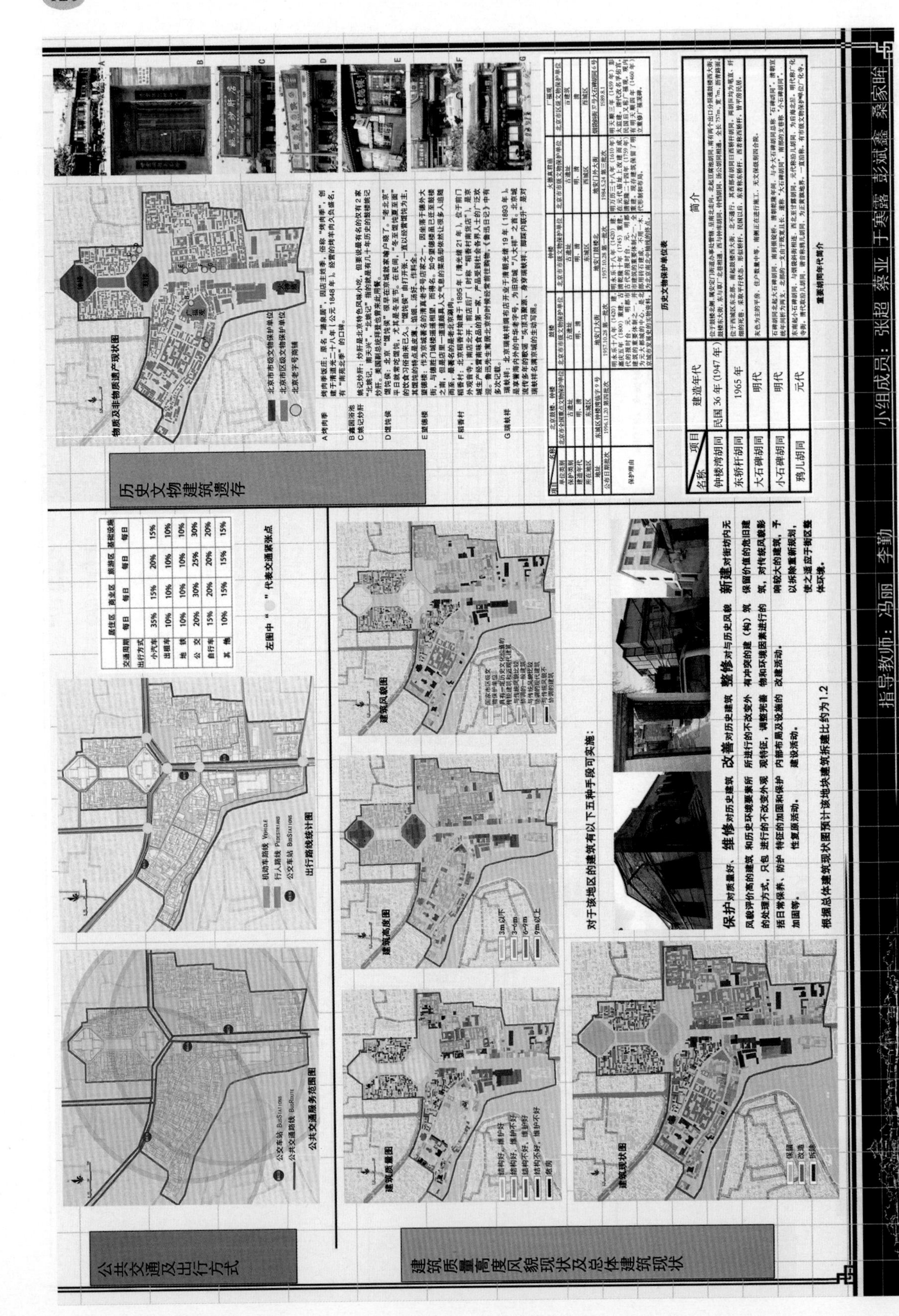
公共交通及出行方式
公共交通服务范围图
出行路线统计图
左图中" "代表交通紧张点
建筑质量高度风貌现状及总体建筑现状
建筑质量图
建筑高度图
建筑风貌图
建筑现状图
对于该地区的建筑有以下五种手段可实施：
根据总体建筑现状图预计该地块建筑拆建比约为1.2
历史文物建筑遗存
物质及非物质遗产现状图
历史文物保护单位表
重要胡同年代简介
指导教师：冯丽　李勤

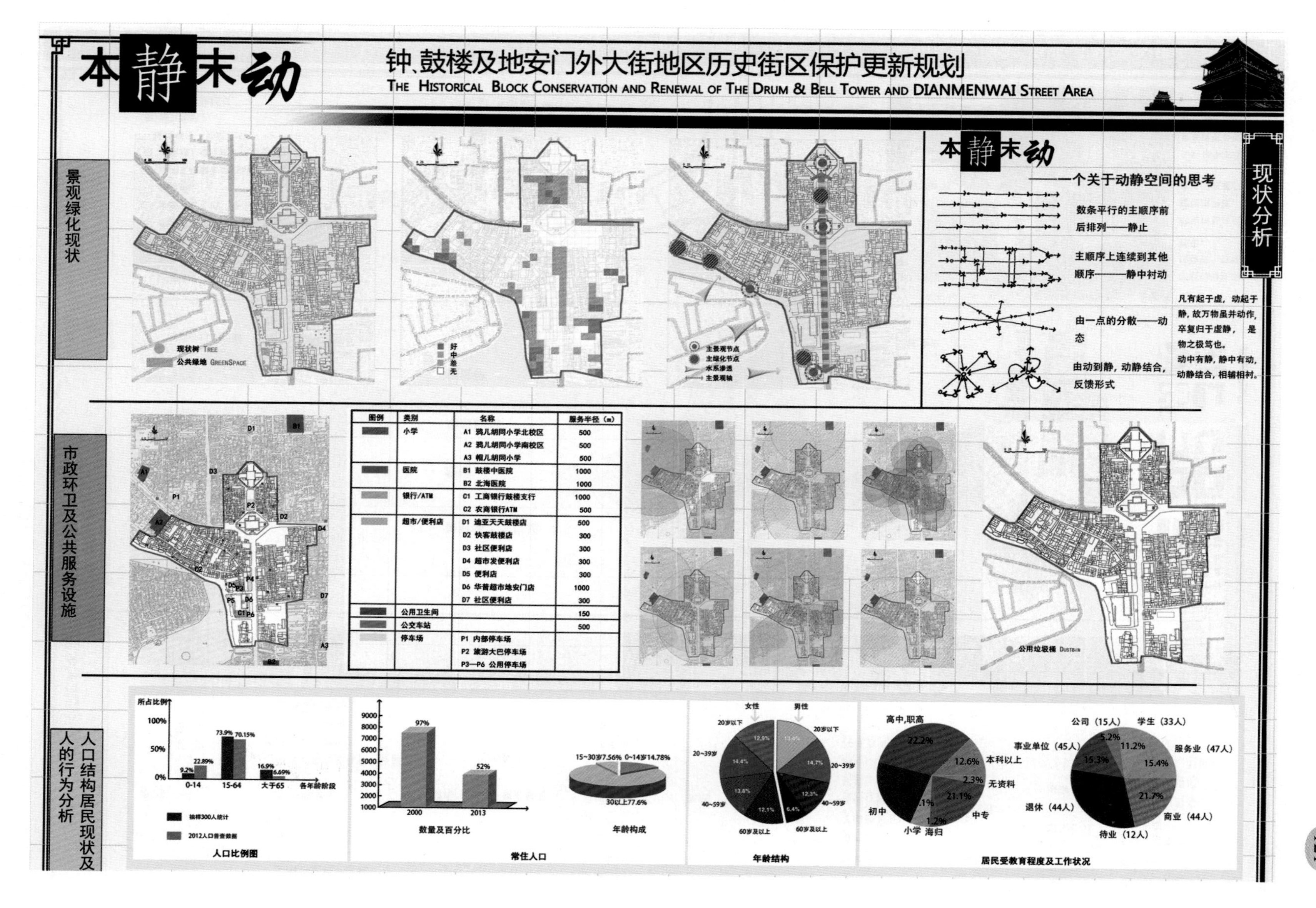

本静末动
钟、鼓楼及地安门外大街地区历史街区保护更新规划
THE HISTORICAL BLOCK CONSERVATION AND RENEWAL OF THE DRUM & BELL TOWER AND DIANMENWAI STREET AREA
景观绿化现状
现状树 TREE
公共绿地 GREENSPACE
好
中
差
无
主景观节点
主绿化节点
水系渗透
主景观轴
本静末动
——一个关于动静空间的思考
数条平行的主顺序前后排列——静止
主顺序上连续到其他顺序——静中衬动
由一点的分散——动态
由动到静，动静结合，反馈形式
凡有起于虚，动起于静，故万物虽并动作，卒复归于虚静，是物之极笃也。
动中有静，静中有动，动静结合，相辅相衬。
现状分析
市政环卫及公共服务设施
图例 | 类别 | 名称 | 服务半径（m）
小学 | A1 鸦儿胡同小学北校区 | 500
A2 鸦儿胡同小学南校区 | 500
A3 帽儿胡同小学 | 500
医院 | B1 鼓楼中医院 | 1000
B2 北海医院 | 1000
银行/ATM | C1 工商银行鼓楼支行 | 1000
C2 农商银行ATM | 500
超市/便利店 | D1 迪亚天天鼓楼店 | 500
D2 快客鼓楼店 | 300
D3 社区便利店 | 300
D4 超市发便利店 | 300
D5 便利店 | 300
D6 华普超市地安门店 | 1000
D7 社区便利店 | 300
公用卫生间 | 150
公交车站 | 500
停车场 | P1 内部停车场
P2 旅游大巴停车场
P3—P6 公用停车场
公用垃圾桶 DUSTBIN
人口结构居民现状及人的行为分析
所占比例
100%
50%
0%
9.2%
22.89%
73.9%
70.15%
16.9%
6.69%
0-14
15-64
大于65
各年龄阶段
抽样300人统计
2012人口普查数据
人口比例图
97%
52%
2000
2013
数量及百分比
15~30岁7.56%
0~14岁14.78%
30以上77.6%
年龄构成
常住人口
女性
男性
20岁以下
20~39岁
40~59岁
60岁及以上
年龄结构
高中,职高
22.2%
12.6%
本科以上
2.3%
无资料
21.1%
中专
初中
1.2%
小学
海归
公司（15人）
学生（33人）
事业单位（45人）
服务业（47人）
5.2%
11.2%
15.3%
15.4%
21.7%
退休（44人）
商业（44人）
待业（12人）
居民受教育程度及工作状况

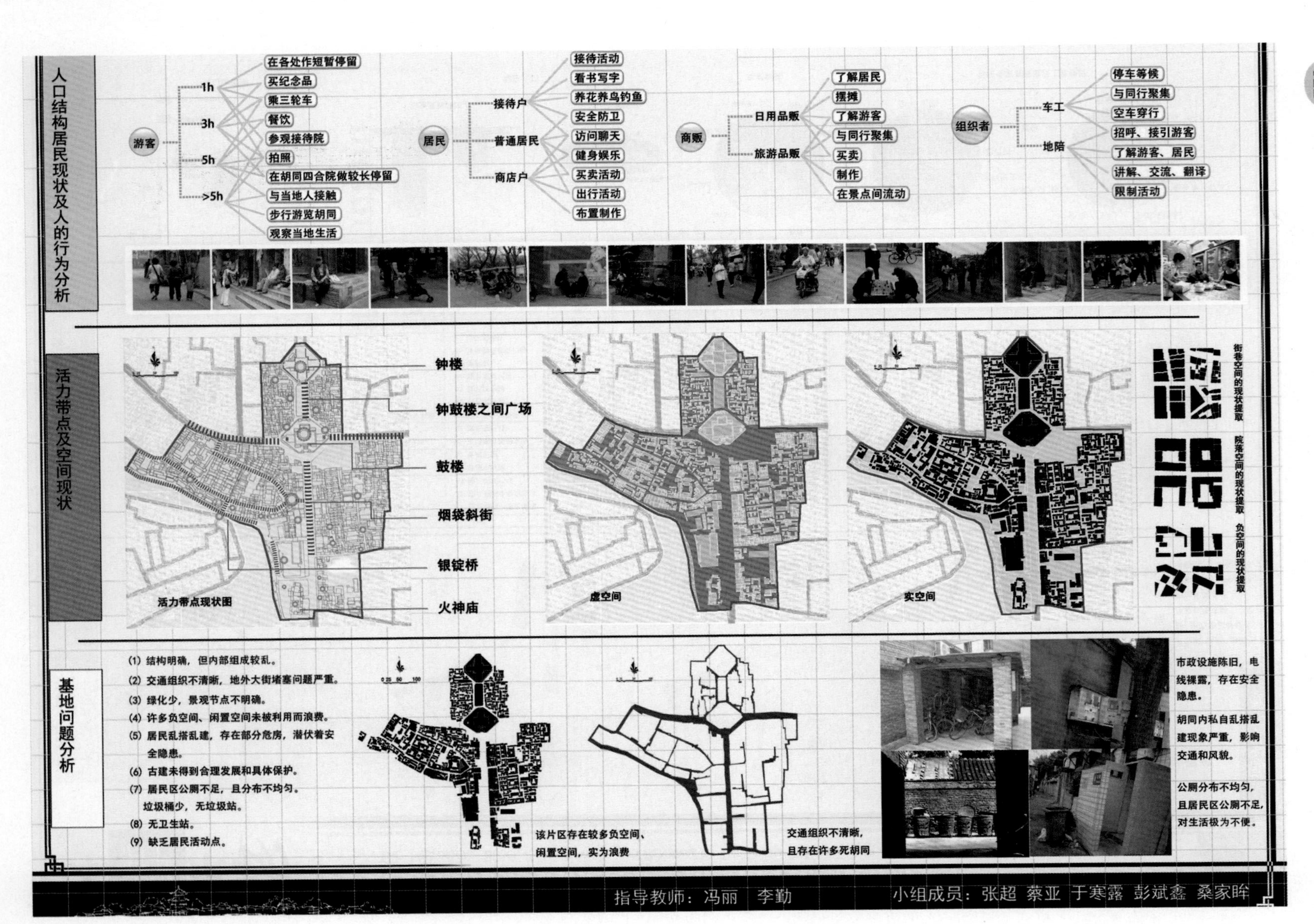
人口结构居民现状及人的行为分析
游客
1h
3h
5h
>5h
在各处作短暂停留
买纪念品
乘三轮车
餐饮
参观接待院
拍照
在胡同四合院做较长停留
与当地人接触
步行游览胡同
观察当地生活
居民
接待户
普通居民
商店户
接待活动
看书写字
养花养鸟钓鱼
安全防卫
访问聊天
健身娱乐
买卖活动
出行活动
布置制作
商贩
日用品贩
旅游品贩
了解居民
摆摊
了解游客
与同行聚集
买卖
制作
在景点间流动
组织者
车工
地陪
停车等候
与同行聚集
空车穿行
招呼、接引游客
了解游客、居民
讲解、交流、翻译
限制活动
活力带点及空间现状
钟楼
钟鼓楼之间广场
鼓楼
烟袋斜街
银锭桥
火神庙
活力带点现状图
虚空间
实空间
街巷空间的现状提取
院落空间的现状提取
负空间的现状提取
基地问题分析
(1) 结构明确，但内部组成较乱。
(2) 交通组织不清晰，地外大街堵塞问题严重。
(3) 绿化少，景观节点不明确。
(4) 许多负空间、闲置空间未被利用而浪费。
(5) 居民乱搭乱建，存在部分危房，潜伏着安全隐患。
(6) 古建未得到合理发展和具体保护。
(7) 居民区公厕不足，且分布不均匀。垃圾桶少，无垃圾站。
(8) 无卫生站。
(9) 缺乏居民活动点。
该片区存在较多负空间、闲置空间，实为浪费
交通组织不清晰，且存在许多死胡同
市政设施陈旧，电线裸露，存在安全隐患。
胡同内私自乱搭乱建现象严重，影响交通和风貌。
公厕分布不均匀，且居民区公厕不足，对生活极为不便。
指导教师：冯丽 李勤
小组成员：张超 蔡亚 于寒露 彭斌鑫 桑家晔

本静末动
钟、鼓楼及地安门外大街地区历史街区保护更新规划
THE HISTORICAL BLOCK CONSERVATION AND RENEWAL OF THE DRUM & BELL TOWER AND DIANMENWAI STREET AREA
总体规划
发展定位及目标
“凡有起于虚，动起于静，故万物虽并动作，卒复归于虚静，是物之极笃也。”——《老子》王弼【魏晋】
该规划地区位于明清北京内城的北部，东起鼓楼东大街小厂胡同一方砖厂胡同，西至旧鼓楼大街一鼓楼西大街一大石碑胡同一鸦儿胡同一后海北沿一前海东沿，南起地安门外大街帽儿胡同，北至旧鼓楼大街汤公胡同。该地区位于历史文化保护区中，有国家级重点保护单位两个（钟楼和鼓楼），北京市级文物保护单位两个（火神庙和广福观）。
发展定位 老北京城的城市名片，感受北京城北城历史与现代的动静交融。
发展项目 | 前景定位
居 | 古都文化，京城特色，原汁原味
商 | 现代引入，新旧相融，特色文化商业产业聚集
旅 | 商旅生活一体化，体验行走在历史中的感觉
休 | 桃园式的生活休闲空间，将公园元素植入古城
古建 | 宣传古都文化，品读建筑故事
发展目标
城市名片—保留原有古都文化建设文化商旅区域
桃源生活—把城市绿地的景观元素植入古城生活
创新融古—将现代商业休闲与老街文化相融合
品读古建—原汁原味的游古都品味其中的故事
发展理念策略及功能构想
发展理念 该规划区作为北京的历史文化保护区和老北京城特色商业街区，集居住、旅游、商业和休闲四位一体。将文化渗透其中，恢复历史风貌由居民、游客和商户等多角度考虑保护更新方式，完善该地区服务体系。
发展策略
将现代元素与历史相融，动静结合，多元发展。
功能构想
特色功能
文化品读
创意产业
风貌旅游
公共功能
行政办公
休闲娱乐
商务金融
配套功能
生活居住
生活服务
商业服务
古建
古街
仿古街
购物
旅游
市集
美食
创意产业
滨水休闲
商务娱乐
公社会所
现代元素
发展规划
通过对该地区的前期调研我们可以得知该地区北部和东部以居住区为主，但是居住环境较差，有众多安全隐患，所以对于居住区的规划应以整顿为主，消除安全隐患并提高该地区居民生活质量。该地区的商业过于繁杂且没有规划，处于发展过渡时期，应对其进行提纯规划，注入富含老北京元素的商业和文化产业。
整顿
居
旅
商
规划
提纯
居
旅
商
现代元素
休闲娱乐
动静空间
静
静
动
静
清晨的鼓楼区是沉静的，后海的波光湖影映着被风吹动的垂柳。渐渐的大街小巷都忙碌起来，当时间过了正午，钟、鼓楼就成了游客的天堂，此时的老城正忙碌。直到夜晚，后海酒吧街则一反清晨的宁静变身成为最有活力的街区，而此时的老城又寂静了。
根据古语“本静末动”，“动中有静，静中有动，动静融合，相辅相称”，我们将该片区规划为风貌协调区半包围商旅中心的动静相融的模式。
结构
古迹
休闲娱乐
核心商旅
滨水休闲
古迹
该地区中央的核心商旅区域为地安门外大街和烟袋斜街商区，每天接待大量游客居民等，人流量巨大。由中央向四周发散，北部为国家级文物保护单位钟，鼓楼，南端为市级文物保护单位火神庙，西部为休闲娱乐、风貌旅游和滨水休闲区域，东部为保留原有老北京建筑肌理的风貌协调居住区域。

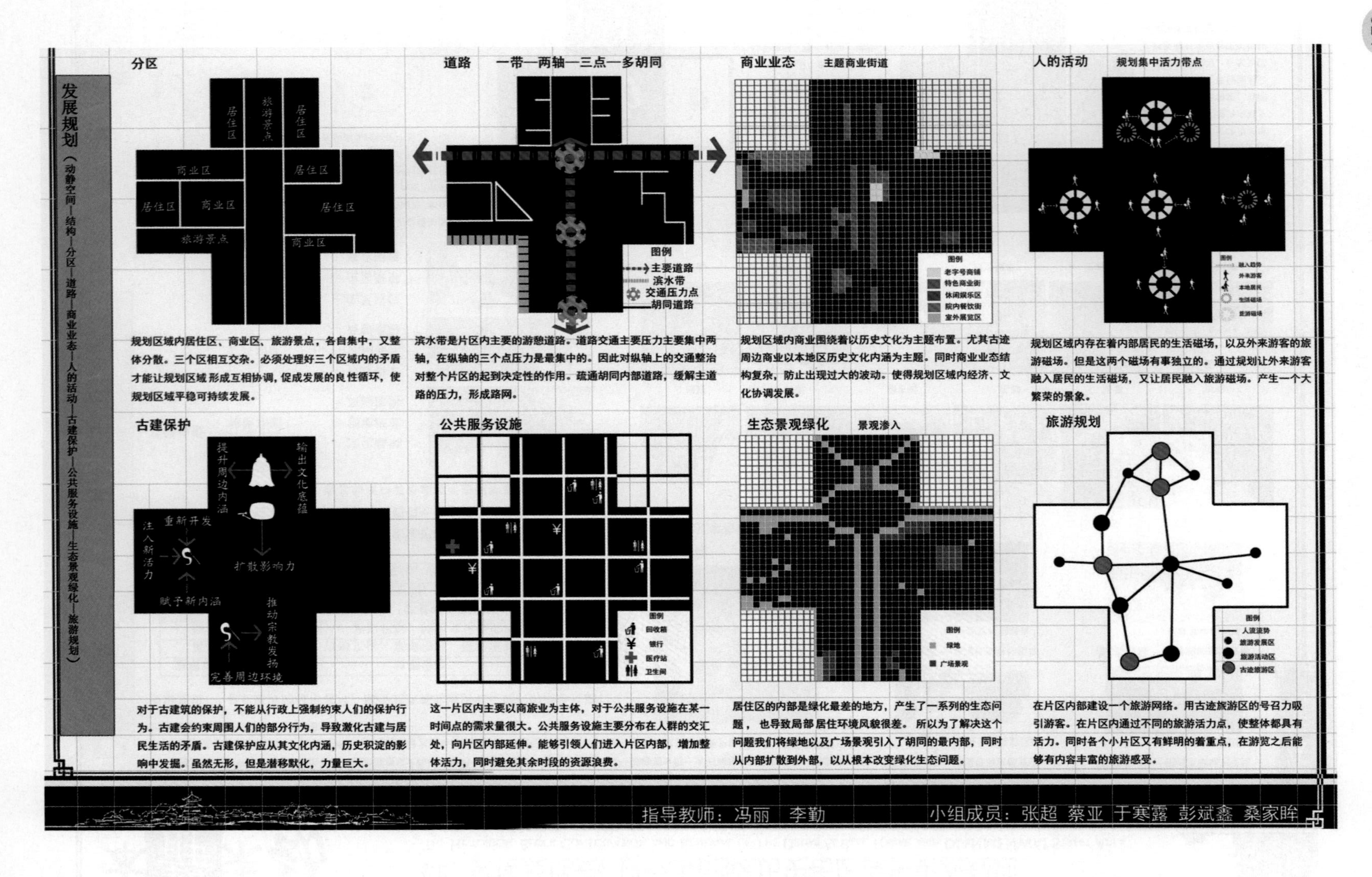
发展规划
（动静空间—结构—分区—道路—商业业态—人的活动—古建保护—公共服务设施—生态景观绿化—旅游规划）
分区
居住区
旅游景点
居住区
商业区
居住区
居住区
商业区
居住区
旅游景点
商业区
规划区域内居住区、商业区、旅游景点，各自集中，又整体分散。三个区相互交杂。必须处理好三个区域内的矛盾才能让规划区域形成互相协调，促成发展的良性循环，使规划区域平稳可持续发展。
道路 一带—两轴—三点—多胡同
图例
主要道路
滨水带
交通压力点
胡同道路
滨水带是片区内主要的游憩道路。道路交通主要压力主要集中两轴，在纵轴的三个点压力是最集中的。因此对纵轴上的交通整治对整个片区的起到决定性的作用。疏通胡同内部道路，缓解主道路的压力，形成路网。
商业业态 主题商业街道
图例
老字号商铺
特色商业街
休闲娱乐区
院内餐饮街
室外展览区
规划区域内商业围绕着以历史文化为主题布置。尤其古迹周边商业以本地区历史文化内涵为主题。同时商业业态结构复杂，防止出现过大的波动。使得规划区域内经济、文化协调发展。
人的活动 规划集中活力带点
图例
融入趋势
外来游客
本地居民
生活磁场
旅游磁场
规划区域内存在着内部居民的生活磁场，以及外来游客的旅游磁场。但是这两个磁场有事独立的。通过规划让外来游客融入居民的生活磁场，又让居民融入旅游磁场。产生一个大繁荣的景象。
古建保护
提升周边内涵
输出文化底蕴
注入新活力
重新开发
扩散影响力
赋予新内涵
推动宗教发扬
完善周边环境
对于古建筑的保护，不能从行政上强制约束人们的保护行为。古建会约束周围人们的部分行为，导致激化古建与居民生活的矛盾。古建保护应从其文化内涵，历史积淀的影响中发掘。虽然无形，但是潜移默化，力量巨大。
公共服务设施
图例
回收箱
银行
医疗站
卫生间
这一片区内主要以商旅业为主体，对于公共服务设施在某一时间点的需求量很大。公共服务设施主要分布在人群的交汇处，向片区内部延伸。能够引领人们进入片区内部，增加整体活力，同时避免其余时段的资源浪费。
生态景观绿化 景观渗入
图例
绿地
广场景观
居住区的内部是绿化最差的地方，产生了一系列的生态问题，也导致局部居住环境风貌很差。所以为了解决这个问题我们将绿地以及广场景观引入了胡同的最内部，同时从内部扩散到外部，以从根本改变绿化生态问题。
旅游规划
图例
人流走势
旅游发展区
旅游活动区
古迹旅游区
在片区内部建设一个旅游网络。用古迹旅游区的号召力吸引游客。在片区内通过不同的旅游活力点，使整体都具有活力。同时各个小片区又有鲜明的着重点，在游览之后能够有内容丰富的旅游感受。
指导教师：冯丽 李勤
小组成员：张超 蔡亚 于寒露 彭斌鑫 桑家晔

技术经济指标

总规划用地	总建筑面积	居住建筑	商业建筑
253868m²	157398m²	83776m²	68237m²
公共服务建筑	容积率	绿地率	建筑密度
5385m²	0.62	14%	35.60%

用地类别	百分比	用地面积	单位
居住用地	48.21%	122389.8	m²
商居混合	1.68%	4264.982	m²
文物古迹	1.92%	4874.266	m²
道路广场	10.35%	26275.34	m²
绿化用地	9.62%	24422.1	m²
市政公共设施	1.44%	3655.699	m²
医疗卫生	0.30%	761.604	m²
行政办公	1.01%	2564.067	m²
商业金融	17.43%	44249.19	m²
文化娱乐	5.52%	14013.51	m²
教育科研用地	0%	0	m²
旅馆用地	2.52%	6397.474	m²
总规划用地	1	253868	m²

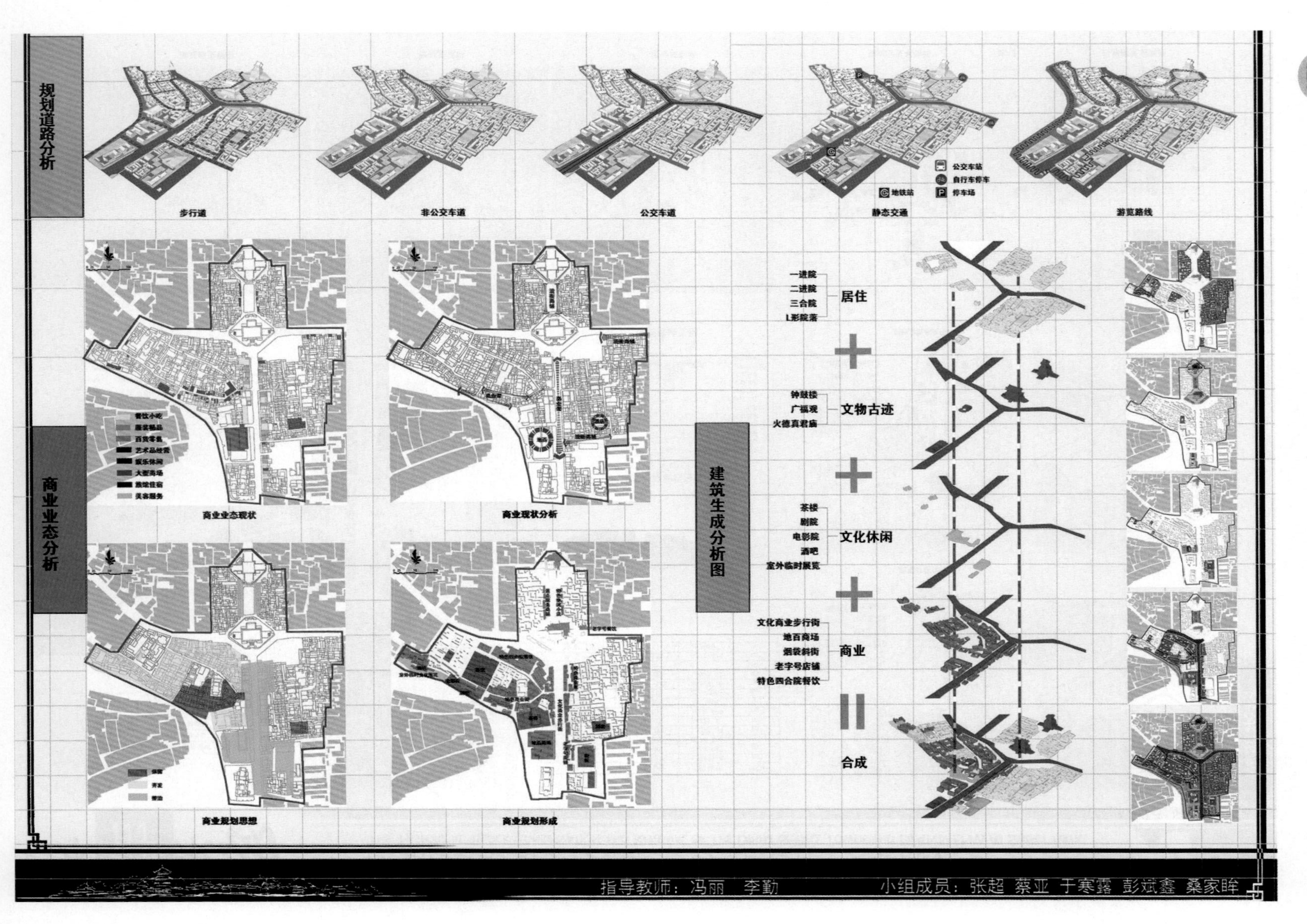
规划道路分析
步行道
非公交车道
公交车道
静态交通
地铁站
公交车站
自行车停车
停车场
游览路线
商业业态分析
餐饮小吃
服装鞋品
百货零售
艺术品经营
娱乐休闲
大型商场
旅馆住宿
美容服务
商业业态现状
商业现状分析
商业规划思想
商业规划形成
建筑生成分析图
一进院
二进院
三合院
L形院落
居住
钟鼓楼
广福观
火德真君庙
文物古迹
茶楼
剧院
电影院
酒吧
室外临时展览
文化休闲
文化商业步行街
地百商场
烟袋斜街
老字号店铺
特色四合院餐饮
商业
合成
指导教师：冯丽　李勤
小组成员：张超　蔡亚　于寒露　彭斌鑫　桑家晔

钟、鼓楼及地安门外大街地区历史街区保护更新规划

THE HISTORICAL BLOCK CONSERVATION AND RENEWAL OF THE DRUM & BELL TOWER AND DIANMENWAI STREET AREA

总平面图

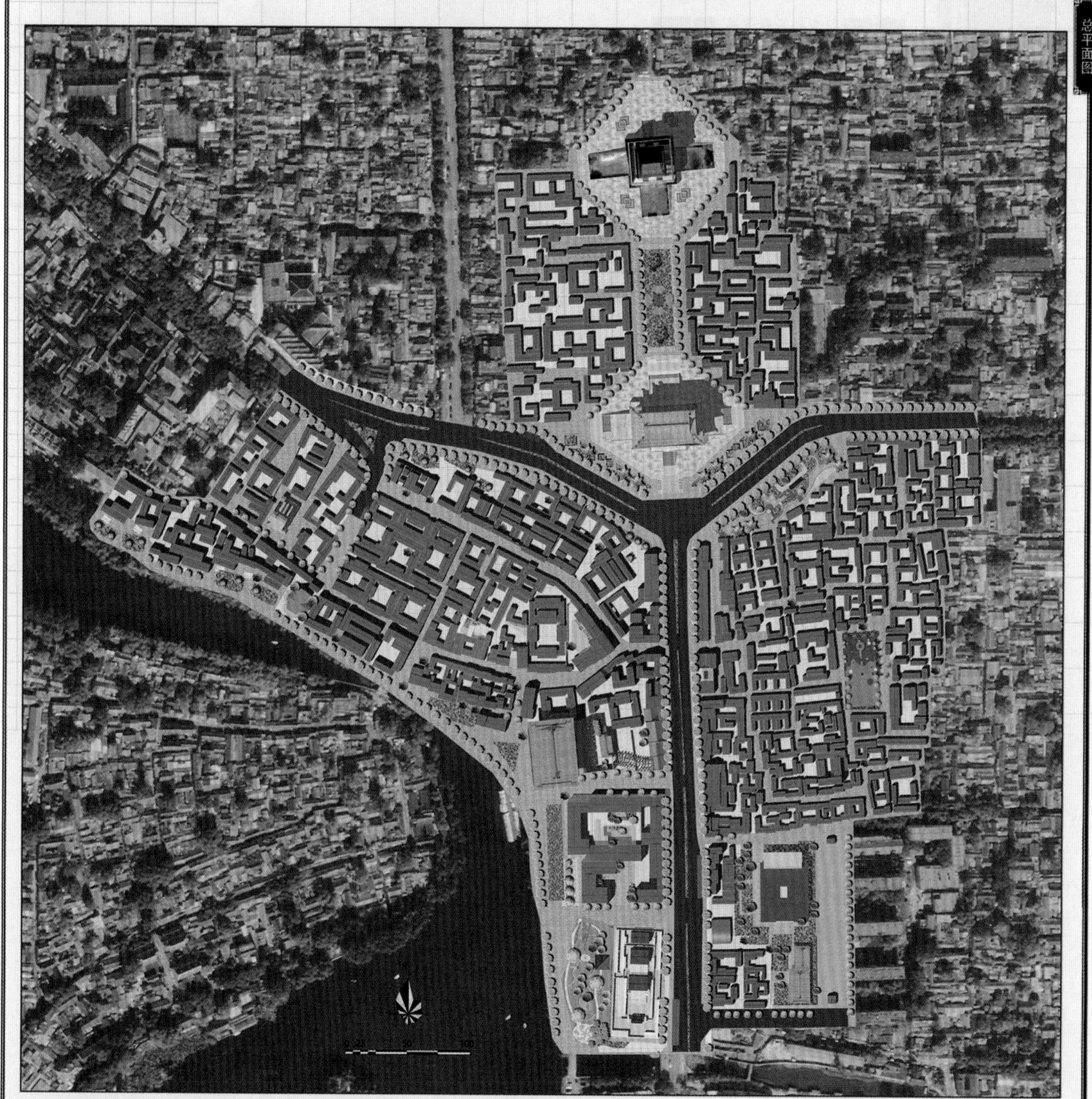

规划后总平面图（1:1000）

规划后地安门外大街西立面图（1：1000）

规划后地安门外大街东立面图（1：1000）

指导教师：李勤 冯丽　　小组成员：张超 蔡亚 于寒露 彭斌鑫 桑家晔

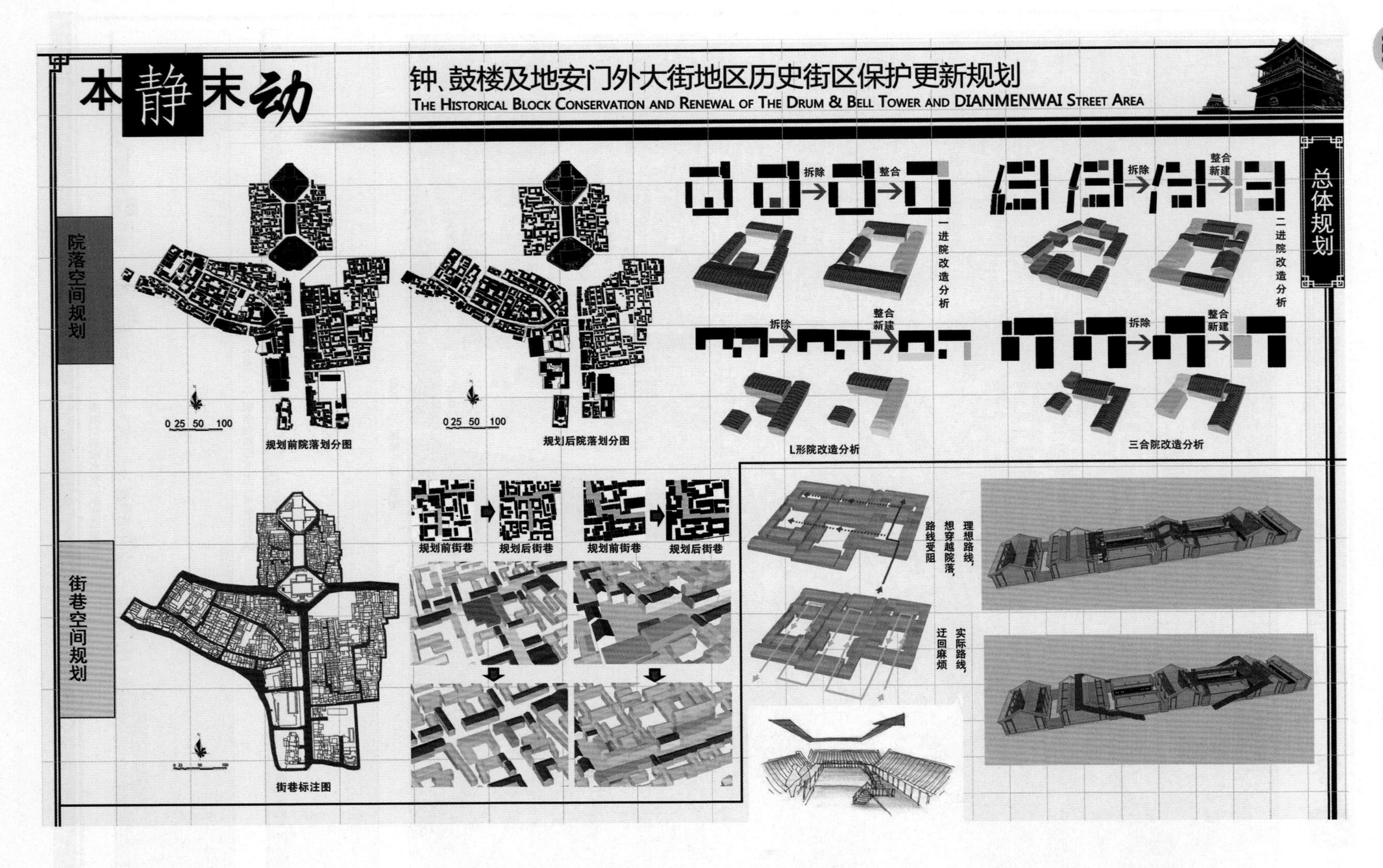
本静末动
钟、鼓楼及地安门外大街地区历史街区保护更新规划
THE HISTORICAL BLOCK CONSERVATION AND RENEWAL OF THE DRUM & BELL TOWER AND DIANMENWAI STREET AREA
总体规划
院落空间规划
0 25 50 100
规划前院落划分图
规划后院落划分图
拆除
整合
整合新建
一进院改造分析
二进院改造分析
L形院改造分析
三合院改造分析
街巷空间规划
规划前街巷
规划后街巷
街巷标注图
理想路线，想穿越院落，路线受阻
实际路线，迂回麻烦

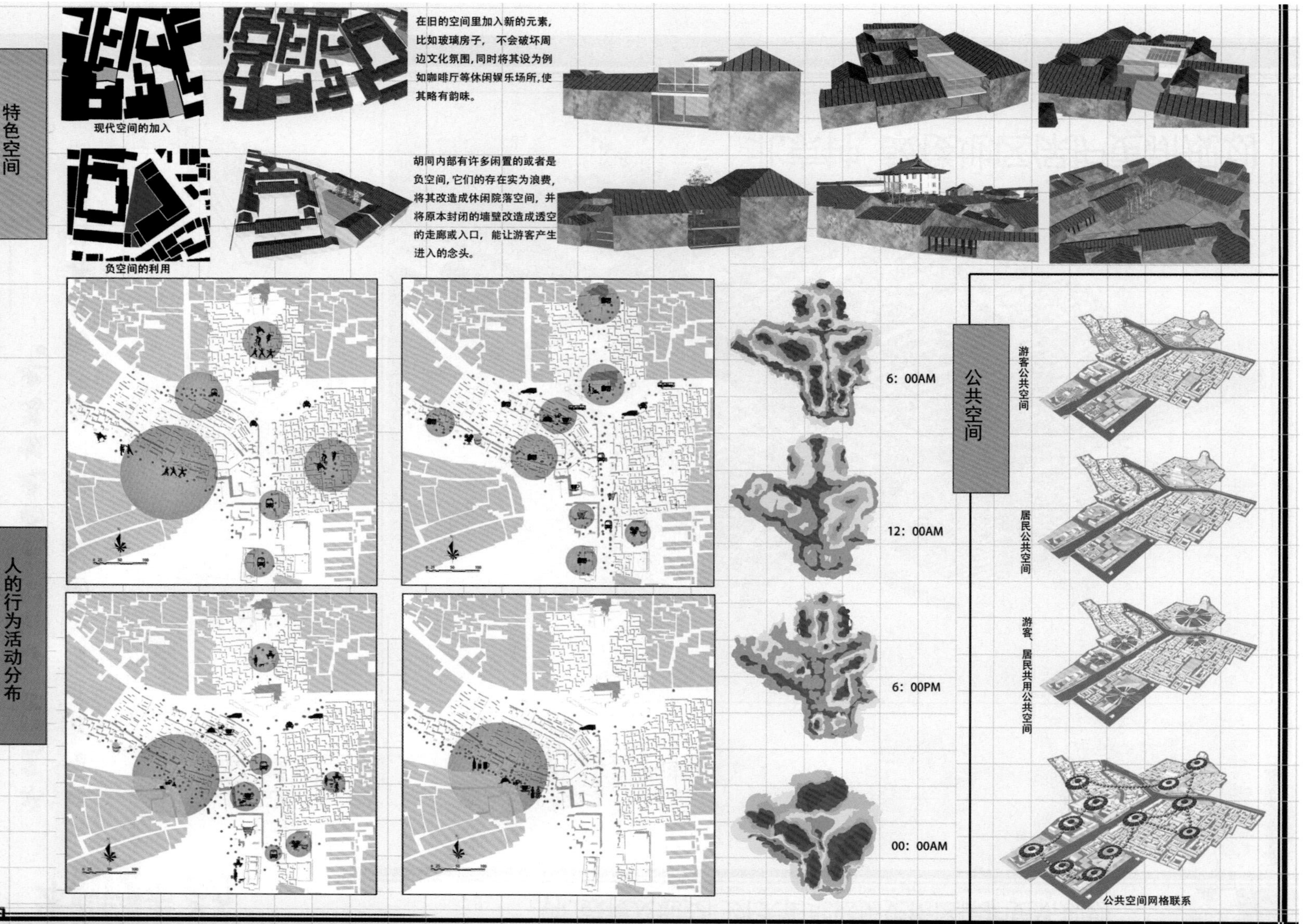
特色空间
现代空间的加入
负空间的利用
在旧的空间里加入新的元素，比如玻璃房子，不会破坏周边文化氛围，同时将其设为例如咖啡厅等休闲娱乐场所，使其略有韵味。
胡同内部有许多闲置的或者是负空间，它们的存在实为浪费，将其改造成休闲院落空间，并将原本封闭的墙壁改造成通透的走廊或入口，能让游客产生进入的念头。
人的行为活动分布
6: 00AM
12: 00AM
6: 00PM
00: 00AM
公共空间
游客公共空间
居民公共空间
游客、居民共用公共空间
公共空间网格联系

指导教师：冯丽 李勤
小组成员：张超 蔡亚 于寒露 彭斌鑫 桑家晔

本静末动
钟、鼓楼及地安门外大街地区历史街区保护更新规划
THE HISTORICAL BLOCK CONSERVATION AND RENEWAL OF THE DRUM & BELL TOWER AND DIANMENWAI STREET AREA
鸟瞰效果图
商业街改造
边缘
负空间改造
节点
地标
街巷
节点
北京钟、鼓楼地区保护更新规划
凡有起于虚，动起于静，故万物虽并动作，卒复归于虚静，是物之极笃也。
——《老子》
指导教师：冯丽　李勤
小组成员：张超　蔡亚　于寒露　彭斌鑫　桑家晔

3.3 北京什刹海地区历史街区保护规划

项目名称：北京什刹海地区历史街区保护规划

项目概况：什刹海历史文化保护区，地处北京市中轴线西翼文化带，包括前海、后海和西海三个水域及临近地区，占地面积323hm^2，水域面积33.6hm^2，在北京40片历史文化保护区中面积最大。什刹海地区的街巷结构最早形成于元代，区内不少建筑年代久远，具有北京传统建筑的典型特征。北京城市总体规划已将该地区列为重点保护的25个历史街区之一。此外，在本地区的居民少则居住了十几年、几十年，多则数代居住于此，形成了老北京淳朴热情的邻里生活环境。什刹海地区的历史文化价值主要体现在三个方面：

（1）历史文化价值。什刹海地区的物质遗存（古迹及传统建筑）或非物质遗存（传统文化）直接记录了北京城的历史演变、历史人物和历史事件。

（2）文化价值。关于什刹海有许多优美动人的诗篇传世且该地区一直是丰富多彩的市民文化活动的场所。

（3）风景价值。它保留着北京城内难得的一片开放的天然水面并有许多赏心悦目的自然景观。

项目特点：经过岁月沧桑的演变，什刹海地区已随着时代的发展产生了不小的变化，但体现其历史、文化价值的许多重要载体至今依然存在，它们包括：

（1）什刹海地区的城市传统格局尚在。城市传统格局具体体现在街道、胡同等路网体系和区内的水面形态等方面，由于水面的限制和影响，什刹海崎岖的街道、胡同形成了北京旧城内与众不同的特色，以曲折、斜向和不规则而著称，迥然有异于其他许多历史地段的横平竖直、四平八稳的胡同格局。什刹海的水面更具特色，在细密的、人工的、格网状的北京旧城肌理中，三块水面连在一起，广阔的、自然天成的形态凸现其中，具有鲜明的个性和可识别性。

（2）大量重要的标示性建筑尚在。什刹海地区有许多重要的文物建筑和标识性建筑如德胜门、郭守敬故居等，它们大多保存完好，特别是一些体量比较大，规格比较高，布局比较完整的文物建筑更得到各级政府的精心维护，至今在城市景观和功能中仍发挥着重要的作用。它们是历史文化保护区历史价值的直观体现，也是本地居民和外地游客认识该地区的形象依托，更是旅游经济发展的重要资源。

（3）总体的空间尺度和城市肌理尚存。由于封建等级观念的影响及对城市公共空间整体性的重视，以及当时的建筑功能、交通技术等条件的限制，传统的城市往往具有较为细密的肌理和空间尺度。这与新建的现代城区截然不同。什刹海地区也不例外，除个别的标志性建筑如钟楼、鼓楼、德胜门外，旧有的民居甚至包括王府大多为一层，少有二层、高层。空间和肌理的另一重要体现是街道的尺度，什刹海地区的街道、胡同基本保持了原有的尺度，特别是一些街巷内的胡同，例如金丝套地区等，基本保持不变。

3.3.1 规划方案1

项目完成人员：张秋扬　张婉乔　孙思瑾　邓美然

成果分析：该设计选取后海周边区域，基地总规划面积为42hm^2，西侧是德胜门内大街，北侧是鼓楼西大街。以空间重构为主题，大到公共空间体系、街巷空间，小到缝隙空间、院落空间，全方位地对地块内各种类型的空间进行设计剖析，改善居民的生活环境。北京什刹海地区历史街区保护规划方案1如下所示。

空间重构

北京市什刹海地区历史街区改造
Transformation of the Historic Block

现状

现状分析

如何延续原有空间结构，满足邻里关系？

如何解决旧城区公共空间的约束？

如何将旧城区的公共空间重新唤醒？

如何在老城区地段中加入居民向往的活动场地？

为什么昔日的什刹海文化如今在一步步消逝？

如何增强历史旧城区的活力？

如何规划空间来解决旧城区和现代建筑的和谐关系？

现状>>区位分析

地块位于北京市中心城区，支持北京"两轴、两带、多中心"的发展原则。

地块是北京旧城的一部分，靠近北京市区中轴线。

地块位于西城区，地处二环内。

地块位于什刹海保护区内，具有优越的地理位置，便利的交通。

地块范围：约42 hm²，西侧是德胜门内大街，北侧是鼓楼西大街。

什刹海历史轴

唐 中国历史上重要的居住形式——里坊制出现。什刹海地区的居住形式保留有当时的痕迹。

里坊制又称里、坊，是我国古代城市的基本居住单位，在唐朝时达到鼎盛。在城市结构上，里坊形式整齐划一，管理严格。宋朝时，里坊制得到不断发展，形式更加开放，形成了开放式街市。

金 什刹海原称积水潭，或海子，原是一片天然沼泽，这是什刹海的起源。

元 什刹海成为全国漕运要地，水面浩瀚的积水潭占据着全城中心位置，成为城市的经济命脉中心。

明 积水潭的名称被什刹海代替，什刹海附近聚集了很多园林和佛寺，但是，什刹海的水域面积有所减小。

清 随着清朝的衰落，什刹海水面面积逐渐减少，三海不能贯通，活水变成死水，水质受到很大污染。

什刹海成为燕京胜景之一，四周有很多王府花园、佛寺、名人故居，沿水域一带风光秀丽。

解放后 城区中心的什刹海水域面积不断缩小。

恭王府西侧沟通前海和后海的河流变成柳荫街；不少渠道被填埋。

20世纪80～90年代 传统民居是什刹海地区百姓一直以来的居住形式。规整四合院、大杂院并存，其中不乏私搭乱建，地块内人口密度很高，居住面积紧张。

20世纪90年代 北京市商品房、高层楼兴起，什刹海的居民区处于沉闷状态，居民生活在设施条件不完善的胡同内，私搭乱建严重，生活水平提高缓慢。

2001 北京市获得奥运会申办权，什刹海地区部分沿街立面整修，成为全市的"面子房"，内部仍是残破不堪。

2008年后 什刹海得到开发，"胡同游"、酒吧街兴起，烟袋斜街改造，拆除了大片建筑，带动了前海地区的活力，但是对原有历史风貌有所破坏。

现在 什刹海历史街区中居民的生活正得到我们的关注，他们所渴望的公共空间即将得到重构……

现状>>基地特征分析

用地分类图

停车场、小于3m的胡同、3~5m的胡同、5~7m的胡同、7~9m的胡同、城市次干路、城市主干路

道路分析图

现状树、绿地、历史遗迹

绿化与历史遗迹

活力带、活力点

现存活力点分析

现状经济技术指标

项目名称	数量	比例
居住用地	9.2hm²	27.14%
商业服务业用地	3.0hm²	9.14%
行政办公用地	6.2hm²	18.29%
文化设施用地	2.0hm²	5.90%
教育科研用地	1.2hm²	3.54%
物流仓储用地	0.6hm²	1.77%
公用设施用地	0.004hm²	0.01%
道路用地	6.2hm²	18.29%
绿地与广场用地	1.3hm²	3.83%
水域	4.1hm²	12.09%
总规划用地	33.9hm²	100%
总建筑面积	116527m²	—
建筑密度	23.72%	—
容积率	0.4	—

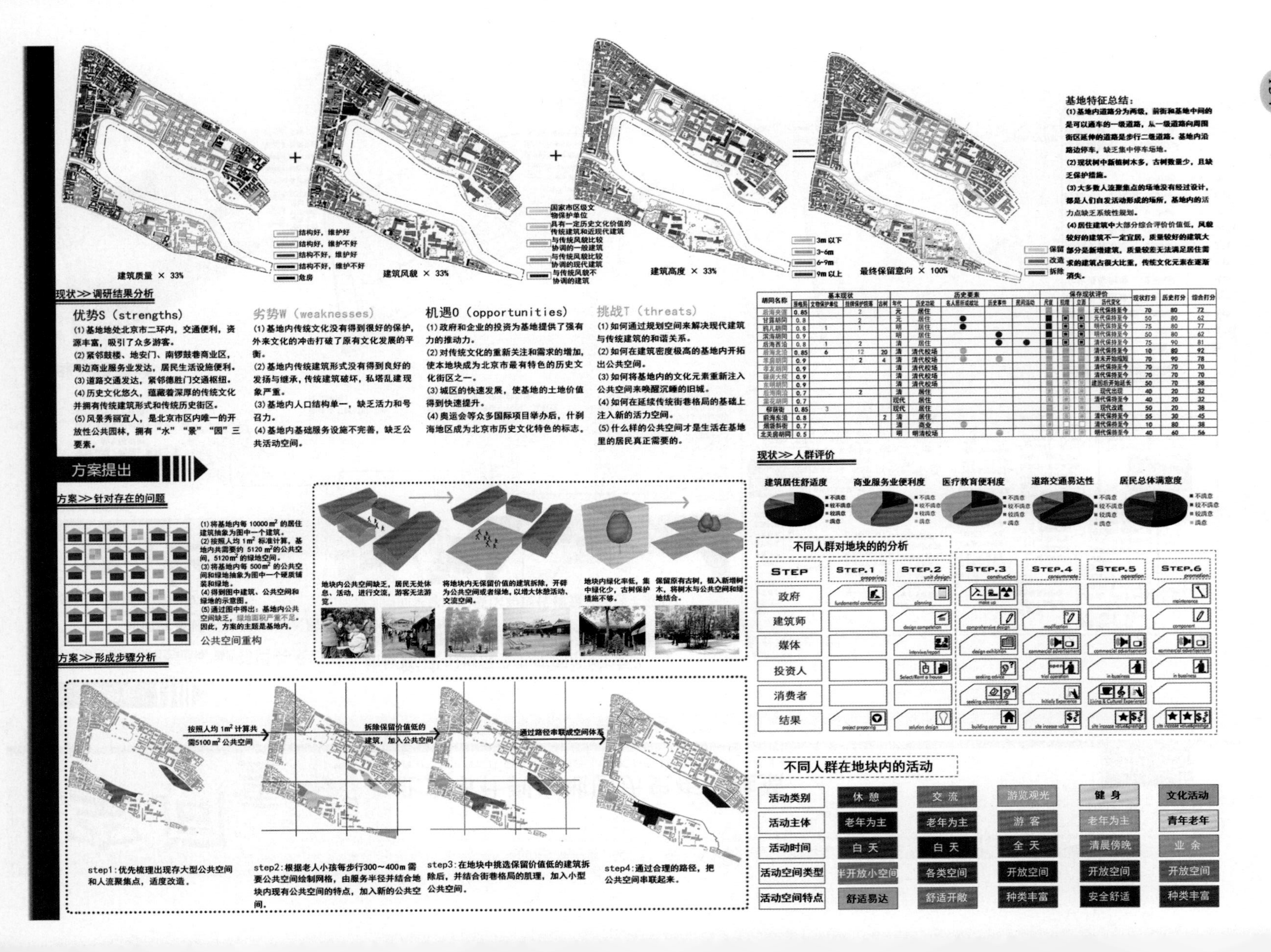
建筑质量 × 33%
建筑风貌 × 33%
建筑高度 × 33%
最终保留意向 × 100%
基地特征总结：
(1)基地内道路分为两级，前街和基地中间的是可以通车的一级道路，从一级道路向周围街区延伸的道路是步行二级道路。基地内沿路边停车，缺乏集中停车场地。
(2)现状树中新植树木多，古树数量少，且缺乏保护措施。
(3)大多数人流聚集点的场地没有经过设计，都是人们自发活动形成的场所，基地内的活力点缺乏系统性规划。
(4)居住建筑中大部分综合评价价值低，风貌较好的建筑不一定宜居，质量较好的建筑大部分是新增建筑，质量较差无法满足居住需求的建筑占很大比重，传统文化元素在逐渐消失。
现状>>调研结果分析
优势S（strengths）
(1)基地地处北京市二环内，交通便利，资源丰富，吸引了众多游客。
(2)紧邻鼓楼、地安门、南锣鼓巷商业区，周边商业服务业发达，居民生活设施便利。
(3)道路交通发达，紧邻德胜门交通枢纽。
(4)历史文化悠久，蕴藏着深厚的传统文化并拥有传统建筑形式和传统历史街区。
(5)风景秀丽宜人，是北京市区内唯一的开放性公共园林，拥有"水""景""园"三要素。
劣势W（weaknesses）
(1)基地内传统文化没有得到很好的保护，外来文化的冲击打破了原有文化发展的平衡。
(2)基地内传统建筑形式没有得到良好的发扬与继承，传统建筑破坏，私搭乱建现象严重。
(3)基地内人口结构单一，缺乏活力和号召力。
(4)基地内基础服务设施不完善，缺乏公共活动空间。
机遇O（opportunities）
(1)政府和企业的投资为基地提供了强有力的推动力。
(2)对传统文化的重新关注和需求的增加，使本地块成为北京市最有特色的历史文化街区之一。
(3)城区的快速发展，使基地的土地价值得到快速提升。
(4)奥运会等众多国际项目举办后，什刹海地区成为北京市历史文化特色的标志。
挑战T（threats）
(1)如何通过规划空间来解决现代建筑与传统建筑的和谐关系。
(2)如何在建筑密度极高的基地内开拓出公共空间。
(3)如何将基地内的文化元素重新注入公共空间来唤醒沉睡的旧城。
(4)如何在延续传统街巷格局的基础上注入新的活力空间。
(5)什么样的公共空间才是生活在基地里的居民真正需要的。
现状>>人群评价
建筑居住舒适度
商业服务业便利度
医疗教育便利度
道路交通易达性
居民总体满意度
方案提出
方案>>针对存在的问题
(1)将基地内每10000 m² 的居住建筑抽象为图中一个建筑。
(2)按照人均1 m² 标准计算，基地内共需要约5120 m²的公共空间，5120 m²的绿地空间。
(3)将基地内每500 m² 的公共空间和绿地抽象为图中一个硬质铺装和绿地。
(4)得到图中建筑、公共空间和绿地的示意图。
(5)通过图中得出：基地内公共空间缺乏，绿地面积严重不足。因此，方案的主题是基地内。
公共空间重构
地块内公共空间缺乏，居民无处休息、活动，进行交流，游客无法游览。
将地块内无保留价值的建筑拆除，开辟为公共空间或者绿地，以增大休憩活动、交流空间。
地块内绿化率低，集中绿化少，古树保护措施不够。
保留原有古树，植入新增树木，将树木与公共空间和绿地结合。
不同人群对地块的的分析
STEP
STEP.1
STEP.2
STEP.3
STEP.4
STEP.5
STEP.6
政府
建筑师
媒体
投资人
消费者
结果
不同人群在地块内的活动
活动类别
休 憩
交 流
游览观光
健 身
文化活动
活动主体
老年为主
老年为主
游 客
老年为主
青年老年
活动时间
白 天
白 天
全 天
清晨傍晚
业 余
活动空间类型
半开放小空间
各类空间
开放空间
开放空间
开放空间
活动空间特点
舒适易达
舒适开敞
种类丰富
安全舒适
种类丰富
方案>>形成步骤分析
按照人均1m² 计算共需5100 m² 公共空间
拆除保留价值低的建筑，加入公共空间
通过路径串联成空间体系
step1：优先梳理出现存大型公共空间和人流聚集点，适度改造。
step2：根据老人小孩每步行300～400m需要公共空间绘制网格，由服务半径并结合地块内现有公共空间的特点，加入新的公共空间。
step3：在地块中挑选保留价值低的建筑拆除后，并结合街巷格局的肌理，加入小型公共空间。
step4：通过合理的路径，把公共空间串联起来。

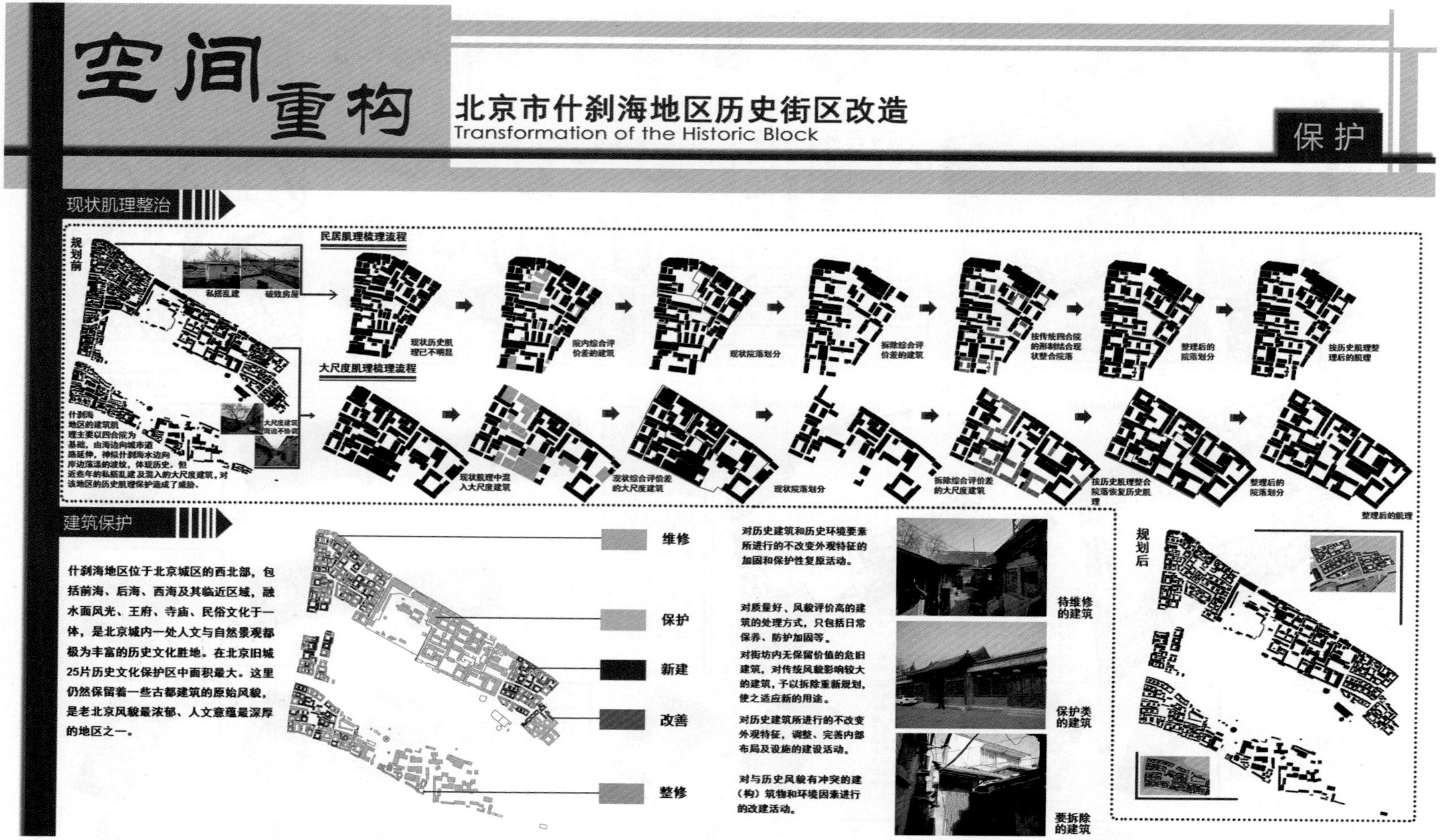

空间重构

北京市什刹海地区历史街区改造

Transformation of the Historic Block

保护

现状肌理整治

规划前

私搭乱建

破败房屋

大尺度建筑周边不协调

什刹海地区的建筑肌理主要以四合院为基础，由海边向城市道路延伸，神似什刹海水边向岸边荡漾的波纹，体现历史。但近些年的私搭乱建及混入的大尺度建筑，对该地区的历史肌理保护造成了威胁。

民居肌理梳理流程

现状历史肌理已不明显 → 院内综合评价差的建筑 → 现状院落划分 → 拆除综合评价差的建筑 → 按传统四合院的形制结合现状整合院落 → 整理后的院落划分 → 按历史肌理整理后的肌理

大尺度肌理梳理流程

现状肌理中混入大尺度建筑 → 现状综合评价差的大尺度建筑 → 现状院落划分 → 拆除综合评价差的大尺度建筑 → 按历史肌理整合院落恢复历史肌理 → 整理后的院落划分 → 整理后的肌理

规划后

建筑保护

什刹海地区位于北京城区的西北部，包括前海、后海、西海及其临近区域，融水面风光、王府、寺庙、民俗文化于一体，是北京城内一处人文与自然景观都极为丰富的历史文化胜地。在北京旧城25片历史文化保护区中面积最大。这里仍然保留着一些古都建筑的原始风貌，是老北京风貌最浓郁、人文意蕴最深厚的地区之一。

维修：对历史建筑和历史环境要素所进行的不改变外观特征的加固和保护性复原活动。

保护：对质量好、风貌评价高的建筑的处理方式，只包括日常保养、防护加固等。

新建：对街坊内无保留价值的危旧建筑，对传统风貌影响较大的建筑，予以拆除重新规划，使之适应新的用途。

改善：对历史建筑所进行的不改变外观特征，调整、完善内部布局及设施的建设活动。

整修：对与历史风貌有冲突的建（构）筑物和环境因素进行的改建活动。

待维修的建筑

保护类的建筑

要拆除的建筑

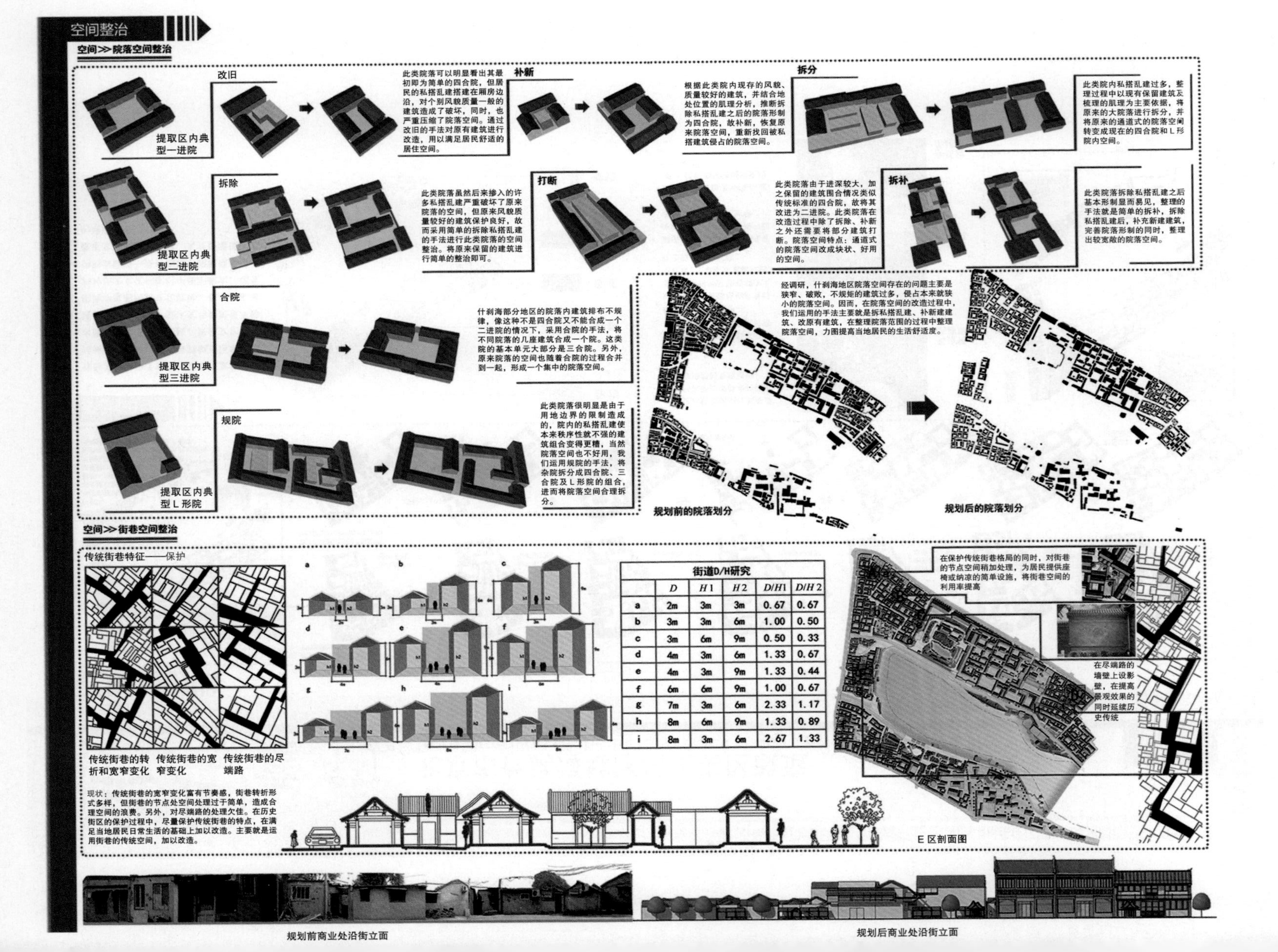

街道D/H研究

	D	H1	H2	D/H1	D/H2
a	2m	3m	3m	0.67	0.67
b	3m	3m	6m	1.00	0.50
c	3m	6m	9m	0.50	0.33
d	4m	3m	6m	1.33	0.67
e	4m	3m	9m	1.33	0.44
f	6m	6m	9m	1.00	0.67
g	7m	3m	6m	2.33	1.17
h	8m	6m	9m	1.33	0.89
i	8m	3m	6m	2.67	1.33

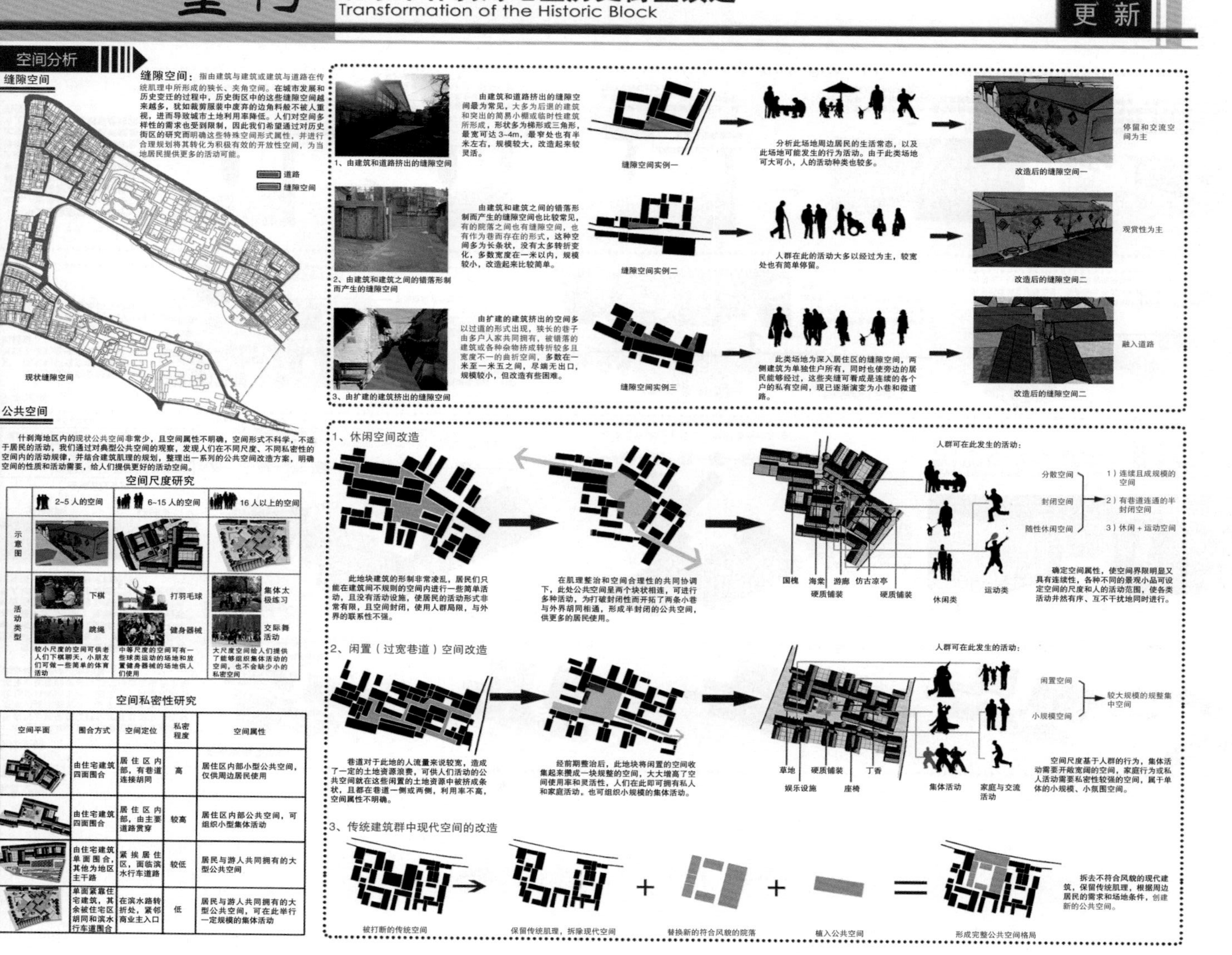

空间平面	围合方式	空间定位	私密程度	空间属性
	由住宅建筑四面围合	居住区内部，有巷道连接胡同	高	居住区内部小型公共空间，仅供周边居民使用
	由住宅建筑四面围合	居住区内部，由主要道路贯穿	较高	居住区内部公共空间，可组织小型集体活动
	由住宅建筑单面围合，其他为地区主干路	紧挨居住区，面临滨水行车道路	较低	居民与游人共同拥有的大型公共空间
	单面紧靠住宅建筑，其余被住宅区胡同和滨水行车道围合	在滨水路转折处，紧邻商业主入口	低	居民与游人共同拥有的大型公共空间，可在此举行一定规模的集体活动

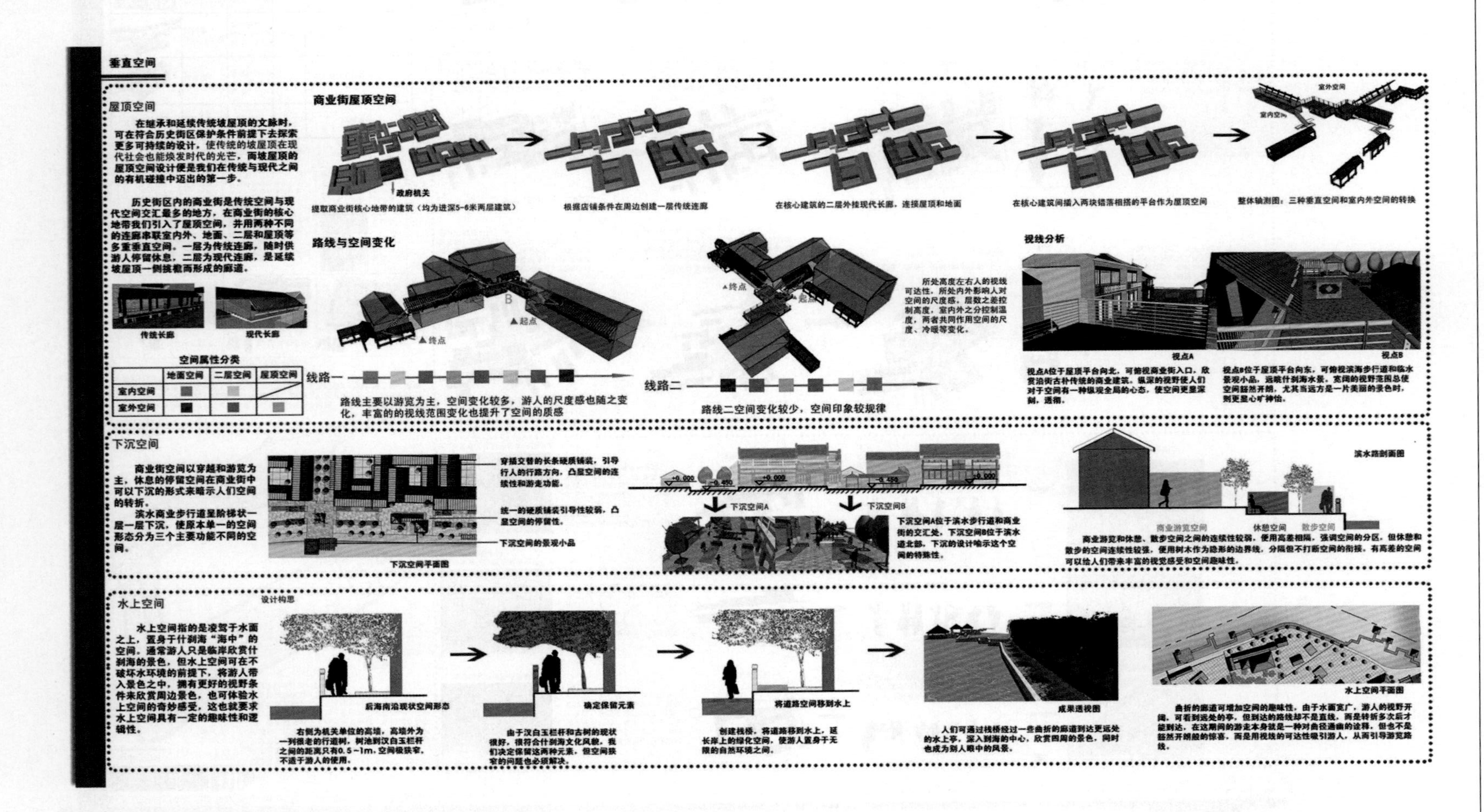
垂直空间
屋顶空间
在继承和延续传统坡屋顶的文脉时，可在符合历史街区保护条件前提下去探索更多可持续的设计，使传统的坡屋顶在现代社会也能焕发时代的光芒，两坡屋顶的屋顶空间设计便是我们在传统与现代之间的有机碰撞中迈出的第一步。
历史街区内的商业街是传统空间与现代空间交汇最多的地方，在商业街的核心地带我们引入了屋顶空间，并用两种不同的连廊串联室内外、地面、二层和屋顶等多重垂直空间。一层为传统连廊，随时供游人停留休息，二层为现代连廊，是延续坡屋顶一侧挑檐而形成的廊道。
传统长廊
现代长廊
空间属性分类
地面空间
二层空间
屋顶空间
室内空间
室外空间
商业街屋顶空间
政府机关
提取商业街核心地带的建筑（均为进深5-6米两层建筑）
根据店铺条件在周边创建一层传统连廊
在核心建筑的二层外挂现代长廊，连接屋顶和地面
在核心建筑间插入两块错落相搭的平台作为屋顶空间
室外空间
室内空间
整体轴测图：三种垂直空间和室内外空间的转换
路线与空间变化
B
▲起点
▲终点
线路一
路线主要以游览为主，空间变化较多，游人的尺度感也随之变化，丰富的的视线范围变化也提升了空间的质感
▲终点
▲起点
所处高度左右人的视线可达性，所处内外影响人对空间的尺度感，层数之差控制高度，室内外之分控制温度，两者共同作用空间的尺度、冷暖等变化。
线路二
路线二空间变化较少，空间印象较规律
视线分析
视点A
视点B
视点A位于屋顶平台向北，可俯视商业街入口，欣赏沿街古朴传统的商业建筑。纵深的视野使人们对于空间有一种纵观全局的心态，使空间更显深刻，透彻。
视点B位于屋顶平台向东，可俯视滨海步行道和临水景观小品，远眺什刹海水景。宽阔的视野范围总使空间豁然开朗，尤其当远方是一片美丽的景色时，则更显心旷神怡。
下沉空间
商业街空间以穿越和游览为主，休息的停留空间在商业街中可以下沉的形式来暗示人们空间的转折。
滨水商业步行道呈阶梯状一层一层下沉，使原本单一的空间形态分为三个主要功能不同的空间。
穿插交替的长条硬质铺装，引导行人的行路方向，凸显空间的连续性和游走功能。
统一的硬质铺装引导性较弱，凸显空间的停留性。
下沉空间的景观小品
下沉空间平面图
+0.000
-0.450
下沉空间A
下沉空间B
下沉空间A位于滨水步行道和商业街的交汇处，下沉空间B位于滨水道北部，下沉的设计暗示这个空间的特殊性。
滨水路剖面图
商业游览空间
休憩空间
散步空间
商业游览和休憩、散步空间之间的连续性较弱，使用高差相隔，强调空间的分区，但休憩和散步的空间连续性较强，使用树木作为隐形的边界线，分隔但不打断空间的衔接。有高差的空间可以给人们带来丰富的视觉感受和空间趣味性。
水上空间
设计构思
水上空间指的是凌驾于水面之上，置身于什刹海“海中”的空间。通常游人只是临岸欣赏什刹海的景色，但水上空间可在不破坏水环境的前提下，将游人带入景色之中，拥有更好的视野条件来欣赏周边景色，也可体验水上空间的奇妙感受，这也就要求水上空间具有一定的趣味性和逻辑性。
后海南沿现状空间形态
右侧为机关单位的高墙，高墙外为一列很老的行道树，树池到汉白玉栏杆之间的距离只有0.5~1m，空间极狭窄，不适于游人的使用。
确定保留元素
由于汉白玉栏杆和古树的现状很好，很符合什刹海文化风貌，我们决定保留这两种元素，但空间狭窄的问题也必须解决。
将道路空间移到水上
创建栈桥，将道路移到水上，延长岸上的绿化空间，使游人置身于无限的自然环境之间。
成果透视图
人们可通过栈桥经过一些曲折的廊道到达更远处的水上亭，深入到海的中心，欣赏四周的景色，同时也成为别人眼中的风景。
水上空间平面图
曲折的廊道可增加空间的趣味性，由于水面宽广，游人的视野开阔，可看到远处的亭，但到达的路线却不是直线，而是转折多次后才能到达，在这期间的游走本身就是一种对曲径通幽的诠释，但也不是豁然开朗般的惊喜，而是用视线的可达性吸引游人，从而引导游览路线。

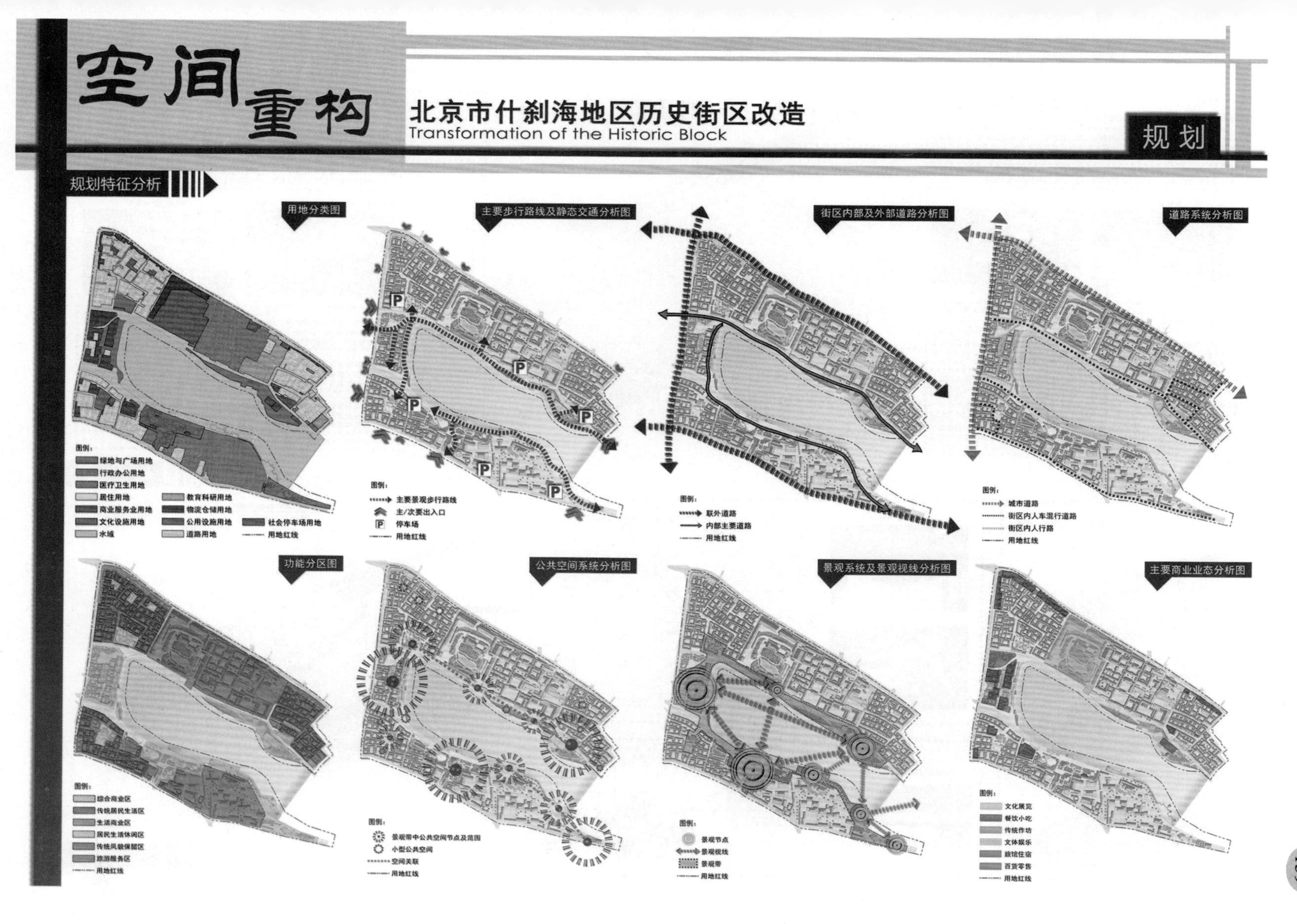
空间重构
北京市什刹海地区历史街区改造
Transformation of the Historic Block
规划
规划特征分析
用地分类图
图例：
绿地与广场用地
行政办公用地
医疗卫生用地
居住用地
商业服务业用地
文化设施用地
水域
教育科研用地
物流仓储用地
公用设施用地
道路用地
社会停车场用地
用地红线
主要步行路线及静态交通分析图
图例：
主要景观步行路线
主/次要出入口
停车场
用地红线
街区内部及外部道路分析图
图例：
联外道路
内部主要道路
用地红线
道路系统分析图
图例：
城市道路
街区内人车混行道路
街区内人行道路
用地红线
功能分区图
图例：
综合商业区
传统居民生活区
生活商业区
居民生活休闲区
传统风貌保留区
旅游服务区
用地红线
公共空间系统分析图
图例：
景观带中公共空间节点及范围
小型公共空间
空间关联
用地红线
景观系统及景观视线分析图
图例：
景观节点
景观视线
景观带
用地红线
主要商业业态分析图
图例：
文化展览
餐饮小吃
传统作坊
文体娱乐
旅馆住宿
百货零售
用地红线

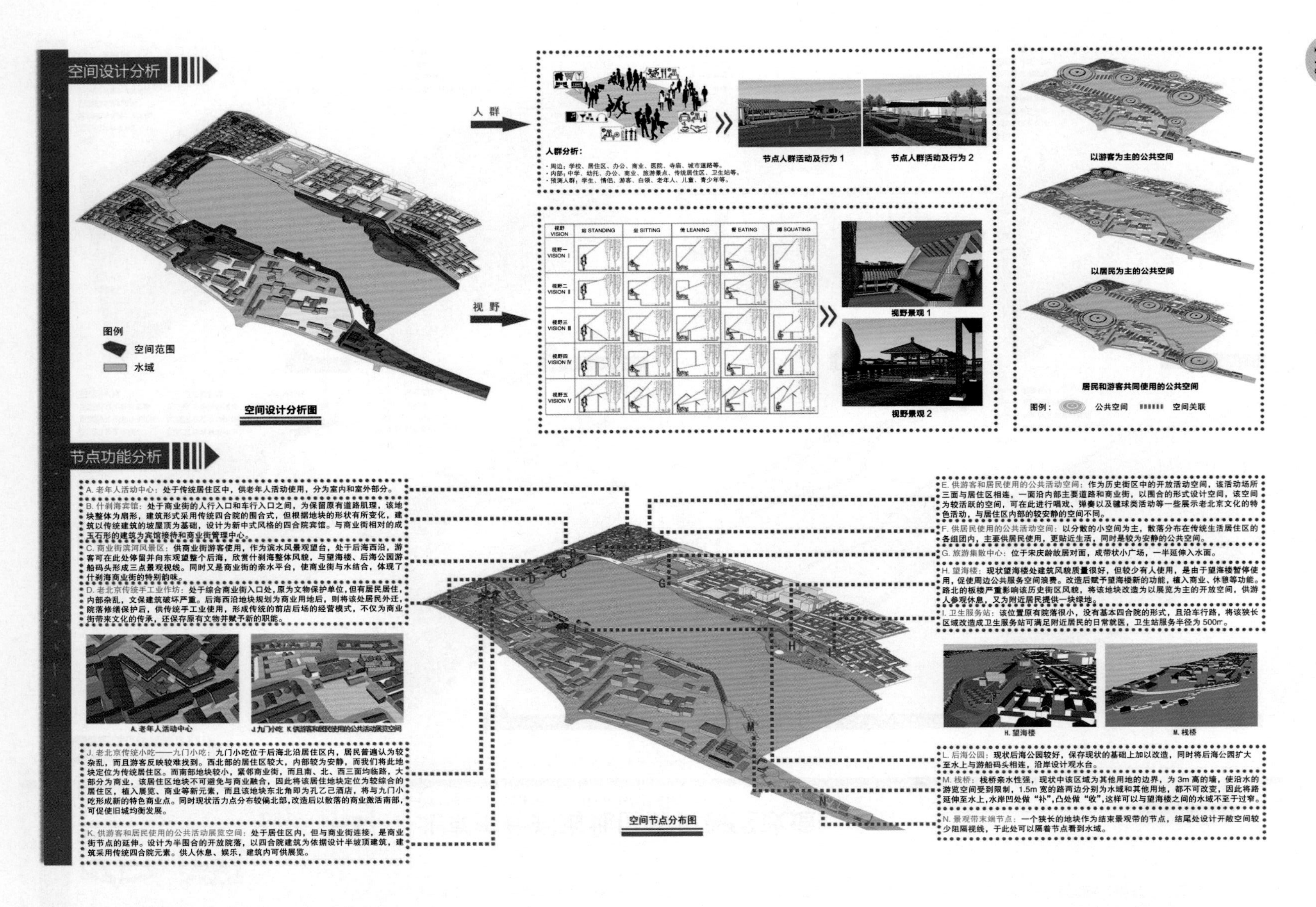
空间设计分析
图例
空间范围
水域
空间设计分析图
人群
人群分析：
· 周边：学校、居住区、办公、商业、医院、寺庙、城市道路等。
· 内部：中学、幼托、办公、商业、旅游景点、传统居住区、卫生站等。
· 预测人群：学生、情侣、游客、白领、老年人、儿童、青少年等。
节点人群活动及行为 1
节点人群活动及行为 2
视野
视野 VISION
站 STANDING
坐 SITTING
倚 LEANING
餐 EATING
蹲 SQUATING
视野一 VISION Ⅰ
视野二 VISION Ⅱ
视野三 VISION Ⅲ
视野四 VISION Ⅳ
视野五 VISION Ⅴ
视野景观 1
视野景观 2
以游客为主的公共空间
以居民为主的公共空间
居民和游客共同使用的公共空间
图例： 公共空间 空间关联
节点功能分析
A. 老年人活动中心：处于传统居住区中，供老年人活动使用，分为室内和室外部分。
B. 什刹海宾馆：处于商业街的人行入口和车行入口之间，为保留原有道路肌理，该地块整体为扇形，建筑形式采用传统四合院的围合式，但根据地块的形状有所变化，建筑以传统建筑的坡屋顶为基础，设计为新中式风格的四合院宾馆。与商业街相对的成玉石形的建筑为宾馆接待和商业街管理中心。
C. 商业街滨河风景区：供商业街游客使用，作为滨水风景观望台，处于后海西沿，游客可在此处停留并向东观望整个后海，欣赏什刹海整体风貌，与望海楼、后海公园游船码头形成三点景观视线。同时又是商业街的亲水平台，使商业街与水结合，体现了什刹海商业街的特别韵味。
D. 老北京传统手工业作坊：处于综合商业街入口处，原为文物保护单位，但有居民居住，内部杂乱，文保建筑破坏严重。后海西沿地块规划为商业用地后，则将该处居民外迁，院落修缮保护后，供传统手工业使用，形成传统的前店后场的经营模式，不仅为商业街带来文化的传承，还保存原有文物并赋予新的职能。
A. 老年人活动中心
J. 九门小吃 K. 供游客和居民使用的公共活动展览空间
J. 老北京传统小吃——九门小吃：九门小吃位于后海北沿居住区内，居民普遍认为较杂乱，而且游客反映较难找到。西北部的居住区较大，内部较为安静，而我们将此地块定位为传统居住区。而南部地块较小，紧邻商业街，而且南、北、西三面均临路，大部分为商业，该居住区地块不可避免与商业融合，因此将该居住地块定位为较综合的居住区，植入展览、商业等新元素，而且该地块东北角即为孔乙己酒店，将与九门小吃形成新的特色商业点。同时现状活力点分布较偏北部，改造后以散落的商业激活南部，可促使旧城均衡发展。
K. 供游客和居民使用的公共活动展览空间：处于居住区内，但与商业街连接，是商业街节点的延伸。设计为半围合的开放院落，以四合院建筑为依据设计半坡顶建筑，建筑采用传统四合院元素。供人休息、娱乐，建筑内可供展览。
空间节点分布图
E. 供游客和居民使用的公共活动空间：作为历史街区中的开放活动空间，该活动场所三面与居住区相连，一面沿内部主要道路和商业街，以围合的形式设计空间，该空间为较活跃的空间，可在此进行唱戏、弹奏以及毽球类活动等一些展示老北京文化的特色活动，与居住区内部的较安静的空间不同。
F. 供居民使用的公共活动空间：以分散的小空间为主，散落分布在传统生活居住区的各组团内，主要供居民使用，更贴近生活，同时是较为安静的公共空间。
G. 旅游集散中心：位于宋庆龄故居对面，成带状小广场，一半延伸入水面。
H. 望海楼：现状望海楼处建筑风貌质量很好，但较少有人使用，是由于望海楼暂停使用，促使周边公共服务空间浪费。改造后赋予望海楼新的功能，植入商业、休憩等功能。路北的板楼严重影响该历史街区风貌，将该地块改造为以展览为主的开放空间，供游人参观休息，又为附近居民提供一块绿地。
I. 卫生服务站：该位置原有院落很小，没有基本四合院的形式，且沿车行路，将该狭长区域改造成卫生服务站可满足附近居民的日常就医，卫生站服务半径为 500m。
H. 望海楼
M. 栈桥
L. 后海公园：现状后海公园较好，保存现状的基础上加以改造，同时将后海公园扩大至水上与游船码头相连，沿岸设计观水台。
M. 栈桥：栈桥亲水性强，现状中该区域为其他用地的边界，为 3m 高的墙，使沿水的游览空间受到限制，1.5m 宽的路两边分别为水域和其他用地，都不可改变，因此将路延伸至水上，水岸凹处做“补”，凸处做“收”，这样可以与望海楼之间的水域不至于过窄。
N. 景观带末端节点：一个狭长的地块作为结束景观带的节点，结尾处设计开敞空间较少阻隔视线，于此处可以隔着节点看到水域。

5

空间 重构

北京市什刹海地区历史街区改造

Transformation of the Historic Block

成果

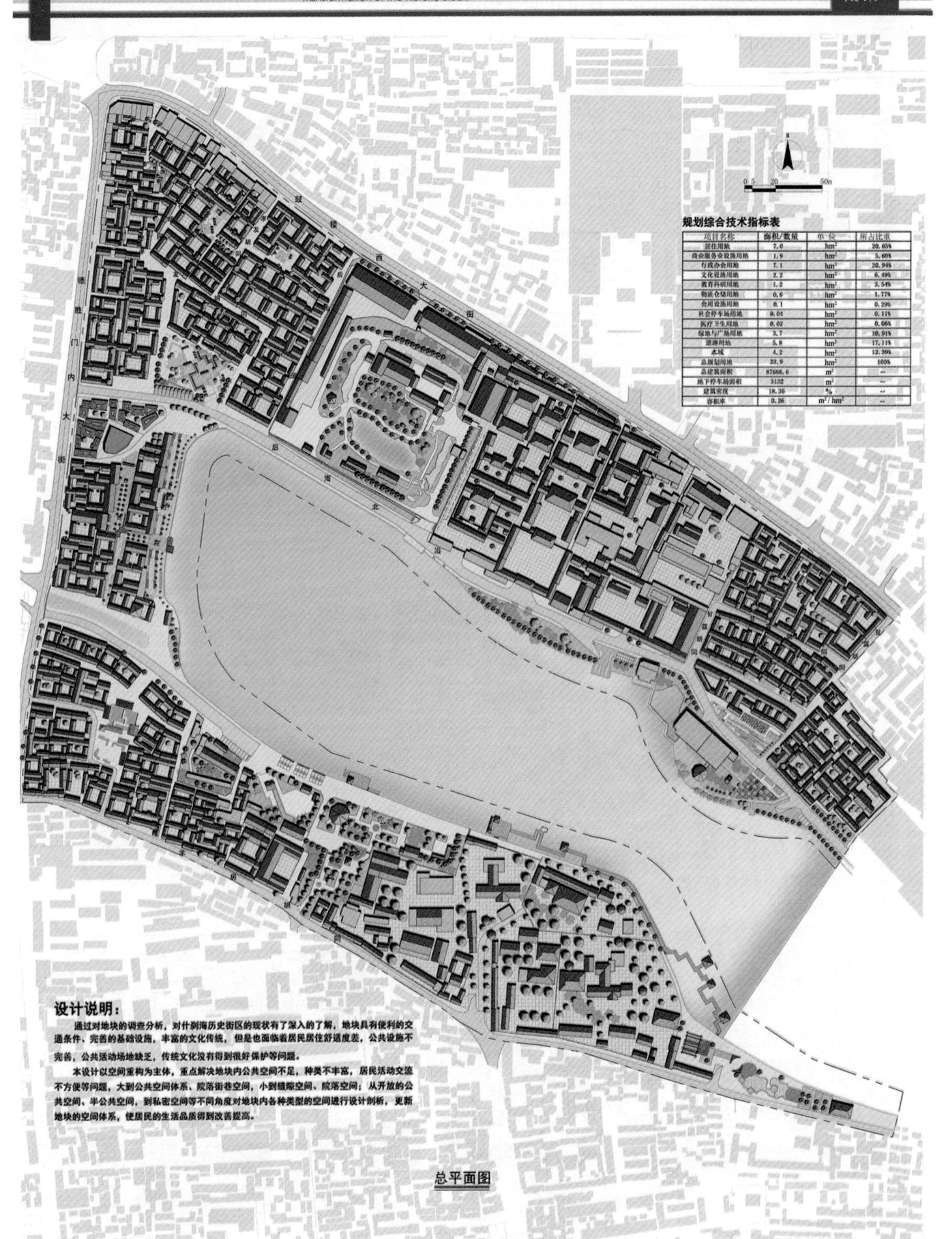

鼓楼西大街
德胜门内大街
后海北沿
0 5 20 50m
设计说明：
通过对地块的调查分析，对什刹海历史街区的现状有了深入的了解，地块具有便利的交通条件、完善的基础设施，丰富的文化传统，但是也面临着居民居住舒适度差，公共设施不完善，公共活动场地缺乏，传统文化没有得到很好保护等问题。
本设计以空间重构为主体，重点解决地块内公共空间不足，种类不丰富，居民活动交流不方便等问题，大到公共空间体系、院落街巷空间，小到缝隙空间、院落空间；从开放的公共空间、半公共空间，到私密空间等不同角度对地块内各种类型的空间进行设计剖析，更新地块的空间体系，使居民的生活品质得到改善提高。

规划综合技术指标表

项目名称	面积/数量	单位	所占比重
居住用地	7.0	hm^2	20.65%
商业服务业设施用地	1.9	hm^2	5.60%
行政办公用地	7.1	hm^2	20.94%
文化设施用地	2.2	hm^2	6.49%
教育科研用地	1.2	hm^2	3.54%
物流仓储用地	0.6	hm^2	1.77%
公用设施用地	0.1	hm^2	0.29%
社会停车场用地	0.04	hm^2	0.11%
医疗卫生用地	0.02	hm^2	0.06%
绿地与广场用地	3.7	hm^2	10.91%
道路用地	5.8	hm^2	17.11%
水域	4.2	hm^2	12.39%
总规划用地	33.9	hm^2	100%
总建筑面积	87666.6	m^2	--
地下停车场面积	3132	m^2	--
建筑密度	18.36	%	--
容积率	0.26	m^2/hm^2	--

总平面图

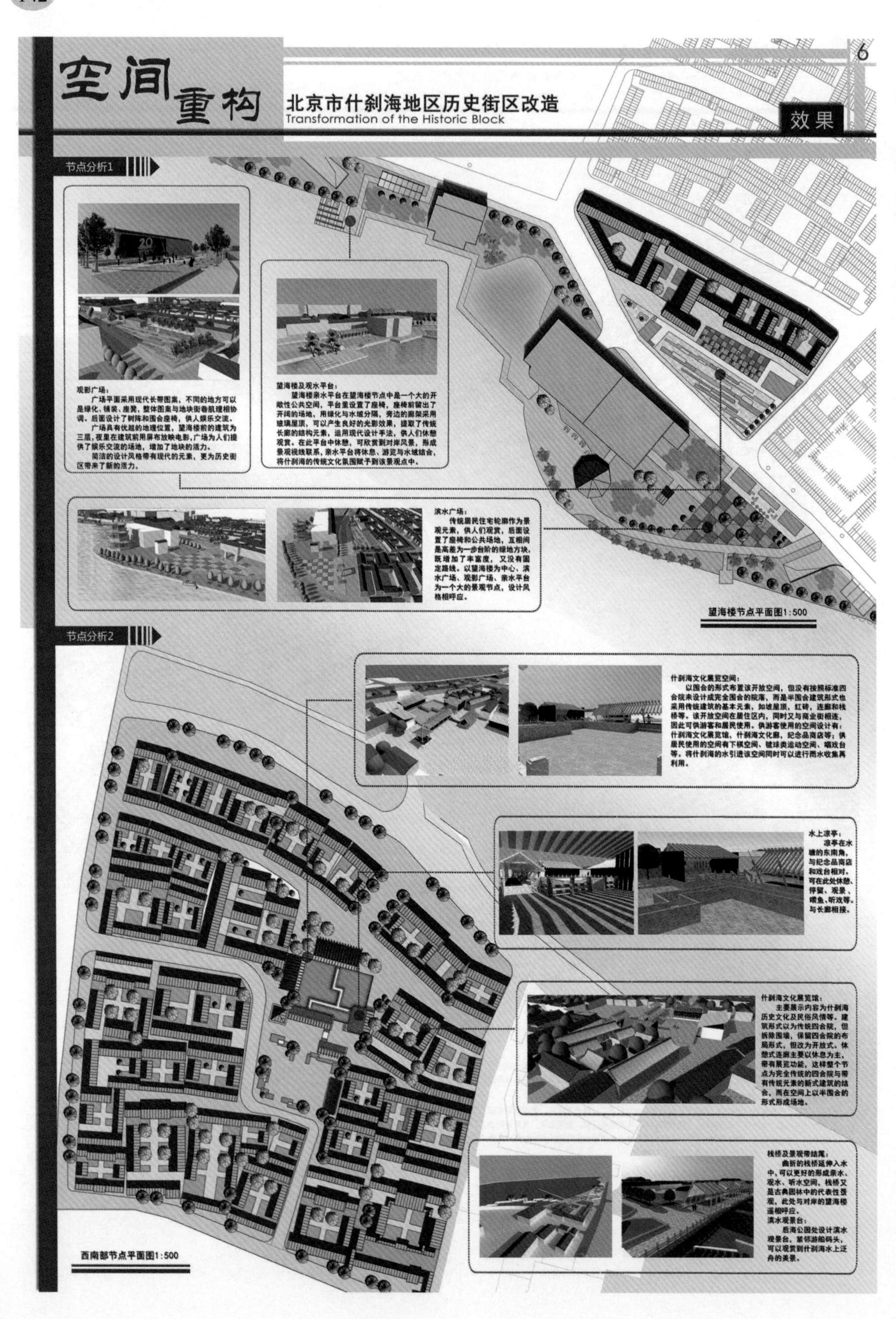
空间重构
北京市什刹海地区历史街区改造
Transformation of the Historic Block
6
效果
节点分析1
观影广场：
广场平面采用现代长带图案，不同的地方可以是绿化、铺装、座凳，整体图案与地块街巷肌理相协调。后面设计了树阵和围合座椅，供人娱乐交流。
广场具有优越的地理位置，望海楼前的建筑为三层，夜里在建筑前用屏布放映电影，广场为人们提供了娱乐交流的场地，增加了地块的活力。
简洁的设计风格带有现代的元素，更为历史街区带来了新的活力。
望海楼及观水平台：
望海楼亲水平台在望海楼节点中是一个大的开敞性公共空间，平台里设置了座椅，座椅前留出了开阔的场地，用绿化与水域分隔，旁边的廊架采用玻璃屋顶，可以产生良好的光影效果，提取了传统长廊的结构元素，运用现代设计手法，供人们休憩观赏。在此平台中休憩，可欣赏到对岸风景，形成景观视线联系，亲水平台将休息、游览与水域结合，将什刹海的传统文化氛围赋予到该景观点中。
滨水广场：
传统居民住宅轮廓作为景观元素，供人们观赏，后面设置了座椅和公共场地，互相间是高差为一步台阶的绿地方块，既增加了丰富度，又没有固定路线。以望海楼为中心、滨水广场、观影广场、亲水平台为一个大的景观节点，设计风格相呼应。
望海楼节点平面图1:500
节点分析2
什刹海文化展览空间：
以围合的形式布置该开放空间，但没有按照标准四合院来设计成完全围合的院落，而是半围合建筑形式也采用传统建筑的基本元素，如坡屋顶，红砖，连廊和栈桥等。该开放空间在居住区内，同时又与商业街相连，因此可供游客和居民使用。供游客使用的空间设计有：什刹海文化展览馆，什刹海文化廊，纪念品商店等；供居民使用的空间有下棋空间、毽球类运动空间、唱戏台等。将什刹海的水引进该空间同时可以进行雨水收集再利用。
水上凉亭：
凉亭在水塘的东南角，与纪念品商店和戏台相对。可在此处休憩、停留、观景、喂鱼、听戏等。与长廊相接。
什刹海文化展览馆：
主要展示内容为什刹海历史文化及民俗风情等。建筑形式以为传统四合院，但拆除围墙，保留四合院的布局形式，但改为开放式。休憩式连廊主要以休息为主，带有展览功能，这样整个节点为完全传统的四合院与带有传统元素的新式建筑的结合，而在空间上以半围合的形式形成场地。
栈桥及景观带结尾：
曲折的栈桥延伸入水中，可以更好的形成亲水、观水、听水空间，栈桥又是古典园林中的代表性景观，此处与对岸的望海楼遥相呼应。
滨水观景台：
后海公园处设计滨水观景台，紧邻游船码头，可以观赏到什刹海水上泛舟的美景。
西南部节点平面图1:500

空间重构 北京市什刹海地区历史街区改造

Transformation of the Historic Block

成果

节点分析

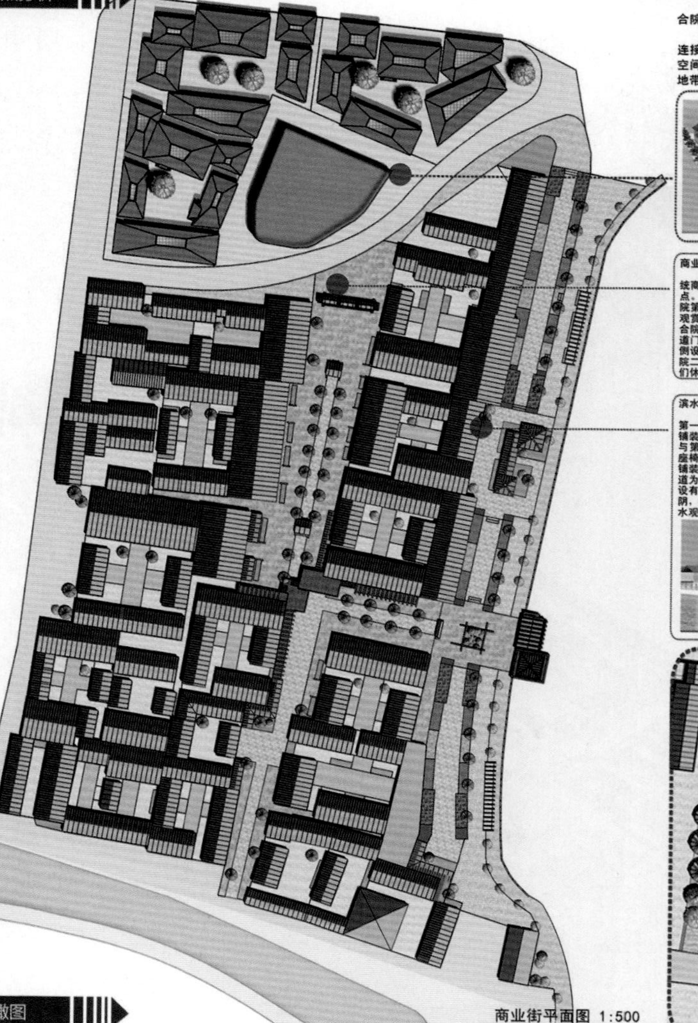

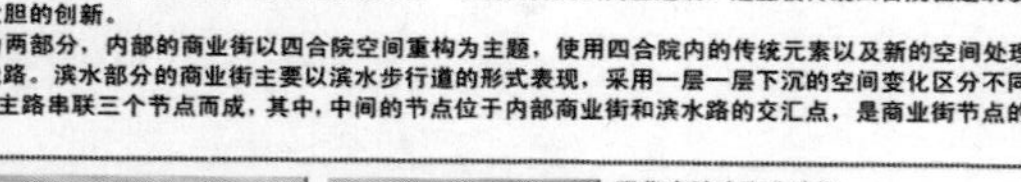

商业街节点设计说明：

车行主入口和人行主入口所夹的地块，我们将其设计为一个现代合院式商业建筑，造型较传统四合院在建筑设计和合院形式上有较为大胆的创新。

商业街主要分为两部分，内部的商业街以四合院空间重构为主题，使用四合院内的传统元素以及新的空间处理手法连接整条街的步行线路。滨水部分的商业街主要以滨水步行道的形式表现，采用一层一层下沉的空间变化区分不同功能空间的界限。由一条主路串联三个节点而成，其中，中间的节点位于内部商业街和滨水路的交汇点，是商业街节点的核心地带。

现代合院式商业建筑

仿照地块内大部分合院建筑模式，在商业街的前街部分设计了现代合院式商业建筑，屋顶形式采用坡屋顶和玻璃窗的形式，合院中间围合形成的庭院成为小型公共空间，功能定位为宾馆。现代设计手法与传统文化元素结合，作为商业街的铺垫和沿街建筑之一，增加商业街前广场的活力。

商业街

商业街前广场开端设计了传统商业街牌楼，成为游人的观赏点。进入牌楼后可看到民居四合院第一道门——如意门，可供游人观赏。迈入如意门，铺装变为四合院传统青砖铺地，一直到第二道门——垂花门。迈入垂花门，两侧设有多段游廊，象征民居四合院二道门内的抄手游廊，可供人们休憩。

滨水商业步行道

步行道分三条路，靠近店铺的第一道为商业步行街，由较华丽的铺装引导；第二道为休息过渡空间，与第一道有高差区别，设有树木座椅供人们休息，采用淡黄色石材铺装，营造轻松温暖的氛围；第三道为滨水步行小路，与第二道之间设有绿化作为隐形边界，行道树遮阴，灰色小方砖铺装创建良好的临水观景效果。

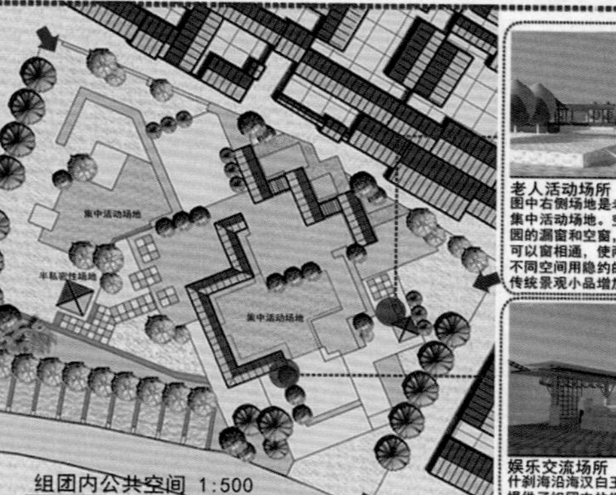

老人活动场所

图中右侧场地是老人下棋场所，左侧为老年人集中活动场地。空间联系的设计中融入苏州留园的漏窗和空窗，使不同空间虽以墙相隔，却可以窗相通，使两边的空间隔而不绝，试图将不同空间用隐约的视线串联起来。组合廊子和传统景观小品增加了浓厚的文化氛围。

娱乐交流场所

什刹海沿海汉白玉栏杆元素与新中式长廊结合，提供了组团内的娱乐交流空间。

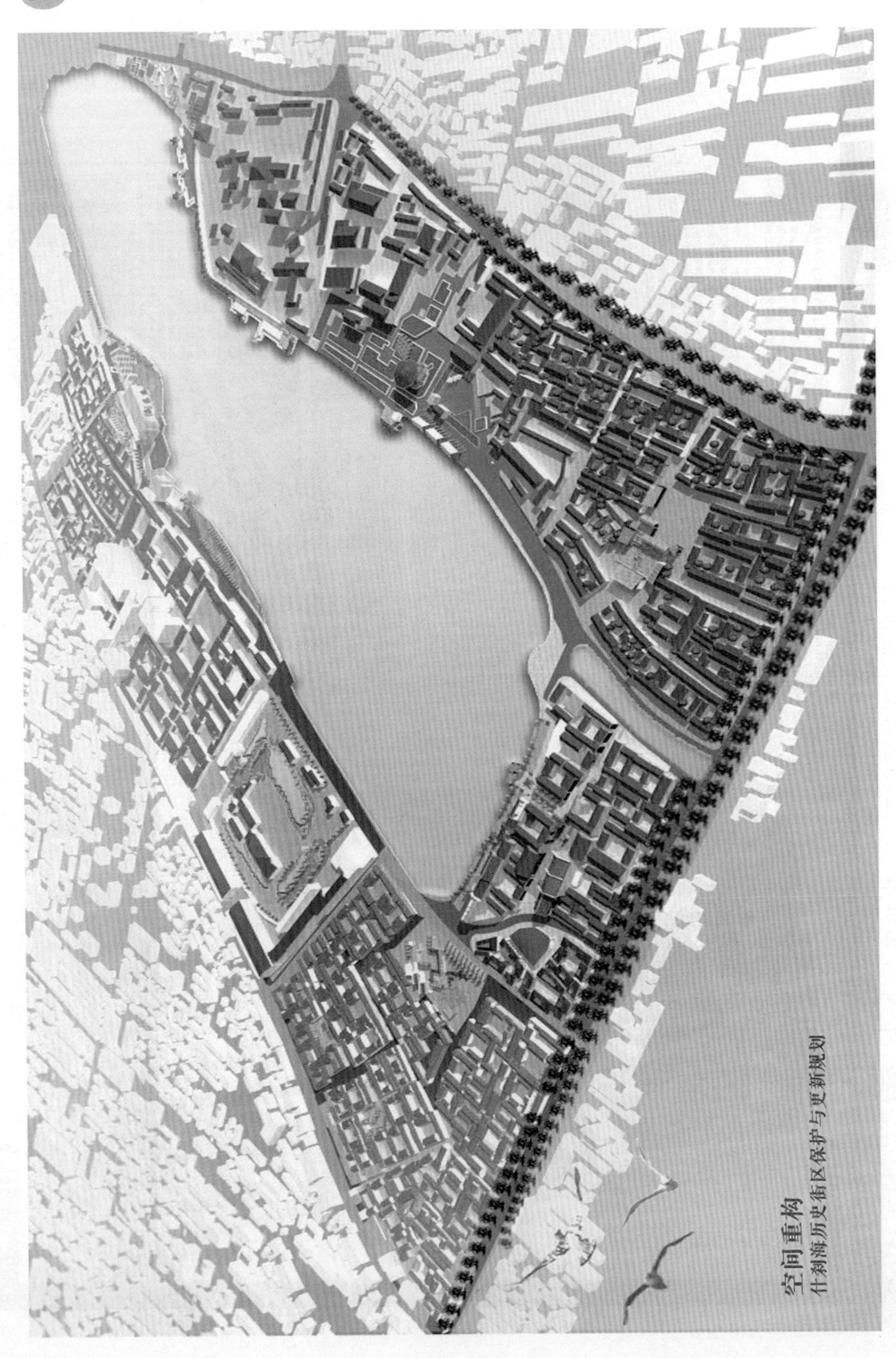
空间重构
什刹海历史街区保护与更新规划

3.3.2 规划方案2

项目完成人员：李浩　邓啸骢　于洋　谷韵　张晶宇　贺宜桢

成果分析：该设计以绿色生态为设计主题，以点、线、面相结合的方式增加区域内的绿色系统，改善居住环境。其中“点”的绿化有以围绕古树展开的交往空间、边缘空间和小型院落空间等；“线”的绿化系统是将不同大小、不同功能的点状绿化用行道树贯穿起来，形成一条滨海景观带；“面”的绿化分布在各个居住单位中，大小不同，形式不同，主题不同，表现手法不同，可营造出不同的交往空间，促进居民的邻里关系。北京什刹海地区历史街区保护规划方案2如下所示。

激活 传统历史街区绿色系统概念设计方案

北京市西城区什刹海传统街区改造与更新规划设计

01

前期调研

区位分析

什刹海景区位于北京城区汇总轴线的西北部，是指前海、后海和西海及其周边地区，总面积约540万平方米，水面占34万平方米，绿地面积11.5万平方米，是北京市25片历史文化保护区中最大的一片。

什刹海的历史发展

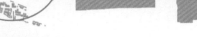

形成期（金元两代）
漕运终点
都城最大的商业繁华区
农耕为主，漕运贸易繁荣

发展期（明中叶至清初）
游览风景之地，"江南水乡"
手工业发展，旅游业兴盛

鼎盛期（清中叶至晚清）
贵族园囿，市民游览之地
重要商业区，商业鼎盛
皇家作坊集中，市民游览

动荡期（民国以后至20世纪70年代末）
政府，单位办公区，居住区
经历战乱，解放后发展工业，商业萧条

复兴期（改革开放以来）
历史文化保护区，旅游区，居住区
规划重整，商业复苏，旅游业发展
恢复水面，部分四合院、胡同被搬迁

改造前图底分析

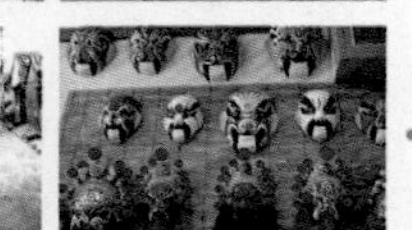

什刹海的地方文化构成

物质文化要素：建筑，包括四合院民居、寺庙、道观、贵族府邸、皇家园囿、庭院别墅、皇城城楼、桥梁；胡同街巷；人工水系；空间结构。

非物质文化要素：经济活动，包括手工作坊、书画交易、茶馆饭堂，现在又出现了酒吧、咖啡厅、胡同游、水上游等新型业态；礼仪规制，晨钟暮鼓；生活方式，老北京饮食习惯；民俗活动，包括后门灯节、城隍出巡、西庙庙会等；文学曲艺、京剧、历史传奇；地名。

物质文化与非物质文化要素相结合：名人故居：宋庆龄故居、郭沫若故居、马海德故居等。

什刹海宏观分析

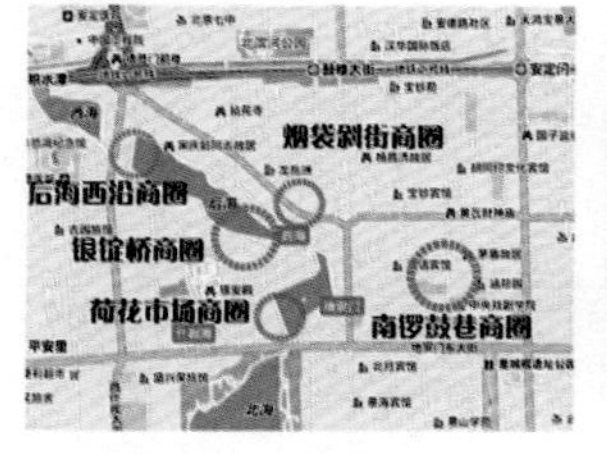

什刹海周边商圈分析：

烟袋斜街和南锣鼓巷商圈：街内大多卖个性服装服饰和特色商品。

银锭桥和荷花市场商圈：圈内不再从事老营生，现已成为十分具有特色的酒吧街。

后海西岸商圈：地点位于调研范围内，距离什刹海商圈的“心脏地段”较远，商业影响力稍弱。

因此，发展该地段的商业潜力，是我们设计目的之一。

公共服务设施的分析：

调研区域周围的公共服务设施基本充足。餐饮设施发展迅速，分布广泛，可满足居民的日常需求。积水潭医院位于地块西侧，距离近，是居民看病的最佳选择。区域内有幼托、小学、中学、什刹海体校，教育资源充足。

但地块内外均缺少娱乐，公共活动的设施，因此，融入新的公共服务设施也是我们设计的内容。

什刹海现状认识及问题分析

现状问题 1——道路拥挤

随着城市发展，汽车量不断增加，街区内经常有汽车随意穿行和路旁停车的现象，一方面给居民的安全带来隐患，另一方面使道路十分拥挤。因此，道路的重新部署是必要的。

现状问题 2——居住质量及环境差

房屋建筑陈旧，居住密度大，私搭乱建严重，缺少绿化，垃圾随处乱丢，环境差。院落规整中要拆除私搭乱建，并融入新的绿色方式，增加绿化率。

现状问题 3——缺少公共空间

地块内除后海公园、沿海健身广场外，没有深入居住区内部的公共空间，人们活动不方便。

现状问题 4——过度商业化

过度商业化导致商业布局凌乱，影响居民的日常生活。例如，餐馆产生的油烟污染附近的空气；酒吧产生的噪声影响居民休息等。

什刹海现状人口及相关的问题

目前，我们所调研的区域共有住房1600户，居住人口达5120人左右。

通过调研可知：什刹海目前的人口特征呈高流动、文化水平低、老龄化的趋势。

1. 中老年居多，年轻人很少，人口比例呈现失调态势。
2. 大量外来人口进驻，原住民流失情况严重，邻里关系越来越陌生。另有居民反映，外来人口大多以租房的形式居住，对建筑或是环境的维护均不到位，这也是什刹海环境差的原因之一。
3. 绝大多数居民收入较低，文化程度较低，居住区内缺乏活力。

SWOT分析

优势S (Strengths)

1.该地区位于北京城区中轴线的西北部，交通便利，地铁、公交站点的设置方便对外联系。
2.周边配套设施（学校、医院等）完备，为居民生活提供便利。
3.该地区是传统的风景区，有燕京小八景“银锭观山”之美称。拥有丰富的民俗资源，具有北京传统建筑的典型特征。
4.具有深厚的历史文化沉淀和传统的商业氛围，具有强大的文化号召力。

劣势W (Weaknesses)

1.传统特色文化逐渐衰退，原有的传统文化没有很好地继承，传统特色文化不被重视。
2.该地区属于老城区，存在很多私搭乱建的现象。
3.建筑质量差，基础设施少，环境脏，缺乏足够的停车场地和绿化。
4.酒吧经常影响居民的日常生活。

机遇O （Opportunities）

1.该地区紧邻银锭桥商圈，荷花市场商圈和烟袋斜街商圈，重整后将带来更多商机，可激活地块的生命力，给更新重构地块功能带来良好契机，因此地区的经济快速发展，土地价值飞速提升。
2.政府和企业的投资为基地施加有力的推动力。
3.对传统文化需求的增加，使该地区有希望成为北京最具特色的地段之一。

挑战T （Threats）

1.如何根本改善居民的生活环境。
2.如何处理居住与商业的关系。
3.如何妥善解决该地区内人行和车行产生的矛盾。
4.如何提高该地区内部的绿化环境。

指导老师:李勤 冯丽　班级:规09-1　小组成员: 李浩 邓啸骢 于洋 谷韵 张晶宇 贺宜桢

激活 传统历史街区绿色系统概念设计方案 02

北京市西城区什刹海传统街区改造与更新规划设计

现状的微观分析

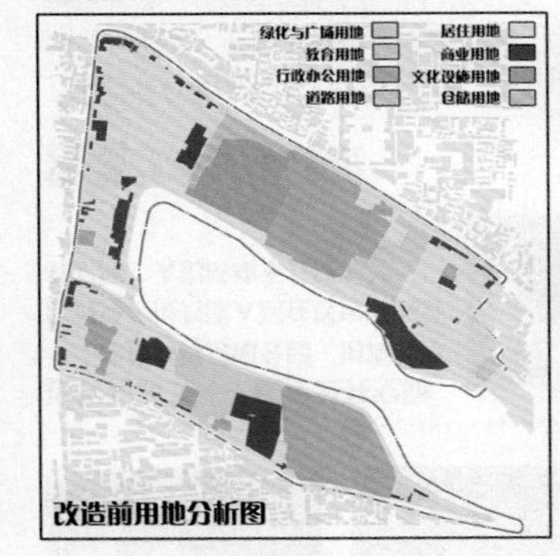

改造前用地分析图

居住功能为主，辅以公共服务功能，功能呈多样性。

渗入不同的商业功能，规模小，人流少。

少量的绿化与广场用地，居民缺少活动，娱乐场地。

改造前道路分析图

地块左上角处有地铁2号线，交通便利。地块周边人流量大，有商业潜力。

道路宽度普遍偏窄，汽车融入后，更拥挤，存在安全隐患。

风貌评定分析图

质量评定分析图

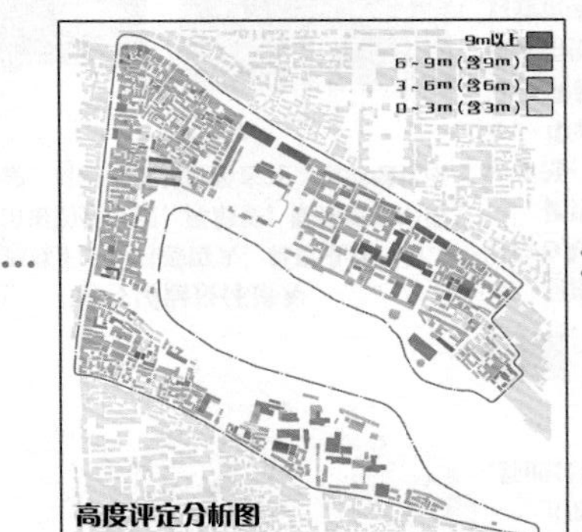

高度评定分析图

拆建比分析图

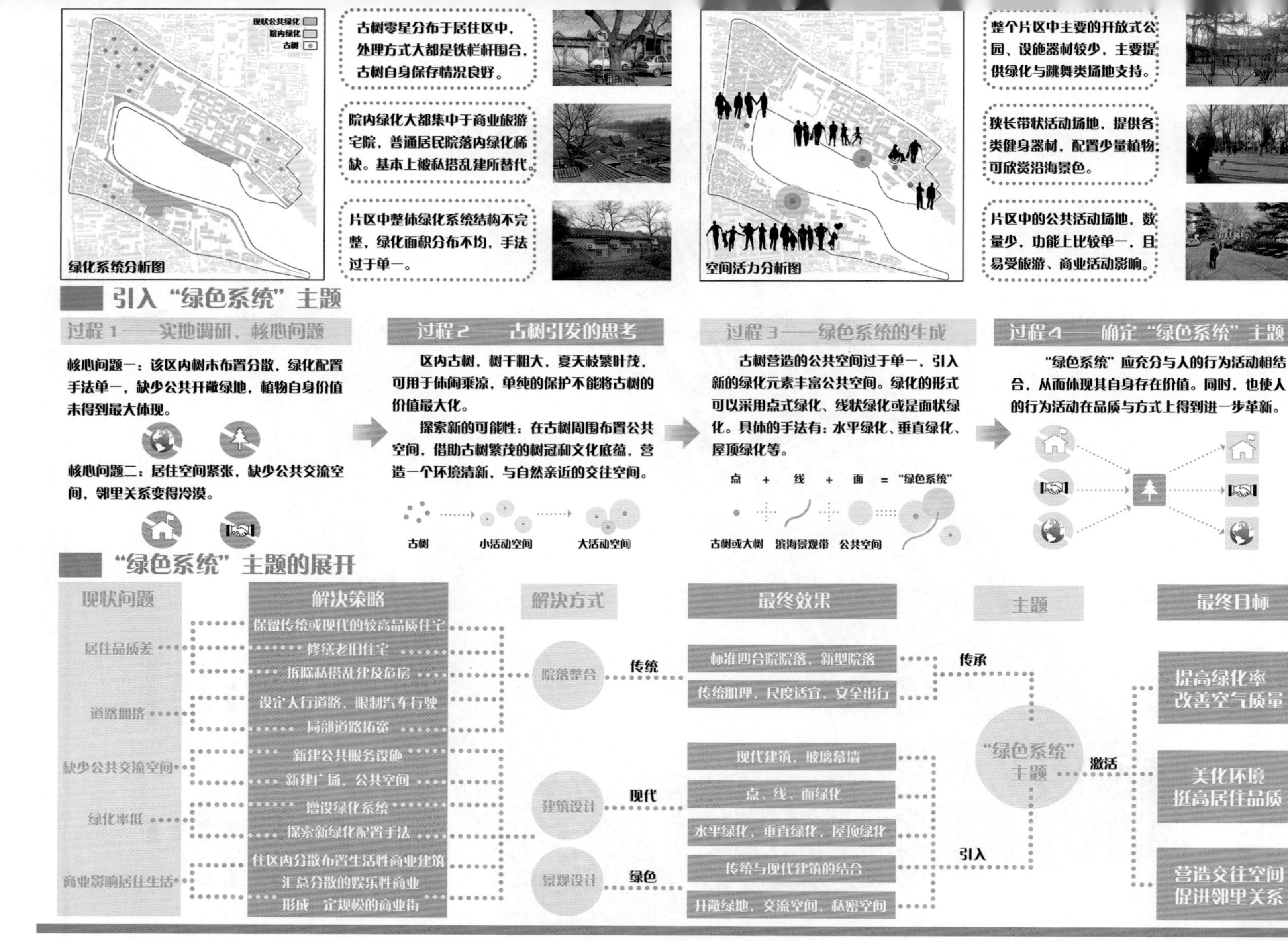
现状公共绿化
院内绿化
古树
绿化系统分析图
古树零星分布于居住区中，外理方式大都是铁栏杆围合，古树自身保存情况良好。
院内绿化大都集中于商业旅游宅院，普通居民院落内绿化稀缺。基本上被私搭乱建所替代。
片区中整体绿化系统结构不完整，绿化面积分布不均，手法过于单一。
空间活力分析图
整个片区中主要的开放式公园、设施器材较少，主要提供绿化与跳舞类场地支持。
狭长带状活动场地，提供各类健身器材，配置少量植物，可欣赏沿海景色。
片区中的公共活动场地，数量少，功能上比较单一，且易受旅游、商业活动影响。
引入“绿色系统”主题
过程1——实地调研，核心问题
核心问题一：该区内树木布置分散，绿化配置手法单一，缺少公共开敞绿地，植物自身价值未得到最大体现。
核心问题二：居住空间紧张，缺少公共交流空间，邻里关系变得冷漠。
过程2——古树引发的思考
区内古树，树干粗大，夏天枝繁叶茂，可用于休闲乘凉，单纯的保护不能将古树的价值最大化。
探索新的可能性：在古树周围布置公共空间，借助古树繁茂的树冠和文化底蕴，营造一个环境清新，与自然亲近的交往空间。
古树
小活动空间
大活动空间
过程3——绿色系统的生成
古树营造的公共空间过于单一，引入新的绿化元素丰富公共空间。绿化的形式可以采用点式绿化、线状绿化或是面状绿化。具体的手法有：水平绿化、垂直绿化、屋顶绿化等。
点 + 线 + 面 = “绿色系统”
古树或大树
滨海景观带
公共空间
过程4——确定“绿色系统”主题
“绿色系统”应充分与人的行为活动相结合，从而体现其自身存在价值。同时，也使人的行为活动在品质与方式上得到进一步革新。
“绿色系统”主题的展开
现状问题
居住品质差
道路拥挤
缺少公共交流空间
绿化率低
商业影响居住生活
解决策略
保留传统或现代的较高品质住宅
修缮老旧住宅
拆除私搭乱建及危房
设定人行道路，限制汽车行驶
局部道路拓宽
新建公共服务设施
新建广场、公共空间
增设绿化系统
探索新绿化配置手法
住区内分散布置生活性商业建筑
汇总分散的娱乐性商业
形成一定规模的商业街
解决方式
院落整合
建筑设计
景观设计
传统
现代
绿色
最终效果
标准四合院院落，新型院落
传统肌理，尺度适宜，安全出行
现代建筑，玻璃幕墙
点、线、面绿化
水平绿化，垂直绿化，屋顶绿化
传统与现代建筑的结合
开敞绿地，交流空间，私密空间
主题
传承
“绿色系统”主题
激活
引入
最终目标
提高绿化率
改善空气质量
美化环境
提高居住品质
营造交往空间
促进邻里关系
指导老师:李勤 冯丽 班级:规09-1 小组成员:李浩 邓啸骢 于洋 谷韵 张晶宇 贺宜桢

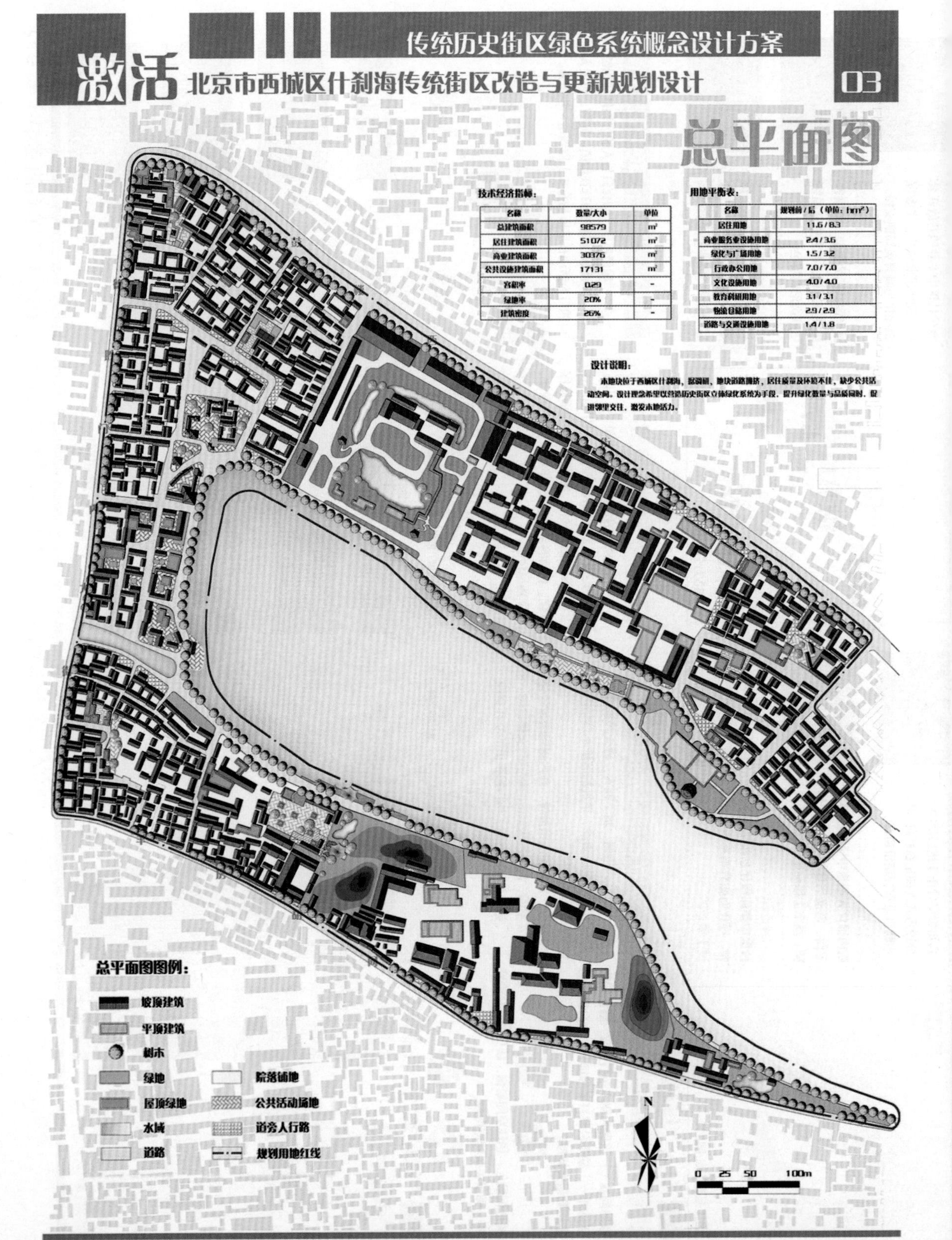
传统历史街区绿色系统概念设计方案
激活
北京市西城区什刹海传统街区改造与更新规划设计
03
总平面图
技术经济指标：
名称 数量/大小 单位
总建筑面积 98579 m²
居住建筑面积 51072 m²
商业建筑面积 30376 m²
公共设施建筑面积 17131 m²
容积率 0.29 -
绿地率 20% -
建筑密度 26% -
用地平衡表：
名称 规划前/后（单位：hm²）
居住用地 11.6/8.3
商业服务业设施用地 2.4/3.6
绿化与广场用地 1.5/3.2
行政办公用地 7.0/7.0
文化设施用地 4.0/4.0
教育科研用地 3.1/3.1
物流仓储用地 2.9/2.9
道路与交通设施用地 1.4/1.8
设计说明：
本地块位于西城区什刹海，据调研，地块道路拥挤，居住质量及环境不佳，缺少公共活动空间。设计理念希望以营造历史街区立体绿化系统为手段，提升绿化数量与品质同时，促进邻里交往，激发本地活力。
总平面图图例：
坡顶建筑
平顶建筑
树木
绿地
院落铺地
屋顶绿地
公共活动场地
水域
道旁人行路
道路
规划用地红线
N
0 25 50 100m
指导老师：李勤 冯丽 班级：规09-1 小组成员：李浩 邓啸骢 于洋 谷韵 张晶宇 贺宜桢

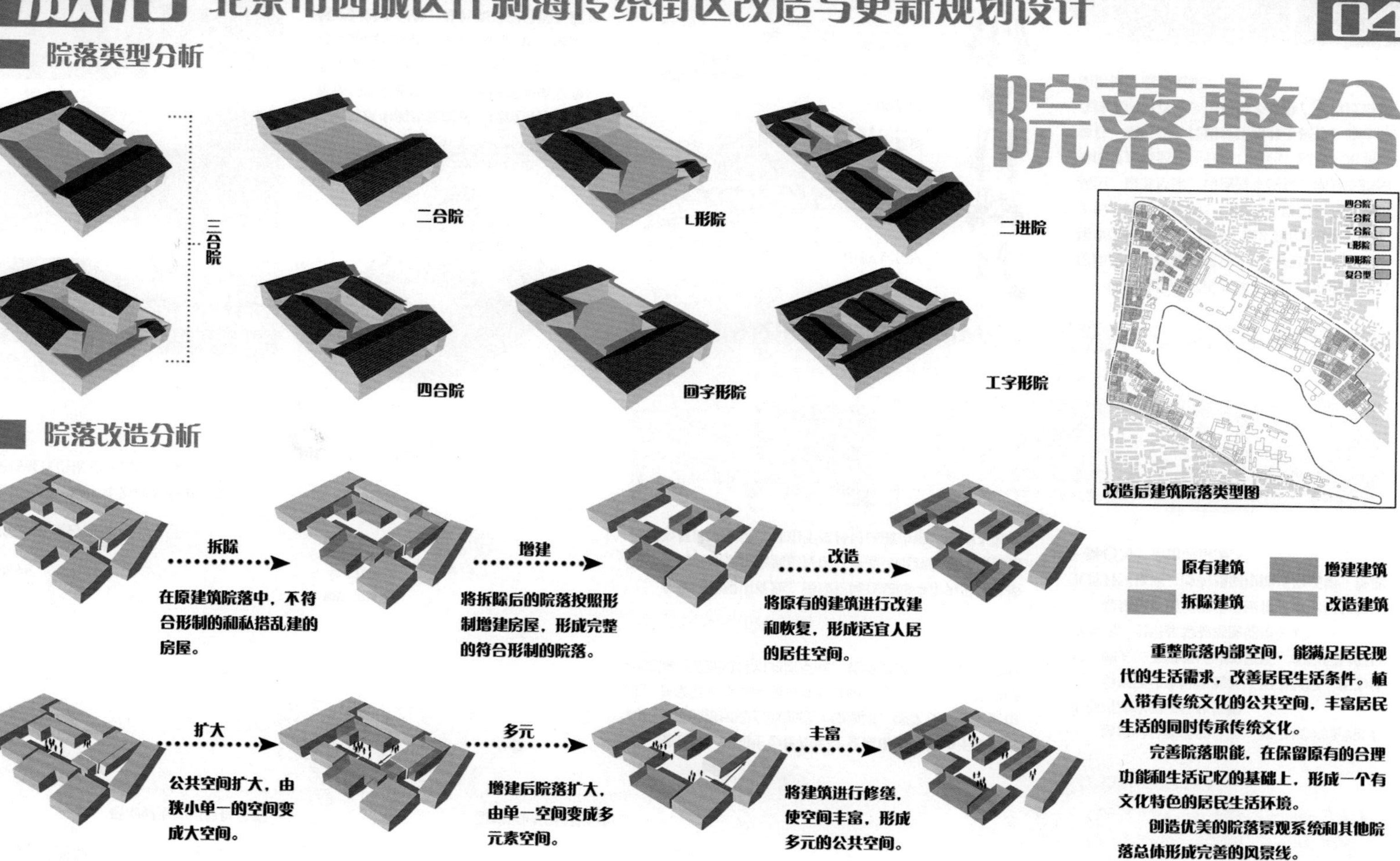
激活
传统历史街区绿色系统概念设计方案
北京市西城区什刹海传统街区改造与更新规划设计
04
院落类型分析
三合院
二合院
L形院
二进院
四合院
回字形院
工字形院
院落整合
四合院
三合院
二合院
L形院
回形院
复合型
改造后建筑院落类型图
院落改造分析
拆除
在原建筑院落中，不符合形制的和私搭乱建的房屋。
增建
将拆除后的院落按照形制增建房屋，形成完整的符合形制的院落。
改造
将原有的建筑进行改建和恢复，形成适宜人居的居住空间。
扩大
公共空间扩大，由狭小单一的空间变成大空间。
多元
增建后院落扩大，由单一空间变成多元素空间。
丰富
将建筑进行修缮，使空间丰富，形成多元的公共空间。
原有建筑
增建建筑
拆除建筑
改造建筑
重整院落内部空间，能满足居民现代的生活需求，改善居民生活条件。植入带有传统文化的公共空间，丰富居民生活的同时传承传统文化。
完善院落职能，在保留原有的合理功能和生活记忆的基础上，形成一个有文化特色的居民生活环境。
创造优美的院落景观系统和其他院落总体形成完善的风景线。

绿色系统

绿色系统分析——“点”

选取典型的居住区分析

边缘空间的具体分析

点状绿色系统分布图

绿色系统中：“点”作为最基本的要素，一般体现在边缘空间和院内绿化上。

院内绿化的具体分析

① 引入边缘空间的概念

现阶段，胡同主要作用仍是交通功能，但由于所有胡同按一定的宽度和方向铺设了柏油路，强化了原有交通功能，剩余很多没有明确功能属性的空间，因此，去掉胡同中交通功能那部分柏油路空间，其他剩余空间称边缘空间。

② 边缘空间的现状

在实际调研中发现，边缘空间在胡同中作为个体领地的主要利用方式是增加房屋居住面积或搭建简易用房储物。而作为群体的领地大都用于某种具体的功能，如晾衣服等。

③ 边缘空间的利用

结合绿色系统的主题，将边缘空间改造为小型活动空间或绿化场地。

小型活动空间可服务于周边居民，作为休息、聊天、下棋等活动的场所，丰富居民的日常生活，引导积极和谐的邻里关系。

绿化场地可采用垂直绿化、水平绿化的方式提升绿化率，改善胡同中的环境质量，营造一种自然、亲切的氛围。

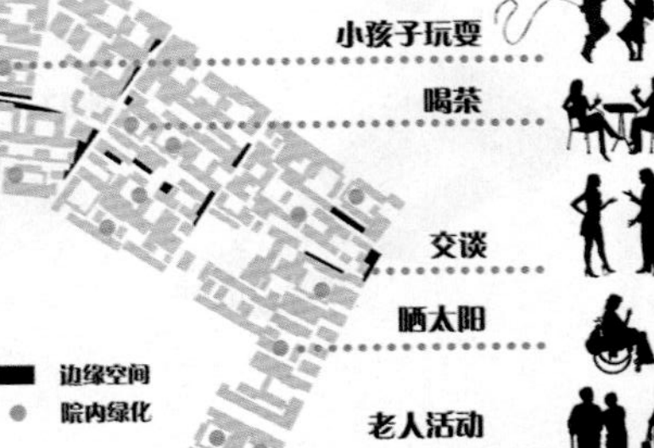

标准四合院内绿化分析

片区中的传统院落，经过对建筑的整饬与违章拆除之后，将院落还原回四合院的制式与传统建筑风貌。同时，结合绿色系统主题，开启点状绿化，将院落空间融入绿色，使各类植物合理布置于院落中，并配合桌凳、长廊等景观设施，使居住院落的活力得到提升。

院内及边缘空间的活动内容

通过配置植物，使院内或边缘地带在夏季拥有足够的树荫，满足居民驻留、休憩、打牌、品茶的需求。

“点”绿化中植物的选择

四合院是非常讲究绿化的，院内除通向各房间的十字形砖甬路外，其余都是土地，可以用来植树、栽花、种草。常采用的树种有海棠、丁香、槐树、枣树、石榴等，春可赏花，夏可纳凉，秋季结果，可谓春华秋实。四合院里常种的花卉有菊花、牡丹、芍药、藤萝、茉莉、黄花、榆叶梅，背阴处还可栽玉簪花。除去种在地上的花卉外，还有很多盆栽，可以任意搬动摆放，点缀庭院。

指导老师:李勤 冯丽 班级:规09-1 小组成员: 李浩 邓啸骢 于洋 谷韵 张晶宇 贺宜桢

激活 传统历史街区绿色系统概念设计方案

北京市西城区什刹海传统街区改造与更新规划设计

05

绿色系统

绿色系统分析——"线"

沿海绿带节奏模式：

节点1　节点2　节点3

节点1　节点2　节点3

滨海健身场　泊船码头　滨海休闲码头

滨海沿线现状

①后海北沿已有一健身场地，参与度高。②西沿毗邻现状商业带，外部活动场地较少，多为车行道两侧的人行路面，停留性低。③南沿的活力比较低，景观没有形成体系。

景观策略讨论

我们希望通过设计提高后海沿线的停留性和景观的节奏感。①保留后海北沿健身广场，作为沿线的线状绿带一重要节点；②后海西沿与其西侧的商业带相呼应，开辟泊船码头，提高停留性；③南沿的后海公园北侧开辟休闲码头，沿线南北形成对景。

滨海休闲码头设计展示

商业带景观设计展示

商业绿带设计分析

商业部分与居住部分以X形道路组成，居住区部分和商业部分均有内街、外街，居住部分内街使居民远离主街喧嚣，商业部分内街可以使游人有步移景异的感受。

居住部分绿化主要以胡同内灰空间的改造绿化为主，也有少许过渡性花坛，商业部分主要以较大的场内绿化和屋顶绿化以及墙面绿化为主，形成立体绿地系统。

滨海健身广场效果展示

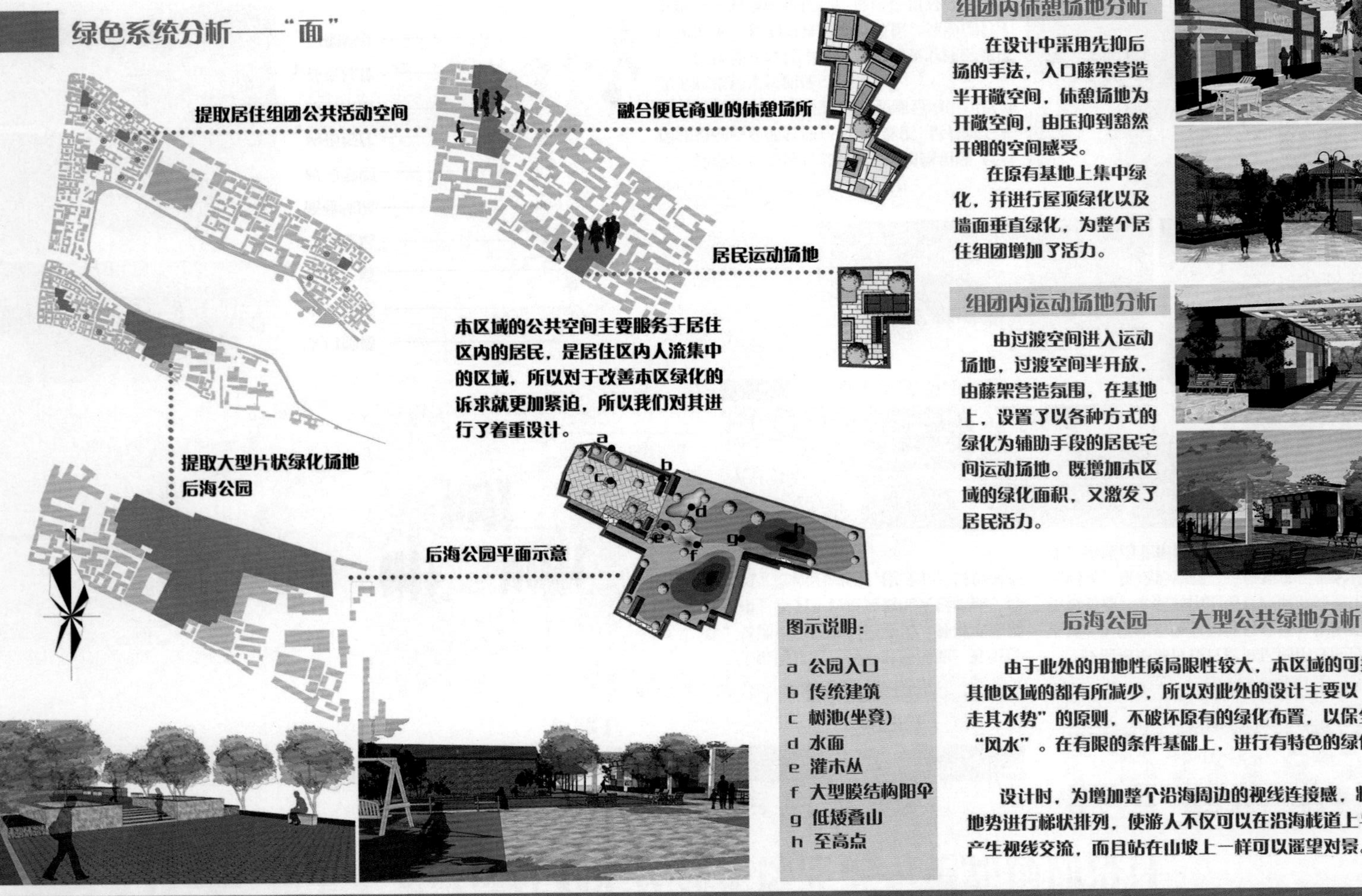
绿色系统分析——“面”
提取居住组团公共活动空间
融合便民商业的休憩场所
居民运动场地
本区域的公共空间主要服务于居住区内的居民，是居住区内人流集中的区域，所以对于改善本区绿化的诉求就更加紧迫，所以我们对其进行了着重设计。
提取大型片状绿化场地
后海公园
后海公园平面示意
N
a
b
c
d
e
f
g
h
组团内休憩场地分析
在设计中采用先抑后扬的手法，入口藤架营造半开敞空间，休憩场地为开敞空间，由压抑到豁然开朗的空间感受。
在原有基地上集中绿化，并进行屋顶绿化以及墙面垂直绿化，为整个居住组团增加了活力。
组团内运动场地分析
由过渡空间进入运动场地，过渡空间半开放，由藤架营造氛围，在基地上，设置了以各种方式的绿化为辅助手段的居民宅间运动场地。既增加本区域的绿化面积，又激发了居民活力。
图示说明：
a 公园入口
b 传统建筑
c 树池(坐凳)
d 水面
e 灌木丛
f 大型膜结构阳伞
g 低矮叠山
h 至高点
后海公园——大型公共绿地分析
由于此处的用地性质局限性较大，本区域的可控空间相对于其他区域的都有所减少，所以对此处的设计主要以“顺其地势，走其水势”的原则，不破坏原有的绿化布置，以保全后海全局的“风水”。在有限的条件基础上，进行有特色的绿化小品设置。
设计时，为增加整个沿海周边的视线连接感，将后海公园按地势进行梯状排列，使游人不仅可以在沿海栈道上与对面的景物产生视线交流，而且站在山坡上一样可以遥望对景。
指导老师:李勤 冯丽 班级:规09-1 小组成员: 李浩 邓啸骢 于洋 谷韵 张晶宇 贺宜桢

激活 传统历史街区绿色系统概念设计方案

北京市西城区什刹海传统街区改造与更新规划设计 06

绿色系统综合分析——“点、线、面”

绿化系统中最基本的元素是“点”的绿化，其形式有以围绕古树展开的交往空间，边缘空间和小型院落空间等，这些空间的面积小，用途简单，主要服务于周边的居民，活动内容有交谈、下棋、休憩。

»

将不同大小、不同功能的点状绿化用行道树贯穿起来形成一条滨海景观带，作为我们绿化系统中的线型系统。其贯穿的空间有望海楼、健身广场、游船码头和滨海休闲栈道。线型绿化的特点是空间狭长，服务人群不仅是周围的居民，还有游客，活动内容更为广泛，并涉及商业性质的活动。

»

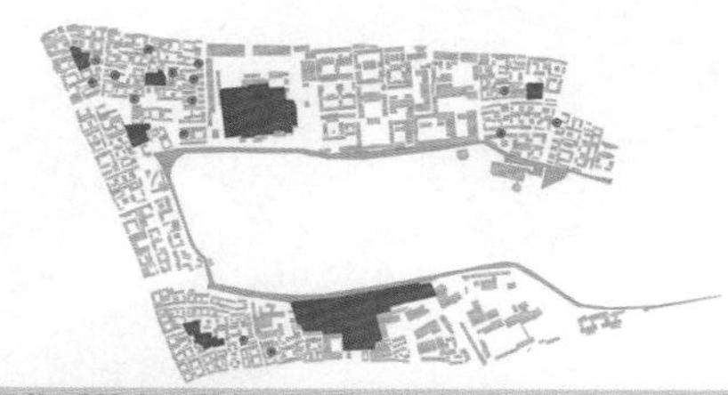

绿化系统中面的绿化分布在各个居住区中，大小不同。后海公园是最大的面绿化，活动内容最为丰富，服务人群主要以居民为主，结合滨海休闲栈道后，更加吸引游人。其他分布在居住区中的面绿化形式不同，主题不同，表现手法不同，可营造出不同的交往空间，促进居民的邻里关系。

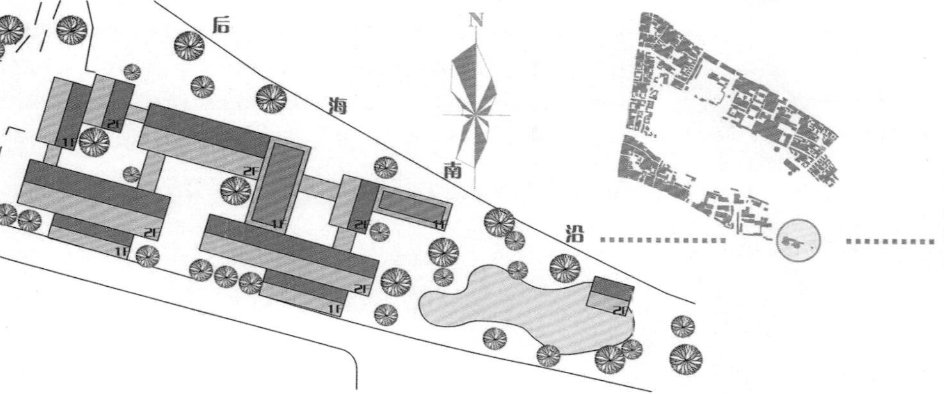

新建宾馆平面组合 1:500

现状 ①房屋质量风貌不佳，居住品质较低；②合院形制破坏严重；③居住片区不成规模；④可供活动的绿地不足，环境质量差。

策略 ①改善居住条件；②注入商业内核，建筑群组功能置换，拉动提高经济效益；③改善区位尴尬现状，全面利用现有区位优势。

方案 ①利用后海南沿滨水优势，改造为对外宾馆；②提取并整合院落形制，建立新式类四合院形态建筑群；③注入绿核，提高绿化，引用屋顶、垂直绿化等手法丰富交往空间，激活场所潜力。

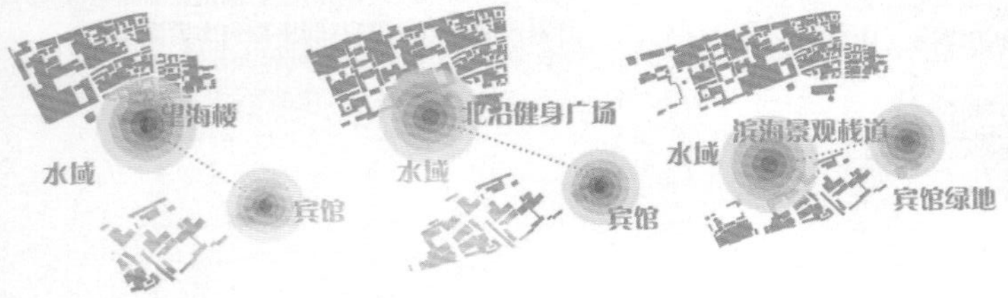

新建宾馆(类四合院建筑组合)体量生成

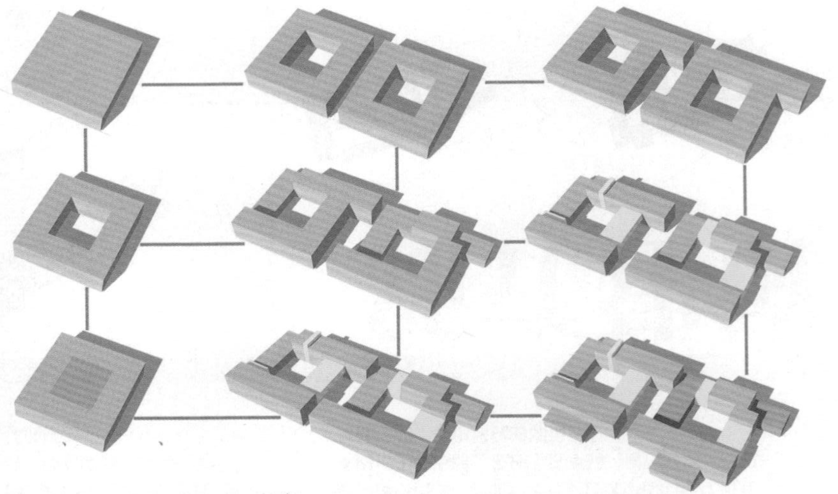

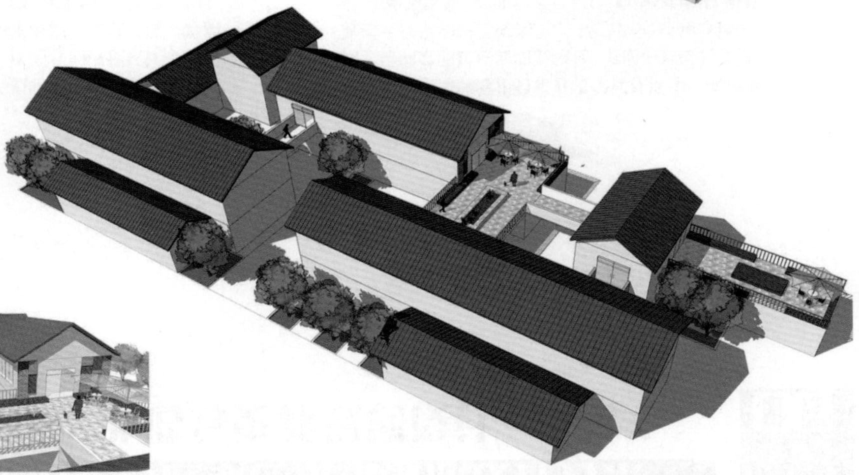

周边视线关联图解

指导老师:李勤 冯丽　班级:规09-1　小组成员:李浩 邓啸骢 于洋 谷韵 张晶宇 贺宜桢

激活 传统历史街区绿色系统概念设计方案

北京市西城区什刹海传统街区改造与更新规划设计

07

新式建筑

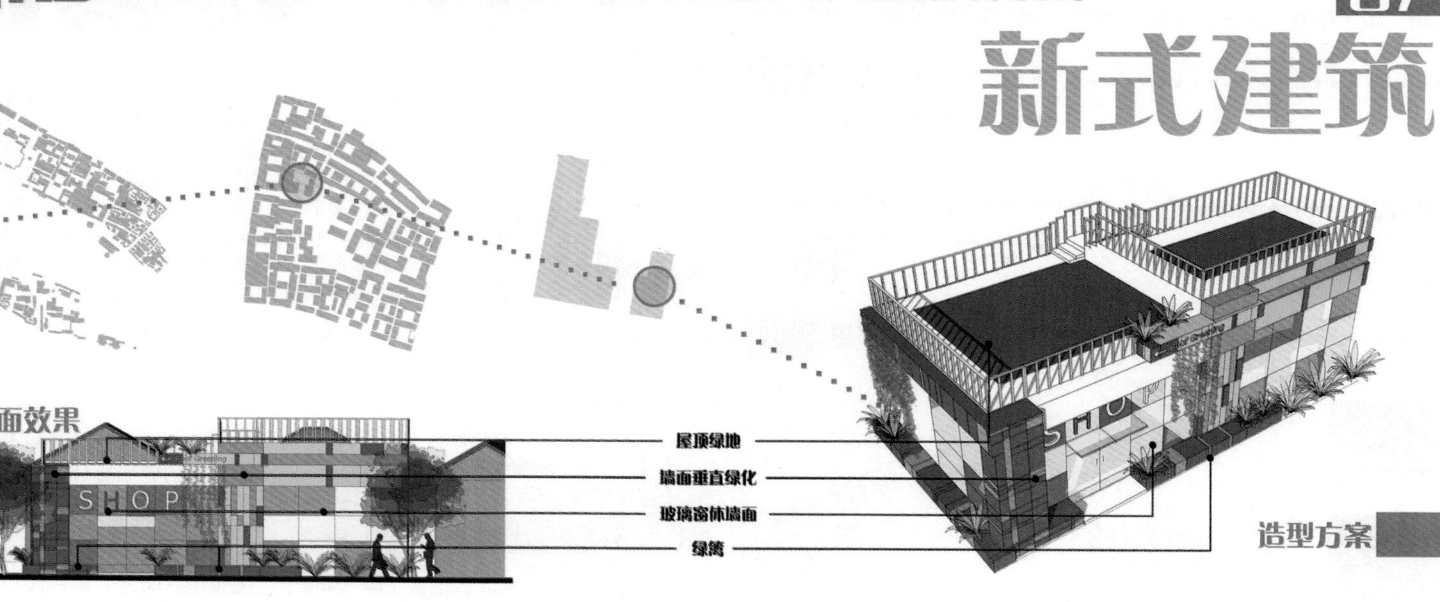

设计说明

Shop：以商业活动为策略，满足组团内居民的购买需求，激活本地商业活力。

Green：以立体绿化为手段，营造交往空间。

Core：以这类新式建筑为绿核，使建筑和建筑外场地成为组团内部活力点；吸引居民前来，发生购买、游憩、交谈及各种可能的互动。

技术支持

屋顶绿化功能及特征

① 利用空间，充分利用建筑屋顶面，合理、经济、立体地利用城市空间环境。
② 屋顶绿化，形式多样，由于建筑的不同功能与造型，形成了面积不等、高低不一、形状各异的各种屋面。
③ 增加绿量，丰富景观，改善城市环境，构成城市现代化的新视角。
④ 屋顶绿化可净化空气、隔离噪声、保温隔热。起到节约能源、保护建筑、减缓热岛效应、降低污染等作用。
⑤ 应用屋顶绿化，营造立体空间体系，增加开放活动绿地，提高了空间的趣味性，便于人们的互动和交往。

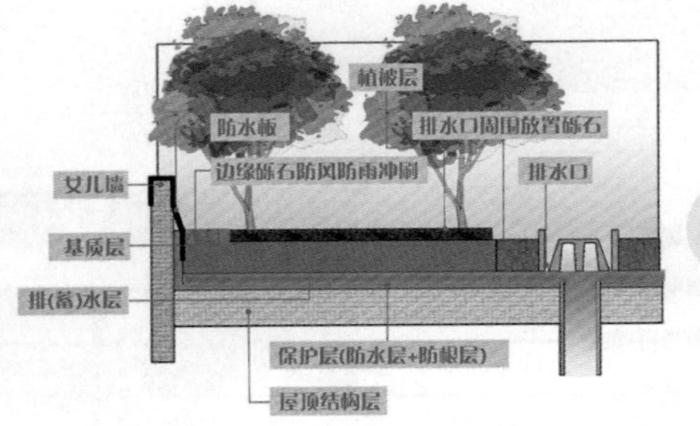

屋顶绿地断面图解

居住组团屋顶绿地
屋顶绿地设计范围
屋顶绿地网络
商业带屋顶绿地
居住组团屋顶绿地
居住组团屋顶绿地
新建建筑组合屋顶绿地

垂直绿化功能及特征

① 贴附建筑，不占空间。② 保温隔热，降噪除尘。在房屋外壁进行垂直绿化能降低墙面温度变化幅度，对室内起保温隔热作用；吸收反射噪声；增加环境湿度；吸附尘埃、净化空气；减缓墙体本身的风化。③ 造价低廉，管护简便。一般来说，用于垂直绿化的植物具有极强的生命力，易繁殖蔓延，环境适应能力强；对土壤、水、肥等生存环境要求不高且不需要整形修剪，因而，进行垂直绿化造价低廉、管护简便。

外墙体
植被
滴灌管道
生长基质
种植容器
骨架

墙面绿化断面图解

蓄水循环系统图解

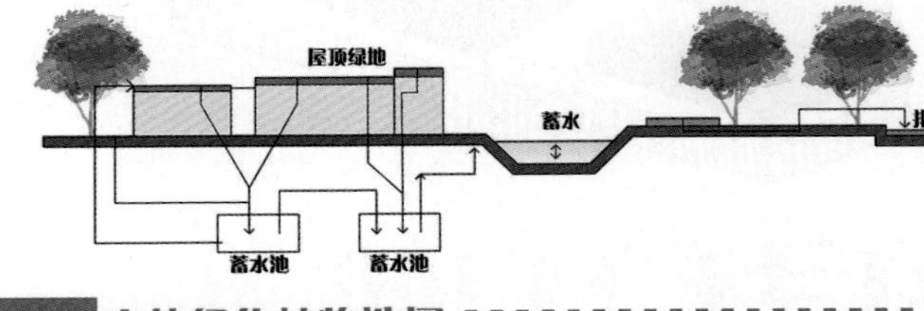

立体绿化植物选择

屋顶绿化：选择适应性强的，浅根的、生长缓慢的、病虫害少、耐寒、耐旱、易管护的小乔木，及灌木、花、草、藤类植物。

垂直绿化：所选植物具有攀援陡直立面的能力，绿化墙面首选"吸附植物"，如地锦、红叶地锦、常春藤、凌霄、石血、络石等。

指导老师:李勤 冯丽　班级:规09-1　小组成员: 李浩 邓啸骢 于洋 谷韵 张晶宇 贺宜桢

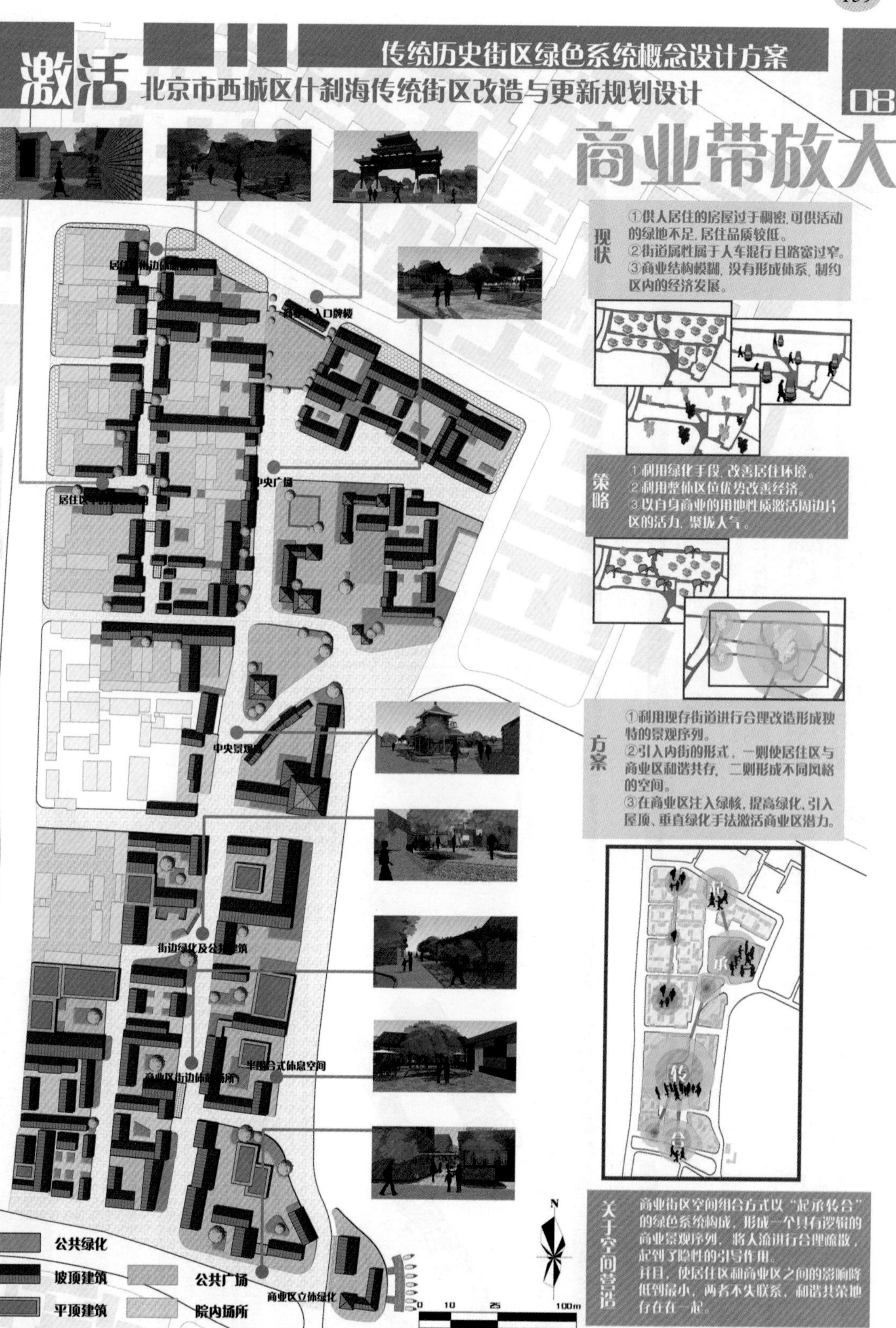
传统历史街区绿色系统概念设计方案
激活 北京市西城区什刹海传统街区改造与更新规划设计
08
商业带放大
现状
①供人居住的房屋过于稠密，可供活动的绿地不足，居住品质较低。
②街道属性属于人车混行且路宽过窄。
③商业结构模糊，没有形成体系，制约区内的经济发展。
策略
①利用绿化手段，改善居住环境。
②利用整体区位优势改善经济。
③以自身商业的用地性质激活周边片区的活力，聚拢人气。
方案
①利用现存街道进行合理改造形成独特的景观序列。
②引入内街的形式，一则使居住区与商业区和谐共存，二则形成不同风格的空间。
③在商业区注入绿核，提高绿化，引入屋顶、垂直绿化手法激活商业区潜力。
关于空间营造
商业街区空间组合方式以"起承转合"的绿色系统构成，形成一个具有逻辑的商业景观序列，将人流进行合理疏散，起到了隐性的引导作用。
并且，使居住区和商业区之间的影响降低到最小，两者不失联系，和谐共荣地存在在一起。
中央广场
中央景观
街边绿化及公共建筑
半围合式休息空间
商业区立体绿化
公共绿化
坡顶建筑
平顶建筑
公共广场
院内场所
N
0 10 25 100m
指导老师:李勤 冯丽 班级:规09-1 小组成员:李浩 邓啸骢 于洋 谷韵 张晶宇 贺宜桢

传统历史街区绿色系统概念设计方案

激活 北京市西城区什刹海传统街区改造与更新规划设计 09

效果展示及设计分析

商业街立面效果图

改造后相关分析

拆除私搭乱建、质量差、不协调的建筑，重塑传统片区的独特城市肌理。

启用绿色系统，按一定层次结构布置：将院中的点绿化重新激活，结合片区古树资源，使绿色细胞融入居民身边；在道路两侧布置线状绿化，使其相互串联，形成片区绿化骨架；在新增公共空间中充分布置绿化面，提升绿化系统强度。

针对公共活动场地少的现状，将公共空间重点布置于居住区中，使公共交流更为便捷。在公共空间中提供更多的交流方式，结合绿色系统，进一步提升交流品质，改善邻里关系。

拆除地块中原有过高建筑，结合周边情况合理定位新建筑高度，形成较协调的天际线。在适合位置增设新制高点，可用于眺望、俯瞰，商业区可将此作为新型的游览空间。

绿化与广场用地 居住用地 教育用地 商业用地 行政办公用地 文化设施用地 道路用地 仓储用地

改造后用地分析图

城市道路 人车混行道路 人行道路

改造后道路分析图

改造后该区仍以居住功能为主，辅以商业。将原有后海西沿商圈重新整饬，把商业功能从原有居住区中剥离，形成一定规模，相对集中的商业街，使居住不再受商业行为的影响。

在居住空间中增设绿化与广场用地，进行细化配置，在提高片区绿化率、增加公共空间面积的同时，使其更紧密地与居住空间产生关联。

部分原有人车混行道被人行道所替换，道路系统以鱼骨式展开，南北向道路约3~6m，东西向道路约1~3m。人行道路不再受汽车影响，走势曲折，更安全，更有趣味。

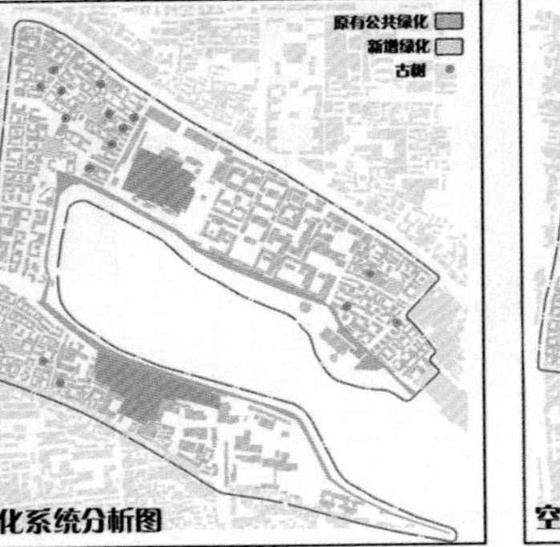

绿化系统分析图

空间活力分析图

9m以上 6~9m（含9m） 3~6m（含6m） 0~3m（含3m）

高度评定分析图

指导老师:李勤 冯丽 班级:规四-1 小组成员:李浩 邓啸骢 王洋 谷韵 张晶宇 贺宜桢

3.4 大栅栏历史街区保护规划

项目名称：大栅栏历史街区保护规划

项目概况：大栅栏历史街区建于明永乐 18 年，属于《北京旧城历史文化保护区保护和控制范围规划》规定的 25 个历史文化保护区之一。民国时期，大栅栏地区陆续出现各种专业商店、商品街，大栅栏成为北京的商业中心。

项目特点：北京大栅栏地区是一个极具传统特色的具有北京“活化石”之称的历史街区。大栅栏保留了原有街区胡同的特色，大栅栏西街—铁树斜街、杨梅竹斜街—樱桃斜街等整个街区框架体系，反映了从金中都、元大都到明、清两代北京城变迁的历史足迹。

3.4.1 规划方案 1

项目完成人员：赵睿　袁学森　邬越　邱彦祯

成果分析：该设计在保护传统邻里结构的基础上，引入“绿网”的概念，创造多样化的住宅和适宜步行的邻里环境，实现居住环境的改善，从而带动城市功能性优化。大栅栏地区历史街区保护规划方案 1 如下所示。

02-TRIBE

总区位分析

地块位于北京市城中心，支持“两轴、两带、多中心”原则。

地块为已划定的25片历史文化街区之一。

地块位于前门西南侧，紧邻前门商业街，业态丰富。

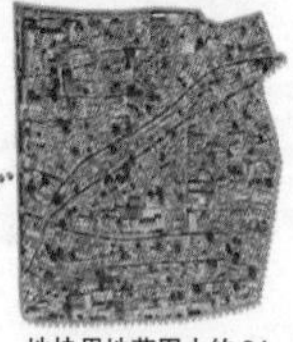

地块用地范围大约34公顷，周边交通发达，设施完备。

上位总体规划

25片历史文化街区分布

内城道路规划

大栅栏地区历史沿革

大栅栏文化沿革

官窑文化

元朝在这里开设官窑，烧制琉璃瓦件。明代因为营建宫殿，扩大了此地官窑厂的规模。到了明朝嘉靖三十二年修建外城后，这里变为城区。

戏曲文化

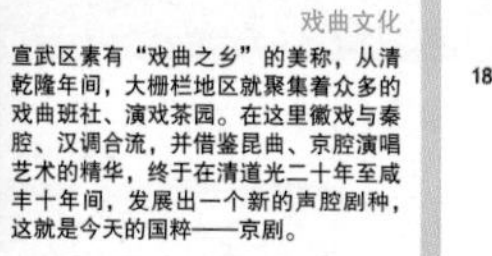

宣武区素有“戏曲之乡”的美称，从清乾隆年间，大栅栏地区就聚集着众多的戏曲班社、演戏茶园。在这里徽戏与秦腔、汉调合流，并借鉴昆曲、京腔演唱艺术的精华，终于在清道光二十年至咸丰十年间，发展出一个新的声腔剧种，这就是今天的国粹——京剧。

茶园文化

茶馆，是指设书场的茶馆。清末民初，北京出现了以短评书为主的茶馆。这种茶馆，上午卖清茶，下午和晚上请艺人临场说评书，行话为“白天”、“灯晚儿”。在这种茶馆里，饮茶只是媒介，听评书才是主要内容。

镖局文化

亦写作“标局”，或作镖行，是安全押运公司和保安公司的前身，是第三产业保安和保全服务业、商业组织。镖车挂出的旗帜名为镖旗。送镖时挂旗是让来者了解，看在镖局江湖地位，山贼强盗打劫要量力而行。兴隆镖局，清乾嘉年间，北京前门外大街，创始人神拳无敌张黑五。

会馆文化

明清时期的北京会馆大体可分为3种：北京的大多数会馆，主要为同乡官僚、缙绅和科举之士居停聚会之处，故又称为试馆。

商贾文化

商贾是古代对商人的称呼，释为行商坐贾，行走贩卖货物为商，住着出售货物为贾，二字连用，泛指做买卖的人。

胡同文化

胡同，也叫“里弄”“巷”，是指城镇或乡村里主要街道之间的、比较小的街道，一直通向居民区的内部。它是沟通当地交通不可或缺的一部分。北京胡同最早起源于元代，南北走向的一般为街，相对较宽，东西走向的一般为胡同，相对较窄，以走人为主。胡同两边一般都是四合院。

大栅栏地区平面演变

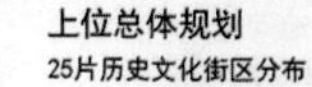

1454年

1819年

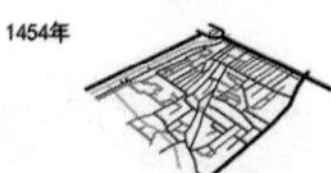

1900年

1914年

1958年

1965年

2014年

区位分析

宏观区位

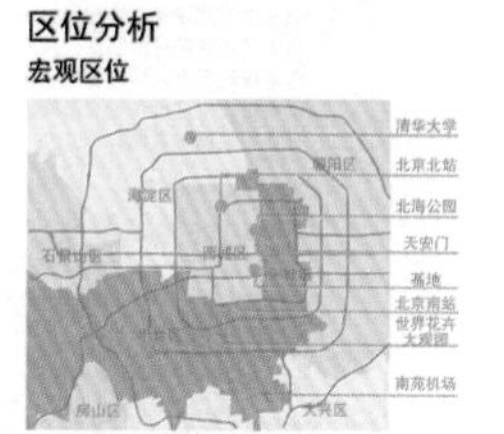

中观区位

大栅栏地区综合分析

道路分析

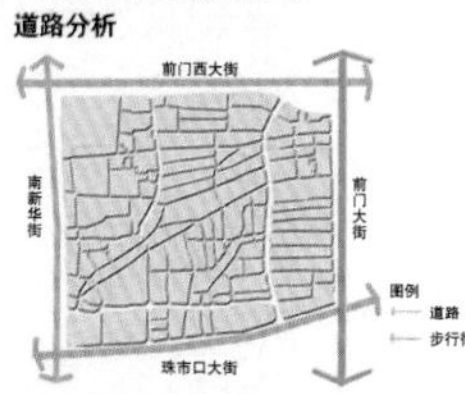

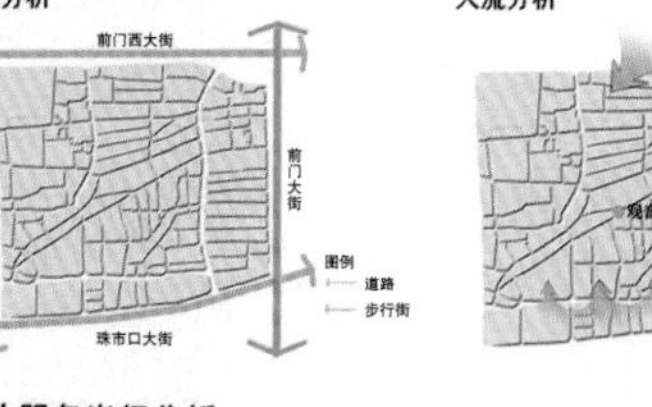

人流分析

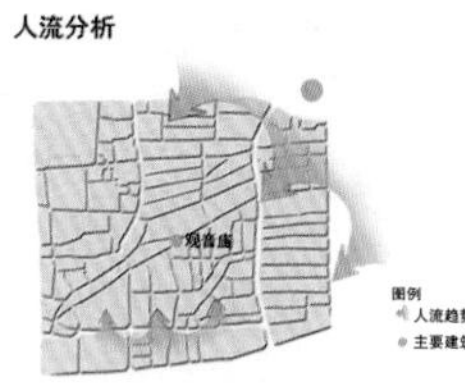

周边服务半径分析

医疗设施服务半径

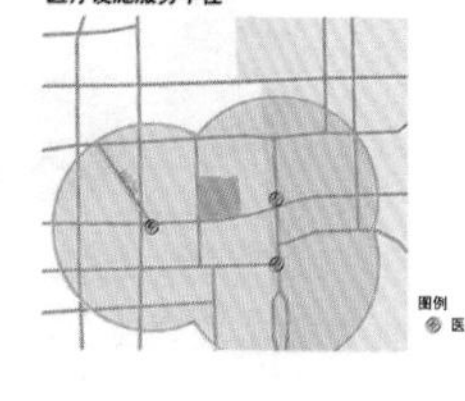

教育设施服务半径

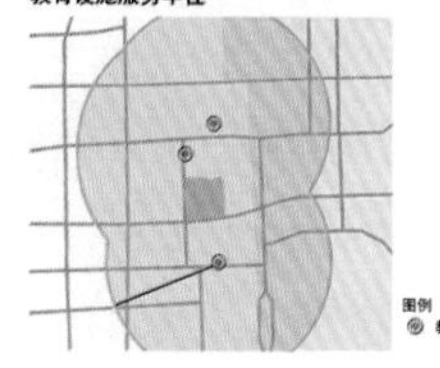

CONTAG: 10%

基地问题

旧城世界文化遗产保护规划图

私搭乱建

在大栅栏地区，首个问题就是几乎在地区内部的每家每户都存在私搭乱建现象，居民为了生活所需进行搭建，有的是厨房，有的是储物间。因此我们要充分考虑私搭乱建的合理置换。

景观匮乏

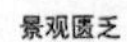

第二个问题就是在这个历史街区中几乎没有景观，而且在街区中树木的数量也相对较少，还有在街区中好多树木都已经枯萎。我们要给居住在这里的人构建一张绿网。

建筑破败

第三个问题就是建筑相对破败，几乎丧失了历史街区的感觉，只剩下了这些老破的房子。居住者生活在破旧的房子中，安全感也是非常低的。这也是我们修缮的重点。

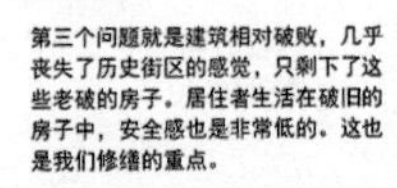

微观区位

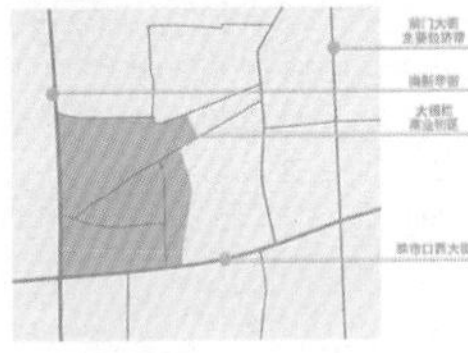

视廊分析

前门

五道庙

图例

视廊分析

主要观察点

大栅栏地区VS鲜鱼口地区

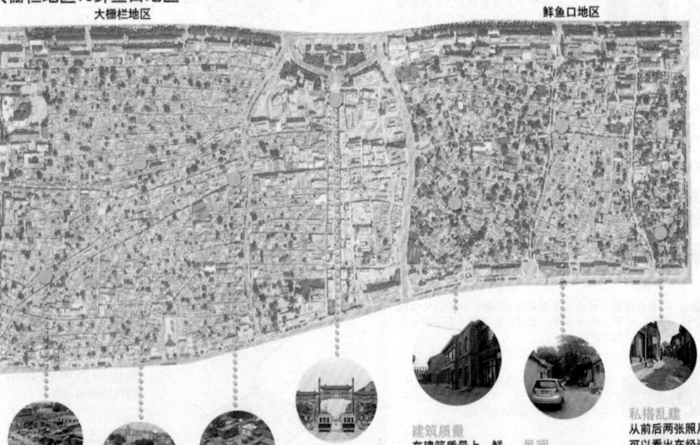

建筑质量
大栅栏地区建筑质量相对较差，生活环境与前门以东地区相比差距很大。

景观
大栅栏地区很匮乏，缺少庭院树木和场外可观赏景观。

私搭乱建
人口密度过大，导致生存空间不足，人们需要用私搭乱建来解决问题。

商业业态
前门大街连接鲜鱼口大街和大栅栏商业街，因此两片地区明显可以看出商业鼎盛，老字号云集，商业完全满足两地区居民的生活活动需要。

建筑质量
在建筑质量上，鲜鱼口地区质量明显好于大栅栏的建筑，经过对建筑的梳理更好地给居住在这里的居民营造一个更好的空间。因此大栅栏地区建筑应该修缮和改造。

景观
从上面的平面图，明显可以看出两地区的景观差距，这点可以体现出生态的生存环境。在大栅栏地区也应该有规划师为它量身定做景观空间。

私搭乱建
从前后两张照片，可以看出在经过设计的街区虽然有些许失去了历史陈旧感，但是，却增加了人的生活品质。在这样的街区里生活更加舒适。因此设计第一步是梳理私搭乱建。

商业设施服务半径

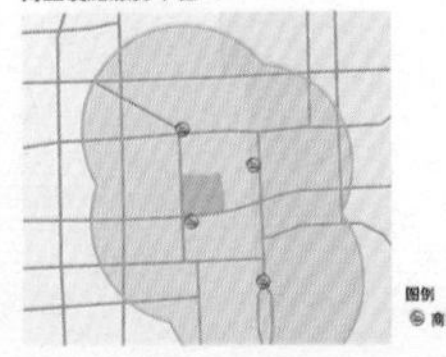

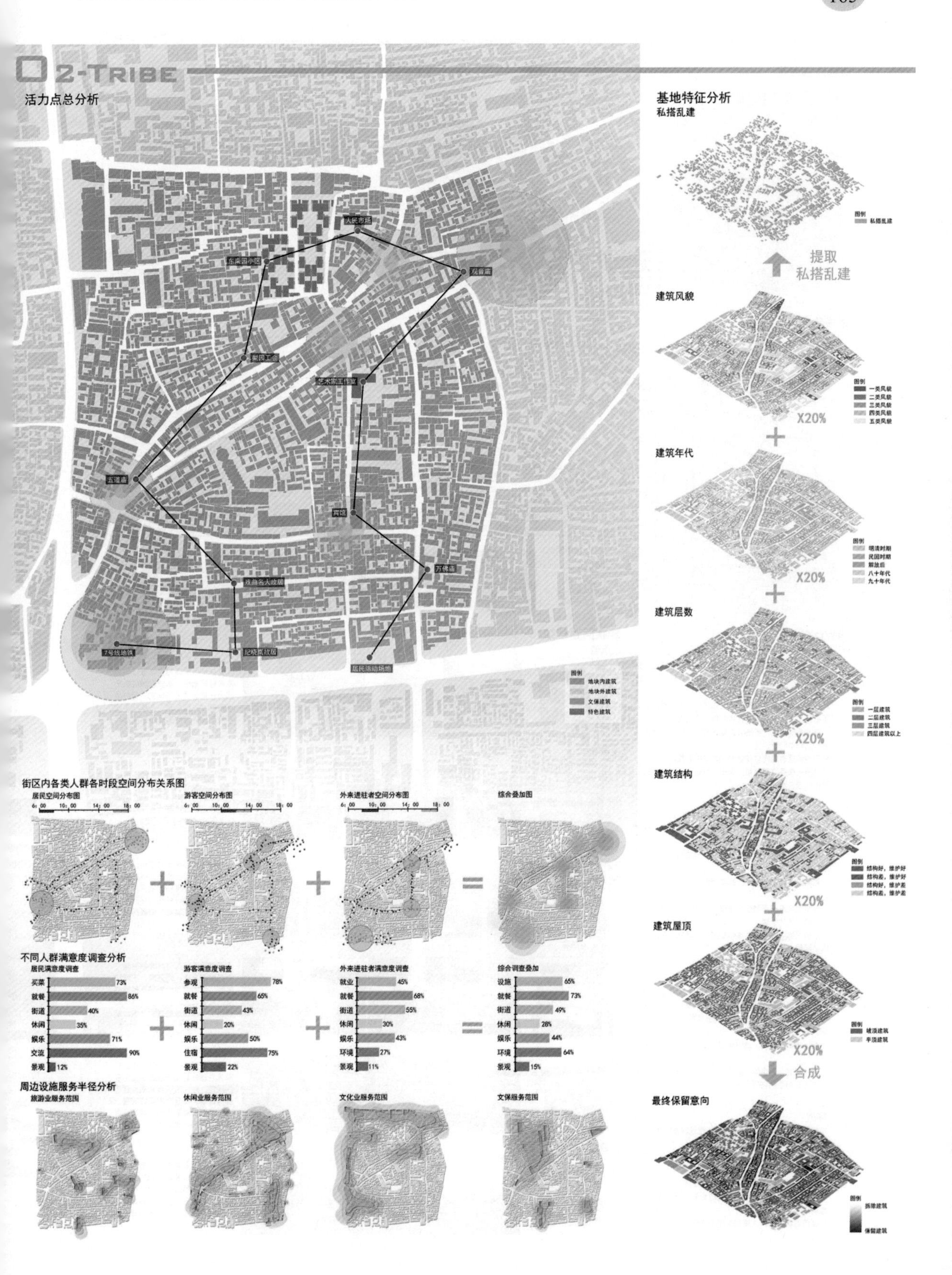
2-TRIBE
活力点总分析
大民市场
东南园小区
观音庙
五道庙
宾馆
万佛庙
戏曲名人故居
纪晓岚故居
7号线地铁
居民活动场地
艺术家工作室
图例
地块内建筑
地块外建筑
文保建筑
特色建筑
街区内各类人群各时段空间分布关系图
居民空间分布图
游客空间分布图
外来进驻者空间分布图
综合叠加图
不同人群满意度调查分析
居民满意度调查
买菜 73%
就餐 86%
街道 40%
休闲 35%
娱乐 71%
交流 90%
景观 12%
游客满意度调查
参观 78%
就餐 65%
街道 43%
休闲 20%
娱乐 50%
住宿 75%
景观 22%
外来进驻者满意度调查
就业 45%
就餐 68%
街道 55%
休闲 30%
娱乐 43%
环境 27%
景观 11%
综合调查叠加
设施 65%
就餐 73%
街道 49%
休闲 28%
娱乐 44%
环境 64%
景观 15%
周边设施服务半径分析
旅游业服务范围
休闲业服务范围
文化业服务范围
文保服务范围
基地特征分析
私搭乱建
私搭乱建
提取
私搭乱建
建筑风貌
一类风貌
二类风貌
三类风貌
四类风貌
五类风貌
X20%
建筑年代
明清时期
民国时期
解放后
八十年代
九十年代
X20%
建筑层数
一层建筑
二层建筑
三层建筑
四层建筑以上
X20%
建筑结构
结构好，维护好
结构差，维护好
结构好，维护差
结构差，维护差
X20%
建筑屋顶
坡顶建筑
平顶建筑
X20%
合成
最终保留意向
拆除建筑
保留建筑

CONTAG: 20%

用地性质分析

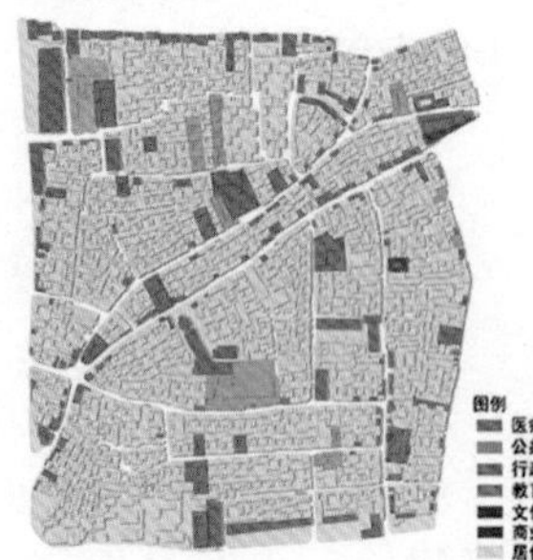

院落分布分析

设施及古树分布分析

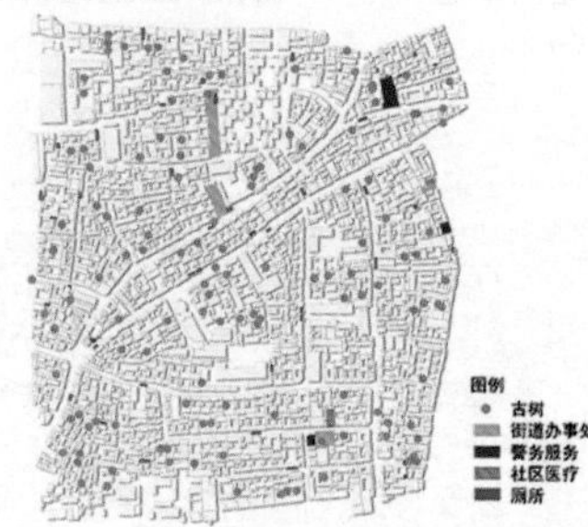

道路总分析

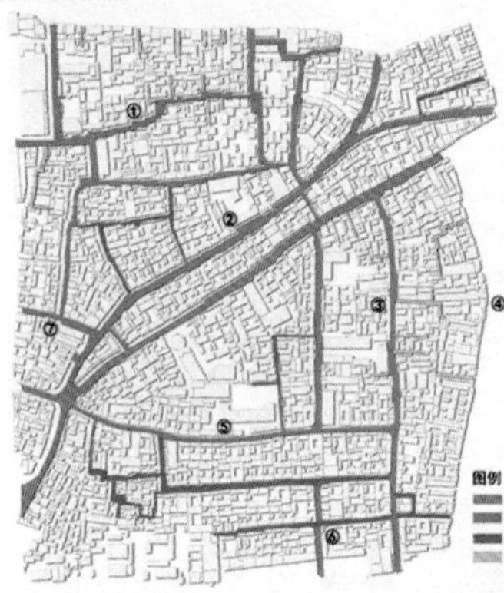

编号	胡同编号	胡同名称	胡同宽度	胡同长度	建成年代
1	0134XW-61	东南园胡同	东段为2.4m，中段为3.0m，西段为6.0m	东段为52.6m，中段为52.6m，西段为89.1m	清代
2	0134XW-100	樱桃斜街	东段为4.2m，中段为4.2m，西段为4.0m	东段为193.5m，中段为231.2m，西段为200.1m	清代
3	0134XW-71	陕西巷	东段为4.2m，中段为5.4m，西段为4.2m	东段为46.5m，中段为108.2m，西段为248.5m	清代
4	0134XW-76	石头胡同	东段为4.2m，中段为4.2m，西段为4.2m	东段为168.3m，中段为116.5m，西段为116.5m	清代
5	0134XW-48	百顺胡同	东段为4.8m，中段为3.9m，西段为3.9m	东段为85.6m，中段为128.1m，西段为54.0m	清代
6	0134XW-98	胭脂巷胡同	东段为3.0m，中段为3.0m，西段为3.0m	东段为26.7m，中段为26.7m，西段为26.7m	清代
7	0134XW-53	藏家桥胡同	东段为6.0m，中段为3.6m，西段为3.6m	东段为42.2m，中段为19.5m，西段为28.6m	清代
	0134XW-56	大百顺胡同	东段为2.0m，中段为3.2m，西段为2.4m	东段为51.9m，中段为83.6m，西段为147.4m	清代
	0134XW-87	小安澜营三条	东段为2.1m，中段为2.4m，西段为2.4m	东段为44.5m，中段为51.3m，西段为51.3m	清代
	0134XW-74	施家胡同	东段为3.9m，中段为6.0m，西段为3.0m	东段为93.5m，中段为93.5m，西段为66.5m	清代
	0134XW-94	小沙土园胡同	东段为5.4m，中段为5.4m，西段为7.8m	东段为83.8m，中段为123.9m，西段为39.1m	清代
	0134XW-89	小百顺胡同	东段为3.0m，中段为3.0m，西段为3.0m	东段为19.7m，中段为19.7m，西段为19.7m	清代
	0134XW-82	五道街	东段为4.8m，中段为4.8m，西段为4.8m	东段为40.0m，中段为84.0m，西段为68.9m	清代
	0134XW-21	琉璃厂东街	东段为8.0m，中段为6.0m，西段为7.0m	东段为74.0m，中段为55.5m，西段为195.0m	清代

胡同拼贴

SWOT分析

优势： STRENGTHS

1. 大栅栏地区地处北京市二环内，离市中心较近，交通便利，资源丰富，有大量的游客来往，旅游业比较发达。
2. 历史文化悠久，拥有梨园文化和八大胡同等历史街区象征，文化氛围浓厚，可以作为开发重点。
3. 交通系统发达，多路公交专线可以到达前门地区，另外紧邻前门地铁站。
4. 周围地区有现代化建筑的南新华街和珠市口大街，也有历史味道浓厚的前门大街，周边商业服务发达，居民生活设施便利。

劣势： WEAKNESS

1. 基地内传统建筑没有得到很好的保护与发扬，破坏比较严重，私搭乱建现象普遍。
2. 基地内基础服务设施不完善，内部道路拥挤，居民出行比较困难。
3. 基地内人口结构单一，基本上都是老北京人缺乏活力。
4. 传统文化没有得到发扬与继承，外来文化冲击打破了原有文化的平衡。
5. 大栅栏地区缺乏公共活动空间，广场绿化以及停车场空间较少。

机会： OPPORTUNITY

1. 该地块紧邻前门大街和珠市口大街，位于前门商圈的中心位置，整改后能够带来更多的商机，激活地块的生命力，政府和企业的投资为基地提供了坚实的后盾。
2. 街区的快速发展，进一步提升了基地的土地利用价值。
3. 对传统文化的需求，使得大栅栏地区成为最具北京历史文化特色的街区之一。

挑战： THREATS

1. 如何通过空间规划，使得现代建筑和传统建筑之间更加协调。
2. 如何在建筑密度极高的环境中拓展出公共活动空间，增加绿化。
3. 居民到底需要什么样的公共活动空间。
4. 如何将文化元素重新注入到历史街区中，来唤醒沉睡的旧城。
5. 如何解决基地内人流和车流的拥堵问题。

现状问题总结

肌理

大栅栏地区肌理相对丰富，但是密度过于紧密，造成这种现象是因为私搭乱建过于紧密，每户都有自己"私搭小屋"，造成了这个地区的外部空间逐步被侵蚀。

道路

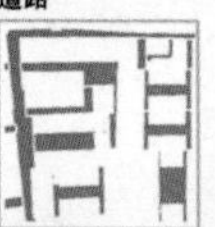

大栅栏地区街巷空间非常丰富。由于有许多的尽端路，减少了街区的可达性，但如果我们打通了这些尽端路增加可达性，可能降低街区趣味性。

环境

大栅栏地区环境相对较差，配套设施大部分都已老旧，房屋质量低下。生活环境相比之下，不是特别宜居。周边商业设施齐全，交通发达。在地块外的服务设施非常齐全。

院落空间

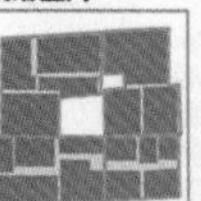

大栅栏地区院落空间非常有趣，有标准四合院，两进院，三进院等等，但同时我们发现不是标准院的也有很多。这些院子将会是我们下一步改造的重中之重。还原街区古貌。

大杂院

大栅栏地区大杂院现象严重，以前单户居住的院子现在都变为多户居住，院内庭院被私搭乱建挤压得很窄，而且院内环境较差，人们的维护意识不强，建筑质量较差，破败不堪。

景观

大栅栏地区景观太少，道路景观基本没有，只有路边的几棵很小的树和院内零星的古树，冬季的时候，基地内部几乎没有绿色。在春天复苏之时，基地内都见不到绿色。

O2-TRIBE

大栅栏地区人口实记

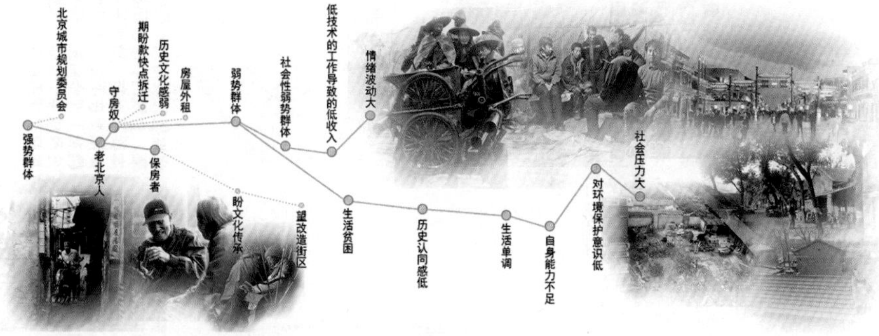

强势群体　北京城市规划委员会　老北京人　守房奴　期盼款快点拆迁　历史文化感弱　房屋外租　保房者　盼文化传承　望改造街区　弱势群体　社会性弱势群体　低技术的工作导致的低收入　情绪波动大　生活贫困　历史认同感低　生活单调　自身能力不足　对环境保护意识低　社会压力大

典型院落提取

图例：二合院　三合院　四合院　二进院　三进院

设计灵感

千篇一律的高楼林立　一层不变的设计手法　依旧破烂不堪　打破固有　引入绿色生态元素　激活街区　CO_2+ 激活 → O_2

规整院落形制

图例：基地

规划设计理念

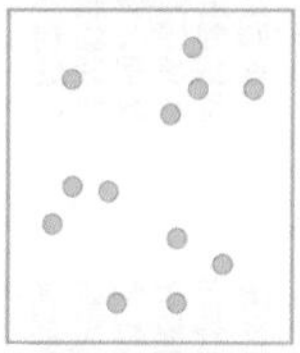

对现状的活力点、文保单位以及公共活动空间进行整理，选取重要的节点研究、改造。

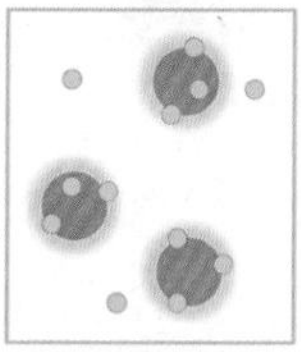

选取可以开发的节点，居民自发改善居住空间，集体改善公共活动空间，使两者相协调。

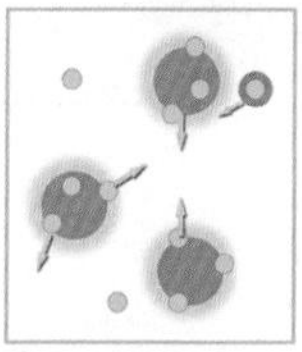

以培育、改造为核心，街道和节点为连接载体和连接点，并且相互贯穿。

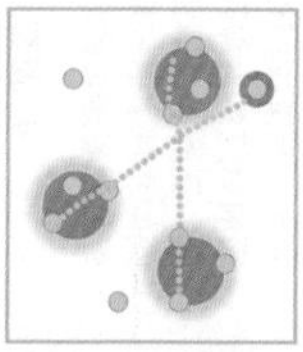

重要活力点串联所形成的两条活力主轴，同时也是两条主要的景观轴线。

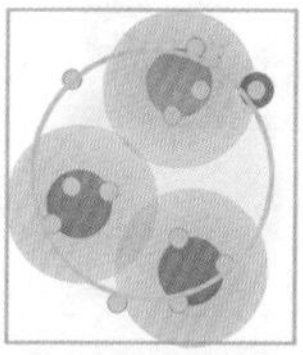

轴的延续，点的生长，共同带动整个大栅栏地区的发展，刺激更多的点，带活前门地区整个面

空间改造

图例：空间改造

调查问卷数据总分析

居民信息

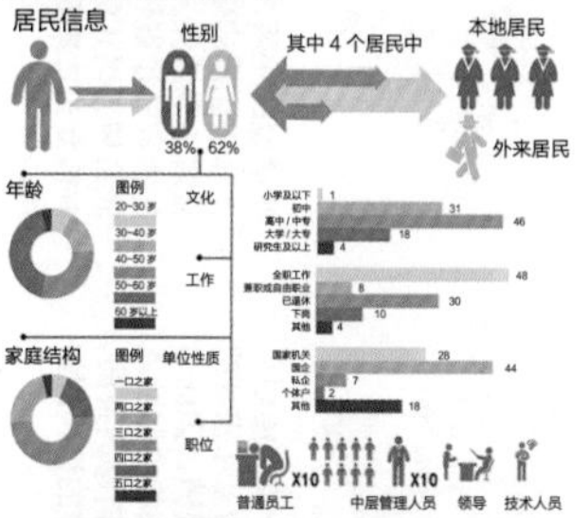

性别　38%　62%　其中4个居民中　本地居民　外来居民

年龄　家庭结构　文化　工作　单位性质　职位

普通员工　中层管理人员　领导　技术人员

居民信息：从调查数据中反映出的结果来看，大栅栏地区本地居民居多，年龄主要集中在40~60岁，主要为三口之家。居民的文化程度偏低，全职工作者占大多部分，居民大部分是普通员工。

住房信息

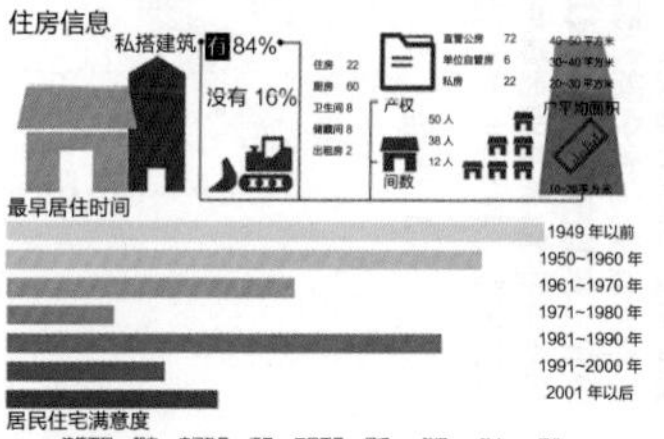

私搭建筑 84%　没有 16%　产权　间数　户平均面积

最早居住时间：1949年以前　1950~1960年　1961~1970年　1971~1980年　1981~1990年　1991~2000年　2001年以后

居民住宅满意度

	建筑面积	朝向	房间数量	通风	工程质量	采暖	防潮	防水	绿化
满意	2	7	0	4	3	11	3	4	1
一般	38	40	38	46	40	48	34	60	20
不满意	60	53	62	50	57	41	63	32	75

住房信息：从调查数据中反映出的结果来看，大栅栏地区住房环境非常差，拥有私搭乱建的户数达到84%，在这里居住的人的户均面积大多在10~20m^2。在这里居住的以老住户居多。居民对住房情况都是不太满意。

邻里交往及周边设施信息

邻里交往　串门　打招呼　代照顾小孩

出行方式：31　6　12　8　7　2

周边环境设施满意度

	满意	一般	不满意
市政	20	46	34
环卫	22	44	34
商业	12	58	30
交通	32	46	22
医疗	44	46	10
教育	10	52	30
文化	50	40	10
景观	5	20	75
绿化	3	30	67

邻里交往及周边设施信息：从调查数据来看，大栅栏地区邻里交往还是非常融洽的。居民出行方式非常丰富，居民对景观绿化非常不满意。

拆建比分析

拆除建筑

新建建筑

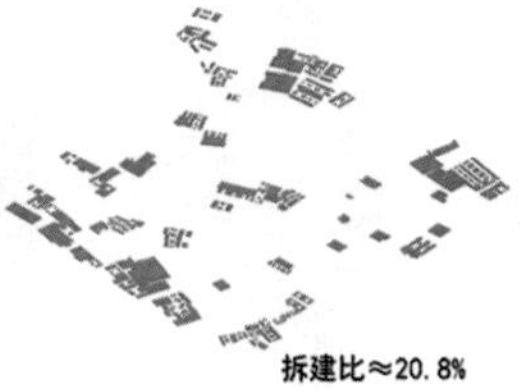

拆建比≈20.8%

大栅栏规划肌理

提取肌理 → 拆除私搭 → 梳理院落 → 产生新肌理

居民肌理梳理流程

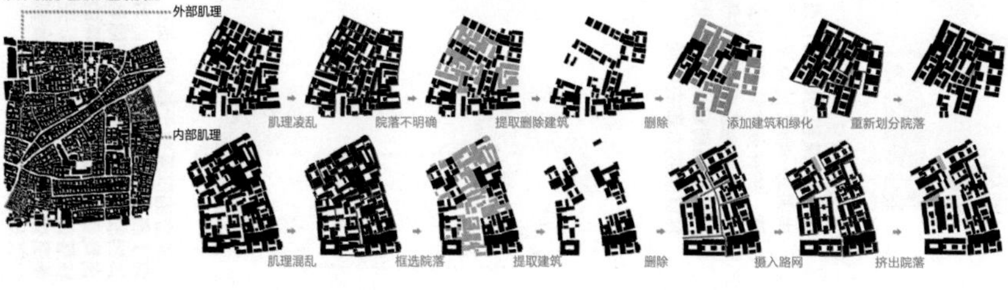

外部肌理：肌理凌乱 → 院落不明确 → 提取删除建筑 → 删除 → 添加建筑和绿化 → 重新划分院落

内部肌理：肌理混乱 → 框选院落 → 提取建筑 → 删除 → 置入路网 → 挤出院落

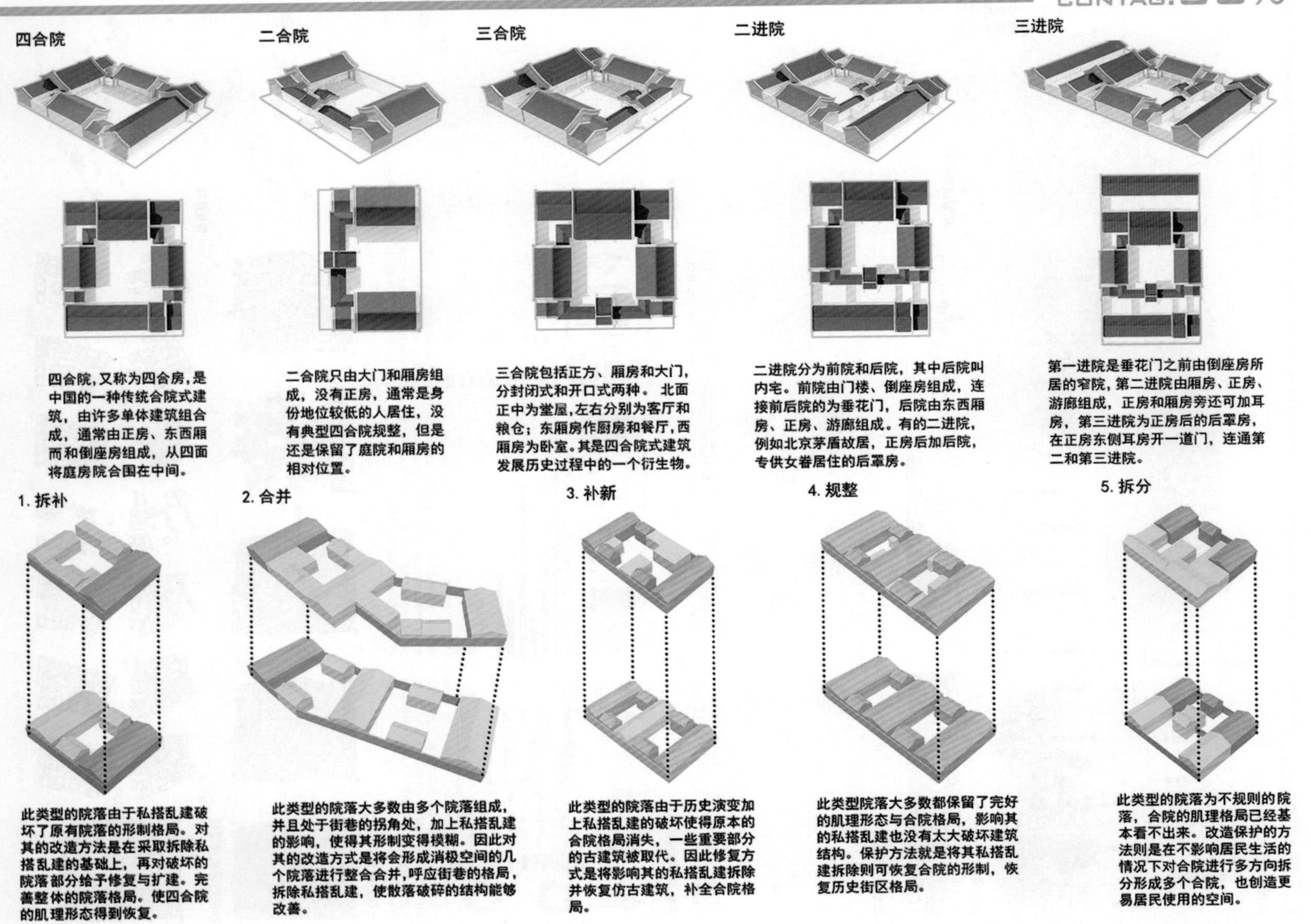
CONTAG:30%
四合院
二合院
三合院
二进院
三进院
四合院,又称为四合房,是中国的一种传统合院式建筑，由许多单体建筑组合成，通常由正房、东西厢而和倒座房组成，从四面将庭房院合围在中间。
二合院只由大门和厢房组成，没有正房，通常是身份地位较低的人居住，没有典型四合院规整，但是还是保留了庭院和厢房的相对位置。
三合院包括正方、厢房和大门,分封闭式和开口式两种。北面正中为堂屋,左右分别为客厅和粮仓；东厢房作厨房和餐厅,西厢房为卧室。其是四合院式建筑发展历史过程中的一个衍生物。
二进院分为前院和后院，其中后院叫内宅。前院由门楼、倒座房组成，连接前后院的为垂花门，后院由东西厢房、正房、游廊组成。有的二进院，例如北京茅盾故居，正房后加后院，专供女眷居住的后罩房。
第一进院是垂花门之前由倒座房所居的窄院，第二进院由厢房、正房、游廊组成，正房和厢房旁还可加耳房，第三进院为正房后的后罩房，在正房东侧耳房开一道门，连通第二和第三进院。
1. 拆补
2. 合并
3. 补新
4. 规整
5. 拆分
此类型的院落由于私搭乱建破坏了原有院落的形制格局。对其的改造方法是在采取拆除私搭乱建的基础上，再对破坏的院落部分给予修复与扩建。完善整体的院落格局。使四合院的肌理形态得到恢复。
此类型的院落大多数由多个院落组成，并且处于街巷的拐角处，加上私搭乱建的影响，使得其形制变得模糊。因此对其的改造方式是将会形成消极空间的几个院落进行整合合并，呼应街巷的格局，拆除私搭乱建，使散落破碎的结构能够改善。
此类型的院落由于历史演变加上私搭乱建的破坏使得原本的合院格局消失，一些重要部分的古建筑被取代。因此修复方式是将影响其的私搭乱建拆除并恢复仿古建筑，补全合院格局。
此类型院落大多数都保留了完好的肌理形态与合院格局，影响其的私搭乱建也没有太大破坏建筑结构。保护方法就是将其私搭乱建拆除则可恢复合院的形制，恢复历史街区格局。
此类型的院落为不规则的院落，合院的肌理格局已经基本看不出来。改造保护的方法则是在不影响居民生活的情况下对合院进行多方向拆分形成多个合院，也创造更易居民使用的空间。

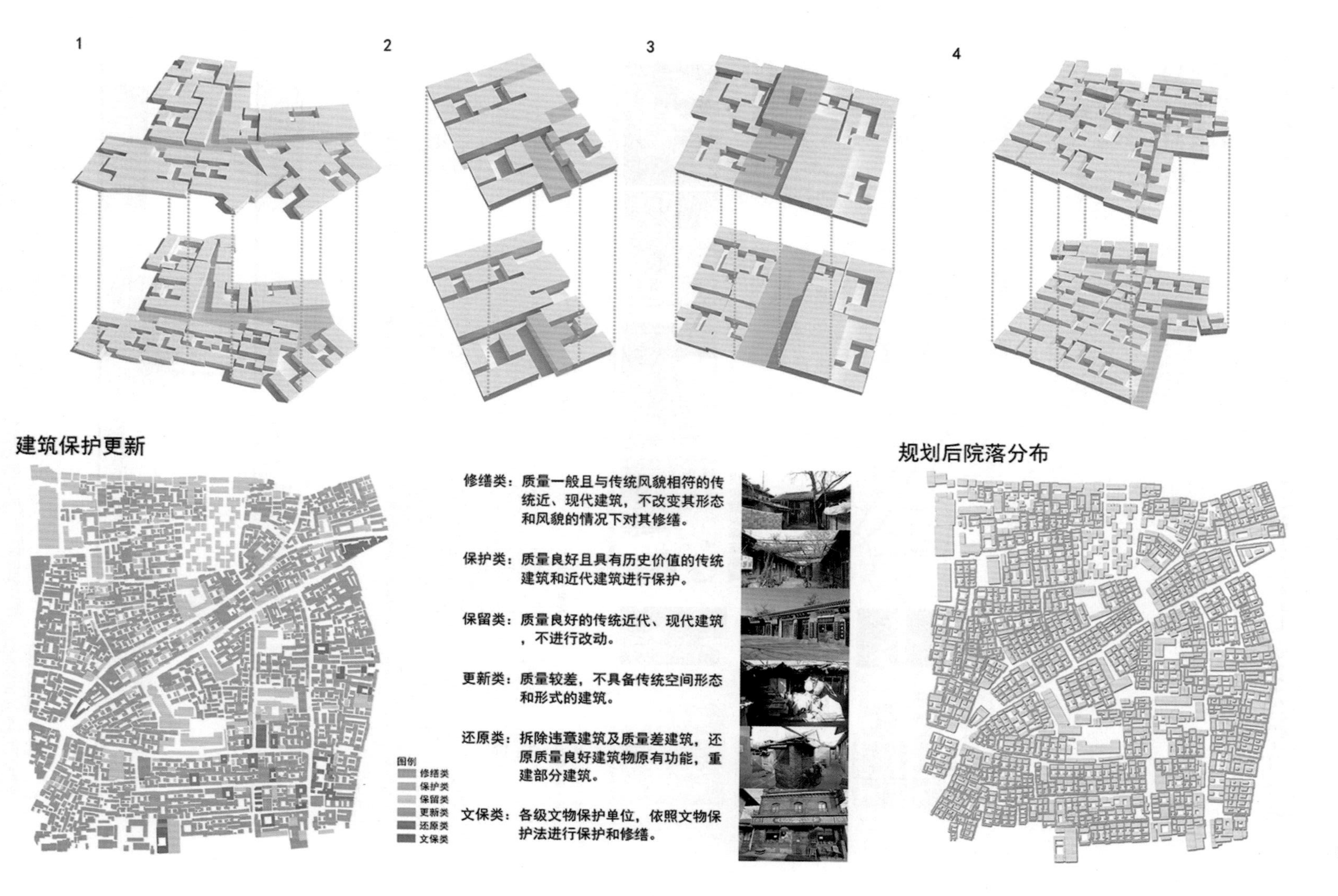
1
2
3
4
建筑保护更新
图例
修缮类
保护类
保留类
更新类
还原类
文保类
修缮类：质量一般且与传统风貌相符的传统近、现代建筑，不改变其形态和风貌的情况下对其修缮。
保护类：质量良好且具有历史价值的传统建筑和近代建筑进行保护。
保留类：质量良好的传统近代、现代建筑，不进行改动。
更新类：质量较差，不具备传统空间形态和形式的建筑。
还原类：拆除违章建筑及质量差建筑，还原质量良好建筑物原有功能，重建部分建筑。
文保类：各级文物保护单位，依照文物保护法进行保护和修缮。
规划后院落分布

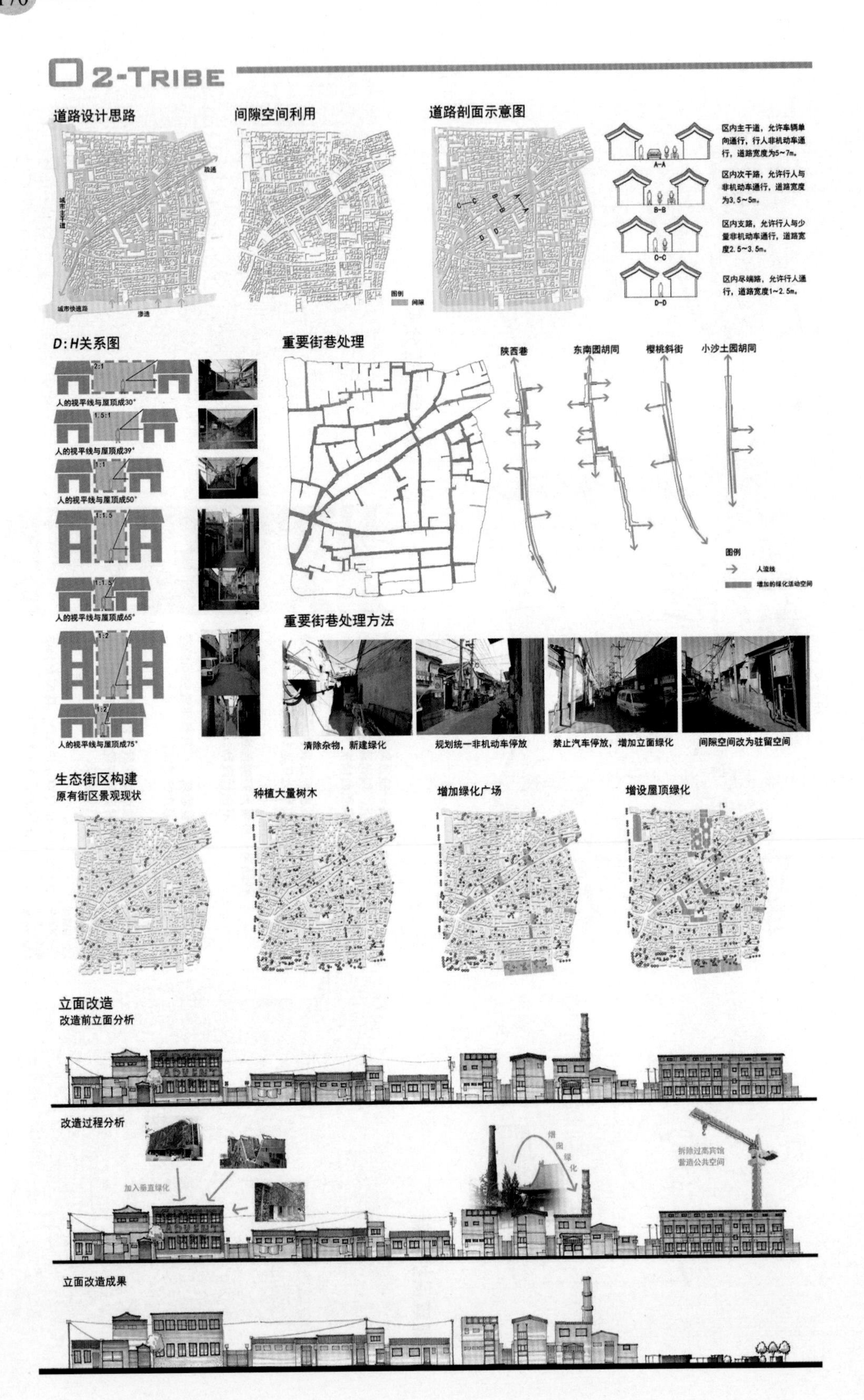
O2-TRIBE
道路设计思路
城市主干道
疏通
城市快速路
渗透
间隙空间利用
图例
间隙
道路剖面示意图
A-A
区内主干道，允许车辆单向通行，行人非机动车通行，道路宽度为5～7m。
B-B
区内次干路，允许行人与非机动车通行，道路宽度为3.5～5m。
C-C
区内支路，允许行人与少量非机动车通行，道路宽度2.5～3.5m。
D-D
区内尽端路，允许行人通行，道路宽度1～2.5m。
D:H关系图
2:1
人的视平线与屋顶成30°
1.5:1
人的视平线与屋顶成39°
1:1
人的视平线与屋顶成50°
1:1.5
人的视平线与屋顶成65°
1:2
人的视平线与屋顶成75°
重要街巷处理
陕西巷
东南园胡同
樱桃斜街
小沙土园胡同
图例
人流线
增加的绿化活动空间
重要街巷处理方法
清除杂物，新建绿化
规划统一非机动车停放
禁止汽车停放，增加立面绿化
间隙空间改为驻留空间
生态街区构建
原有街区景观现状
种植大量树木
增加绿化广场
增设屋顶绿化
立面改造
改造前立面分析
改造过程分析
加入垂直绿化
增添绿化
拆除过高宾馆
营造公共空间
立面改造成果

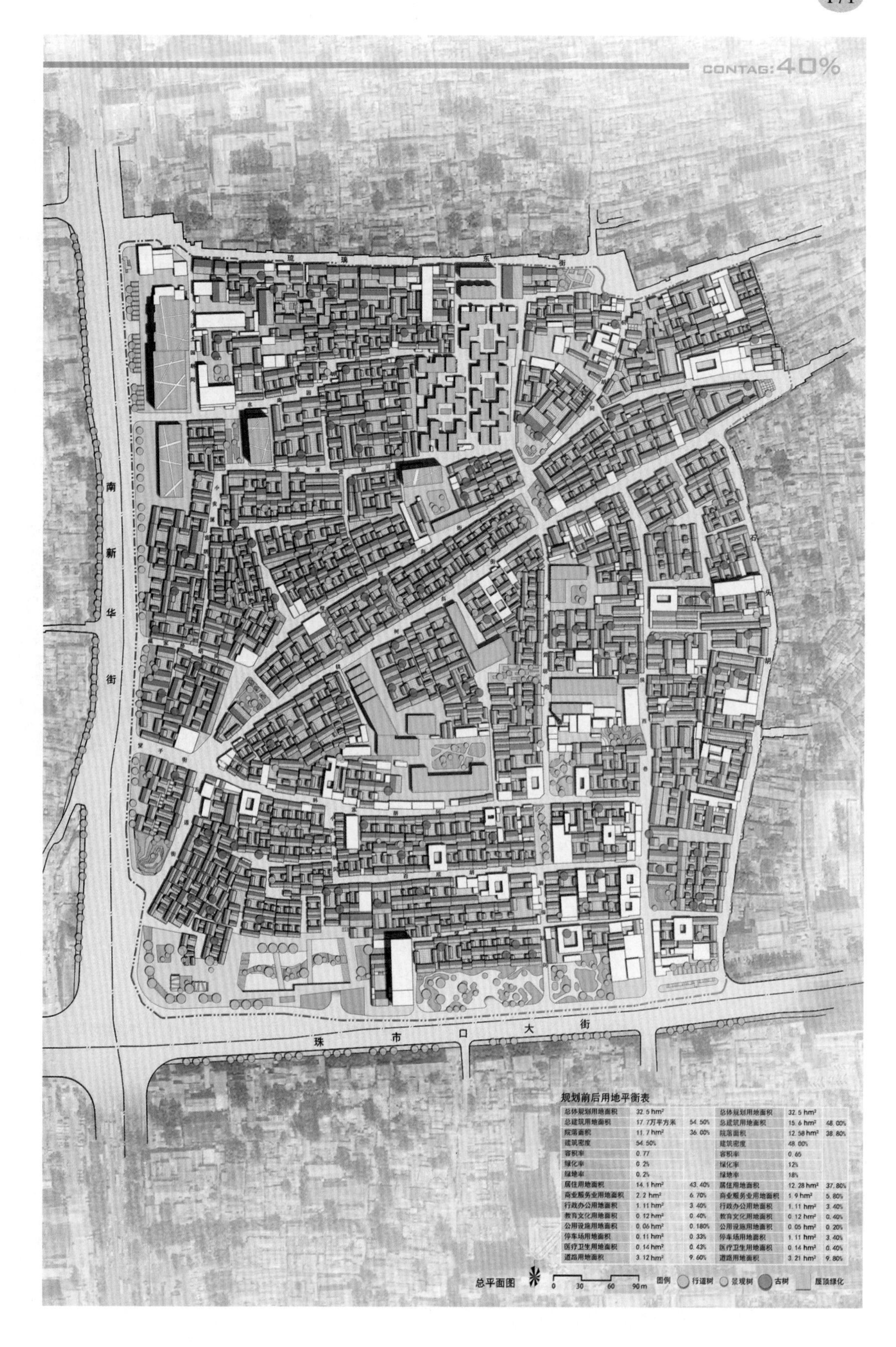

规划前后用地平衡表

总体规划用地面积	32.5 hm²		总体规划用地面积	32.5 hm²	
总建筑用地面积	17.7万平方米	54.50%	总建筑用地面积	15.6 hm²	48.00%
院落面积	11.7 hm²	36.00%	院落面积	12.58 hm²	38.80%
建筑密度	54.50%		建筑密度	48.00%	
容积率	0.77		容积率	0.65	
绿化率	0.2%		绿化率	12%	
绿地率	0.2%		绿地率	18%	
居住用地面积	14.1 hm²	43.40%	居住用地面积	12.28 hm²	37.80%
商业服务业用地面积	2.2 hm²	6.70%	商业服务业用地面积	1.9 hm²	5.80%
行政办公用地面积	1.11 hm²	3.40%	行政办公用地面积	1.11 hm²	3.40%
教育文化用地面积	0.12 hm²	0.40%	教育文化用地面积	0.12 hm²	0.40%
公用设施用地面积	0.06 hm²	0.180%	公用设施用地面积	0.05 hm²	0.20%
停车场用地面积	0.11 hm²	0.33%	停车场用地面积	1.11 hm²	3.40%
医疗卫生用地面积	0.14 hm²	0.43%	医疗卫生用地面积	0.14 hm²	0.40%
道路用地面积	3.12 hm²	9.60%	道路用地面积	3.21 hm²	9.80%

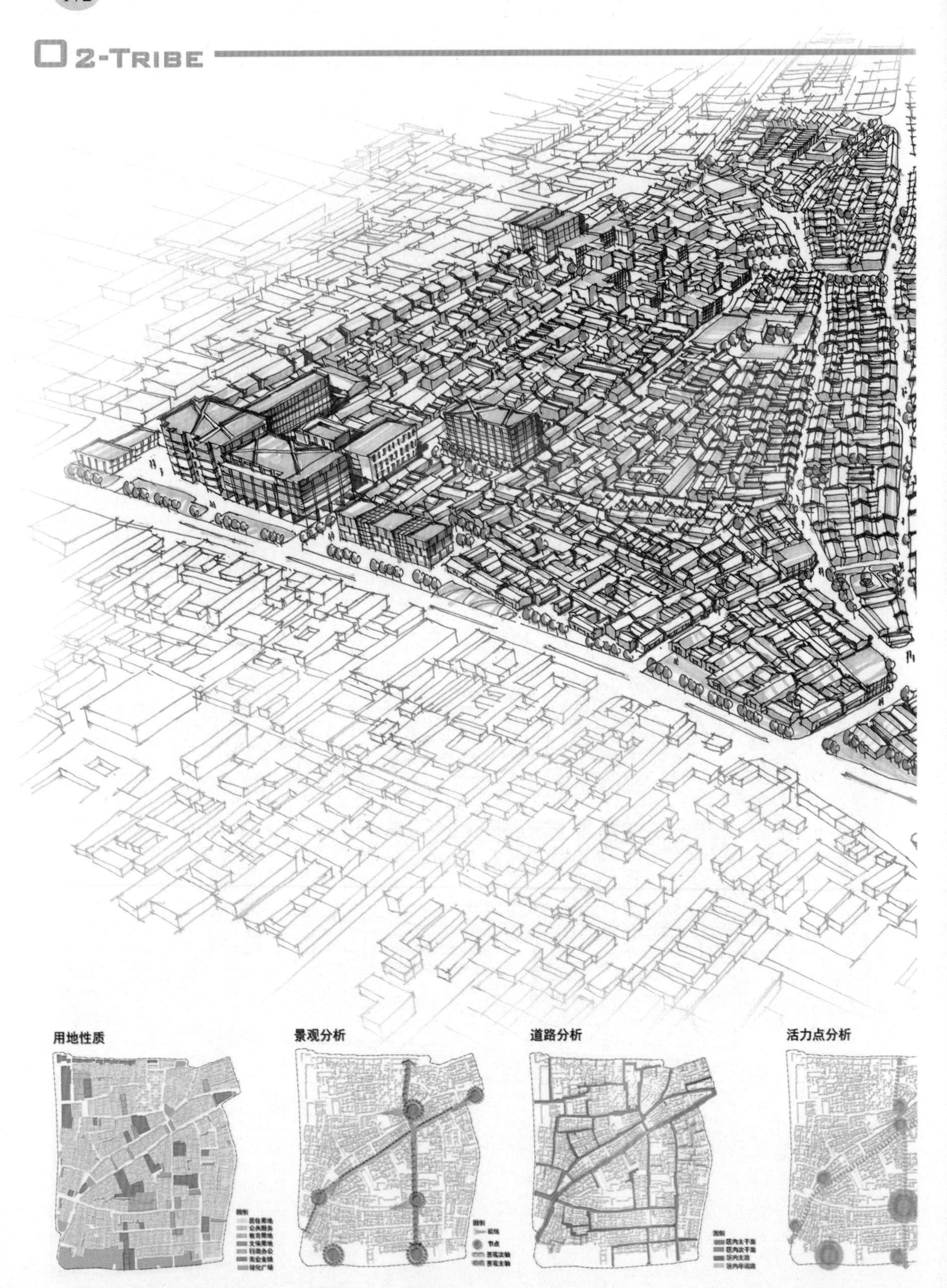
2-TRIBE
用地性质
景观分析
道路分析
活力点分析

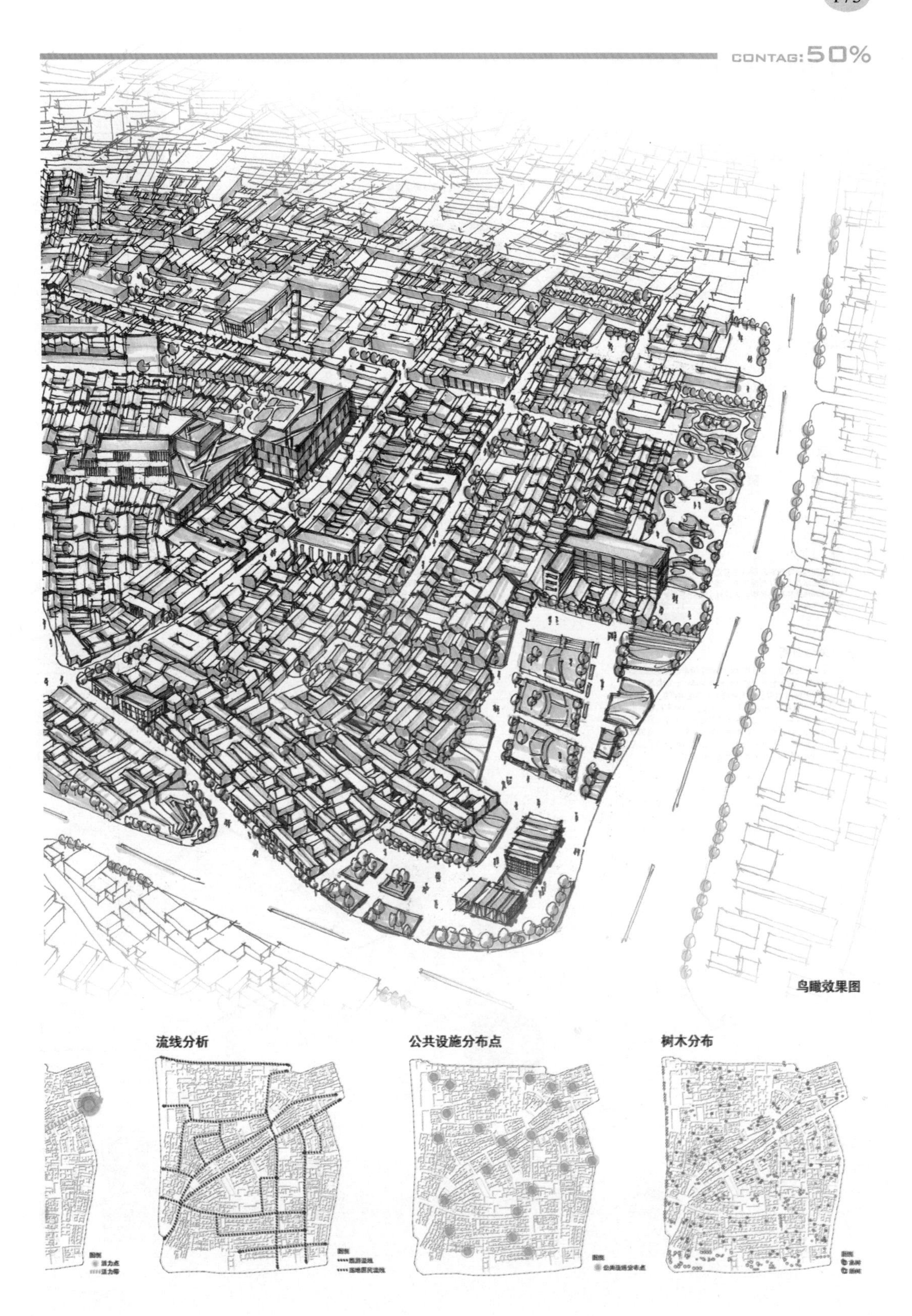
CONTAG:50%
鸟瞰效果图
流线分析
公共设施分布点
树木分布

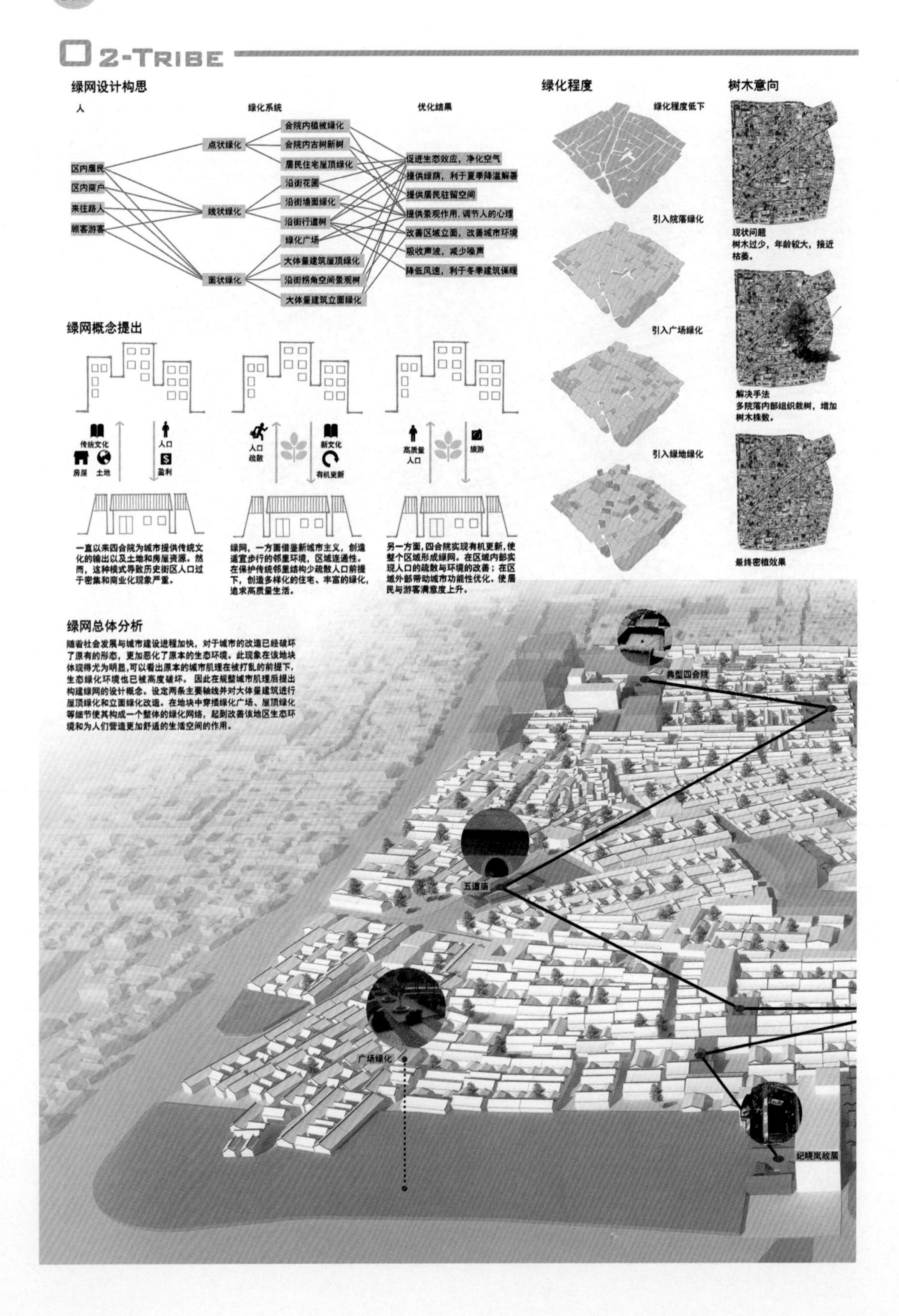
O2-TRIBE
绿网设计构思
人
绿化系统
优化结果
区内居民
区内商户
来往路人
顾客游客
点状绿化
线状绿化
面状绿化
合院内植被绿化
合院内古树新树
居民住宅屋顶绿化
沿街花圃
沿街墙面绿化
沿街行道树
绿化广场
大体量建筑屋顶绿化
沿街拐角空间景观树
大体量建筑立面绿化
促进生态效应，净化空气
提供绿荫，利于夏季降温解暑
提供居民驻留空间
提供景观作用，调节人的心理
改善区域立面，改善城市环境
吸收声波，减少噪声
降低风速，利于冬季建筑保暖
绿化程度
绿化程度低下
引入院落绿化
引入广场绿化
引入绿地绿化
树木意向
现状问题
树木过少，年龄较大，接近枯萎。
解决手法
多院落内部组织栽树，增加树木株数。
最终密植效果
绿网概念提出
传统文化
房屋
土地
人口
盈利
人口疏散
新文化
有机更新
高质量人口
旅游
一直以来四合院为城市提供传统文化的输出以及土地和房屋资源。然而，这种模式导致历史街区人口过于密集和商业化现象严重。
绿网，一方面借鉴新城市主义，创造适宜步行的邻里环境，区域连通性。在保护传统邻里结构少疏散人口前提下，创造多样化的住宅、丰富的绿化，追求高质量生活。
另一方面，四合院实现有机更新，使整个区域形成绿网。在区域内部实现人口的疏散与环境的改善；在区域外部带动城市功能性优化。使居民与游客满意度上升。
绿网总体分析
随着社会发展与城市建设进程加快，对于城市的改造已经破坏了原有的形态，更加恶化了原本的生态环境。此现象在该地块体现得尤为明显,可以看出原本的城市肌理在被打乱的前提下，生态绿化环境也已被高度破坏。因此在规整城市肌理后提出构建绿网的设计概念。设定两条主要轴线并对大体量建筑进行屋顶绿化和立面绿化改造。在地块中穿插绿化广场、屋顶绿化等细节使其构成一个整体的绿化网络，起到改善该地区生态环境和为人们营造更加舒适的生活空间的作用。
典型四合院
五道庙
广场绿化
纪晓岚故居

CONTAG:60%

绿化改造手法

院内拆除私搭乱建建筑，恢复原有四合院格局，屋前增加绿化草坪，并种植树木加以点缀。

拆除与道路肌理不协调的建筑或者建筑群体，开辟出公共绿地，提供活动空间和休息场所。

东南园小区等建筑屋顶为暗灰色，与整个规划设计理念不协调，因此增加屋顶绿化，提高整个地块的活力。

远东饭店等公共建筑年久失修，建筑形态在历史街区中不协调，所以进行立面改造，增加垂直绿化和屋顶绿化。

景观叠加

原有绿化加入新树

+

添加沿街线状绿化

+

添加广场面状绿化

+

添加屋顶及垂直面状绿化

=

形成最终绿网

文化绿网结合

树木绿化　广场绿化　垂直绿化　屋顶绿化

匮乏

些许

充足

丰富

极致

典型四合院　四合院小学　五道庙　小凤仙故居　戏曲大师故居　万佛寺　纪晓岚故居

文化与绿网结合图

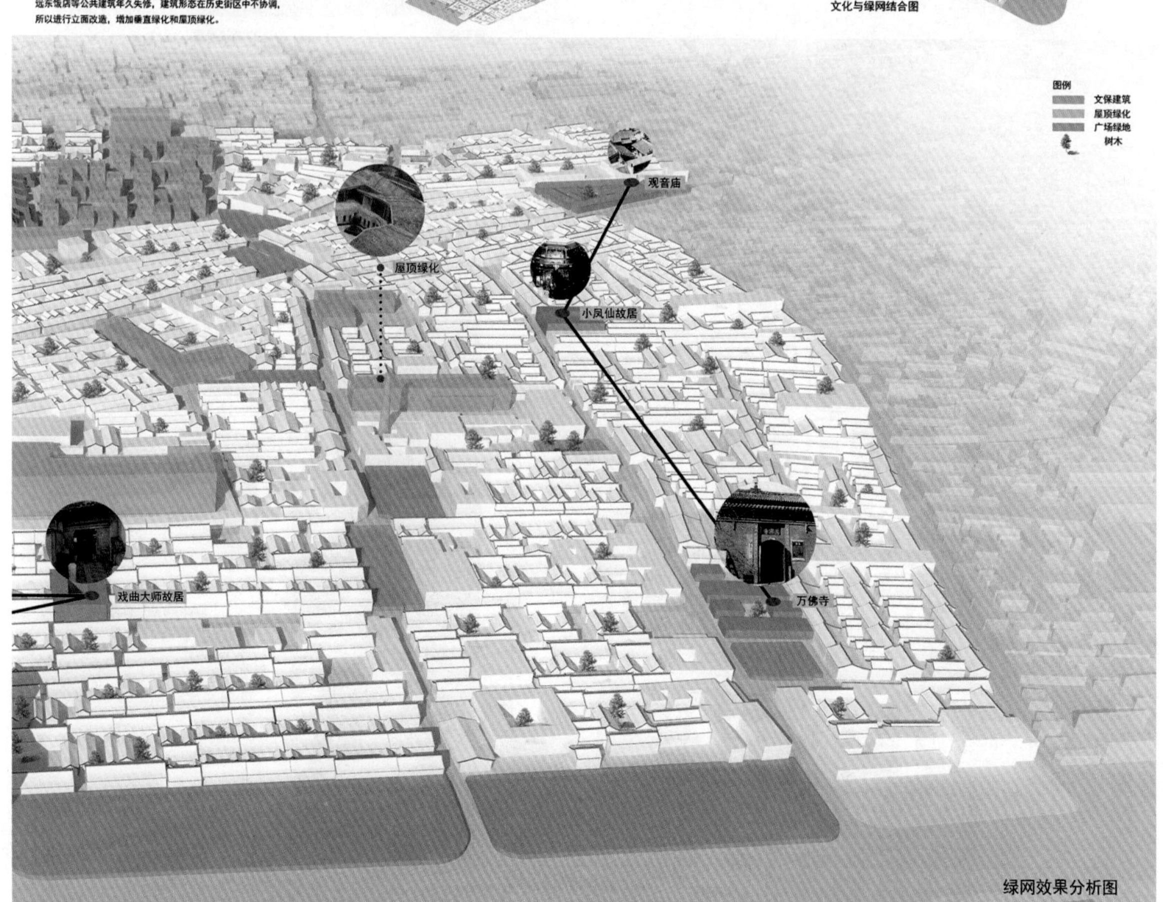

绿网效果分析图

O2-TRIBE
彩虹主题广场
立体流线分析
图例
主要路线
次要路线
立体空间分析
图例
行走空间
驻留空间
总平面图1:300
街边绿地
总平面图1:300
设计说明：
从一个原生、无个性的基本形式出发，最终塑造出一个既个性化又具有原创性的结果，而且那些原本平庸的位置引入了发散性的间隔区域，用木材覆盖整个表面，既灵动又亲和，它会随时间老化而记录当时的自然条件。木板升起之处展现草地树木交织出的内部生态空间。以这种手段，预先定义人们闲聚、休憩甚至进行滑板运动等的特定行为场所，形成一块同时包容集会和私密并存的公共地毯。
广场效果图
休闲广场
设计说明：
该广场位于景观轴节点上，通过铺装和设计要素，使得景观广场与建筑建立起强烈的视觉联系。植物种植在乔木上选择木兰，木兰提供了一个宜人微气候环境，同时也是广场两个区域间的视觉中心点，这两个区域中，石材地面的地方较高，木材地面的地方较高，功能上，一个是景观轴的的重要节点，一个是为当地居民提供的休憩空间，另外也是基地内道路中的重要通行空间。
视线分析
15°
120°
20°
石墙的高度不同，影响人的视线范围，形成不同的景观效果。
总平面图1:300
街
斜
街
斜
大
外
廊
营
胡
同
陕
西
巷
胭
脂
胡
同
景观轴平面图

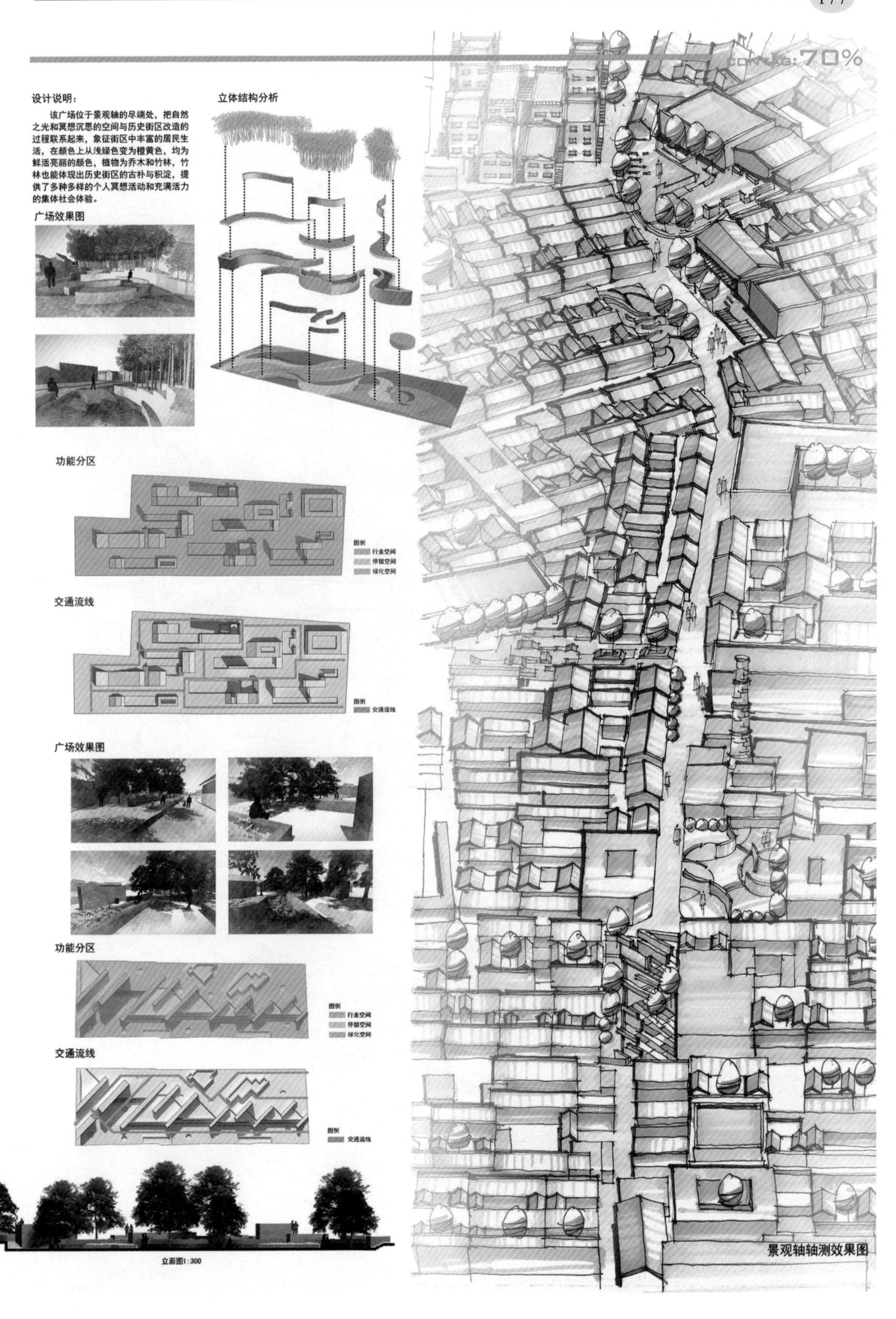
设计说明：
该广场位于景观轴的尽端处，把自然之光和冥想沉思的空间与历史街区改造的过程联系起来，象征街区中丰富的居民生活，在颜色上从浅绿色变为橙黄色，均为鲜活亮丽的颜色，植物为乔木和竹林，竹林也能体现出历史街区的古朴与积淀，提供了多种多样的个人冥想活动和充满活力的集体社会体验。
广场效果图
立体结构分析
功能分区
图例
行走空间
停留空间
绿化空间
交通流线
图例
交通流线
广场效果图
功能分区
图例
行走空间
停留空间
绿化空间
交通流线
图例
交通流线
立面图1:300
景观轴轴测效果图

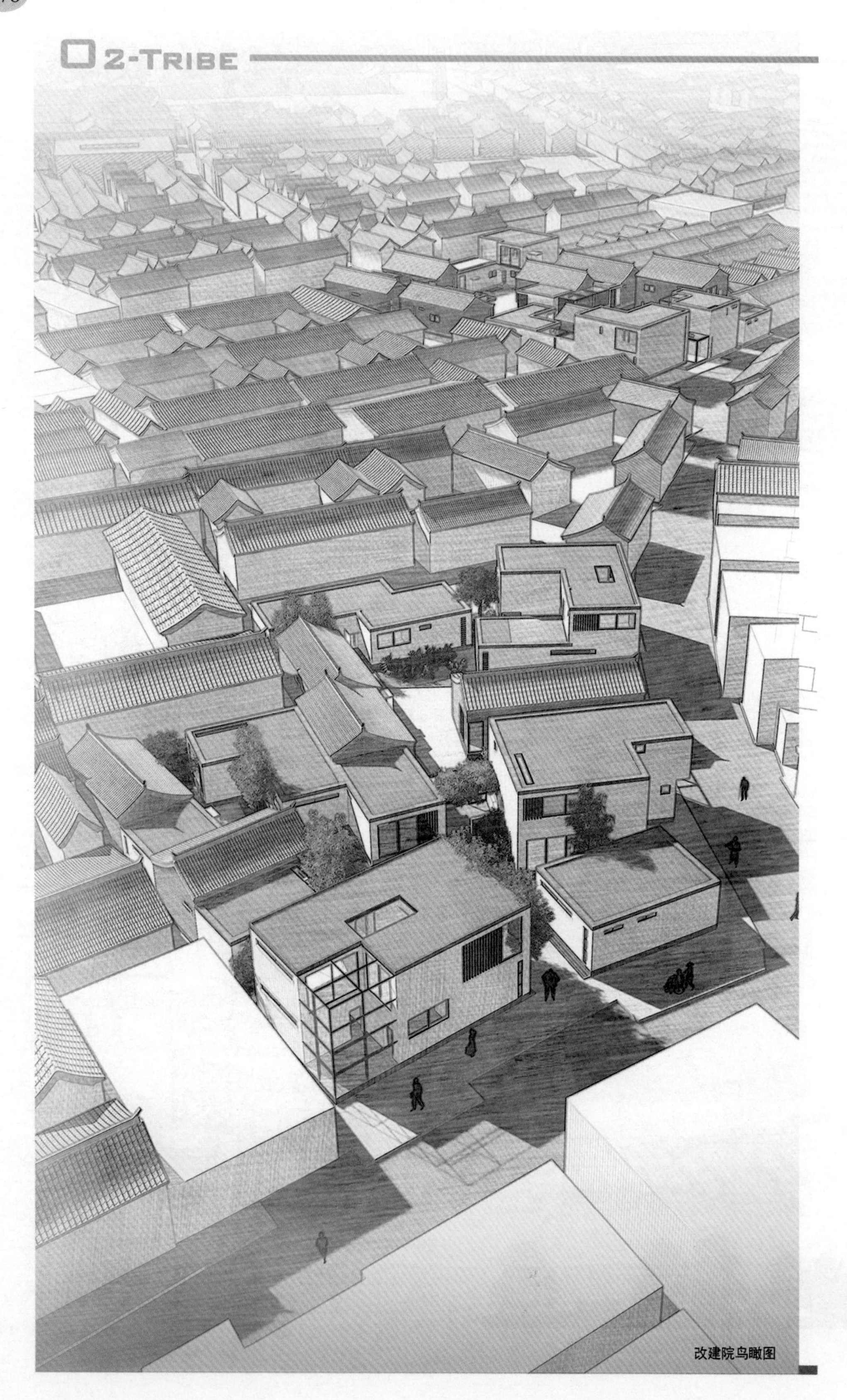

改建院鸟瞰图

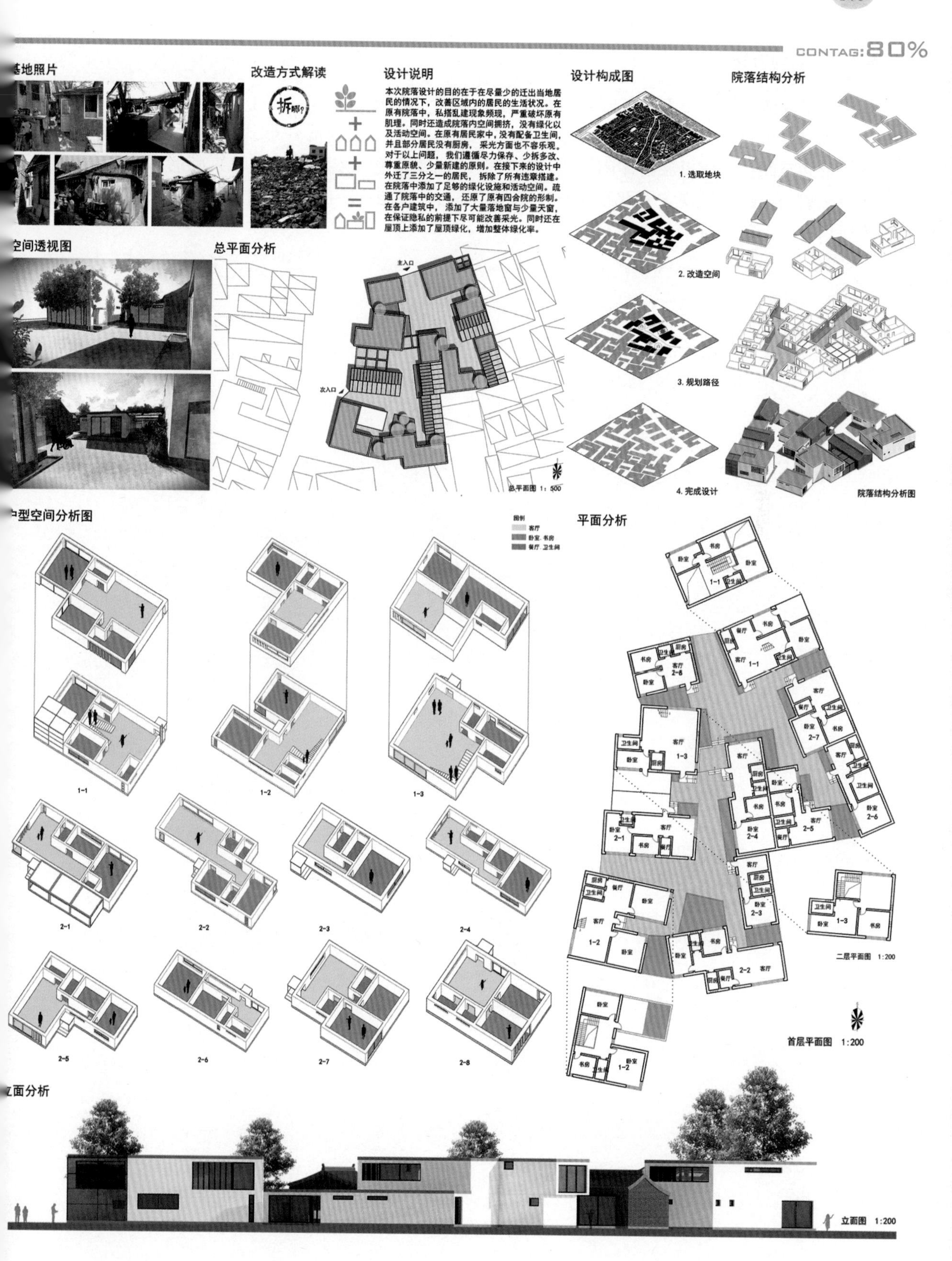
CONTAG:80%
落地照片
改造方式解读
拆哪?
设计说明
本次院落设计的目的在于在尽量少的迁出当地居民的情况下，改善区域内的居民的生活状况。在原有院落中，私搭乱建现象频现，严重破坏原有肌理。同时还造成院落内空间拥挤，没有绿化以及活动空间。在原有居民家中，没有配备卫生间，并且部分居民没有厨房，采光方面也不容乐观。对于以上问题，我们遵循尽力保存、少拆多改、尊重原貌、少量新建的原则。在接下来的设计中外迁了三分之一的居民，拆除了所有违章搭建。在院落中添加了足够的绿化设施和活动空间。疏通了院落中的交通，还原了原有四合院的形制。在各户建筑中，添加了大量落地窗与少量天窗，在保证隐私的前提下尽可能改善采光。同时还在屋顶上添加了屋顶绿化，增加整体绿化率。
设计构成图
1. 选取地块
2. 改造空间
3. 规划路径
4. 完成设计
院落结构分析
院落结构分析图
空间透视图
总平面分析
主入口
次入口
总平面图 1：500
户型空间分析图
图例
客厅
卧室、书房
餐厅、卫生间
1-1
1-2
1-3
2-1
2-2
2-3
2-4
2-5
2-6
2-7
2-8
平面分析
二层平面图 1:200
首层平面图 1:200
立面分析
立面图 1:200

3.4.2 规划方案2

项目完成人员：王玄羽　郑岩　聂英立　李婵玢　田家兴

成果分析：该设计在保护老北京原真建筑的基础上，更新居住形式，整合旅游资源，改善公共空间，形成以旅游休闲为主，具有鲜明地域特色和浓郁京城文化氛围的多业态复合型文化商业街，呈现“老北京底片，新都市客厅”的多层内涵。大栅栏地区历史街区保护规划方案2如下所示。

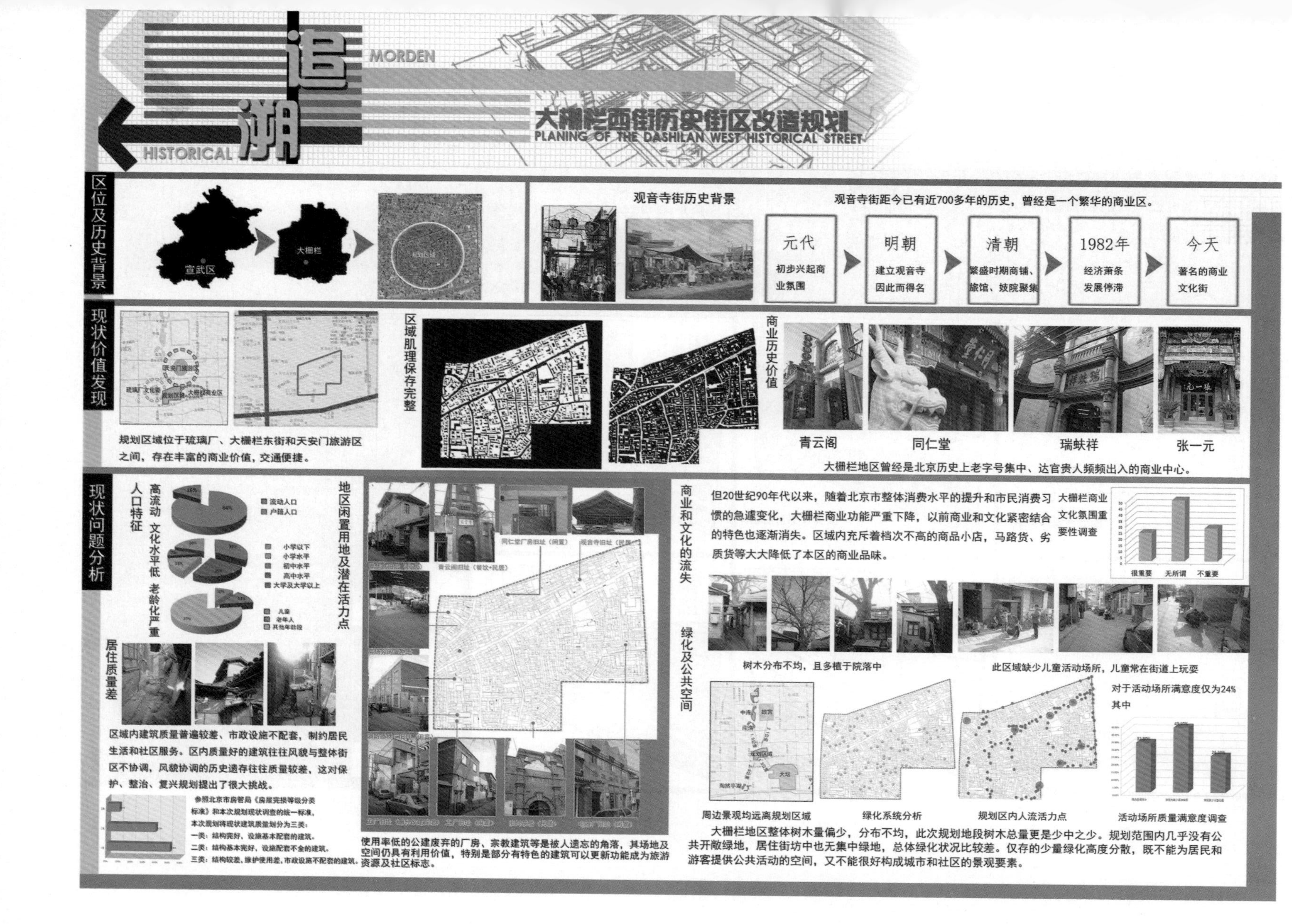
追溯
MORDEN
HISTORICAL
大栅栏西街历史街区改造规划
PLANING OF THE DASHILAN WEST HISTORICAL STREET
区位及历史背景
宣武区
大栅栏
观音寺街历史背景
观音寺街距今已有近700多年的历史，曾经是一个繁华的商业区。
元代
初步兴起商业氛围
明朝
建立观音寺因此而得名
清朝
繁盛时期商铺、旅馆、妓院聚集
1982年
经济萧条发展停滞
今天
著名的商业文化街
现状价值发现
区域肌理保存完整
商业历史价值
青云阁
同仁堂
瑞蚨祥
张一元
规划区域位于琉璃厂、大栅栏东街和天安门旅游区之间，存在丰富的商业价值，交通便捷。
大栅栏地区曾经是北京历史上老字号集中、达官贵人频频出入的商业中心。
现状问题分析
人口特征
高流动
文化水平低
老龄化严重
流动人口
户籍人口
小学以下
小学水平
初中水平
高中水平
大学及大学以上
儿童
老年人
其他年龄段
地区闲置用地及潜在活力点
居住质量差
区域内建筑质量普遍较差、市政设施不配套，制约居民生活和社区服务。区内质量好的建筑往往风貌与整体街区不协调，风貌协调的历史遗存往往质量较差，这对保护、整治、复兴规划提出了很大挑战。
参照北京市房管局《房屋完损等级分类标准》和本次规划现状调查的统一标准，本次规划将现状建筑质量划分为三类：
一类：结构完好，设施基本配套的建筑。
二类：结构基本完好，设施配套不全的建筑。
三类：结构较差，维护使用差，市政设施不配套的建筑。
使用率低的公建废弃的厂房、宗教建筑等是被人遗忘的角落，其场地及空间仍具有利用价值，特别是部分有特色的建筑可以更新功能成为旅游资源及社区标志。
商业和文化的流失
但20世纪90年代以来，随着北京市整体消费水平的提升和市民消费习惯的急速变化，大栅栏商业功能严重下降，以前商业和文化紧密结合的特色也逐渐消失。区域内充斥着档次不高的商品小店，马路货、劣质货等大大降低了本区的商业品味。
大栅栏商业文化氛围重要性调查
很重要
无所谓
不重要
绿化及公共空间
树木分布不均，且多植于院落中
此区域缺少儿童活动场所，儿童常在街道上玩耍
对于活动场所满意度仅为24%
其中
周边景观均远离规划区域
绿化系统分析
规划区内人流活力点
活动场所质量满意度调查
大栅栏地区整体树木量偏少，分布不均，此次规划地段树木总量更是少中之少。规划范围内几乎没有公共开敞绿地，居住街坊中也无集中绿地，总体绿化状况比较差。仅存的少量绿化高度分散，既不能为居民和游客提供公共活动的空间，又不能很好构成城市和社区的景观要素。

历史文化价值
1. 独特性
(1) 保留有北京历史延续最长（元、明、清、民国至当代，约730年）的城市传统胡同肌理。
(2) 丰富的社区功能（商业金融、服务、作坊、餐饮、戏曲、居住、茶室）。
(3) 保存有比较完整的旧时市井生活遗迹和相关的轶闻故事。
2. 完整性
(1) 清初至20世纪40年代的街巷格局保存完整。
(2) 保存有较完整集中的城南胡同及四合院群落。
(3) 历史建筑遗存多，风貌信息基本可以识别。
3. 社会认同性
(1) “大栅栏”一直是北京重要的标志性商业街区的品牌，若干老字号的声名至今不衰。
(2) 现今已成为寻根怀旧的重要场所，“胡同游”初具规模。
4. 可持续发展性
(1) 经过整治，可以发展成为传统商业、旅游业的黄金地段。
(2) 经过修复重要历史遗存，可以长期保存和合理利用，在更新过程中历史风貌可以得到延续。
用地分类分析图
道路交通分析图
图例
9m以上
7~9m
5~7m
3~5m
3m以下
建筑高度分析图
图例
3m以下（含3m）
3~6m（含6m）
6~9m（含9m）
9m以上
建筑质量分析图
图例
建筑质量好
建筑质量一般
建筑质量差
建筑风貌分析图
图例
院落分类分析图
图例
四合院落
三合院落
L形院落
U形院落
天井式院落
SWOT分析
优势 S(strengths)
（1）深厚的历史文化积淀。大栅栏地区的传统历史建筑、街巷胡同为发展传统商业提供了最佳的物质载体。
（2）长期以来形成的“大栅栏” 商业历史品牌依然影响深远，形成特殊的品牌优势。
（3）近邻故宫、天安门的优越地理位置对国内、外游客形成天然的吸引力。
劣势 W(weaknesses)
（1）基础设施落后，环境外观差。
（2）处于经济衰落期，缺乏支柱产业，商业营业额低。
（3）缺乏有效的商业组织和管理，低劣商品充斥。
（4）受保护规划的限制和高人口密度的影响，开发难度大。
机遇 O(opportunities)
(1) 大栅栏地区处在北京市举办奥运、实行城南倾斜政策。
(2) 加入世贸、发展第三产业等优越的城市大环境为大栅栏的繁荣提供了契机。
挑战 T(threats)
(1) 如何处理居住与商业的关系。
(2) 如何连接规划区域与琉璃厂、天安门旅游区和大栅栏商业区。
(3) 如何解决区域内机动车行驶与行人步行的关系。

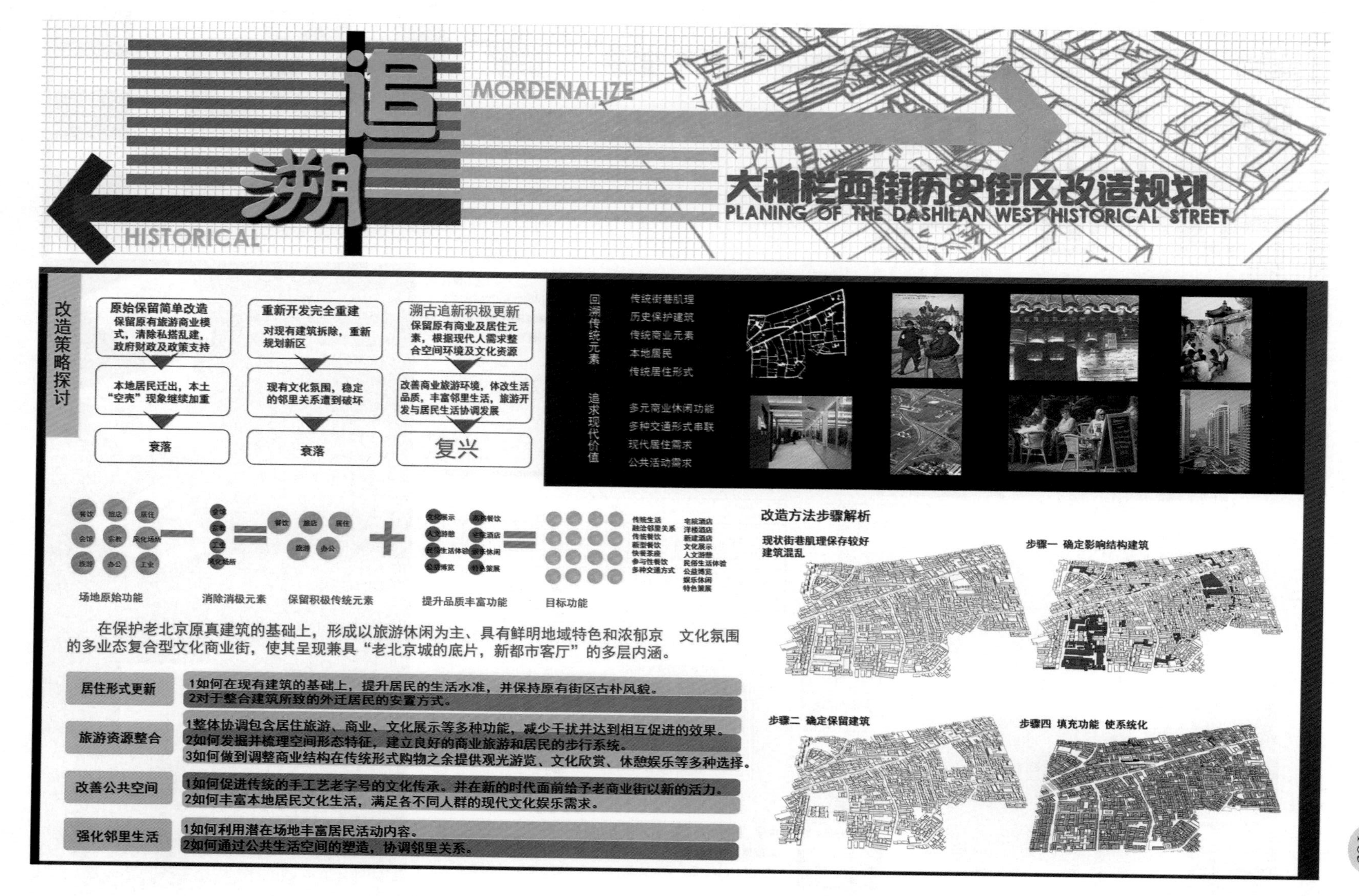
追
溯
MORDENALIZE
HISTORICAL
大栅栏西街历史街区改造规划
PLANING OF THE DASHILAN WEST HISTORICAL STREET
改造策略探讨
原始保留简单改造
保留原有旅游商业模式，清除私搭乱建，政府财政及政策支持
本地居民迁出，本土“空壳”现象继续加重
衰落
重新开发完全重建
对现有建筑拆除，重新规划新区
现有文化氛围，稳定的邻里关系遭到破坏
衰落
溯古追新积极更新
保留原有商业及居住元素，根据现代人需求整合空间环境及文化资源
改善商业旅游环境，体改生活品质，丰富邻里生活，旅游开发与居民生活协调发展
复兴
回溯传统元素
传统街巷肌理
历史保护建筑
传统商业元素
本地居民
传统居住形式
追求现代价值
多元商业休闲功能
多种交通形式串联
现代居住需求
公共活动需求
场地原始功能
消除消极元素
保留积极传统元素
提升品质丰富功能
目标功能
在保护老北京原真建筑的基础上，形成以旅游休闲为主、具有鲜明地域特色和浓郁京 文化氛围的多业态复合型文化商业街，使其呈现兼具“老北京城的底片，新都市客厅”的多层内涵。
居住形式更新
1如何在现有建筑的基础上，提升居民的生活水准，并保持原有街区古朴风貌。
2对于整合建筑所致的外迁居民的安置方式。
旅游资源整合
1整体协调包含居住旅游、商业、文化展示等多种功能，减少干扰并达到相互促进的效果。
2如何发掘并梳理空间形态特征，建立良好的商业旅游和居民的步行系统。
3如何做到调整商业结构在传统形式购物之余提供观光游览、文化欣赏、休憩娱乐等多种选择。
改善公共空间
1如何促进传统的手工艺老字号的文化传承。并在新的时代面前给予老商业街以新的活力。
2如何丰富本地居民文化生活，满足各不同人群的现代文化娱乐需求。
强化邻里生活
1如何利用潜在场地丰富居民活动内容。
2如何通过公共生活空间的塑造，协调邻里关系。
改造方法步骤解析
现状街巷肌理保存较好 建筑混乱
步骤一 确定影响结构建筑
步骤二 确定保留建筑
步骤四 填充功能 使系统化

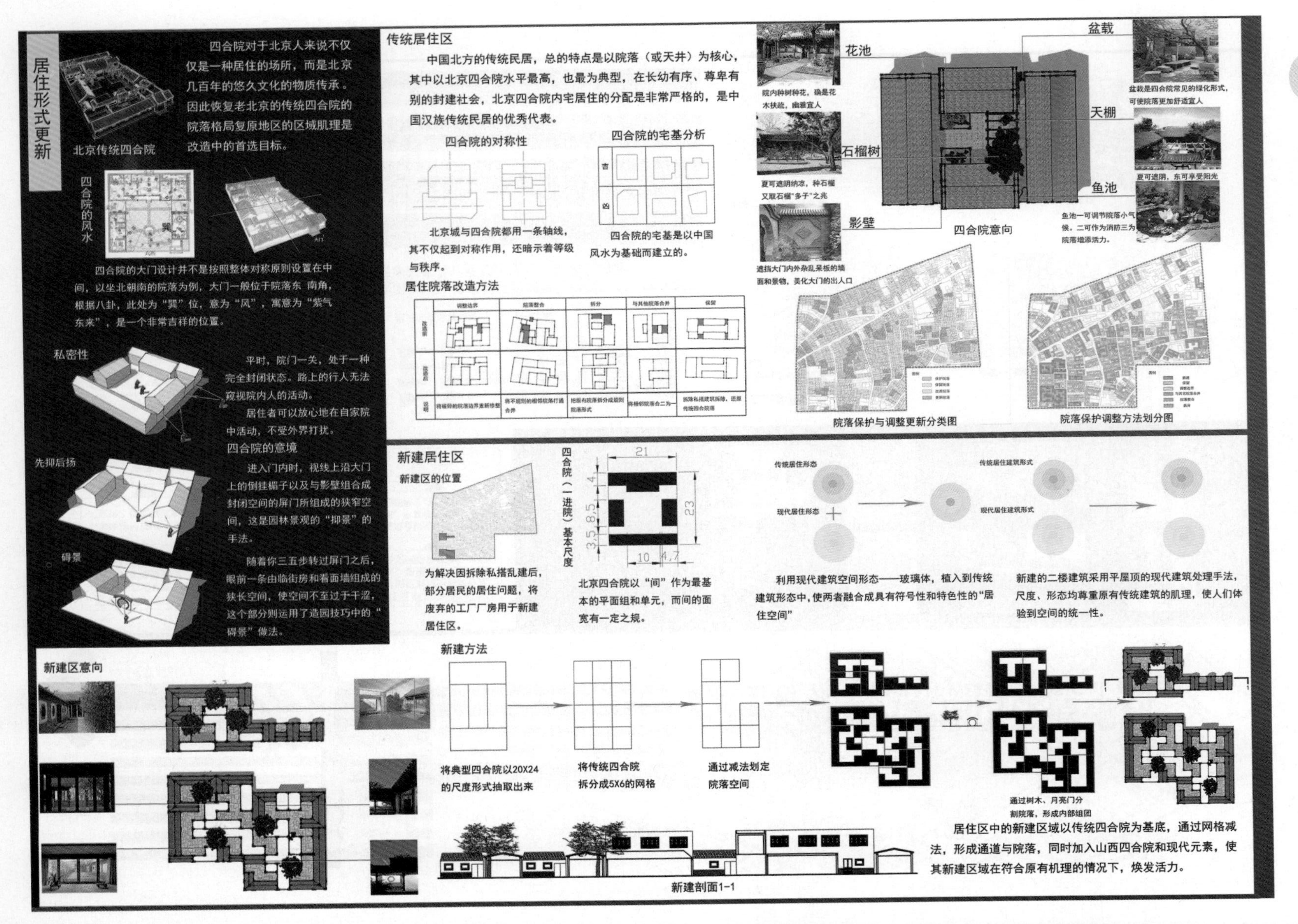
居住形式更新
四合院对于北京人来说不仅仅是一种居住的场所，而是北京几百年的悠久文化的物质传承。因此恢复老北京的传统四合院的院落格局复原地区的区域肌理是改造中的首选目标。
北京传统四合院
四合院的风水
四合院的大门设计并不是按照整体对称原则设置在中间，以坐北朝南的院落为例，大门一般位于院落东 南角，根据八卦，此处为“巽”位，意为“风”，寓意为“紫气东来”，是一个非常吉祥的位置。
私密性
平时，院门一关，处于一种完全封闭状态。路上的行人无法窥视院内人的活动。
居住者可以放心地在自家院中活动，不受外界打扰。
四合院的意境
先抑后扬
进入门内时，视线上沿大门上的倒挂楣子以及与影壁组合成封闭空间的屏门所组成的狭窄空间，这是园林景观的“抑景”的手法。
碍景
随着你三五步转过屏门之后，眼前一条由临街房和看面墙组成的狭长空间，使空间不至过于干涩，这个部分则运用了造园技巧中的“碍景”做法。
传统居住区
中国北方的传统民居，总的特点是以院落（或天井）为核心，其中以北京四合院水平最高，也最为典型，在长幼有序、尊卑有别的封建社会，北京四合院内宅居住的分配是非常严格的，是中国汉族传统民居的优秀代表。
四合院的对称性
北京城与四合院都用一条轴线，其不仅起到对称作用，还暗示着等级与秩序。
四合院的宅基分析
吉
凶
四合院的宅基是以中国风水为基础而建立的。
居住院落改造方法
调整边界
院落整合
拆分
与其他院落合并
保留
花池
院内种树种花，绕是花木扶疏，幽雅宜人
石榴树
夏可遮阴纳凉，种石榴又取石榴“多子”之兆
影壁
遮挡大门内外杂乱呆板的墙面和景物，美化大门的出入口
四合院意向
盆栽
盆栽是四合院常见的绿化形式，可使院落更加舒适宜人
天棚
夏可遮阴，东可享受阳光
鱼池
鱼池一可调节院落小气候，二可作为消防三为院落增添活力。
院落保护与调整更新分类图
院落保护调整方法划分图
新建居住区
新建区的位置
为解决因拆除私搭乱建后，部分居民的居住问题，将废弃的工厂厂房用于新建居住区。
四合院（一进院）基本尺度
21
4
8.5
3.5
23
10
4.7
北京四合院以“间”作为最基本的平面组和单元，而间的面宽有一定之规。
传统居住形态
现代居住形态
利用现代建筑空间形态——玻璃体，植入到传统建筑形态中，使两者融合成具有符号性和特色性的“居住空间”
传统居住建筑形式
现代居住建筑形式
新建的二楼建筑采用平屋顶的现代建筑处理手法，尺度、形态均尊重原有传统建筑的肌理，使人们体验到空间的统一性。
新建区意向
新建方法
将典型四合院以20X24的尺度形式抽取出来
将传统四合院拆分成5X6的网格
通过减法划定院落空间
通过树木、月亮门分割院落，形成内部组团
居住区中的新建区域以传统四合院为基底，通过网格减法，形成通道与院落，同时加入山西四合院和现代元素，使其新建区域在符合原有机理的情况下，焕发活力。
新建剖面1-1

追溯
HISTORICAL
MORDEN
大栅栏西街历史街区改造规划
PLANING OF THE DASHILAN WEST HISTORICAL STREET
旅游资源整合
外来游客 集多种商业内容形式为一体，为游客提供多样化服务。恢复原有老字号，引入新兴产业，提升街区活力，为不同年龄段的人群提供服务。
购物人群 提供多种选择，满足不同人群的需求。
非购物人群 提供茶室、咖啡厅等休闲空间，为非购物人群提供更多行为选择。
本地居民 提供精品购物特色餐饮等服务提高生活质量，更有曲艺欣赏等活动满足娱乐需求。
便捷住宿
观光旅游
民俗购物
茶社艺术
图书阅览
曲艺欣赏
艺术展览
精品购物
曲艺欣赏
特色餐饮
娱乐休闲
商业旅游分布状况
移植商业街
传统手工作坊区
恢复原有老字号，采用四合院模式，展示传统手工艺制作过程。
小商品区
展现当地居民生活风貌，增加居民收入。
传统四合旅馆区
保留原有建筑空间模式，形成四合、天井、三合等空间的院落丰富游客体验。
文化展示区
丰富当地居民的生活。为游客提供更多娱乐选择。
综合商业区
集传统小吃、新型旅馆、茶室书店为一体，形成休闲与游憩的场所。
新兴产业区
增加新兴产业吸引不同年龄段的游客，提升街区活力。
新樱桃斜街远景
连通整体大栅栏西街
中景
通过铺地绿化产生引导性
近景
入口广场及商业休闲设施
大栅栏西街，在此处分成了铁树斜街和樱桃斜街两条街道。
改造以前，以民居为主，游客大多采取折返的游览路线。
改造以后，形成商业休闲街，用商业功能及开放空间产生引导作用，连接到了琉璃厂东街，延长了游客的旅游路线。
改建前商业布局
改建后商业布局
商业街改造演变
原有浏览路线。路线深入胡同内部，且不连贯，给游客的浏览带来不便，同时也干扰当地居民生活。
由鱼骨产生的联想形成主次有别的线路
规划后的浏览线路。以大栅栏西街为基本骨架，向两侧形成鱼骨状游览线路，并在尾部连接，形成回路。方便游客的同时，减少对居民的干扰。
在骨架上加入不同的功能分区，使路线更明确。

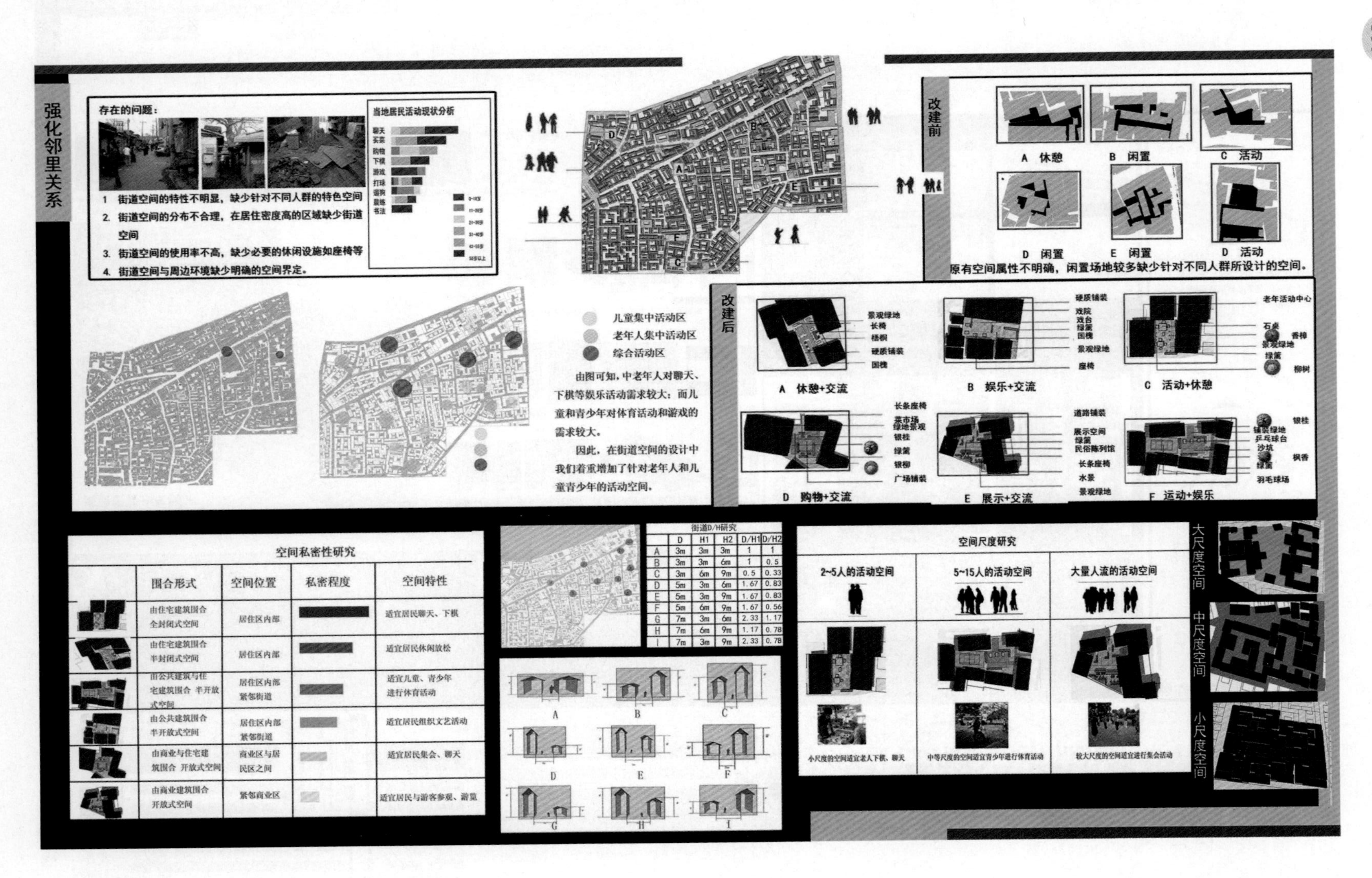

空间私密性研究

	围合形式	空间位置	私密程度	空间特性
	由住宅建筑围合 全封闭式空间	居住区内部		适宜居民聊天、下棋
	由住宅建筑围合 半封闭式空间	居住区内部		适宜居民休闲放松
	由公共建筑与住宅建筑围合 半开放式空间	居住区内部 紧邻街道		适宜儿童、青少年进行体育活动
	由公共建筑围合 半开放式空间	居住区内部 紧邻街道		适宜居民组织文艺活动
	由商业与住宅建筑围合 开放式空间	商业区与居民区之间		适宜居民集会、聊天
	由商业建筑围合 开放式空间	紧邻商业区		适宜居民与游客参观、游览

街道D/H研究

	D	H1	H2	D/H1	D/H2
A	3m	3m	3m	1	1
B	3m	3m	6m	1	0.5
C	3m	6m	9m	0.5	0.33
D	5m	3m	6m	1.67	0.83
E	5m	3m	9m	1.67	0.83
F	5m	6m	9m	1.67	0.56
G	7m	3m	6m	2.33	1.17
H	7m	6m	9m	1.17	0.78
I	7m	3m	9m	2.33	0.78

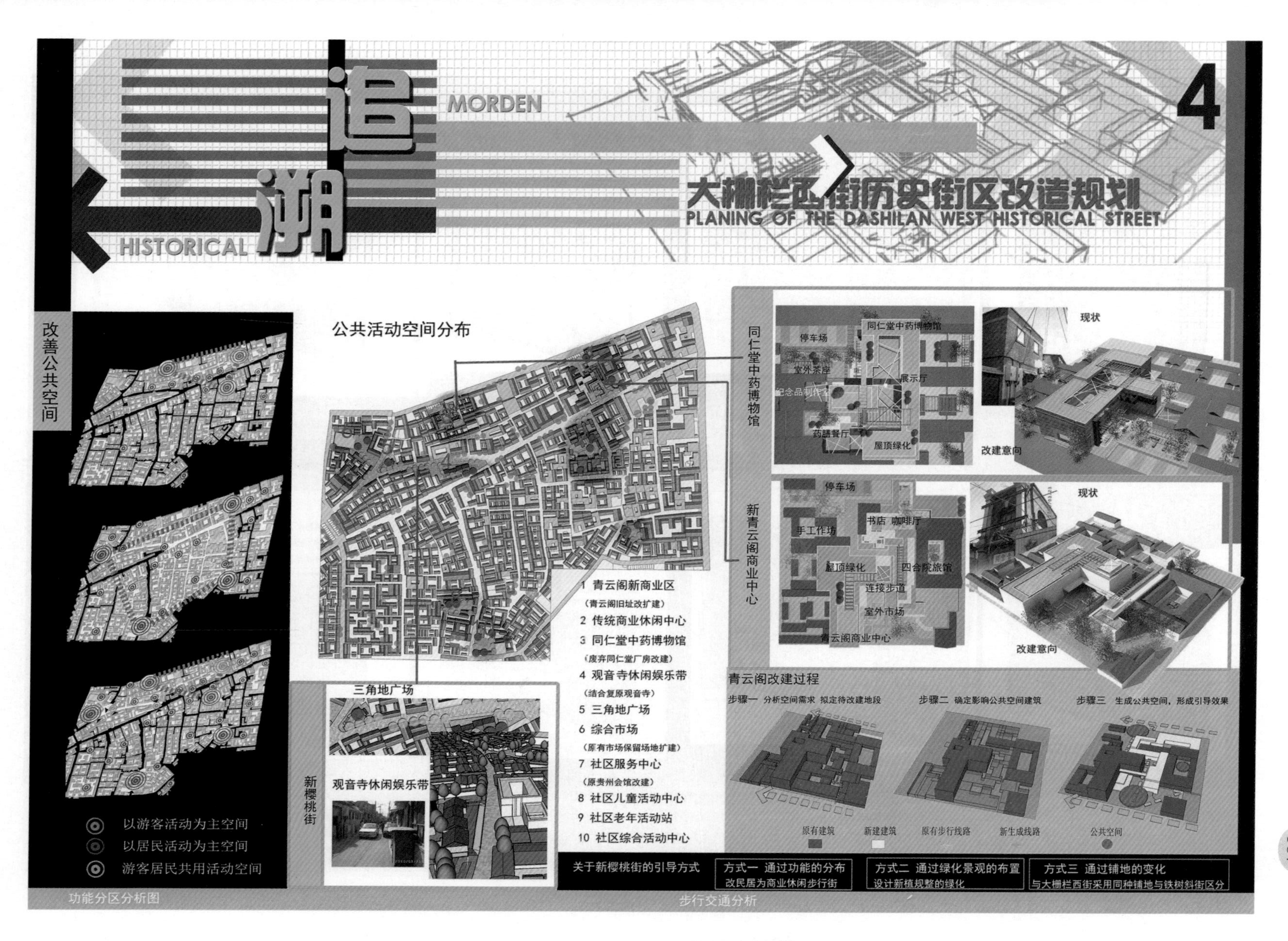
4
大栅栏西街历史街区改造规划
PLANING OF THE DASHILAN WEST HISTORICAL STREET
追溯
HISTORICAL
MORDEN
改善公共空间
以游客活动为主空间
以居民活动为主空间
游客居民共用活动空间
功能分区分析图
公共活动空间分布
1 青云阁新商业区
（青云阁旧址改扩建）
2 传统商业休闲中心
3 同仁堂中药博物馆
（废弃同仁堂厂房改建）
4 观音寺休闲娱乐带
（结合复原观音寺）
5 三角地广场
6 综合市场
（原有市场保留场地扩建）
7 社区服务中心
（原贵州会馆改建）
8 社区儿童活动中心
9 社区老年活动站
10 社区综合活动中心
新樱桃街
三角地广场
观音寺休闲娱乐带
同仁堂中药博物馆
停车场
同仁堂中药博物馆
室外茶座
展示厅
纪念品制作
药膳餐厅
屋顶绿化
现状
改建意向
新青云阁商业中心
停车场
手工作坊
书店　咖啡厅
屋顶绿化
四合院旅馆
连接步道
室外市场
青云阁商业中心
现状
改建意向
青云阁改建过程
步骤一　分析空间需求　拟定待改建地段
步骤二　确定影响公共空间建筑
步骤三　生成公共空间，形成引导效果
原有建筑
新建建筑
原有步行线路
新生成线路
公共空间
关于新樱桃街的引导方式
方式一　通过功能的分布
改民居为商业休闲步行街
方式二　通过绿化景观的布置
设计新植规整的绿化
方式三　通过铺地的变化
与大栅栏西街采用同种铺地与铁树斜街区分
步行交通分析

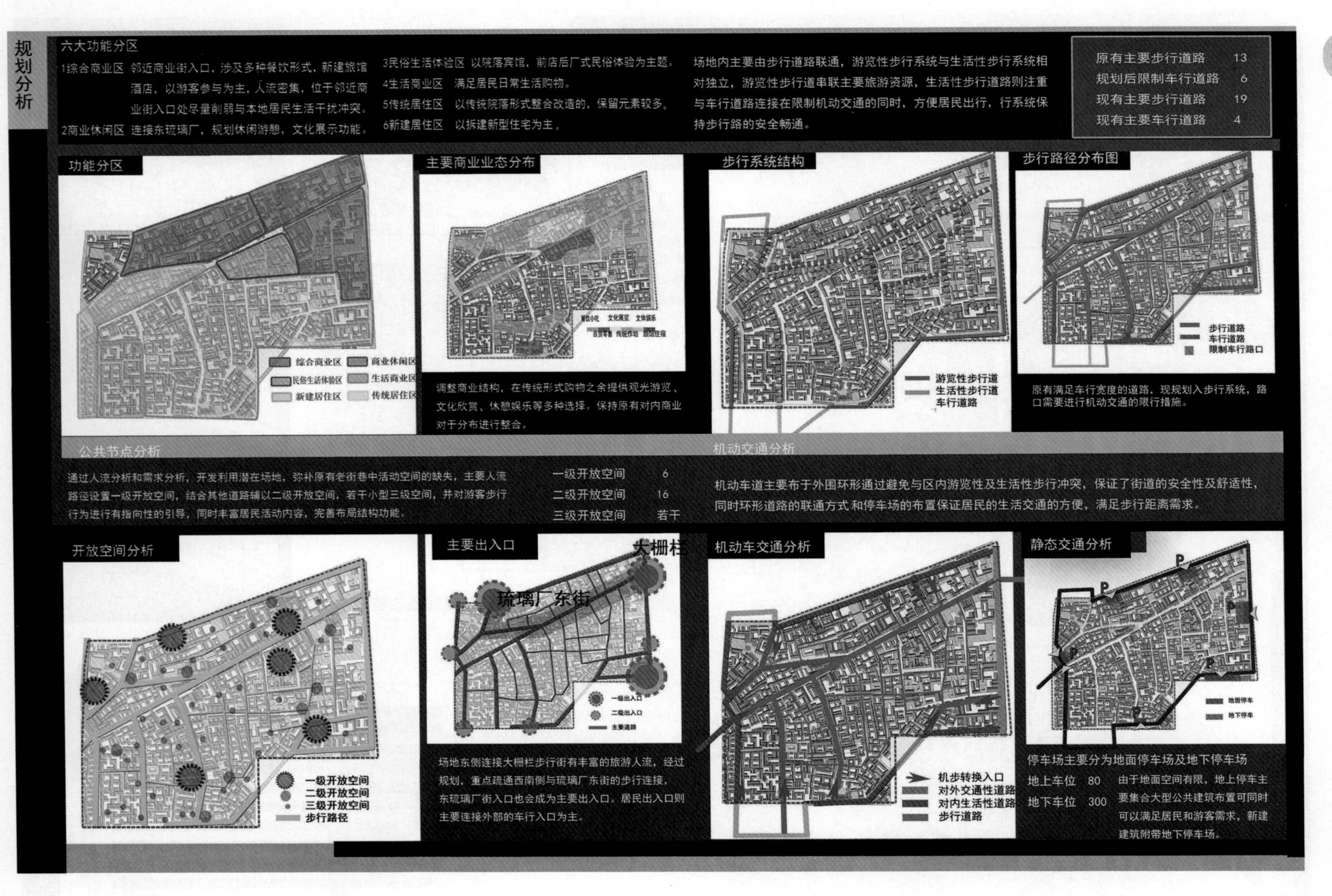
规划分析
六大功能分区
1综合商业区 邻近商业街入口，涉及多种餐饮形式，新建旅馆酒店，以游客参与为主，人流密集，位于邻近商业街入口处尽量削弱与本地居民生活干扰冲突。
2商业休闲区 连接东琉璃厂，规划休闲游憩，文化展示功能。
3民俗生活体验区 以院落宾馆，前店后厂式民俗体验为主题。
4生活商业区 满足居民日常生活购物。
5传统居住区 以传统院落形式整合改造的，保留元素较多。
6新建居住区 以拆建新型住宅为主。
场地内主要由步行道路联通，游览性步行系统与生活性步行系统相对独立，游览性步行道串联主要旅游资源，生活性步行道路则注重与车行道路连接在限制机动交通的同时，方便居民出行，行系统保持步行路的安全畅通。
原有主要步行道路 13
规划后限制车行道路 6
现有主要步行道路 19
现有主要车行道路 4
功能分区
综合商业区
商业休闲区
民俗生活体验区
生活商业区
新建居住区
传统居住区
主要商业业态分布
调整商业结构，在传统形式购物之余提供观光游览、文化欣赏、休憩娱乐等多种选择。保持原有对内商业对于分布进行整合。
步行系统结构
游览性步行道
生活性步行道
车行道路
步行路径分布图
步行道路
车行道路
限制车行路口
原有满足车行宽度的道路，现规划入步行系统，路口需要进行机动交通的限行措施。
公共节点分析
通过人流分析和需求分析，开发利用潜在场地，弥补原有老街巷中活动空间的缺失，主要人流路径设置一级开放空间，结合其他道路辅以二级开放空间，若干小型三级空间，并对游客步行行为进行有指向性的引导，同时丰富居民活动内容，完善布局结构功能。
一级开放空间 6
二级开放空间 16
三级开放空间 若干
机动交通分析
机动车道主要布于外围环形通过避免与区内游览性及生活性步行冲突，保证了街道的安全性及舒适性，同时环形道路的联通方式和停车场的布置保证居民的生活交通的方便，满足步行距离需求。
开放空间分析
一级开放空间
二级开放空间
三级开放空间
步行路径
主要出入口
大栅栏
琉璃厂东街
一级出入口
二级出入口
主要道路
场地东侧连接大栅栏步行街有丰富的旅游人流，经过规划，重点疏通西南侧与琉璃厂东街的步行连接，东琉璃厂街入口也会成为主要出入口。居民出入口则主要连接外部的车行入口为主。
机动车交通分析
机步转换入口
对外交通性道路
对内生活性道路
步行道路
静态交通分析
地面停车
地下停车
停车场主要分为地面停车场及地下停车场
地上车位 80
地下车位 300
由于地面空间有限，地上停车主要集合大型公共建筑布置可同时可以满足居民和游客需求，新建建筑附带地下停车场。

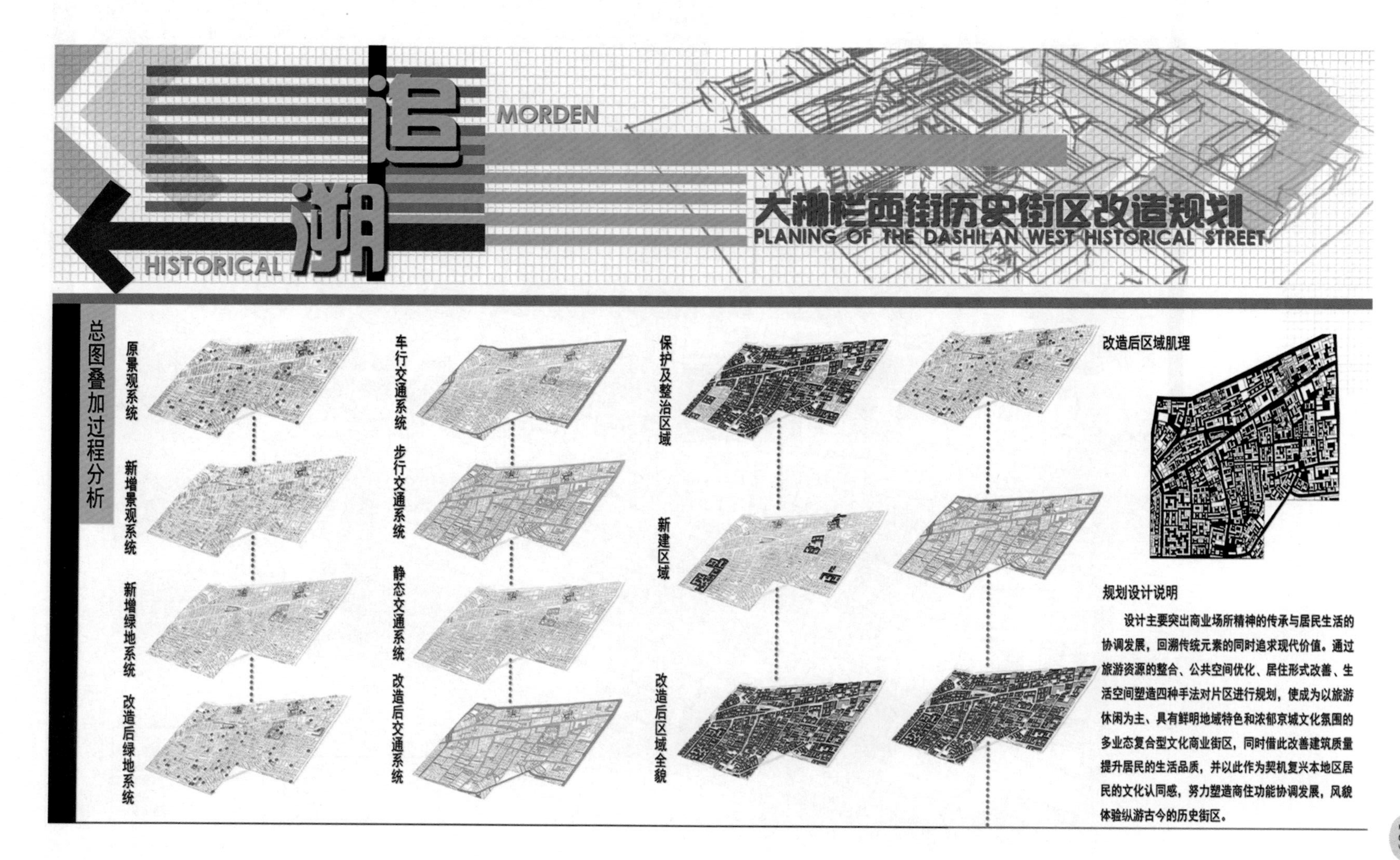
追溯
MORDEN
HISTORICAL
大栅栏西街历史街区改造规划
PLANING OF THE DASHILAN WEST HISTORICAL STREET
总图叠加过程分析
原景观系统
新增景观系统
新增绿地系统
改造后绿地系统
车行交通系统
步行交通系统
静态交通系统
改造后交通系统
保护及整治区域
新建区域
改造后区域全貌
改造后区域肌理
规划设计说明
设计主要突出商业场所精神的传承与居民生活的协调发展，回溯传统元素的同时追求现代价值。通过旅游资源的整合、公共空间优化、居住形式改善、生活空间塑造四种手法对片区进行规划，使成为以旅游休闲为主、具有鲜明地域特色和浓郁京城文化氛围的多业态复合型文化商业街区，同时借此改善建筑质量提升居民的生活品质，并以此作为契机复兴本地区居民的文化认同感，努力塑造商住功能协调发展，风貌体验纵游古今的历史街区。

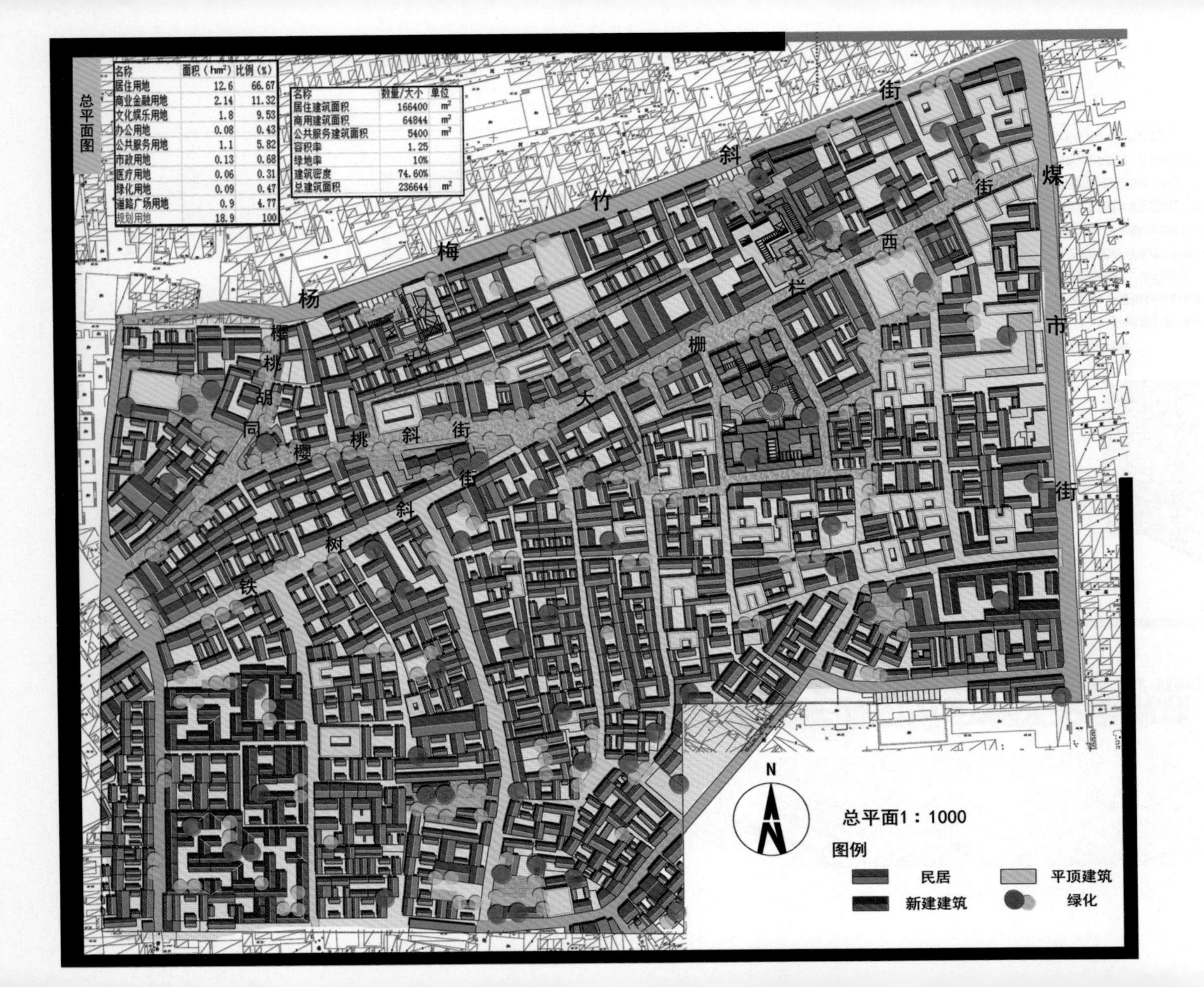
总平面图

名称	面积（hm²）	比例（%）
居住用地	12.6	66.67
商业金融用地	2.14	11.32
文化娱乐用地	1.8	9.53
办公用地	0.08	0.43
公共服务用地	1.1	5.82
市政用地	0.13	0.68
医疗用地	0.06	0.31
绿化用地	0.09	0.47
道路广场用地	0.9	4.77
规划用地	18.9	100

名称	数量/大小	单位
居住建筑面积	166400	m²
商用建筑面积	64844	m²
公共服务建筑面积	5400	m²
容积率	1.25	
绿地率	10%	
建筑密度	74.60%	
总建筑面积	236644	m²

杨梅竹斜街
煤市街
西栏栅
大栅栏
樱桃斜街
樱桃胡同
铁树斜街
N
总平面1：1000
图例
民居
新建建筑
平顶建筑
绿化

追
溯
MORDEN
HISTORICAL
6
大栅栏西街历史街区改造规划
PLANING OF THE DASHILAN WEST HISTORICAL STREET
节点渲染图
青云阁渲染图
同仁堂中药展览馆
新建商业区渲染图
前店后厂
小型公共空间渲染图
鸟瞰图

3.4.3　规划方案3

项目完成人员：兰传耀　苏力杰　杨斯涵　高嫄　张冬越

成果分析：该设计以“慢生活”作为设计主题，通过增加不同性质、不同尺度、不同功能的空间，吸引人们放慢脚步，享受休闲生活。大栅栏地区历史街区保护规划方案3如下所示。

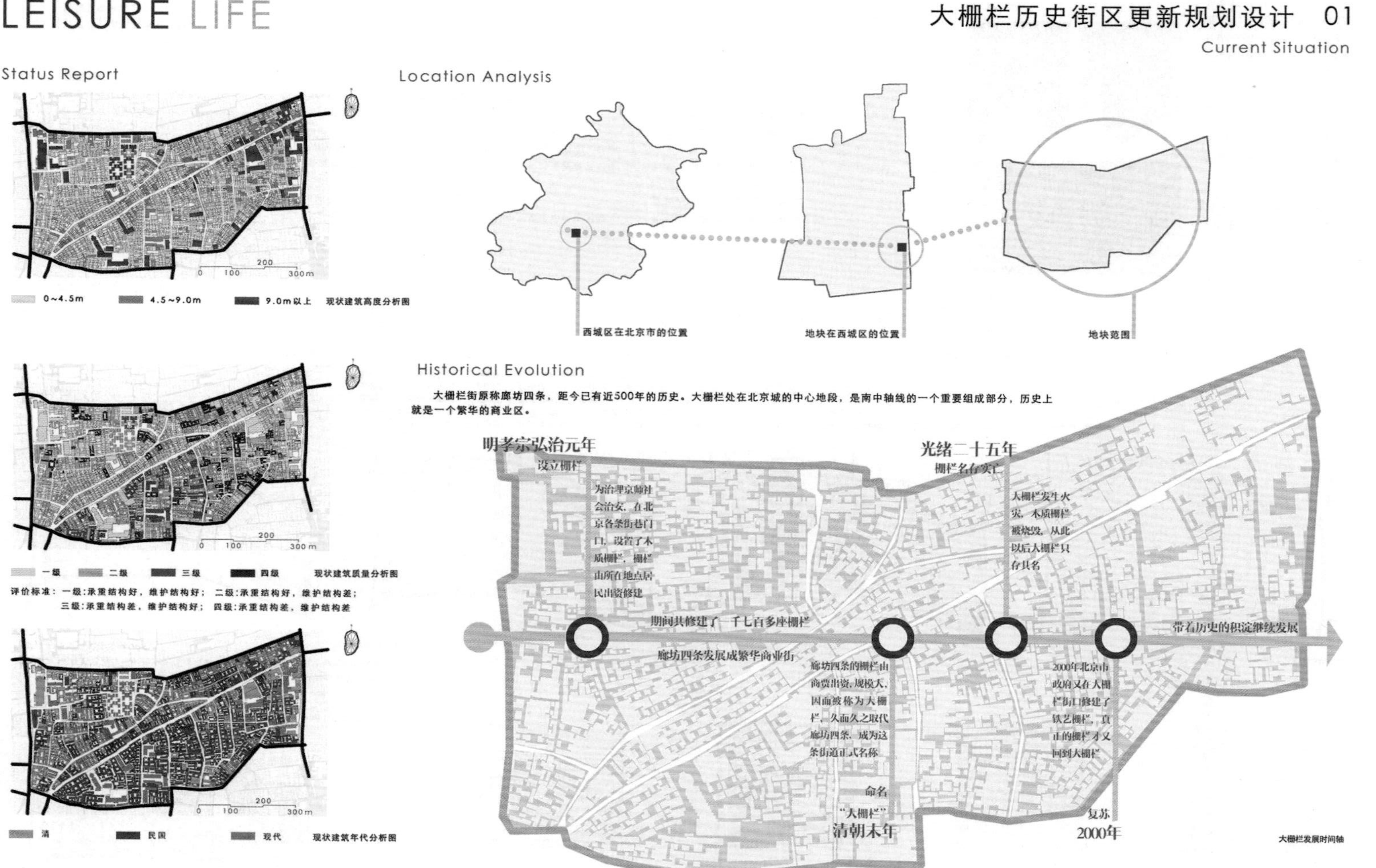
LEISURE LIFE
大栅栏历史街区更新规划设计 01
Current Situation
Status Report
0~4.5m
4.5~9.0m
9.0m以上
现状建筑高度分析图
0 100 200 300m
一级
二级
三级
四级
现状建筑质量分析图
评价标准：一级:承重结构好，维护结构好；二级:承重结构好，维护结构差；
三级:承重结构差，维护结构好；四级:承重结构差，维护结构差
清
民国
现代
现状建筑年代分析图
Location Analysis
西城区在北京市的位置
地块在西城区的位置
地块范围
Historical Evolution
大栅栏街原称廊坊四条，距今已有近500年的历史。大栅栏处在北京城的中心地段，是南中轴线的一个重要组成部分，历史上就是一个繁华的商业区。
明孝宗弘治元年
设立栅栏
为治理京师社会治安，在北京各条街巷门口，设置了木质栅栏，栅栏由所在地点居民出资修建
期间共修建了一千七百多座栅栏
廊坊四条发展成繁华商业街
光绪二十五年
栅栏名存实亡
大栅栏发生火灾，木质栅栏被烧毁，从此以后大栅栏只存其名
廊坊四条的栅栏由商贾出资，规模大，因而被称为大栅栏，久而久之取代廊坊四条，成为这条街道正式名称
命名
“大栅栏”
清朝末年
2000年北京市政府又在大栅栏街口修建了铁艺栅栏，真正的栅栏才又回到大栅栏
复苏
2000年
带着历史的积淀继续发展
大栅栏发展时间轴

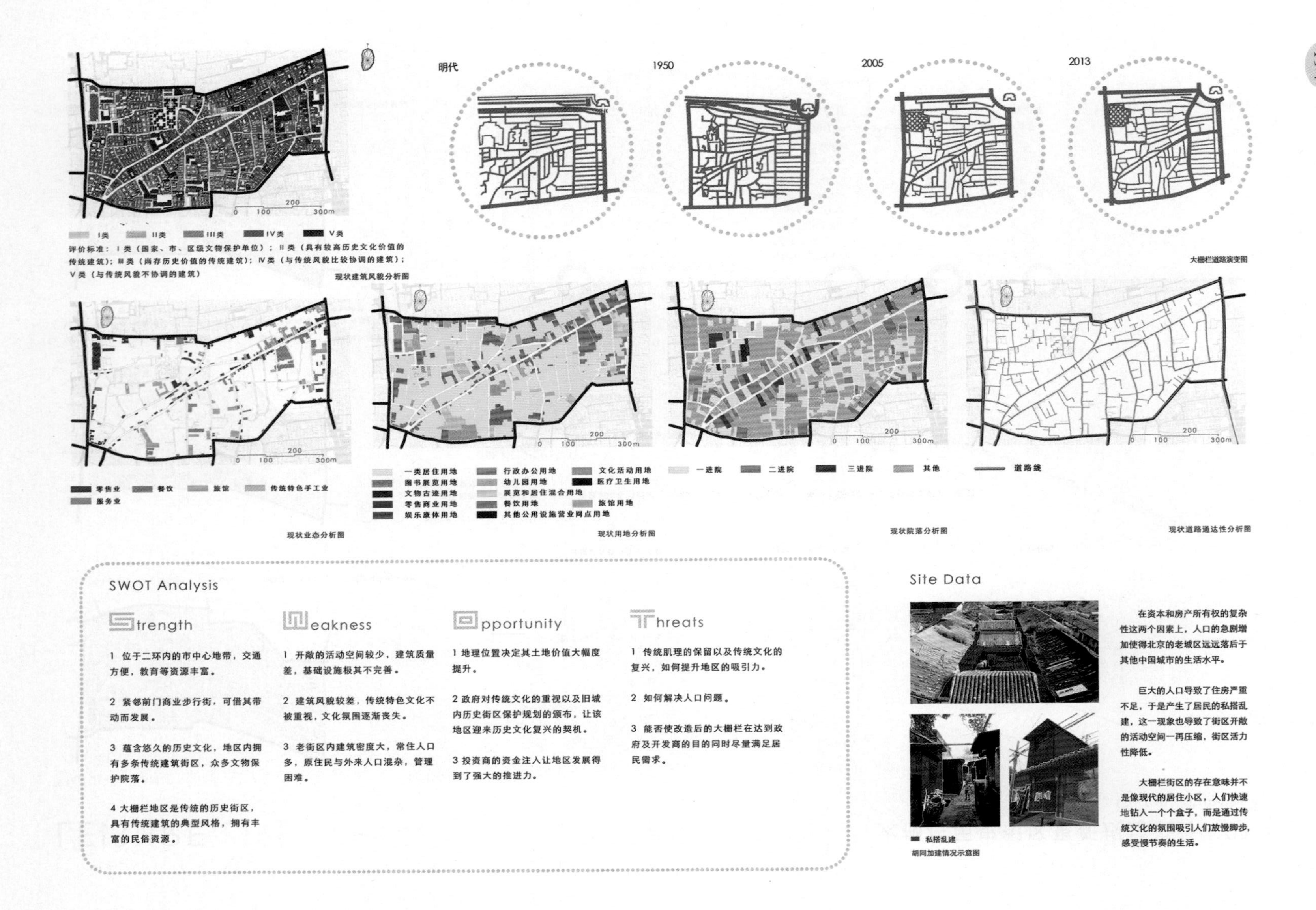

现状建筑风貌分析图

大栅栏道路演变图

现状业态分析图

现状用地分析图

现状院落分析图

现状道路通达性分析图

SWOT Analysis

Strength

1 位于二环内的市中心地带，交通方便，教育等资源丰富。

2 紧邻前门商业步行街，可借其带动而发展。

3 蕴含悠久的历史文化，地区内拥有多条传统建筑街区，众多文物保护院落。

4 大栅栏地区是传统的历史街区，具有传统建筑的典型风格，拥有丰富的民俗资源。

Weakness

1 开敞的活动空间较少，建筑质量差，基础设施极其不完善。

2 建筑风貌较差，传统特色文化不被重视，文化氛围逐渐丧失。

3 老街区内建筑密度大，常住人口多，原住民与外来人口混杂，管理困难。

Opportunity

1 地理位置决定其土地价值大幅度提升。

2 政府对传统文化的重视以及旧城内历史街区保护规划的颁布，让该地区迎来历史文化复兴的契机。

3 投资商的资金注入让地区发展得到了强大的推进力。

Threats

1 传统肌理的保留以及传统文化的复兴，如何提升地区的吸引力。

2 如何解决人口问题。

3 能否使改造后的大栅栏在达到政府及开发商的目的同时尽量满足居民需求。

Site Data

胡同加建情况示意图

在资本和房产所有权的复杂性这两个因素上，人口的急剧增加使得北京的老城区远远落后于其他中国城市的生活水平。

巨大的人口导致了住房严重不足，于是产生了居民的私搭乱建，这一现象也导致了街区开敞的活动空间一再压缩，街区活力性降低。

大栅栏街区的存在意味并不是像现代的居住小区，人们快速地钻入一个个盒子，而是通过传统文化的氛围吸引人们放慢脚步，感受慢节奏的生活。

LEISURE LIFE

大栅栏历史街区更新规划设计 02

Conception

Updating Method

城市更新建设一般方式

旧城 拆除 新建 文化、市场再培育

城市更新建设新模式

旧城 节点更新 文化、市场融合

重兴大栅栏，首先要用新的眼光审视这个地区，不只是从地域和建筑角度，更重要的是理清该地区历史、文化及社会结构错综复杂的脉络。

在这些介入方式中，建筑本身并不是最重要的，尽管在许多重建项目中它们总是没有受到应有的重视，当地民风民俗同砖瓦砂浆一样举足轻重。

Conceptual Derivation

这个传统的老街区亟待赋予新的功能

放入一个巨大的功能块虽便捷，无疑破坏了整体的格局

于是，我们尝试将这个单一的功能块分解

拉开小块之间的距离，赋予不同的功能属性，使每个地区都有属于自己的小功能

当它们散布到街区中，便使街区增添了相互联系，放慢了生活节奏

Bring in the conception of SLOW

慢邮

通信方式的改变是我们生活方式改变的一个重要部分。现今我们主要通过快递递物，一个电话快递就上门收货，接着不到两天就能送到，方便快捷。

过去我们主要通过慢递，写信、贴邮票、往返邮局几次才可以寄出去，然后满心的等待那边的回信。期待的同时，也是享受生活的过程。

慢行

社会的发展使得舒适的汽车出行成为人们主要的出行方式。

在我们的空间中，提倡慢行空间，设置慢行系统，试图通过多条步行街的连接将人们的步速慢下来，也许当人们慢慢地踏在脚下的石板路上的时候，才可以更加真切地体会到街区中传统的文化韵味。

慢玩

过去我们休闲的方式主要通过饮茶聊天、下棋、看戏等活动，人与人之间的交流非常多。

现在地铁上、聚会上、家里，人人抱着手机、平板，越来越习惯自己一个人的生活，作为社会人，与社会的沟通却越来越少。

慢读

在资讯爆炸的时代，每天塞得满满的头条和大标题，人们注重时效、哗然、轰动、猛料、私隐。

慢读的态度，不只是要慢慢读、经过思考地读，而是要懂得欣赏和理解，寻回失落的人文精神，好好读一本书，写一段感受，研究传统的文化，不让它们成为废墟。

city slow

在以“数字”和“速度”为衡量指标的今天，少数人仍然保有快乐人生的能力。

慢生活将是历史发展的趋势，越来越多的人将会体验慢生活。放慢速度不是拖延时间，不是懒惰，而是让人们在生活中找到平衡。因为现在的节奏太快，我们都有点感觉累了，所以才要学着放慢脚步，让自己不至于太辛苦。只有习惯慢生活，才能够快速准确找到定位，而不会迷失自己，要慢下来，是因为快让人错失了很多美好的事物。

慢，是快的基础。是时候停下脚步，慢慢地享受生活了。

慢运动

慢运动由慢速度、慢动作组合而成，它能消耗一定的体力，又不让你感觉很累，使人收获心灵的宁静和身体的健康。其形式包括慢跑、太极、瑜伽、跳舞、高尔夫、钓鱼等。

在快节奏、高压力的生活节奏下，享受“慢运动”逐渐成为生活新风尚。

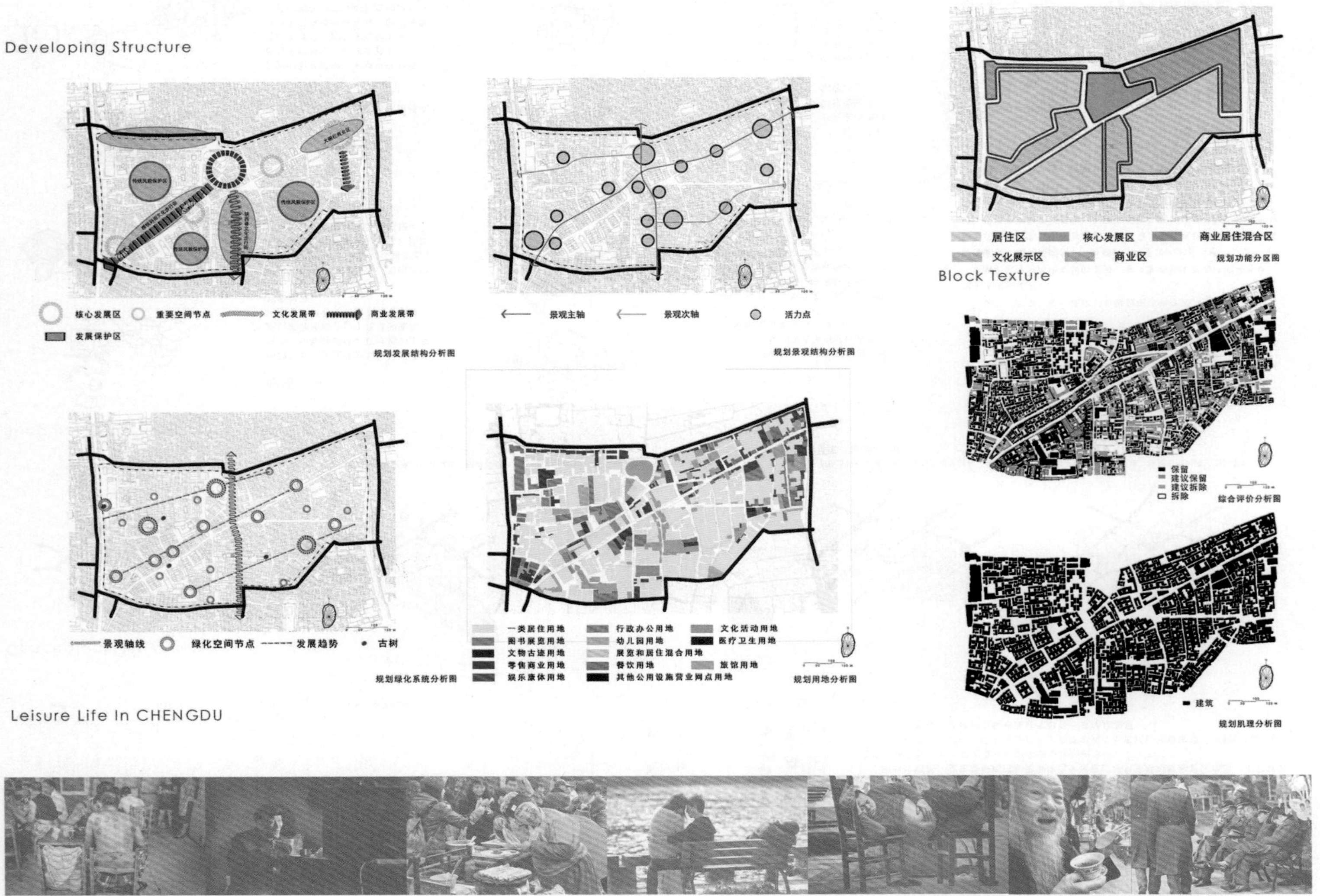
Developing Structure
核心发展区
重要空间节点
文化发展带
商业发展带
发展保护区
规划发展结构分析图
景观主轴
景观次轴
活力点
规划景观结构分析图
居住区
核心发展区
商业居住混合区
文化展示区
商业区
规划功能分区图
Block Texture
保留
建议保留
建议拆除
拆除
综合评价分析图
景观轴线
绿化空间节点
发展趋势
古树
规划绿化系统分析图
一类居住用地
图书展览用地
文物古迹用地
零售商业用地
娱乐康体用地
行政办公用地
幼儿园用地
展览和居住混合用地
餐饮用地
其他公用设施营业网点用地
文化活动用地
医疗卫生用地
旅馆用地
规划用地分析图
建筑
规划肌理分析图
Leisure Life In CHENGDU

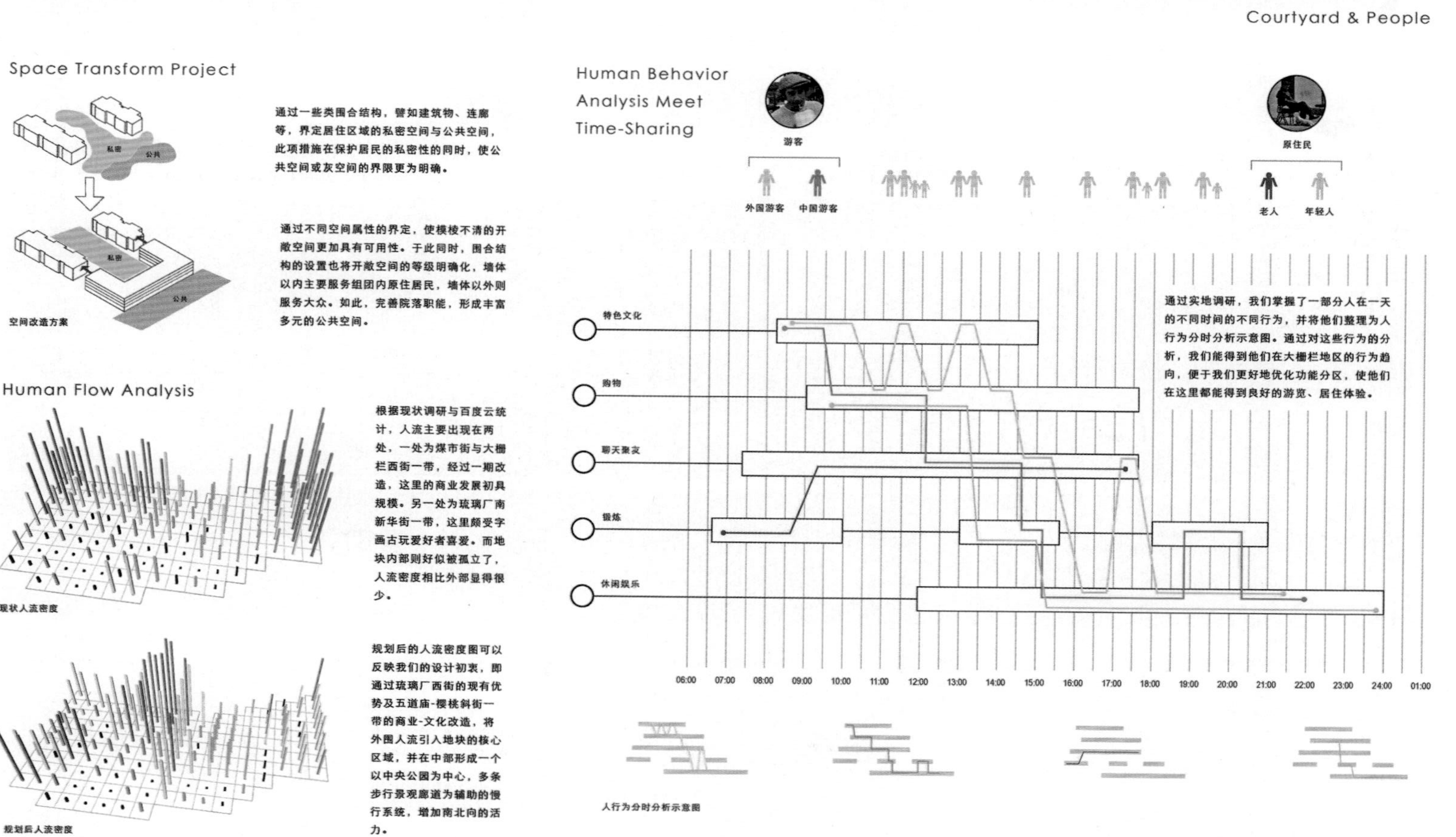
LEISURE LIFE
大栅栏历史街区更新规划设计 03
Courtyard & People
Space Transform Project
私密
公共
通过一些类围合结构，譬如建筑物、连廊等，界定居住区域的私密空间与公共空间，此项措施在保护居民的私密性的同时，使公共空间或灰空间的界限更为明确。
通过不同空间属性的界定，使模棱不清的开敞空间更加具有可用性。于此同时，围合结构的设置也将开敞空间的等级明确化，墙体以内主要服务组团内原住居民，墙体以外则服务大众。如此，完善院落职能，形成丰富多元的公共空间。
空间改造方案
Human Flow Analysis
根据现状调研与百度云统计，人流主要出现在两处，一处为煤市街与大栅栏西街一带，经过一期改造，这里的商业发展初具规模。另一处为琉璃厂南新华街一带，这里颇受字画古玩爱好者喜爱。而地块内部则好似被孤立了，人流密度相比外部显得很少。
现状人流密度
规划后的人流密度图可以反映我们的设计初衷，即通过琉璃厂西街的现有优势及五道庙-樱桃斜街一带的商业-文化改造，将外围人流引入地块的核心区域，并在中部形成一个以中央公园为中心，多条步行景观廊道为辅助的慢行系统，增加南北向的活力。
规划后人流密度
Human Behavior
Analysis Meet
Time-Sharing
游客
外国游客
中国游客
原住民
老人
年轻人
特色文化
购物
聊天聚友
锻炼
休闲娱乐
通过实地调研，我们掌握了一部分人在一天的不同时间的不同行为，并将他们整理为人行为分时分析示意图。通过对这些行为的分析，我们能得到他们在大栅栏地区的行为趋向，便于我们更好地优化功能分区，使他们在这里都能得到良好的游览、居住体验。
06:00
07:00
08:00
09:00
10:00
11:00
12:00
13:00
14:00
15:00
16:00
17:00
18:00
19:00
20:00
21:00
22:00
23:00
24:00
01:00
人行为分时分析示意图

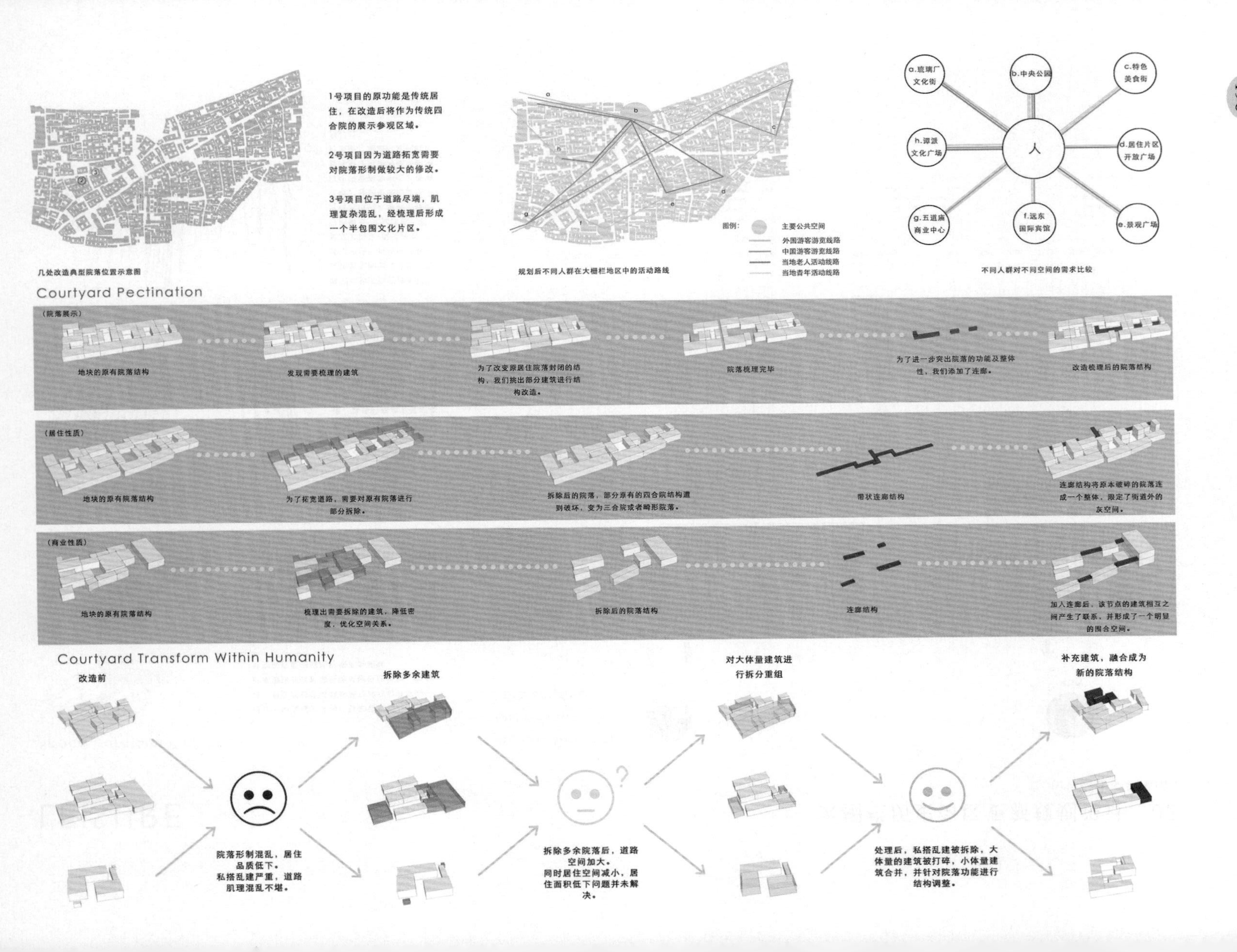
1号项目的原功能是传统居住，在改造后将作为传统四合院的展示参观区域。
2号项目因为道路拓宽需要对院落形制做较大的修改。
3号项目位于道路尽端，肌理复杂混乱，经梳理后形成一个半包围文化片区。
几处改造典型院落位置示意图
图例：
主要公共空间
外国游客游览线路
中国游客游览线路
当地老人活动线路
当地青年活动线路
规划后不同人群在大栅栏地区中的活动路线
a.琉璃厂文化街
b.中央公园
c.特色美食街
d.居住片区开放广场
e.景观广场
f.远东国际宾馆
g.五道庙商业中心
h.谭派文化广场
人
不同人群对不同空间的需求比较
Courtyard Pectination
(院落展示)
地块的原有院落结构
发现需要梳理的建筑
为了改变原居住院落封闭的结构，我们挑出部分建筑进行结构改造。
院落梳理完毕
为了进一步突出院落的功能及整体性，我们添加了连廊。
改造梳理后的院落结构
(居住性质)
地块的原有院落结构
为了拓宽道路，需要对原有院落进行部分拆除。
拆除后的院落，部分原有的四合院结构遭到破坏，变为三合院或者畸形院落。
带状连廊结构
连廊结构将原本破碎的院落连成一个整体，限定了街道外的灰空间。
(商业性质)
地块的原有院落结构
梳理出需要拆除的建筑，降低密度，优化空间关系。
拆除后的院落结构
连廊结构
加入连廊后，该节点的建筑相互之间产生了联系，并形成了一个明显的围合空间。
Courtyard Transform Within Humanity
改造前
院落形制混乱，居住品质低下。
私搭乱建严重，道路肌理混乱不堪。
拆除多余建筑
拆除多余院落后，道路空间加大。
同时居住空间减小，居住面积低下问题并未解决。
对大体量建筑进行拆分重组
处理后，私搭乱建被拆除，大体量的建筑被打碎，小体量建筑合并，并针对院落功能进行结构调整。
补充建筑，融合成为新的院落结构

LEISURE LIFE

大栅栏历史街区更新规划设计 04

Landscape Node

Axis Introduction

景观轴线位于纵向车行线路之间，所引出景观，其主要方式是在建筑侧面增加新的步行体系——木质廊架，在限定道路边界的同时增加了围合空间，具有一定的引导人流的作用。在整个轴线中，除了节点以外局部空间还进行了放大，使行人行走其中有不同的空间感受，增加游览兴趣。

对于轴线中的节点，我们采用了横、纵交替的手法，在北侧入口处抬高建筑，使后面的建筑隐于其中，给人以神秘感；前行几十米后有凉亭可以下棋休憩；第一个路口处的长形建筑有效地引导行人分流；沿着廊架就能到达一处大型开放空间，其中有水有树，还有众多公共设施进行各种各样的活动。

对于不同院落，我们用更新与整饬的方式打破其原有建筑的封闭性，增加了公共性，更加方便行人使用。

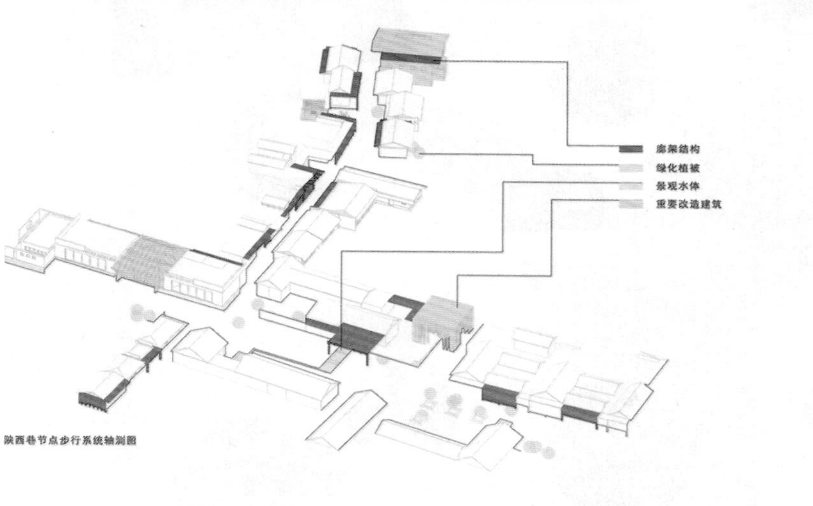

陕西巷节点步行系统轴测图

Landscape Node

1 谭鑫培故居节点

以谭鑫培故居为中心，向西辐射的区域为谭鑫培故居节点。主要用于京剧相关的零售业活动。

2 中央公园

公园绿地从中央公园扩散至大栅栏西街及樱桃斜街岔口。通过在樱桃斜街路段种绿植，使用公园类地砖等来引导、吸引游客到大栅栏。

3 传统四合院展示区

对于现状保存较完好、形制较规整、具有典型四合院形制的院落进行整合，设立传统四合院展示区，供游客参观体验。

4 大栅栏历史文化博物馆

通过院落梳理，二层架高，增加廊道的方式整理出新的院落形式，融入现代元素。多方面展现大栅栏的发展历程。

5 五道庙节点

五道庙以及西临街的区域为五道庙节点。通过红房子、廊道、平台等元素的引入使得老街区中注入新的活力。

6 谭派京剧文化广场

依靠谭鑫培故居、梨园公会而设立的京剧主题文化广场。通过不同地形的高度变化，体现了谭派京剧的兴衰历程。

休闲生活

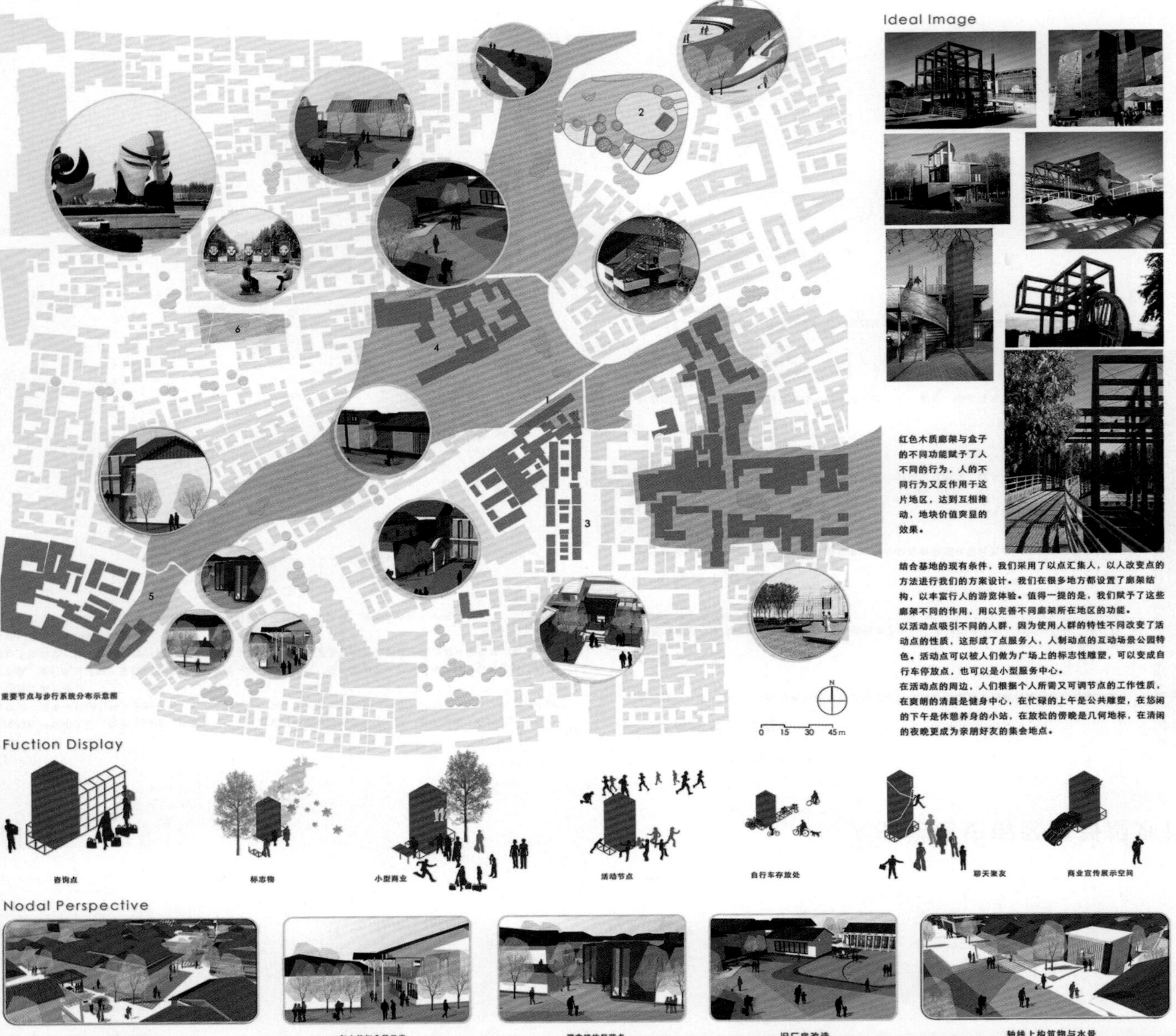
Ideal Image
红色木质廊架与盒子的不同功能赋予了人不同的行为，人的不同行为又反作用于这片地区，达到互相推动，地块价值突显的效果。
结合基地的现有条件，我们采用了以点汇集人，以人改变点的方法进行我们的方案设计。我们在很多地方都设置了廊架结构，以丰富行人的游览体验。值得一提的是，我们赋予了这些廊架不同的作用，用以完善不同廊架所在地区的功能。
以活动点吸引不同的人群，因为使用人群的特性不同改变了活动点的性质，这形成了点服务人，人制动点的互动场景公园特色。活动点可以被人们做为广场上的标志性雕塑，可以变成自行车停放点，也可以是小型服务中心。
在活动点的周边，人们根据个人所需又可调节点的工作性质，在爽朗的清晨是健身中心，在忙碌的上午是公共雕塑，在悠闲的下午是休憩养身的小站，在放松的傍晚是几何地标，在清闲的夜晚更成为亲朋好友的集会地点。
重要节点与步行系统分布示意图
N
0 15 30 45m
Fuction Display
咨询点
标志物
小型商业
活动节点
自行车存放处
聊天聚友
商业宣传展示空间
Nodal Perspective
景观轴廊架
加入的红盒子元素
御鑫培故居节点
旧厂房改造
轴线上构筑物与水景

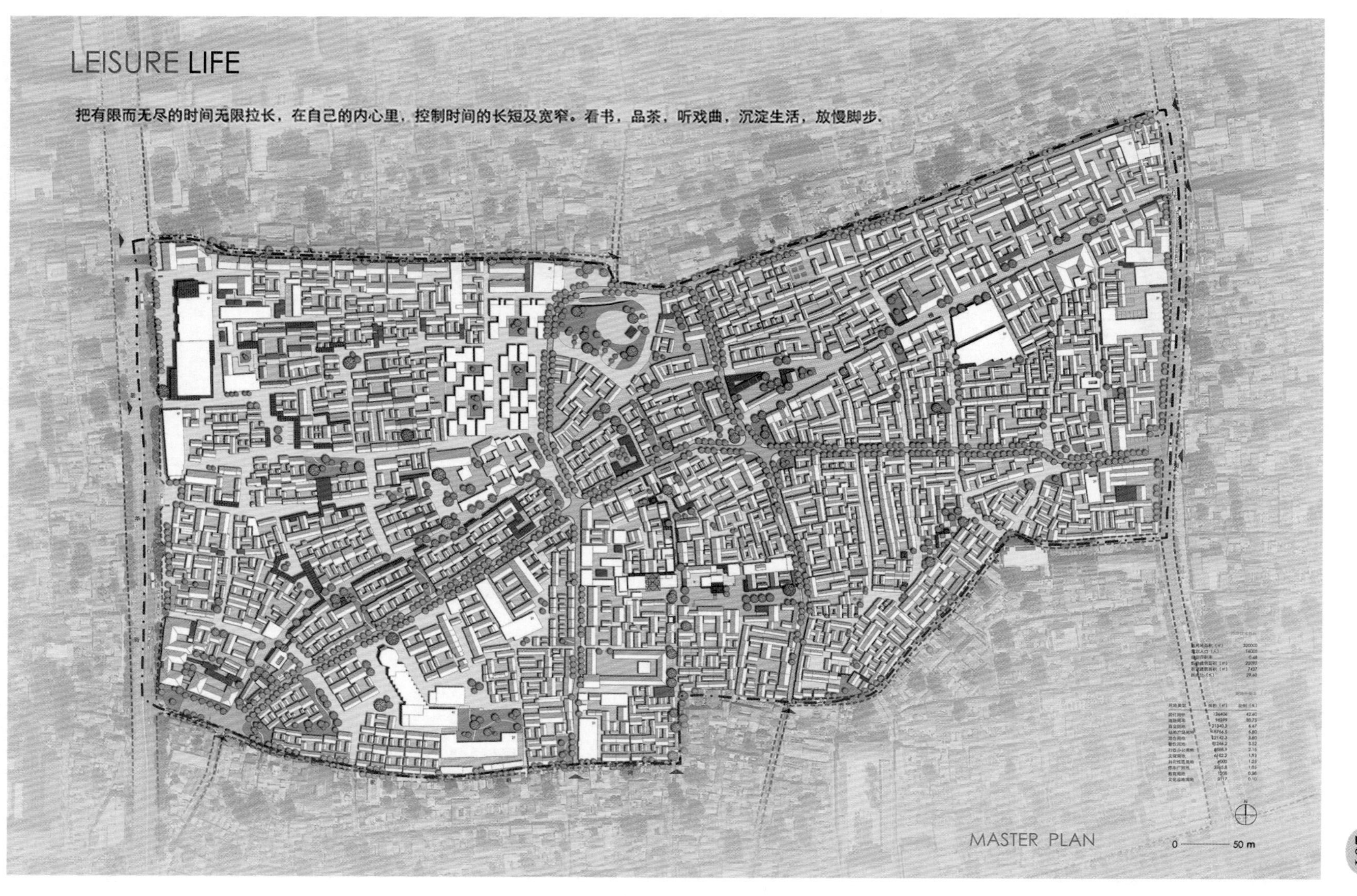
LEISURE LIFE
把有限而无尽的时间无限拉长，在自己的内心里，控制时间的长短及宽窄。看书，品茶，听戏曲，沉淀生活，放慢脚步。
MASTER PLAN

LEISURE LIFE

大栅栏历史街区更新规划设计 06

Road Analysis

Conception of $D:H$

$D:H>1$时，随着比值的增大会逐渐产生远离之感，超过2时则产生宽阔之感
$D:H<1$时，街道两侧的建筑就容易相互干扰
$D:H$比值进一步缩小，街道就是一种封闭之感
$D:H=1$时高度与宽度之间存在一种均衡之感。
$D:H=1.5\sim2$时，是比较合理的尺度关系，空间尺度比较亲切。

Analysis of current situation

大栅栏地区的现状是街巷两侧多为一层建筑，少数有2层，$D:H$大多为1:1，人走在街上不会有压抑的感觉，较为舒适，同时视野较为开阔。

其中$D:H<1$的多数原因是因为居民的私搭乱建，居民为了在有限的空间内扩大自己家的活动生活空间，所以出现了许多私建的二层小楼。

路两旁的建筑高度发生了变化，而当初建设的道路宽度却没变，所以居民走在其中感觉十分压抑，视野不够开阔。

Traditional block texture

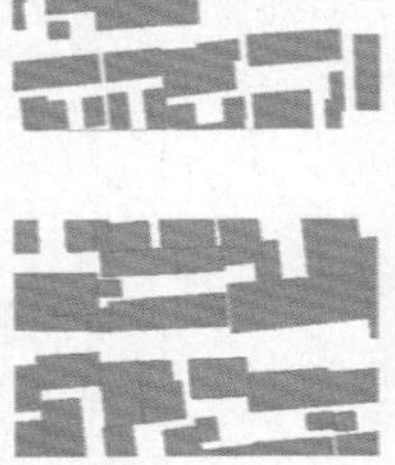

View of this area

Road analysis

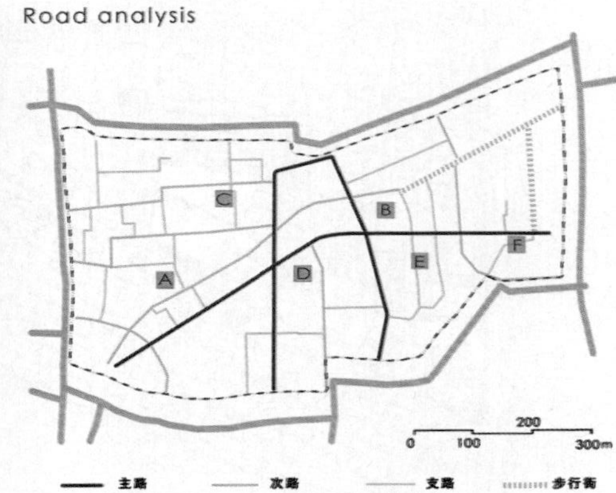

历史街区内的街巷宽窄变化丰富，富有节奏感，街巷转折形式多样，但街巷的节点处空间基本上没有经过处理，造成了严重的空间浪费。在对历史街区的保护工作过程中，我们会尽量保护传统街巷的特点，在满足当地居民日常生活的基础上加以改造。将传统的院落进行修缮，过于老旧的进行拆除和翻新。

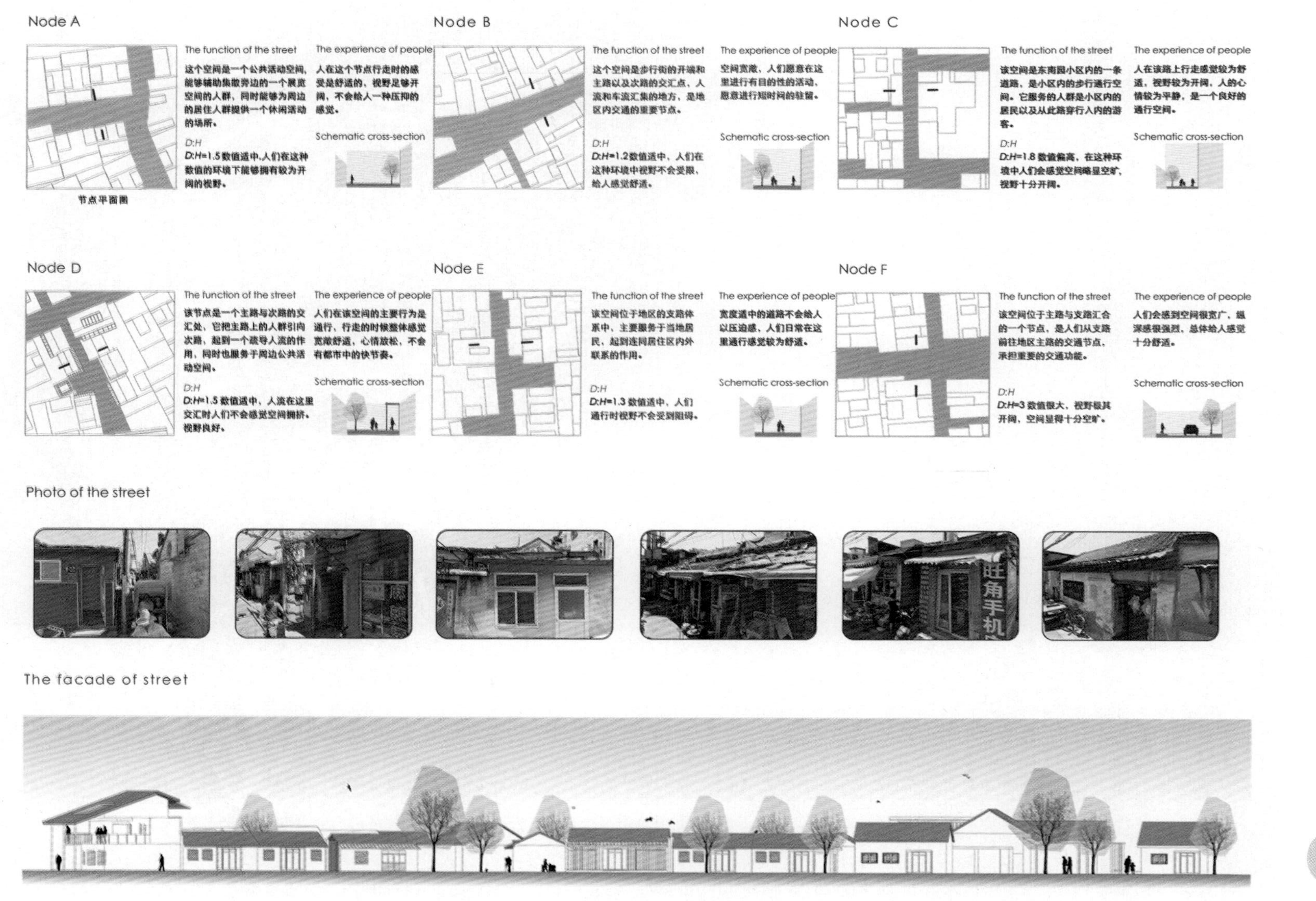
Node A
The function of the street
这个空间是一个公共活动空间，能够辅助集散旁边的一个展览空间的人群，同时能够为周边的居住人群提供一个休闲活动的场所。
D:H
D:H=1.5数值适中,人们在这种数值的环境下能够拥有较为开阔的视野。
The experience of people
人在这个节点行走时的感受是舒适的，视野足够开阔，不会给人一种压抑的感觉。
Schematic cross-section
节点平面图
Node B
The function of the street
这个空间是步行街的开端和主路以及次路的交汇点、人流和车流汇集的地方，是地区内交通的重要节点。
D:H
D:H=1.2数值适中、人们在这种环境中视野不会受限、给人感觉舒适。
The experience of people
空间宽敞，人们愿意在这里进行有目的性的活动，愿意进行短时间的驻留。
Schematic cross-section
Node C
The function of the street
该空间是东南园小区内的一条道路，是小区内的步行通行空间。它服务的人群是小区内的居民以及从此路穿行入内的游客。
D:H
D:H=1.8 数值偏高，在这种环境中人们会感觉空间略显空旷，视野十分开阔。
The experience of people
人在该路上行走感觉较为舒适，视野较为开阔，人的心情较为平静，是一个良好的通行空间。
Schematic cross-section
Node D
The function of the street
该节点是一个主路与次路的交汇处，它把主路上的人群引向次路，起到一个疏导人流的作用，同时也服务于周边公共活动空间。
D:H
D:H=1.5 数值适中，人流在这里交汇时人们不会感觉空间拥挤，视野良好。
The experience of people
人们在该空间的主要行为是通行，行走的时候整体感觉宽敞舒适，心情放松，不会有都市中的快节奏。
Schematic cross-section
Node E
The function of the street
该空间位于地区的支路体系中，主要服务于当地居民，起到连同居住区内外联系的作用。
D:H
D:H=1.3 数值适中，人们通行时视野不会受到阻碍。
The experience of people
宽度适中的道路不会给人以压迫感，人们日常在这里通行感觉较为舒适。
Schematic cross-section
Node F
The function of the street
该空间位于主路与支路汇合的一个节点，是人们从支路前往地区主路的交通节点，承担重要的交通功能。
D:H
D:H=3 数值很大，视野极其开阔，空间显得十分空旷。
The experience of people
人们会感到空间很宽广，纵深感很强烈，总体给人感觉十分舒适。
Schematic cross-section
Photo of the street
The facade of street

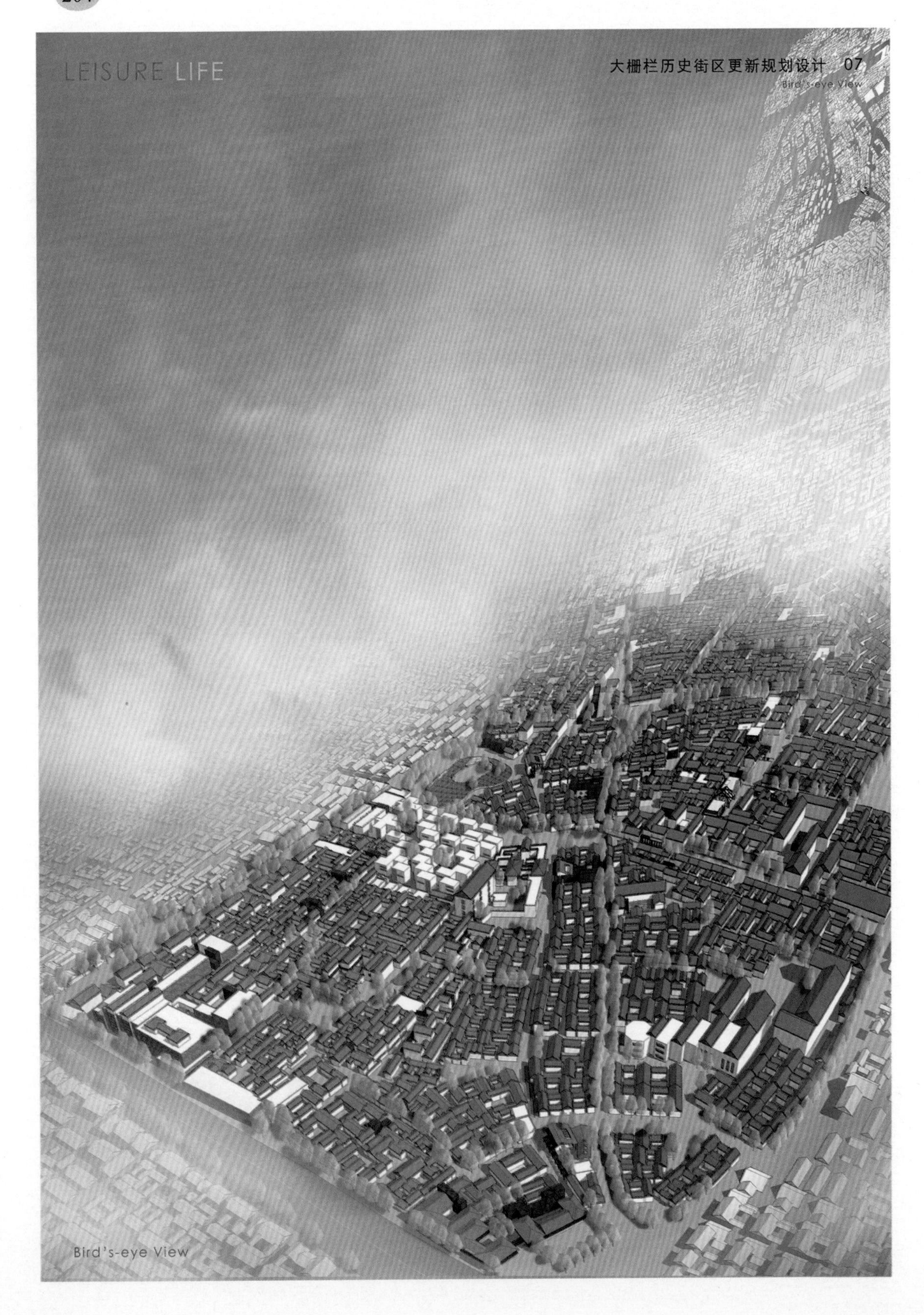
LEISURE LIFE
大栅栏历史街区更新规划设计 07
Bird's-eye View
Bird's-eye View

附　　录

附录 1　历史街区调研提纲

一、基本要求

全面的现状综合调查是历史街区调研的基本要求。除了文献的历史研究，更重要的是对历史街区进行全面、综合的现状分析，包括对街区每一条街巷、河流、所有文物古迹的探勘，对每一栋建筑的风貌、年代、质量、使用性质和产权等方面的评价，以及对居民的人口户数、意愿调查等，这些材料不仅为研究和规划设计提供第一手基础资料，其本身就是记录街区发展轨迹的珍贵档案。

二、基本内容

历史街区调研就是要充分认识街区的昨天、今天和明天，其调研的内容主要包括以下几个方面：

（1）自然环境：主要指地形地貌、水文地质、风向气温、日照雨雪、植被生物等；了解地理位置、自然灾害及地震发生情况等。

（2）文化环境：主要指当地民风民俗、生活习惯及情趣、文化素养、历史遗存、建筑风格、空间与形式组合等；了解文化特征、文化与街区的融合等。

（3）区域环境：主要指该历史街区在政治、经济、文化、技术、产业等诸方面的特征，以及与其他街区或周边地区的联系与区别。

（4）社会环境：主要指社会安全稳定、社会组织、经济状况、人口结构、家庭规模、生活方式、文化构成等；了解常住人口、流动人口的变化状况，摸清经济收入与支出的实际状况。

（5）街区空间：主要指街道宽度、街道空间形态等；了解街区建设年限及改造规划的情况。

（6）地下空间：主要指地下铁路、地下管网、人防工程、地下设施等；了解地下生命线工程的布局及改造状况。

（7）建筑物及地上设施情况：主要指建筑年代、建筑产权、建筑质量、建筑环境、建筑风貌、建筑高度、建筑面积、建筑屋顶形式、建筑的保护更新方式等；了解建筑布局及抗震设施等。

（8）基础设施状况：主要指环卫、通信、燃气、消防、供水、排水、供电等；了解道路、桥梁、涵洞等设施。

三、基本步骤

历史街区调研的基本步骤如附图 1 所示。

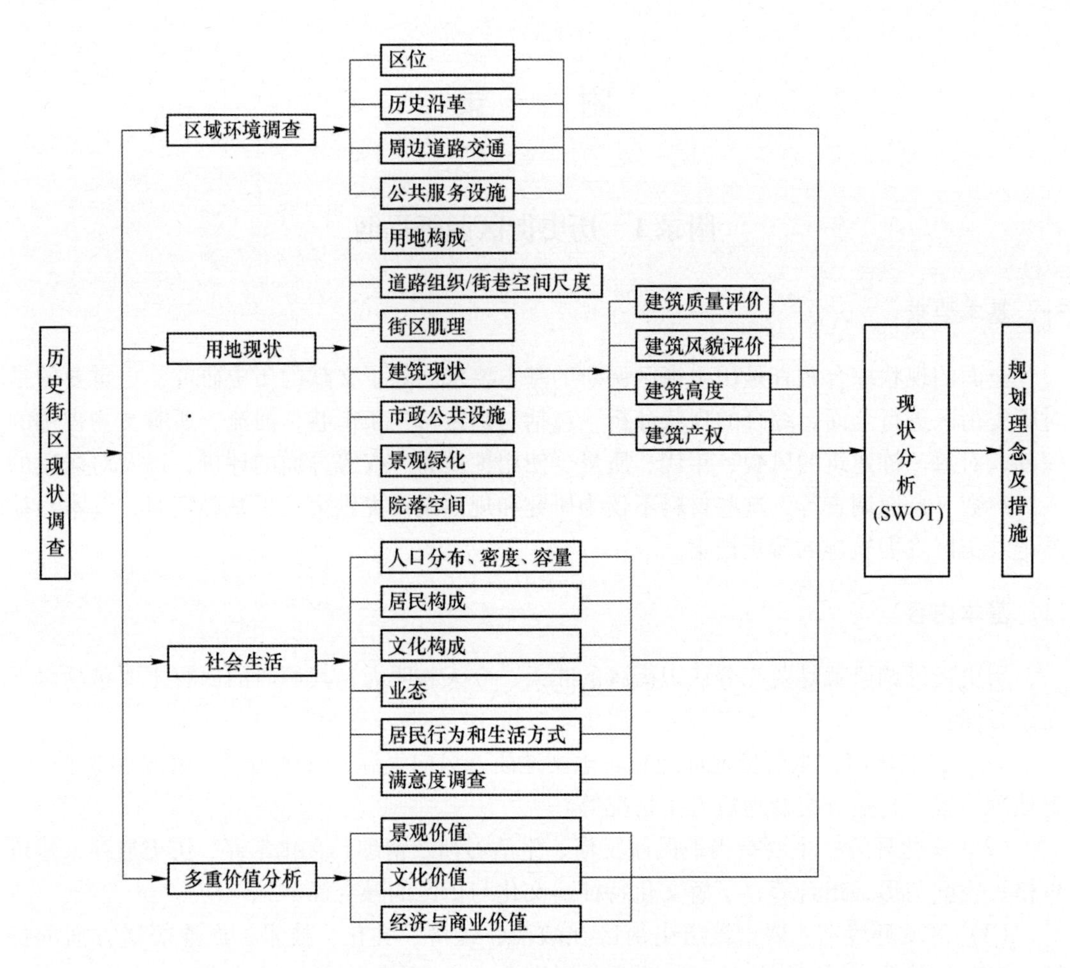

附图1　历史街区调研工作步骤

附录2 历史街区保护与更新设计任务书

一、教学目的

该设计是在学习了“中外建筑史”、“城市设计理论”等课程的基础上进行的侧重历史街区保护和更新的课程设计；所选的旧城区地段具有丰富的历史内涵和保护规划价值；设计者需要在给定的条件下对历史建筑群体进行保护、更新；设计成果既要满足现代的功能需求，又要注重历史文脉的延续。

二、设计的基本要求

（1）培养学生从城市保护角度出发考虑城市空间形态、建筑群体关系的整合及功能的定位，综合考虑土地利用、人车交通、城市景观、建筑形态等多方面要素，创造出富有地域特征的历史街区，得到对复杂城市地块进行设计处理的能力的锻炼。

（2）通过训练使学生认识到建筑和历史环境的文化内涵是形成老城区风貌的灵魂，建立历史街区的保护意识。

（3）训练学生通过形体、空间、材质、色彩等的运用来体现对传统建筑文脉的尊重。

（4）拓宽对城市形态的感性与理性认识，从城市形态的角度重新认识建筑是城市中的建筑。

（5）使学生明确城市保护与更新的关系，掌握特定地段新建建筑的基本设计方法和程序。

三、设计任务

1. 设计目标

（1）应研究历史文化遗产的保护与利用途径，充分研究其历史、科学和艺术价值，制定合理的文化规划和保护策略，对地段和保护对象的利用方式、整治措施等提出要求，为推进和实施保护规划工作提供可操作的指引。

（2）本次设计应对保护区进行深入研究和规划设计，对历史地段进行合理更新，注重该历史街区的商业形态和作用等的研究，为历史街区的新发展注入活力。

2. 总体要求

（1）按照进度安排，完成各个任务环节；

（2）规划应以《中华人民共和国城乡规划法》和《中华人民共和国文物保护法》为指导，按建设部和国家文物局颁布的《历史文化名城保护规划编制要求》及《历史文化名城保护规划规范》制定，符合有关标准技术规范要求。

（3）了解街区的发展历史，梳理历史文化街区空间脉络，形成一系列不同主题的历史文化资源组合，在保护的前提下有序更新，改善环境，提高居民的生活质量。

（4）对历史文化街区的道路格局和空间尺度基础进行研究，提出延续原有道路格局，创造富有特色的街巷的规划方案；并结合历史风貌考虑的道路的断面、宽度、线形参数、消防通道的设置要求，提出符合历史文化街区的交通组织方案。

（5）结合现状建筑调查，确定历史文化街区内文物古迹、控保建筑、历史建筑和历史环境要素等内容，提出近、远期街区整治的原则与方法；努力体会并思考城市与建筑的关系，建筑形式、色彩应突出地方传统特色，并重点处理好沿街建筑景观和建筑屋顶形式。

（6）历史片区具有丰富的景观与人文环境基础，同时也要考虑相关的功能等问题，培养处理复杂设计矛盾的基本能力。

（7）研究历史文化街区历史空间的发展过程及其内在规律和文化内涵，提出传统空间特色在现代传承和延续方面的对策，充分展现街区所包含的浓郁的地方传统文化氛围，推动本地区经济发展。

（8）学习应用相关的城市设计理论和方法。

3. 规划原则

（1）保护优先原则：全面保护街区的整体格局与环境，保护文物古迹与传统建筑，保护物质与非物质文化遗产。

（2）有机更新原则：以保护与延续古城风貌为基本方针，对更新的区域进行有序渐进的更新，延续历史文脉，彰显区域特色，形成新旧共融的整体风貌，促进街区功能环境的整体提升。

（3）文化延续原则：体现该区域历史文化内涵形象，在充分利用原有历史人文景观资源的基础上，突出整体协调性，延续城市记忆，形成区域特色与区域标识性。

（4）功能更新原则：体现优化商业、文化空间结构，健全城市公共空间，升级文化产业功能的原则。

（5）集约利用原则：体现土地集约利用的原则，统筹地上、地下空间协调发展，综合开发，实现土地效益最大化。

四、成果要求

1. 现状调研和分析

（1）查阅相关历史街区保护与更新已有的案例资料。

（2）应当开展深入的现状调查与研究，对城市空间的历史演变、发展、周边环境景观形成、保护区内各类建筑的功能、空间结构、交通流线、人员活动、环境景观与建筑特色等进行分析和研究，为本次设计工作奠定科学的研究基础。现状调研内容参考：

1）历史沿革——通过图书馆、互联网和当地居民进行了解；

2）区位研究——对地块在城市中的区位和交通条件的分析；

3）业态分析——地块商业业态现状；周边商业业态；对已改造地块及新建项目、未改造地块综合进行考虑；

4）居民构成——对居民的年龄、职业、家庭构成状况的分析；

5）城市肌理——周边城市空间现状，区内空间特征，节点构成；

6）建筑特征——建筑界面构成特征（构造、色彩、材质肌理、尺度），建筑破损状态，使用状况；

7）动线分析——区内及周边行人的动线及行为模式，周边及用地内部城市交通分析（道路交通、公交、停车场等）；

8）绿化分析——地块现状及周边的绿化系统分析。

2. 分析报告

总结调研结果，并提出保护更新措施的设想。

3. 规划设计

（1）空间形态规划：结合历史街区的空间性质，强调重要建筑形态和街区空间肌理的保护，对建设控制地带提出建筑体量、高度、风格、色彩和街巷尺度等的指导性标准与设计原则；按照保护原则和目标提出迁出或拆除影响保护区的环境和景观的单位及建筑物、构筑物的方案，提出可保留建筑的整治方案、迁出建筑的安置方案以及拆除建筑的还建方案。

（2）功能布局设计：充分调查与分析用地建设现状、街道形态，科学、合理地把握地块用地的功能与定位，提出其土地利用的优化与调整策略。在尊重现状建设条件的基础上，结合已有的规划成果，对该地区的规划结构、建筑物的建设功能等进行适当调整，功能配置应当考虑市民的日常活动和出行。

（3）道路交通组织：充分研究公交改善策略、交通设施布局、步行体系等，协调统一地段内自身交通组织的完整合理性。对地段内的车辆停放方式、停车场面积和位置做出合理化建议，完善地段内外的交通联系。

（4）重要节点的城市设计：选择地段内若干重要节点进行深入设计。

（5）绿化景观规划：根据整体保护的原则，制定古树名木的保护规划，结合地区的环境特性，创造较好的绿化景观。对城市家具、照明设施、景观小品、铺地和广告标志等提出意向性设计。

4. 图纸要求

地段区位分析图；用地现状功能分析图；传统街巷空间与建筑形态分析图；建筑质量分析图；建筑高度分析图；建筑风貌分析图；道路交通现状图；绿化及景观现状图；

规划设计总平面图、功能分区规划图、空间系统规划图、景观系统规划图、交通系统规划图、相关分析图等；主要街道重点地段沿街立面图；街区鸟瞰图；局部透视图。

五、参考资料

1. 城市规划编制办法实施细则（2006年版）.

2. 中华人民共和国住建部．城市用地分类与规划建设用地标准（GB 50137—2011）[S]. 北京：中国建筑工业出版社，2011.

3. 中华人民共和国建设部．城市道路交通规划设计规范（GB50220—95）[S]. 北京：中国计划出版社，1995.

4. 中华人民共和国建设部．城市规划制图标准（CJJ/T97—2003）[S]. 北京：中国建筑工业出版社，2003.

5. 中华人民共和国住建部．总图制图标准（GB/T 50103—2010）[S]. 北京：中国计划出版社，2010.

6. 吴志强，李德华．城市规划原理（第四版）[M]. 上海：同济大学出版社，2010.

7. 中国城市规划设计研究院，建设部城乡规划司．城市规划资料集［M]. 北京：中国建筑工业出版社，2004.

8. ［美］林奇．城市·建筑文化系列城市意象［M]. 北京：华夏出版社，2011.

9. ［日］芦原义信. 外部空间设计［M］. 尹培桐译. 北京：中国建筑工业出版社，1985.

10. 彭一刚. 建筑空间组合论［M］. 北京：中国建筑工业出版社，2008.

11. 胡纹. 城市设计教程［M］. 北京：中国建筑工业出版社，2013.

12. 王建国. 城市设计［M］. 3 版. 南京：东南大学出版社，2011.

13. 金广君. 当代城市设计探索［M］. 北京：中国建筑工业出版社，2010.

14. 洛兰法雷利. 图解城市设计［M］. 北京：中国建筑工业出版社，2013.

15. 迪特尔·普林茨. 城市设计设计方案（上册）［M］. 7 版. 北京：中国建筑工业出版社，2010.

16. 迪特尔·普林茨. 城市设计设计建构（下册）［M］. 6 版. 北京：中国建筑工业出版社，2010.

17. ［丹麦］扬·盖尔（Jan Gehl）. 交往与空间［M］. 何人可译. 北京：中国建筑工业出版社，2002.

18. ［英］理查德·海沃德. 城市设计与城市更新［M］. 王新军，李韵，刘谷一译. 北京：中国建筑工业出版社，2009.

19. 中国城市规划学会. 名城保护与城市更新［M］. 北京：中国建筑工业出版社，2003.

20. 李江. 转型期深圳城市更新规划探索与实践［M］. 南京：东南大学出版社，2015.

21. 费迎庆. 有机缝合澳门城市更新设计［M］. 北京：中国建筑工业出版社，2014.

22. 赵万民，陈科文渊，王耀兴，等. 解读旧城重庆大学城市规划专业“旧城有机更新”课程教学实践［M］. 南京：东南大学出版社，2008.

参考文献

[1] 史建华，等．苏州古城的保护与更新［M］．南京：东南大学出版社，2003.
[2]［美］安东尼·滕．世界伟大城市的保护——历史大都会的毁灭与重建［M］．北京：清华大学出版社，2014.
[3] 单霁翔．历史文化街区保护［M］．天津：天津大学出版社，2015.
[4] 凤凰空间·华南编辑部．中国老街街区保护与建筑修复［M］．南京：江苏凤凰科学技术出版社，2014.
[5] 吴云．历史文化街区重生第一步——历史文化街区保护中调查研究工作体系的中日比较［M］．北京：中国社会科学出版社，2013.
[6] J·柯克·欧文．西方古建古迹保护理念与实践［M］．北京：中国电力出版社，2005.
[7] 周俭，张恺．在城市上建造城市：法国城市历史遗产保护实践［M］．北京：中国建筑工业出版社，2003.
[8] 张凡．城市发展中的历史文化保护对策［M］．南京：东南大学出版社，2006.
[9] Frampton K. 现代建筑——一部批判的历史［M］．原山等译．北京：中国建筑工业出版社，1988.
[10] 李其荣．城市规划与历史文化保护［M］．南京：东南大学出版社，2003.
[11]［意］布鲁诺·赛维．现代建筑语言［M］．席云平等译．北京：中国建筑工业出版社，2005.
[12]［意］安东内拉·胡贝．地域·场地·建筑［M］．北京：中国建筑工业出版社，2004.
[13] 张松．城市文化遗产保护国际宪章与国内法规选编［M］．上海：同济大学出版社，2007.
[14] 刘红婴．世界遗产精神［M］．北京：华夏出版社，2006.
[15] 阮仪三．护城纪实［M］．北京：中国建筑工业出版社，2003.
[16] 邵甬．城市遗产研究与保护［M］．上海：同济大学出版社，2004.
[17]［日］阿南史代（Anami V S）．寻访北京的古迹：古树、雄石、宝水（中文）［M］．赵菲菲等译．北京：五洲传播出版社，2004.
[18] 梁思成．凝动的音乐［M］．天津：百花文艺出版社，2006.
[19] 孟繁兴，陈国莹．古建筑保护与研究［M］．北京：知识产权出版社，2006.
[20] 单霁翔．城市化发展与文化遗产保护［M］．天津：天津大学出版社，2006.
[21] 中国城市规划设计研究院．历史文化名城保护规划规范（GB50357—2005）［S］．北京：中国建筑工业出版社，2005.
[22]［美］科恩（Cohen N）．城市规划的保护与保存［M］．王少华译．北京：机械工业出版社，2004.
[23] 赵勇，骆中钊，张韵．历史文化村镇的保护与发展［M］．北京：化学工业出版社，2005.
[24] 徐嵩龄，张晓明，章建刚．文化遗产的保护与经营：中国实践与理论展［M］．北京：社会科学文献出版社，2003.
[25] Chris Miele. From William Morris：building conservation and the arts and crafts cult of authenticity, 1877 – 1939 [M]. New Haven, Conn. Yale Univ. Press, 2005.
[26] Horst Kuenler. Stadt – und Dorferneuerung in der kommunalen Praxis：Sanierung – Stadtumbau – Entwicklung – Denkmalschutz – Baugestaltung [M]. Berlin：Schmidt, 2005.
[27] Andreas Bruschke Bauaufnahme in der Denkmalpflege [M]. Stuttgart：Fraunhofer IRB Verl, 2005.
[28] Frank Braun. Bauaufnahmen und Bauuntersuchungen in der Denkmalpflege：Projekte aus Norddeutschland [M]. Wachholtz Verlag GmbH, 2004.
[29] Robert Saliba. Beirut city center recovery：the Foch – Allenby and Etoile conservation area [M]. Gotingen：Steidl, 2004.